嵌入式技术与应用丛书

ARM微控制器与嵌入式系统

景妮琴 胡亦 吴友兰◎编著

電子工業出版社
Publishing House of Electronics Industry
北京•BEIJING

内 容 简 介

基于 Cortex-M4 内核的 STM32F4 系列微控制器具有较高的性价比，在多个领域都得到了广泛的应用。本书以 STM32F407 为例，通过 11 个具体的项目详细介绍微控制器和嵌入式系统开发技术，主要内容涉及开发环境、标准固件库、GPIO 接口、定时器、外部中断、USART、SPI 总线、I2C 总线、ADC、嵌入式操作系统等。本书采用项目式教学方法进行讲解，可帮助读者快速熟悉 ARM 微控制器与嵌入式系统的开发流程、STM32 系列微控制器的标准固件库和各种外设的使用方法。

本书适合作为高等院校相关专业的教材或教学参考书，也可供嵌入式系统开发爱好者阅读参考。

本书提供了配套的视频教程、教学课件、开发代码和参考答案，读者可登录华信教育资源网（www.hxedu.com.cn）免费注册后下载。

图书在版编目（CIP）数据

ARM 微控制器与嵌入式系统 / 景妮琴，胡亦，吴友兰编著. —北京：电子工业出版社，2023.9
（嵌入式技术与应用丛书）
ISBN 978-7-121-46254-2

Ⅰ. ①A… Ⅱ. ①景… ②胡… ③吴… Ⅲ. ①微控制器 Ⅳ. ①TP368.1

中国国家版本馆 CIP 数据核字（2023）第 167686 号

责任编辑：田宏峰
印　　刷：北京雁林吉兆印刷有限公司
装　　订：北京雁林吉兆印刷有限公司
出版发行：电子工业出版社
　　　　　北京市海淀区万寿路 173 信箱　邮编 100036
开　　本：787×1 092　1/16　印张：18.5　字数：470 千字
版　　次：2023 年 9 月第 1 版
印　　次：2023 年 9 月第 1 次印刷
定　　价：79.00 元

凡所购买电子工业出版社图书有缺损问题，请向购买书店调换。若书店售缺，请与本社发行部联系，联系及邮购电话：（010）88254888，88258888。

质量投诉请发邮件至 zlts@phei.com.cn，盗版侵权举报请发邮件至 dbqq@phei.com.cn。

本书咨询联系方式：tianhf@phei.com.cn。

前　言

ST 公司在 2011 年推出了基于 Cortex-M4 内核的 STM32F4 系列微控制器。相比 STM32F1/F2 等系列基于 Cortex-M3 内核的微控制器，STM32F4 系列微控制器的最大优势就是新增了硬件 FPU 单元和 DSP 指令，同时主频也提高了很多，达到 168 MHz（可获得 210DMIPS 的处理能力），这使得 STM32F4 系列微控制器特别适合需要浮点运算或 DSP 处理的应用，因而被称为 DSC，具有非常广泛的应用前景。

STM32F4 家族目前拥有 STM32F40x、STM32F41x、STM32F42x 和 STM32F43x 等几个系列、数十个产品型号，不同型号之间软件和引脚具有良好的兼容性，可方便客户迅速升级产品。其中，性价比最高的是 STM32F407 微控制器，本书将以 STM32F407 微控制器为例来介绍 STM32F4。

本书从实际应用开发入手，以项目任务为主导，由浅入深、循序渐进地讲述 STM32F407 微控制器的开发方法、STM32 系列微控制器的标准固件库，以及各外设的使用方法。

开发一个嵌入式系统，不仅要求开发人员掌握微控制器的编程技术，还要具备微控制器硬件方面的理论和实践知识。考虑到 STM32F407 是当今主流的 32 位微控制器，本书选用了 STM32F407，并设计了搭载该微控制器的硬件平台，通过该平台完成了书中的每一个项目。

全书共 11 个项目，其中项目 1 是开发环境的搭建，项目 2～10 是针对 STM32F407 外设的项目，项目 11 是针对微控制器进行的嵌入式系统移植。

本书提供了配套视频，对每一个知识点，以及项目的任务点都进行了详细讲解。

本书提供了配套例程，给出了完整的项目示例代码。

开发一款微控制器时，权威的参考资料就是微控制器厂商提供技术文档。这些技术文档通常多达数千页，非常详细地介绍了微处理器的每个细节，但这往往会使初学者无从下手，不利于初学者快速入门。作者根据自己的科研和教学经验，梳理了 STM32F407 微控制器的技术文档，选取了常用的外设，构成了本书的主要内容。作者在写作时，有意引用了 ST 公司的技术文档中的示意图，其目的是引导读者有选择地阅读这些技术文档，从而不断提高自己的研发能力。

本书适用于 64 学时或 96 学时的“单片机应用技术”或“ARM 微控制器与嵌入式系统开发课程”，各项目涵盖的知识点及建议学时如下所示。

项　目	主要知识和技能点	建议学时	
		64 学时	96 学时
项目 1	ARM 微控制器 STM32F407、开发板的硬件电路、开发环境搭建	4	4
项目 2	多文件编程方法、建立标准固件库函数的工程模板、点亮 LED 流程、GPIO 接口的工作模式、时钟树的基本知识	6	8

续表

项　目	主要知识和技能点	建 议 学 时	
		64 学时	96 学时
项目 3	基于 GPIO 接口实现流水灯、基于 GPIO 接口控制按键、数码管的动态显示	12	16
项目 4	NVIC 中断参数的设定、认识定时器、TIM6 的使用、基于定时器实现电子钟	6	8
项目 5	中断/事件线的特性、利用外部中断校准电子钟	6	8
项目 6	串口通信协议、STM32 系列微控制器的 USART、USART 结构体及标准固件库函数、通过 USART 实现数据收发	6	8
项目 7	SPI 协议、STM32 系列微控制器的 SPI、SPI 的结构体及标准固件库库函数、数码管的显示功能	6	12
项目 8	PWM 功能、使用定时器生成 PWM 信号的原理、STM32 系列微控制器的定时器、定时器的结构体及标准固件库函数	6	10
项目 9	I2C 总线协议、STM32 系列微控制器的 I2C 总线、I2C 总线的结构体及标准固件库函数	6	10
项目 10	STM32 系列微控制器的 ADC、ADC 的结构体及标准固件库函数、通过 ADC 采集电压值	4	8
项目 11	嵌入式操作系统、μC/OS-III的移植、实现单任务	2	4

由于作者的水平有限，书中难免会有疏漏和不当之处，欢迎广大读者批评指正。

作　者

2023 年 8 月

目　　录

项目 1　开发环境的搭建 ······ 1

任务 1.1　了解 ARM 微控制器 STM32F407 ······ 2

1.1.1　ARM 微控制器 ······ 2

1.1.2　STM32F407 的功能 ······ 6

任务 1.2　初识开发板硬件电路 ······ 10

1.2.1　核心板的电路原理图 ······ 10

1.2.2　扩展板的电路原理图 ······ 13

任务 1.3　开发环境的搭建 ······ 15

1.3.1　KEIL 开发环境搭建 ······ 16

1.3.2　安装调试工具 ······ 19

1.4　项目总结 ······ 22

1.5　动手实践 ······ 22

1.6　润物无声：中国芯片 ······ 22

1.7　知识巩固 ······ 23

项目 2　标准固件库函数开发初探：从点亮 LED 开始 ······ 25

任务 2.1　多文件编程 ······ 25

2.1.1　C 程序的编译 ······ 26

2.1.2　模块化编程 ······ 26

任务 2.2　标准固件库函数工程模板的建立 ······ 29

2.2.1　标准固件库文件 ······ 29

2.2.2　使用帮助文档 ······ 35

2.2.3　建立库函数工程模板 ······ 36

任务 2.3　点亮 LED ······ 44

2.3.1　点亮 LED 的开发步骤 ······ 44

2.3.2　硬件电路设计 ······ 44

2.3.3　软件设计 ······ 45

2.4　项目总结 ······ 48

2.5　动手实践 ······ 49

2.6　项目拓展 ······ 49

2.7　润物无声：千里之行，始于足下 ······ 49

2.8　知识巩固 ······ 49

项目 3 使用 GPIO 接口完成简单的开发任务 ……54
任务 3.1 使用 GPIO 接口实现流水灯 ……54
3.1.1 GPIO 接口的工作模式 ……54
3.1.2 STM32F407ZGT6 的时钟系统 ……60
3.1.3 GPIO 接口的结构体及库函数 ……65
3.1.4 流水灯的软硬件设计 ……69
任务 3.2 使用 GPIO 接口控制按键 ……71
3.2.1 任务描述 ……71
3.2.2 硬件设计 ……72
3.2.3 软件设计 ……72
任务 3.3 数码管的动态显示 ……76
3.3.1 任务描述 ……76
3.3.2 硬件设计 ……76
3.3.3 软件设计 ……77
3.4 项目总结 ……82
3.5 动手实践 ……82
3.6 润物无声：代码规范 ……83
3.7 知识巩固 ……84
项目 4 使用定时器实现电子钟 ……89
任务 4.1 熟悉 STM32 系列微控制器的中断系统 ……89
4.1.1 嵌套向量中断控制器 ……91
4.1.2 NVIC 的结构体 ……93
4.1.3 NVIC 的标准固件库函数 ……95
4.1.4 中断编程的要点 ……95
任务 4.2 熟悉 STM32F407 微控制器的定时器特性 ……96
4.2.1 高级控制定时器 ……96
4.2.2 通用定时器 ……97
4.2.3 基本定时器 ……97
任务 4.3 使用定时器实现电子钟的软件设计 ……97
4.3.1 基本定时器的主要功能 ……97
4.3.2 定时器的结构体及标准固件库函数 ……100
4.3.3 电子钟的软件设计 ……104
4.4 项目总结 ……109
4.5 动手实践 ……109
4.6 润物无声：诚信 ……109
4.7 知识巩固 ……109

项目 5 利用外部中断为电子钟校准 ········ 113

任务 5.1 熟悉中断/事件线的特性 ········ 113
任务 5.2 学会使用 EXTI 的结构体及标准固件库函数 ········ 116
任务 5.3 利用外部中断实现电子钟校准的软件设计 ········ 118
5.3.1 任务要求 ········ 118
5.3.2 编程要点 ········ 119
5.3.3 实例代码 ········ 120
5.3.3 下载验证 ········ 126
5.4 项目总结 ········ 126
5.5 动手实践 ········ 126
5.6 润物无声：知识产权 ········ 127
5.7 知识巩固 ········ 127

项目 6 通过 USART 收发数据 ········ 130

任务 6.1 理解串行通信协议 ········ 131
6.1.1 物理层 ········ 131
6.1.2 协议层 ········ 132
6.1.3 有效数据和数据校验 ········ 133
任务 6.2 熟悉 STM32 系列微控制器的 USART ········ 133
6.2.1 USART 的特性 ········ 134
6.2.2 USART 的功能 ········ 134
任务 6.3 学会使用 USART 的结构体及标准固件库函数 ········ 139
任务 6.4 通过 USART 收发数据 ········ 143
6.4.1 任务要求 ········ 143
6.4.2 编程要点 ········ 143
6.4.3 硬件连接 ········ 144
6.4.4 软件编程 ········ 145
6.4.5 实例代码 ········ 146
6.4.6 下载验证 ········ 148
6.5 项目总结 ········ 151
6.6 动手实践 ········ 151
6.7 润物无声：华为 5G 通信 ········ 151
6.8 知识巩固 ········ 152

项目 7 使用 SPI 总线操作外设 ········ 154

任务 7.1 理解 SPI 协议 ········ 155
7.1.1 物理层 ········ 155
7.1.2 协议层 ········ 155
任务 7.2 熟悉 STM32 系列微控制器的 SPI ········ 157

7.2.1 SPI 的特性 …… 158
7.2.2 SPI 的功能 …… 158
任务 7.3 学会使用 SPI 的结构体及标准固件库函数 …… 160
任务 7.4 利用 MAX7219 实现 8 位数码管的显示功能 …… 164
7.4.1 编程任务 …… 164
7.4.2 硬件设计 …… 164
7.4.3 软件设计 …… 166
7.4.4 实例代码 …… 169
7.4.5 下载验证 …… 172
7.5 项目总结 …… 173
7.6 动手实践 …… 173
7.7 润物无声：6G 争夺战已然打响 …… 174
7.8 知识巩固 …… 174

项目 8 使用定时器生成 PWM 信号 …… 176

任务 8.1 理解使用定时器生成 PWM 信号的原理 …… 176
任务 8.2 熟悉 STM32 系列微控制器的定时器 …… 179
8.2.1 TIM2～TIM5 的主要特性 …… 179
8.2.2 TIM9～TIM14 的主要特性 …… 180
8.2.3 通用定时器的功能 …… 181
任务 8.3 学会使用定时器的结构体和标准固件库函数 …… 189
任务 8.4 使用定时器生成 PWM 信号的软件设计 …… 192
8.4.1 任务描述 …… 192
8.4.2 编程要点 …… 192
8.4.3 实例代码 …… 196
8.4.4 下载验证 …… 198
8.5 项目总结 …… 199
8.6 项目拓展 …… 199
8.7 动手实践 …… 199
8.8 润物无声：精益求精 …… 199
8.9 知识巩固 …… 199

项目 9 使用 I2C 总线驱动 OLED …… 201

任务 9.1 理解 I2C 总线协议 …… 201
9.1.1 I2C 总线的物理层 …… 201
9.1.2 I2C 总线的协议层 …… 203
任务 9.2 熟悉 STM32 系列微控制器的 I2C 总线 …… 205
9.2.1 I2C 总线接口的特性 …… 205
9.2.2 I2C 总线接口的功能 …… 206
9.2.3 I2C 总线的通信过程 …… 208

任务 9.3　学会使用 I2C 总线的结构体及标准固件库函数 ········ 209
任务 9.4　使用 I2C 总线驱动 OLED 的软件设计 ········ 216
9.4.1　编程任务 ········ 216
9.4.2　编程要点 ········ 217
9.4.3　硬件设计 ········ 217
9.4.4　软件设计 ········ 217
9.4.5　实例代码 ········ 223
9.4.6　下载验证 ········ 236
9.5　项目总结 ········ 236
9.6　动手实践 ········ 236
9.7　润物无声：柔性 OLED ········ 237
9.8　知识巩固 ········ 237
项目 10　通过 ADC 采集光敏传感器输出电压值 ········ 241
任务 10.1　熟悉 STM32 系列微控制器的 ADC ········ 241
10.1.1　ADC 的特性 ········ 243
10.1.2　ADC 的功能 ········ 243
任务 10.2　学会使用 ADC 的结构体及标准固件库函数 ········ 249
任务 10.3　通过 ADC 单通道采集光敏传感器的输出电压 ········ 258
10.3.1　独立模式下 ADC 单通道数据采集的硬件连接 ········ 258
10.3.2　独立模式下 ADC 单通道数据采集的编程要点 ········ 259
10.3.3　实例代码 ········ 261
10.3.4　下载验证 ········ 263
10.4　项目总结 ········ 264
10.5　动手实践 ········ 264
10.6　润物无声：集成电路工程技术人员 ········ 264
10.7　知识巩固 ········ 265
项目 11　嵌入式操作系统 μC/OS-Ⅲ的移植 ········ 267
任务 11.1　了解嵌入式操作系统 ········ 267
11.1.1　嵌入式系统的特点 ········ 267
11.1.2　常用的嵌入式操作系统 ········ 268
任务 11.2　如何将 μC/OS-Ⅲ移植到 STM32F407 开发板 ········ 270
11.2.1　裸机系统和多任务操作系统的区别 ········ 270
11.2.2　μCOS-Ⅲ的移植方法 ········ 272
任务 11.3　如何在 μC/OS-Ⅲ上实现单任务——LED 闪烁 ········ 278
11.3.1　如何创建任务 ········ 279
11.3.2　启动任务 ········ 281
11.3.3　任务总结 ········ 281
11.4　项目总结 ········ 281

11.5 动手实践……281
11.6 润物无声：华为鸿蒙系统……282
11.7 知识巩固……282

参考文献……283

项目 1
开发环境的搭建

项目描述：

微控制器（MCU）诞生于 20 世纪 70 年代中期，经过多年的发展，其成本越来越低，功能越来越强大，这使其应用已经无处不在，遍及各个领域。近年来，随着全球物联网市场的迅猛发展，物联网设备的年增长率达到了 14.8%。物联网的迅猛发展推动了 MCU 应用的增长，用于物联网的 MCU 销量在 2017—2022 年期间的复合年均增长率达到了 17%。

微控制器是将微型计算机的主要部件，如中央处理器（CPU）、随机存取存储器（RAM）、只读存储器（ROM）、输入/输出接口（I/O）等，集成在一个芯片上的单芯片微型计算机。由于微控制器把这些部件集成在一个芯片上，因此微控制器通常也称为单片机。

嵌入式系统是一个专用系统，它通常在一个大型的机械或者电子设备中发挥控制和计算的作用，同时具有实时性。可以将嵌入式系统理解为嵌入到了一种专用设备中的计算机系统。嵌入式系统一般由嵌入式核心芯片、外围硬件设备、嵌入式操作系统以及用户应用程序等四个部分组成，用于实现对其他设备的控制、监测或管理等功能。

嵌入式系统的核心芯片包含四种，嵌入式微控制器、嵌入式微处理器、嵌入式信号处理器和嵌入式片上系统。从这个角度来看，最简单的嵌入式系统就是由本书要学习的 ARM 微控制器构成的嵌入式系统。

要进行微控制器的开发，首先要搭建开发环境，本项目将搭建 ARM 微控制器 STM32F407 的开发环境。本项目首先介绍 ARM 的历史以及 ARM 微控制器 STM32F407，然后介绍 STM32F407 微控制器的功能；接着从硬件电路认识进行嵌入式开发的开发板；最后完成 STM32F407 微控制器开发环境的搭建。

项目内容：

任务 1：了解 ARM 微控制器 STM32F407。

任务 2：初识开发板硬件电路。

任务 3：开发环境的搭建。

课程概述

学习目标：

🕮 了解 ARM 微控制器 STM32F407。

🕮 熟悉开发板的硬件电路。

🕮 能够自行搭建开发环境，为嵌入式开发做好准备。

任务 1.1 了解 ARM 微控制器 STM32F407

本书使用的是微控制器是采用 ARM-Cortex M4 内核的高性能产品——STM32F407。

1.1.1 ARM 微控制器

ARM 概述

1. ARM 的历史

ARM 的历史要追溯到 1978 年。物理学家赫尔曼·豪泽（Hermann Hauser）和工程师克里斯·柯里（Chris Curry）在英国剑桥创办了 CPU（Cambridge Processing Unit）公司，主要为当地市场供应电子设备，被人们称为“英国的苹果电脑公司”。

1979 年，CPU 公司改名为 Acorn 计算机公司（Acorn Computer Company）。Acorn 公司改名的原因很简单，就是它在单词表中的顺序排在 Apple 前面。这次改名的意图就显而易见了。

1980 年，英国 BBC 电视台策划了一系列关于计算机的电视节目。但导演发现给没见过计算机的观众讲明白计算机是什么太难了。此时美国苹果公司已经推出了适合个人使用的、风靡全美的微型计算机——Apple-II，但对英国人来说，计算机还是限于科研、国防、制造领域的高科技设备，和自己的生活没有太大关系。为了让英国人弄清楚计算机是什么，BBC 电视台公开招标，资助一家公司开发便宜的微型计算机。中标的 Acorn 公司正在开发一款个人计算机的原型机，成本符合 BBC 电视台的预算。这款原型机被命名为 BBC Micro，借助于电视节目的宣传，BBC Micro 很快成为英国最流行的个人计算机。

在开发 BBC Micro 的过程中，Acorn 公司打算使用原摩托罗拉公司的 16 位芯片作为 CPU，但发现这款芯片又慢又贵。于是，他们向 Intel 公司索要 80286 芯片的设计资料，但遭到了拒绝，最后不得不自行研发。Acorn 公司委任索菲·威尔逊（Sophie Wilson）负责研发自己的处理器。由于 Acorn 公司的资源有限，没有能力开发 CISC 处理器，只能选择开发晶体管数较少的 RISC 处理器。

1985 年，罗杰·威尔逊（Roger Wilson）和史蒂夫·弗伯（Steve Furber）设计了他们自己的第一代 32 bit、6 MHz 的处理器，用它做出了一台 RISC 计算机，简称 ARM（Acorn RISC Machine）。这就是 ARM 这个名字的由来。

1990 年 11 月 27 日，Acorn 公司正式改组为 ARM 计算机公司。ARM 由苹果公司出资 150 万英镑，芯片厂商 VLSI 出资 25 万英镑，Acorn 公司则以 150 万英镑的知识产权和 12 名工程师入股。ARM 公司最初的办公地点非常简陋，就是一个谷仓，如图 1-1 所示。

在 ARM 公司诞生初期，其业务一度很不景气，当时业界正热衷于设计相对较大的处理器，而 ARM 公司由于设计队伍资源有限，不得不像此前的 Acorn 公司那样开发小规模的处理器。由于缺乏资金，ARM 做出了一个意义深远的决定，那就是自己不制造芯片，只将芯片的设计方案授权（Licensing）给其他公司，由其他公司来生产芯片。正是这个决定，最终使得 ARM 芯片遍地开花。ARM 公司的业务发展和市场模式如图 1-2 所示。

图 1-1　ARM 公司最初的办公地点（图片引自 ARM 社区）

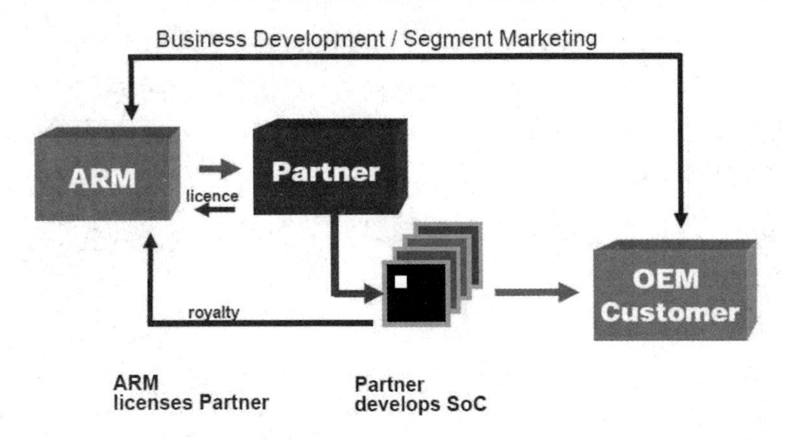

图 1-2　ARM 公司的业务发展和市场模式

ARM 公司于 1991 年年底将产品授权给英国的 GEC Plessey 半导体公司，于 1993 年将产品授权给 Cirrus Logic 和德州仪器（TI）。当时的 TI 在 DSP 领域已经取得很大的成就，但并不熟悉处理器领域。ARM 与 Nokia、TI 合作开发出了 16 位的 Thumb 指令集，创建了 ARM/Thumb 的 SoC 商业模式，ARM7 就是其中最重要的一颗微处理器内核，该微处理器使用更小的晶粒得以发展出低功耗模式。随后，三星公司也加入了 ARM 公司的授权行列。

1998 年 4 月 17 日，ARM 公司同时在英国伦敦证券交易所和美国纳斯达克上市。苹果公司的早期投资拥有了 ARM 公司 43%的股份，ARM 公司在英国和美国同时上市后，苹果公司逐渐出售了这些股份。

20 世纪 90 年代，ARM 微处理器的出货量徘徊不前。但进入 21 世纪后，手机的快速发展使得微处理器的出货量呈现爆炸式的增长，ARM 微处理器迅速占领了全球手机市场。2006 年，ARM 微处理器的全球出货量为 20 亿颗，而到了 2007 年年底，ARM 微处理器的全球总出货量已突破 100 亿颗。

进入 21 世纪，ARM 公司得到了前所未有的发展，到 2007 年年底，ARM 公司的雇员总数达到 1728 人，持有专利 700 项，在全球有 31 个分支机构，合作伙伴有 200 余家，年收入达 2.6 亿英镑。

2010 年 6 月，苹果公司表示有意以 80 亿美元的价格收购 ARM 公司，但遭到拒绝。ARM 公司的 CEO 沃伦 • 伊斯特（Warren East）认为，ARM 公司作为独立公司更具价值。2014 年 7 月 18 日，软银宣布将以 243 亿英镑（约合 320 亿美元）收购 ARM。

2．ARM 微处理器

ARM 自 1985 年发布首个内核 ARM1 开始，经过近 40 年的发展，ARM 微处理器已经发展到 Cortex-A72 内核。目前，随着对嵌入式系统的要求越来越高，作为其核心的嵌入式微处理器的综合性能也受到日益严峻的考验，最典型的例子就是伴随 5G 网络的推广，对手机的本地处理能力要求就很高。现在一个高端智能手机的处理能力几乎可以和几年前的笔记本电脑相媲美。为了迎合市场的需求，ARM 公司也在加紧研发最新的 ARM 架构，Cortex 系列就是这样的产品。在 Cortex 系列之前，ARM 内核都是以 ARM 为前缀命名的，从 ARM1 一直到 ARM11，之后就是 Cortex 系列。Cortex 在英语中有大脑皮层的意思，而大脑皮层正是大脑的核心部分，估计 ARM 公司如此命名正有此含义吧。

ARM 微处理器在 ARM11 以后就开始以 Cortex 命名，并分成 A、R 和 M 三个系列，如图 1-3 所示，旨在为不同的市场提供服务。Cortex 系列属于 ARM v7 架构，这是 ARM 公司最新的指令集架构。其中 A 系列主要面向高端的基于虚拟内存的操作系统和用户应用；R 系列主要面向实时系统；M 系列主要面向控制系统。如图 1-4 所示为 ARM 公司按照 A、R、M 命名的较新的微处理器。

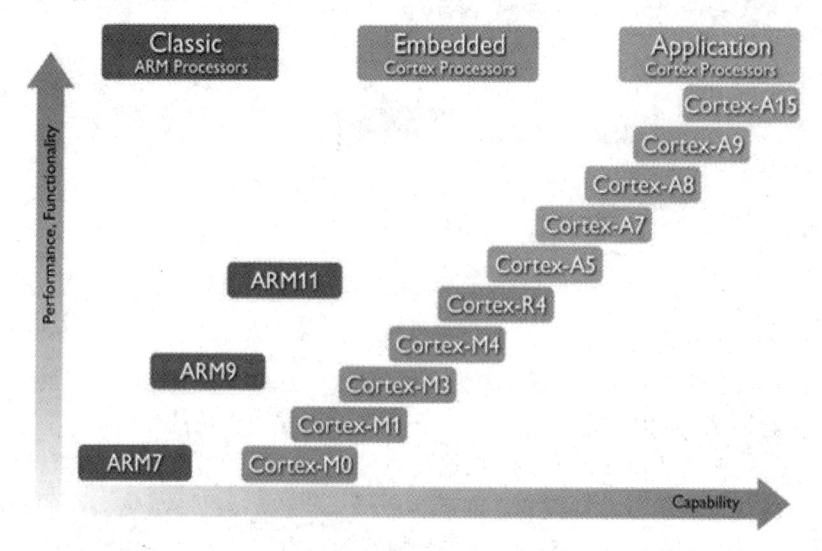

图 1-3　ARM 微处理器的三个系列（图片引自 ARM 官方网站）

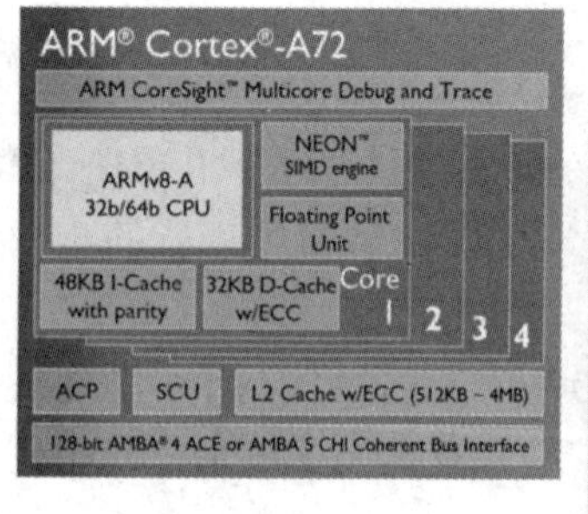

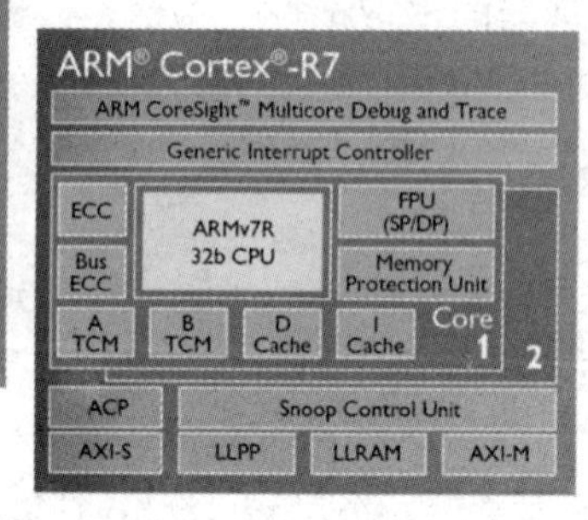

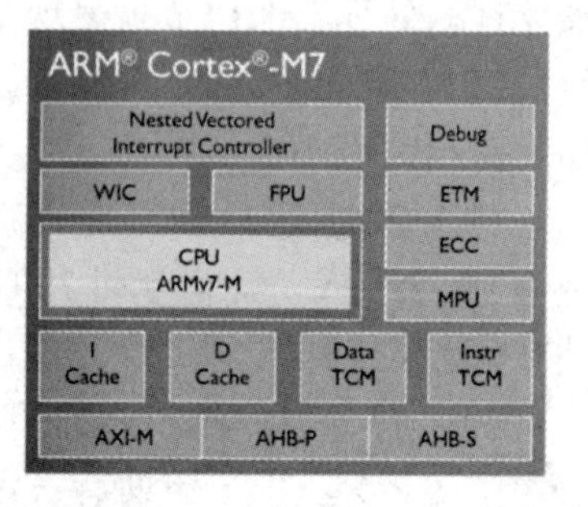

图 1-4　ARM 公司按照 A、R、M 命名的较新的微处理器（图片引自 ARM 社区）

华为给智手机 Mate20 搭载的麒麟 980（见图 1-5）就是基于 Cortex-A76 内核的微处理器。Cortex-A76 内核是 ARM 公司在 2018 年推出的最新架构，其相比 Cortex-A75 内核，该内核的性能有了明显的提升。

图 1-5　华为给智能手机 Mate20 搭载的麒麟 980 微处理器

3．Cortex-M 系列微控制器

Cortex-M 中的 M 指的是 Microcontroller，目前主要有 Cortex-M0、Cortex-M0+、Cortex-M3、Cortex-M4、Cortex-M7，以及新发布的基于 ARMv8-M 构架的内核 Cortex-M23、Cortex-M33，其中 Cortex-M23 是 Cortex-M0 和 Cortex-M0+的升级，Cortex-M33 是 Cortex-M3、Cortex-M4 的升级。Cortex-M 系列微控制器如图 1-6 所示。

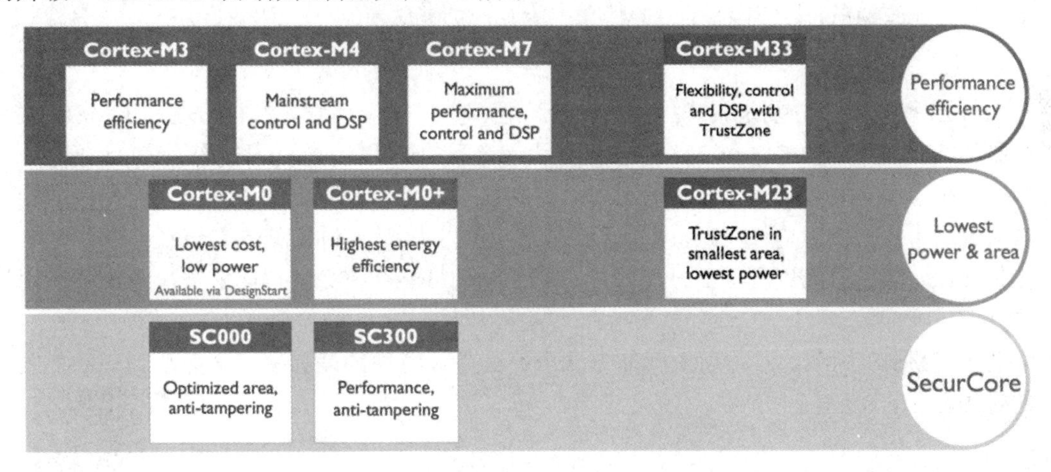

图 1-6　Cortex-M 系列微控制器（图片引自 ARM 官方网站）

Cortex-M23 是基于 ARMv8-M 构架的、主要关注低功耗应用的微控制器，是 Cortex-M0 和 Cortex-M0+的替代品。Cortex-M33 是基于 ARMv8-M 构架的、主要关注高能效应用的微控制器，用于替代 Cortex-M3、Cortex-M4。Cortex-M7 是基于 ARMv7-M 构架的、主要关注高性能的微控制器。从图 1-6 中可以看出，Cortex-M7 的性能最强。Cortex-M 系列微控制器更多地集中在低性能的应用，但这些微控制器的性能仍然比传统微处理器的性能强大。

例如，Cortex-M4（其内核见图 1-7 所示）和 Cortex-M7 已经应用到了许多高性能的产品中，最大的时钟频率可以达到 400 MHz。

目前，软件开发成本已经成为嵌入式行业的主要开发成本。对于 ARM 公司来说，一个 ARM 内核往往会授权给多个厂商，从而生产出种类繁多的芯片。如果没有一个通用的软件接口标准，那么开发者在使用不同厂商的芯片时将极大地增加软件开发成本。因此 ARM 与 ATMEL、IAR、KEIL、ST、NXP 等多家芯片厂商和软件厂商合作，对所有 Cortex 系列微处理器的软件接口进行了标准化，制定了微控制器软件接口标准（Cortex Microcontroller Software Interface Standard，CMSIS）。

CMSIS 是 Cortex-M 系列微处理器的、与芯片厂商无关的硬件抽象层，其架构如图 1-8 所示。CMSIS 为接口外设、实时操作系统（RTOS）和中间件提供了一致且简单的软件接口，从而简化了软件的重用、缩短了开发人员学习微控制器的过程，加快了新产品的上市节奏。

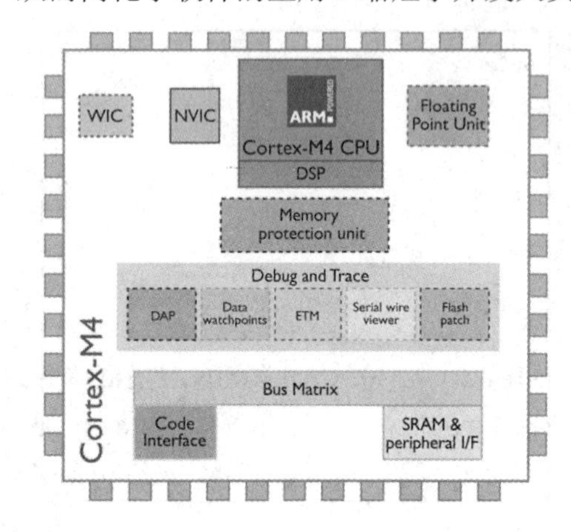

图 1-7 Cortex-M4 内核（图片引自 ARM 官方网站）

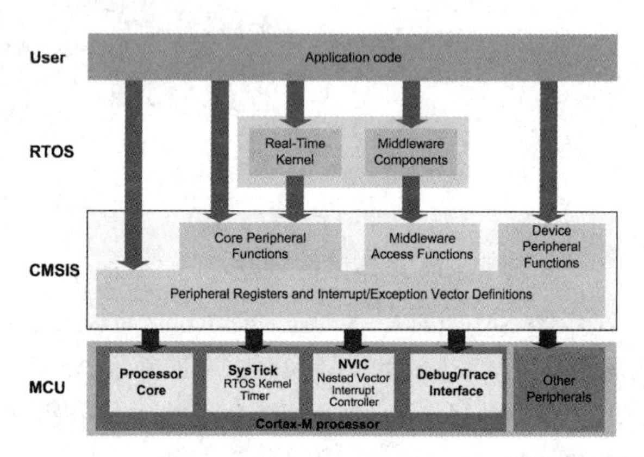

图 1-8 CMSIS 的架构（图片引自 ARM 官方网站）

CMSIS 有 4 层，分别是用户应用（User）层、实时操作系统（RTOS）层、CMSIS 层和微控制器（MCU）层。其中 CMSIS 层起着承上启下的作用：一方面该层对 MCU 层进行了封装，屏蔽了不同厂商对 Cortex-M 系列微控制器核内外设寄存器的不同定义；另一方面又向 RTOS 层［包括实时内核（Real-Time Kernel）和中间件（Middleware Components）］、User 层提供接口，简化了应用程序的开发难度，使开发人员能够在完全透明的情况下进行应用程序的开发。

有了 CMSIS 标准，芯片厂商就能专注于产品外设特性的差异化，从而达到降低开发成本的目的。

1.1.2 STM32F407 的功能

STM32 微控制器

意法半导体（ST Microelectronics）是全球领先的半导体解决方案供应商，不断地为传感及功率技术和多媒体融合应用领域提供新的解决方案。从 2007 年的基于 Cortex-M3 内核的微控制器，2011 年的首个采用 Cortex-M4 内核的高性能微控制器，2012 年的采用 Cortex-M0 内核的入门级微控制器，到 2014 年的首个采用 Cortex-M7 内核的微控制器，再到 2018 年的基于双核的微控制器，ST 一直在致力于微控制器的开发。自 2007 年至今，STM32 系列微控制器经历了多次更迭，如图 1-9 所示。我们在这里说一下 STM32 的含义，ST 表示意法半导体公司，M 表示微控制器，32 表示微控制器是 32 bit 的。

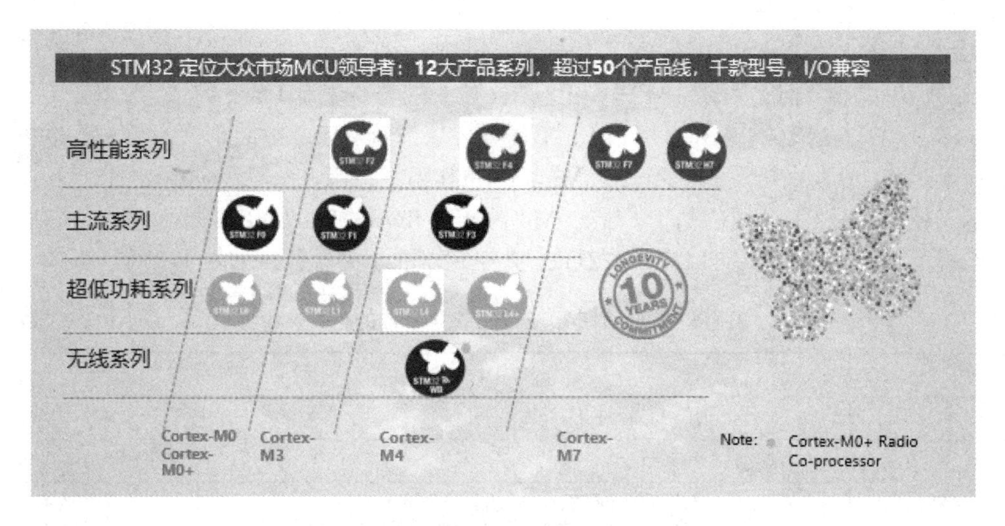

图 1-9　STM32 的产品（图片引自 ST 官方网站）

针对不同应用和功能，ST 公司有各种产品，其中的 STM8AL、STM8AF 系列产品面向自动驾驶，STM32WB 系列产品适用于无线射频和无线通信，STM8L 系列产品主要针对低功耗及智能家居，STM32F0、STM32F1、STM32F3 系列产品都是主流的基础型微控制器，而 STM32F4 系列产品是高性能的微控制器。

1．STM32 系列微控制器的命名规范

为了了解 STM32F407ZGT6 微控制器的名称含义，需要先来了解一下 ST 公司的微控制器命名规范，我们以 STM32F051R8T6X 为例进行讲解，如图 1-10 所示。

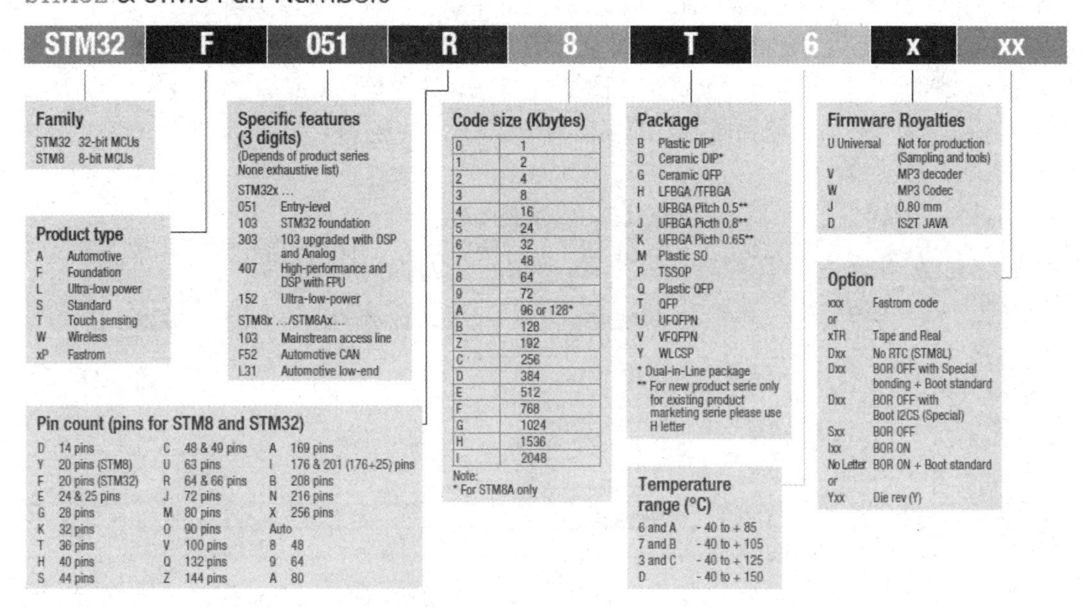

图 1-10　STM32 系列微控制器的命名规范（图片引自 ST 官方网站）

图 1-10 中的 STM32 表示 MCU 是 32 位的；F 所在位置的符号表示产品类型，F 表示是基础型的 MCU；051 所在位置的符号表示具体特性，051 表示 F0 系列的一款入门级的 MCU，

而 407 则是指高性能的 MCU（集成了 DSP 和 FPU）；R 所在位置的符号表示引脚，这里的 R 表示 64 或 68 引脚，而 Z 表示 144 引脚；8 所在位置的符号表示 Flash 容量，8 表示 Flash 容量为 64 KB，G 表示 1024 KB，即 1 MB；T 所在位置的符号表示封装形式，T 表示 QFP，即四面扁平封装；6 所在位置的符号表示 MCU 的工作温度范围，6 表示-40～85℃。

本书使用的是 ST 公司的基于 Cortex-M4 内核的 STM32F407ZGT6 微控制器。按照上述的命名规范我们能够明白 STM32F407ZGT6 微控制器的相关参数，如表 1-1 所示。

表 1-1　STM32F407ZGT6 微控制器的相关参数

名　称	含　义
STM32	ST 公司生产的 32 bit 的 MCU
F	产品类型，F 表示基础型
407	具体特性，407 表示高性能的 MCU，且带 DSP 和 FPU
Z	引脚数目，Z 表示 144 引脚。其他常用的符号有：C 表示 48 引脚，R 表示 64 引脚，V 表示 100 引脚，I 表示 176 引脚，B 表示 208 引脚，N 表示 216 引脚
G	Flash 大小，G 表示 1024 KB，其他常用的符号有：C 表示 256 KB，E 表示 512 KB，I 表示 2048 KB
T	封装形式，T 表示 QFP，这个是最常见的封装形式
6	温度等级，6 表示温度等级为 A，其范围为-40～85℃

2．STM32F407 的片上资源

STM32F407 是采用 Cortex-M4 内核的高性能微控制器，采用了 90 nm 的 NVM 和 ART 技术。ART 技术使得程序可以被零等待地执行，大大提升了程序的执行效率，将 Cortex-M4 内核的性能发挥到了极致，使得 STM32F4 系列微控制器的工作频率达到了 168 MHz，当 CPU 工作于所允许的频率内（≤168 MHz）时，在 Flash 中执行的程序可以实现零等待。STM32F4 系列微控制器集成了 DSP 和 FPU，提升了计算能力，可以进行一些复杂的计算和控制。

STM32F407 微控制器的片上资源如图 1-11 所示，其内核为 Cortex-M4，Flash 的容量为 1024 KB，RAM（随机存取存储器）的容量为 192 KB，具有 144 个引脚，采用 LQFP 形式，有 114 个 GPIO 接口。

STM32 F4 SERIES - ARM® CORTEX®-M4 HIGH-PERFORMANCE MCUs WITH DSP AND FPU

Part number	Flash size (Kbytes)	Internal RAM size (Kbytes)	Package	Timer functions		ADC	DAC	I/Os	Serial interface									Supply voltage (V)	Supply current (Icc)		Maximum operating temperature range (°C)
				16-/32-bit timers	Others				SPI	SAI	I2S	I2C	USART + UART[1]	USB OTG	CAN 2.0B	SDIO	Ethernet MAC10 /100		Lowest power mode (µA)	Run mode (per MHz) (µA)	
STM32F417VE[2]	512	192	LQFP100	12x16-bit / 2x32-bit		16x12-bit	2x12-bit	82	3		2	3	4+2	2	2	1	Yes	1.8 to 3.6	1.7	215	-40 to +105
STM32F407ZE	512	192	LQFP144	12x16-bit / 2x32-bit		24x12-bit	2x12-bit	114	3		2	3	4+2	2	2	1	Yes	1.7[3] to 3.6	1.7	215	-40 to +105
STM32F417ZE[2]	512	192	LQFP144	12x16-bit / 2x32-bit		24x12-bit	2x12-bit	114	3		2	3	4+2	2	2	1	Yes	1.7[3] to 3.6	1.7	215	-40 to +105
STM32F407IG	1024	192	UFBGA176 LQFP176	12x16-bit / 2x32-bit		24x12-bit	2x12-bit	140	3		2	3	4+2	2	2	1	Yes	1.7[3] to 3.6	1.7	215	-40 to +105
STM32F417IG[2]	1024	192	UFBGA176 LQFP176	12x16-bit / 2x32-bit	2x WDG, RTC, 24-bit downcounter	24x12-bit	2x12-bit	140	3		2	3	4+2	2	2	1	Yes	1.7[3] to 3.6	1.7	215	-40 to +105
STM32F407VG	1024	192	LQFP100	12x16-bit / 2x32-bit		16x12-bit	2x12-bit	82	3		2	3	4+2	2	2	1	Yes	1.8 to 3.6	1.7	215	-40 to +105
STM32F417VG[2]	1024	192	LQFP100	12x16-bit / 2x32-bit		16x12-bit	2x12-bit	82	3		2	3	4+2	2	2	1	Yes	1.8 to 3.6	1.7	215	-40 to +105
STM32F407ZG	1024	192	LQFP144	12x16-bit / 2x32-bit		24x12-bit	2x12-bit	114	3		2	3	4+2	2	2	1	Yes	1.7[3] to 3.6	1.7	215	-40 to +105
STM32F417ZG[2]	1024	192	LQFP144	12x16-bit / 2x32-bit		24x12-bit	2x12-bit	114	3		2	3	4+2	2	2	1	Yes	1.7[3] to 3.6	1.7	215	-40 to +105

图 1-11　STM32F407 微控制器的片上资源（图片引自 ST 官方网站）

STM32F407 微控制器允许的最高电压为 3.6 V、最低电压为 1.8 V，包含 12 个 16 bit 的定时器、2 个 32 bit 的定时器、3 个 ADC、24 个 ADC 通道、2 个 DAC、3 个 SPI、2 个 I2S、3 个 I2C、6 个 UARST、2 个 CAN、1 个 SDIO、1 个 FSMC、1 个 USB OTG-FS、1 个 USB OTG-HS、

1 个 DCMI、1 个 RNG。

3. STM32F407 微控制器的内部框图

STM32F407 微控制器的内部框图如图 1-12 所示，主要包括 Cortex-M4 内核、高性能 AHB 总线、通用 DMA 系统、内部 SRAM、内部 Flash、AHB 到 APB 的桥、专门用于连接 GPIO 的 AHB1，以及一条多层 AHB 互联的系统总线。

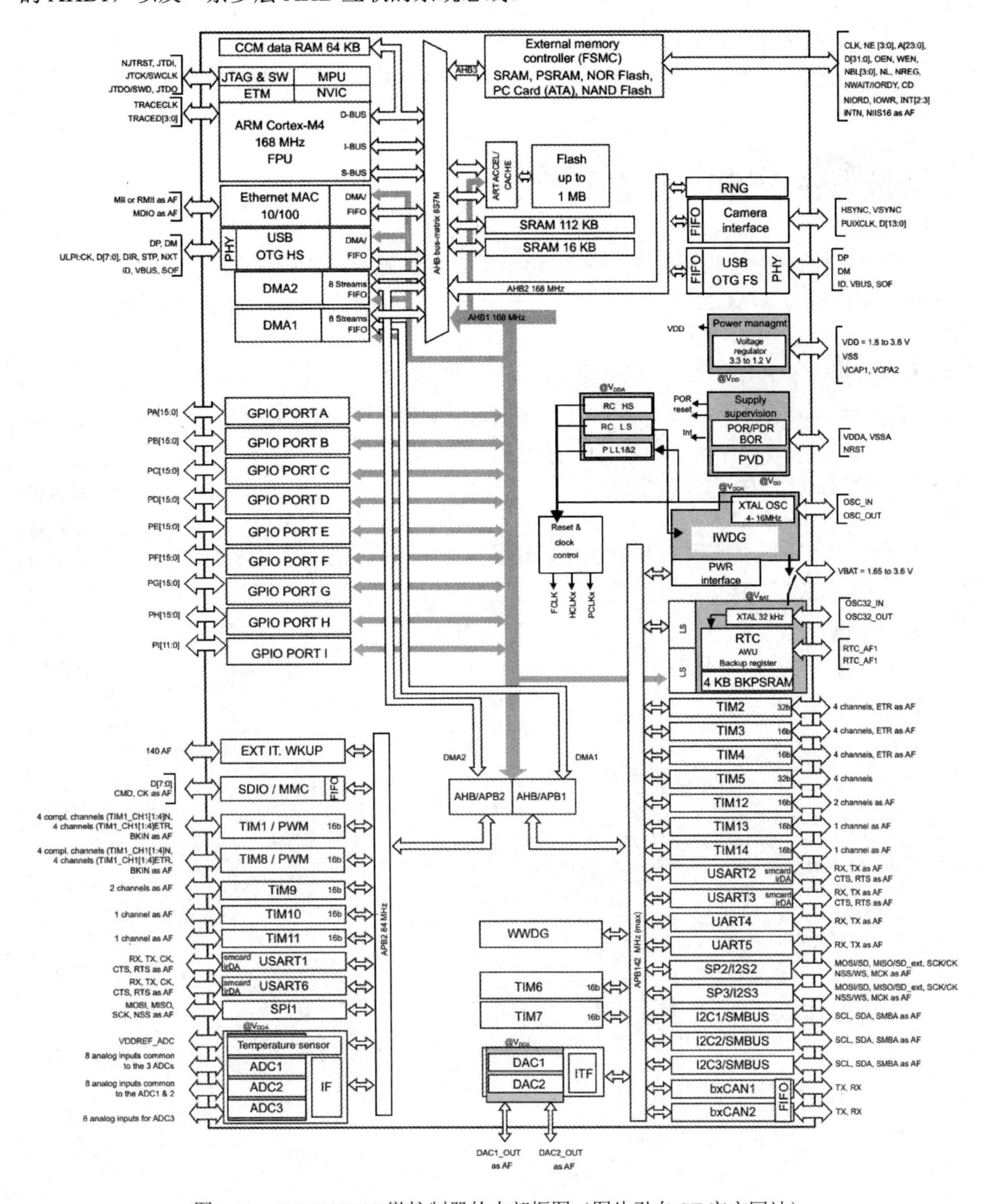

图 1-12 STM32F407 微控制器的内部框图（图片引自 ST 官方网站）

多层 AHB 互联的系统总线连接了 Cortex-M4 内核的系统总线和总线矩阵，总线矩阵用来协调内核和 DMA 间的总线访问控制。正是因为总线矩阵的存在，才使得多个主机可以并行访问不同的从机，增强了数据传输能力，提升了访问效率，同时也改善了功耗。

总线矩阵搭载了 AHB1 和 AHB2 两条高速总线，这两条总线的工作频率都是 168 MHz，AHB1 又分成了 APB1 和 APB2 两条低速总线，APB1 的工作频率是 42 MHz，APB2 的工作频率是 84 MHz。

我们从内部框图可以看出，GPIO 搭载在 AHB1 上，其他外设有的搭载在 APB1 上，有的搭载在 APB2 上，因此在进行系统开发时访问外设的频率是一个需要注意的地方。

任务 1.2 初识开发板硬件电路

本书使用的开发板由核心板和扩展板组成，核心板上的微控制器是 ST 公司的采用 Cortex-M4 内核的 STM32F407ZGT6，在使用开发板时可通过 SWD 方式对程序进行调试和下载。

扩展板提供了常用的模块，包括按键、LED、采用 SPI 接口的显示屏、采用 I2C 总线接口的 OLED 等模块，并把核心板的 GPIO 接口都连接到了扩展板，方便读者进行嵌入式开发实验。

1.2.1 核心板的电路原理图

核心板的电路原理图如图 1-13 所示，核心板的实物图如图 1-14 所示。

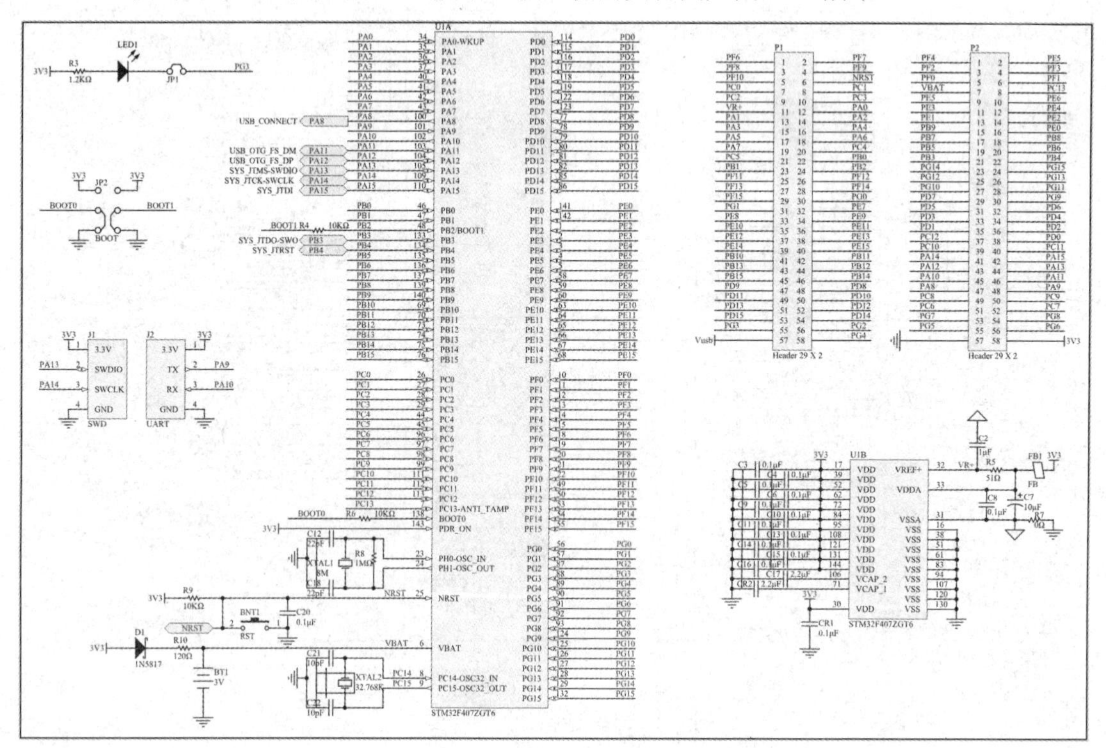

图 1-13 核心板的电路原理图

图 1-14　核心板的实物图

1．电源模块的电路原理图

STM32F4 系列微控制器的工作电压为 1.8～3.6 V，核心板的电源电路原理图如图 1-15 所示。电源模块先通过 USB 接口获取 5 V 的电压，再通过 LM1117-3.3 生成稳定的 3.3 V 电压。当系统供电后，电源指示灯被点亮，提示系统处于供电状态。

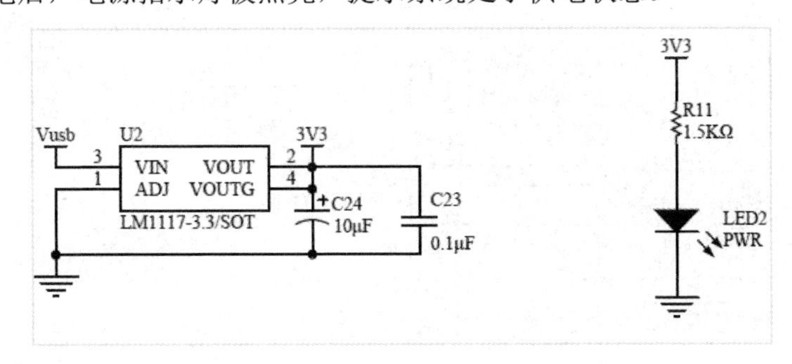

图 1-15　电源模块的电路原理图

2．外部复位模块的电路原理图

由于 STM32F4 系列微处理器有完善的内部复位电路，因此其外部复位电路就特别简单，只需要使用阻容复位方式即可。系统复位模块的电路原理图如图 1-16 所示。

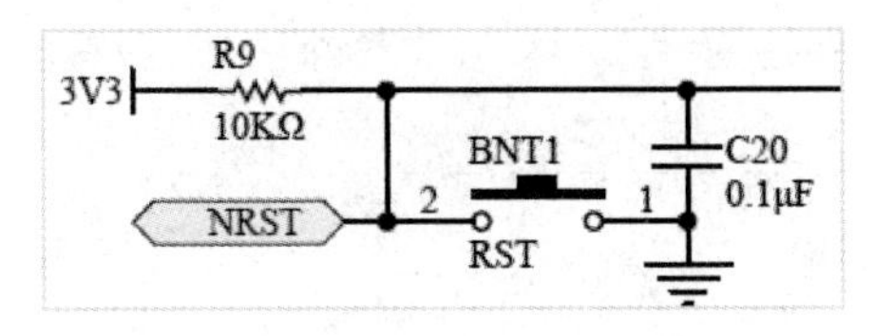

图 1-16　外部复位模块的电路原理图

3．时钟模块的电路原理图

STM32F4 系列微控制器既可以使用外部晶振或外部时钟源，经过或不经过内部 PLL 为系统提供参考时钟；也可以使用内部 RC 振荡器，经过或不经过内部 PLL 为系统提供参考时钟。外部晶振的频率为 4～16 MHz，可以为系统提供精确的参考时钟。

本书使用的核心板通过 8 MHz 的高速外部晶振为系统提供精确的参考时钟；通过 32.768 kHz 的低速外部晶振作为 RTC 的时钟源，连接到芯片的 PC14、PC15 引脚。高速外部晶振和低速外部晶振的电路原理图如图 1-17 和图 1-18 所示。

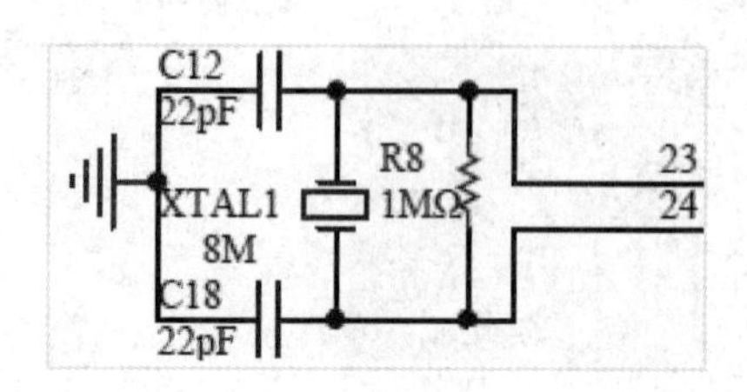

图 1-17　高速外部晶振的电路原理图

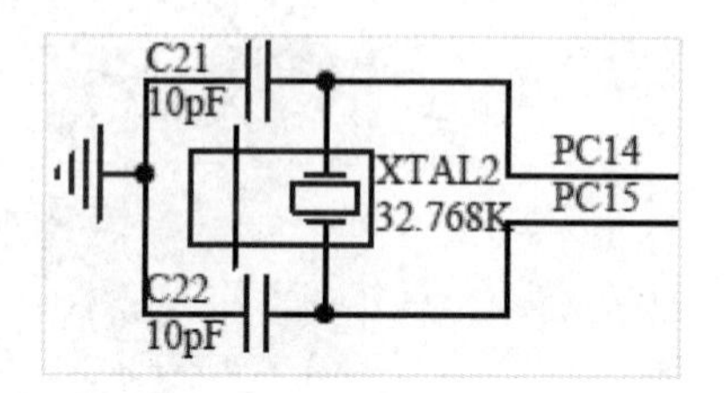

图 1-18　低速外部晶振的电路原理图

4．下载电路模块的电路原理图

本书使用的核心板集成了下载电路模块，分别采用 JTAG 接口（其电路原理图如图 1-19 所示）和 SWD 接口（其电路原理图如图 1-20 所示），支持多种下载方式。

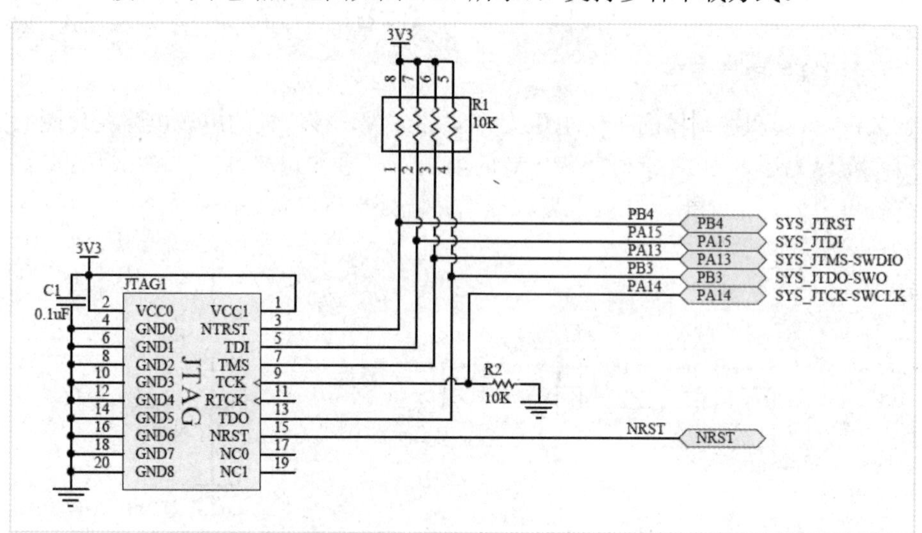

图 1-19　JTAG 接口的电路原理图

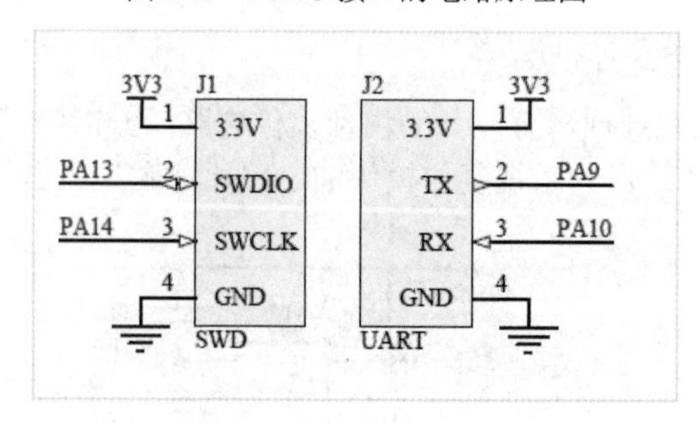

图 1-20　SWD 接口的电路原理图

5．启动模式

STM32F4 系列微控制器的不同下载方式对应的启动模式也不同，表 1-2 给出了三种不同的启动模式。

表 1-2　STM32F4 系列微控制器的三种启动模式

BOOT0	BOOT1	启 动 模 式	说　明
0	X	用户闪存启动模式	通过用户闪存（Flash）启动
1	0	系统存储器启动模式	通过系统存储器启动，用于串口下载
1	1	SRAM 启动模式	用于在 SRAM 中调试代码

第一种启动模式是最常用的，即通过用户 Flash 启动，正常工作就是通过这种启动模式启动的，STM32F4 系列微控制器的 Flash 可以擦除 10 万次。

第二种启动方式是系统存储器启动方式，即我们常说的串口下载方式。不建议用户使用这种启动模式，因为其速度比较慢。STM32F4 系列微控制器中自带的 BootLoader 就是这种启动方式。如果出现程序或硬件错误，则可以切换到系统存储器启动模式，在该模式下重新烧写 Flash 即可恢复正常工作。

第三种启动方式是 STM32F4 系列微控制器中内嵌的 SRAM 启动模式，该模式用于调试代码。

当 BOOT0 为 0 时，程序在下载后可以直接运行；当 BOOT0 为 1 时，可以通过 USART 下载程序，必须将 BOOT0 重新设置为 0 后程序才能正常运行。

启动模块的电路原理图如图 1-21 所示，该电路的 BOOT0 和 BOOT1 都接地，因此使用的是第一种启动模式。

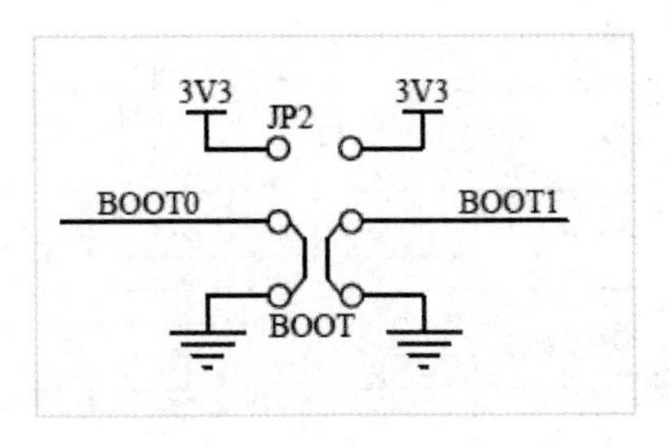

图 1-21　启动模块的电路原理图

1.2.2　扩展板的电路原理图

扩展板的电路原理图如图 1-22 所示。

1．键盘和 LED 模块的电路原理图

本书使用的扩展板有 8 个按键和 8 个 LED，分别为 S1～S8 和 D1～D8，如图 1-23 所示。由于按键一端接 GND，当按键按下时 I/O 口的电平是低电平，因此在设置按键时需要将连接按键的 I/O 口的设置为上拉模式。LED 显示电路可以让初学者按照自己的设置方式来实现不同的效果，这样有利于初学者设计自己喜欢的效果，更容易掌握 GPIO 的使用方法。

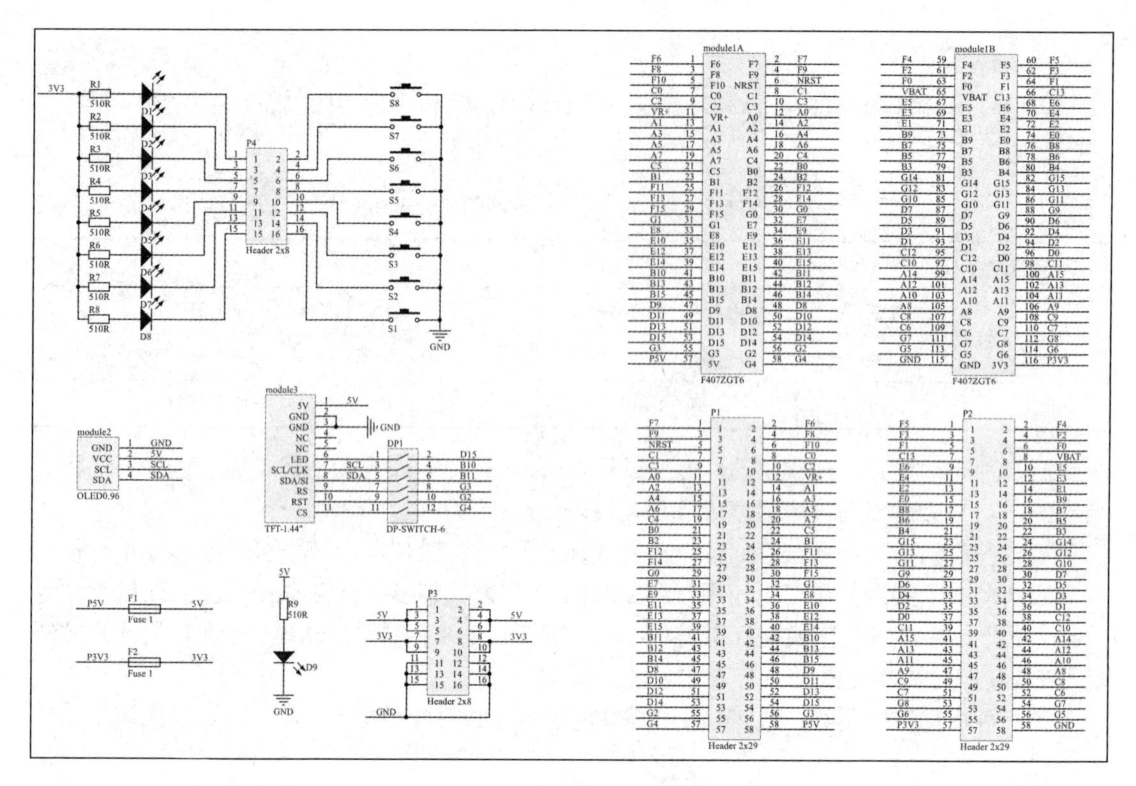

图 1-22　扩展板的电路原理图

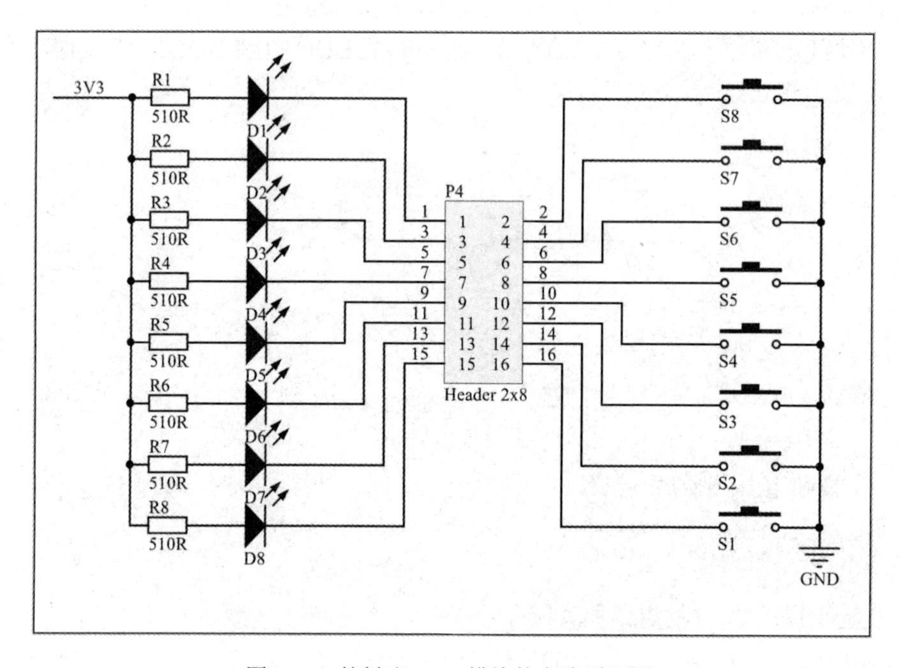

图 1-23　按键和 LED 模块的电路原理图

2．I2C 接口的电路原理图

STM32F4 系列微控制器有 3 个 I2C 接口，这 3 个 I2C 接口都能配置成 100 kHz 的标准模式和 400 kHz 的高速通信模式。本书使用的扩展板集成了具有 I2C 接口的 OLED，可以通过 I2C 接口实现数据的读/写等操作。I2C 接口的电路原理图如图 1-24 所示。

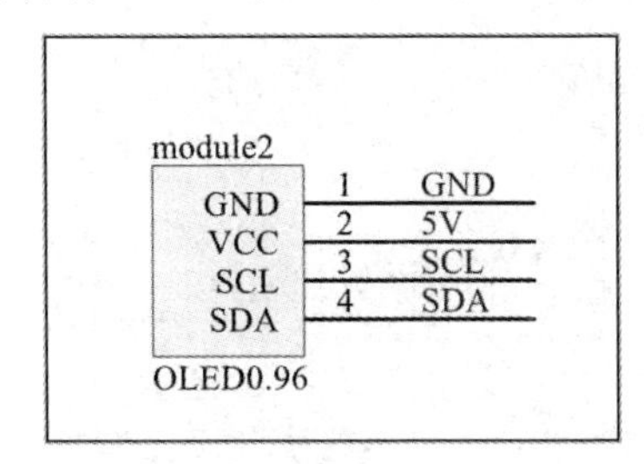

图 1-24　I2C 接口的电路原理图

3. SPI 接口的电路原理图

STM32F4 系列微控制器有 3 个 SPI 接口，最高工作频率可以达到 42 MHz。扩展板可以通过 SPI 接口来控制 TFT（Thin Film Transistor，薄膜晶体管）显示屏的显示。SPI 接口的电路原理图如图 1-25 所示，通过拨码开关可以选择使用 SPI 接口或 I2C 接口。

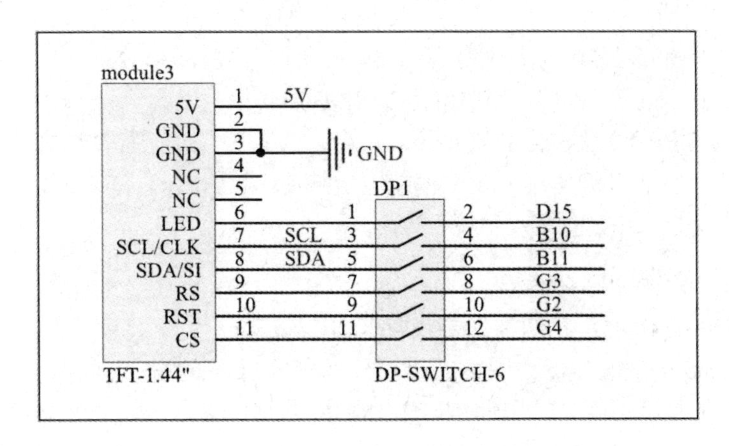

图 1-25　SPI 接口的电路原理图

STM32 微控制器开发环境

任务 1.3 开发环境的搭建

STM32 系列微控制器的开发工具有很多，图 1-26 给出了能进行 STM32 系列微控制器开发的 IDE（集成开发环境）。常用的商业软件是 IAR-EWARM 和 MDK-Arm，这两个商业软件虽然好用，但对应的免费版或评估版有器件型号限制，或者对程序大小有限制。

在 STM32 系列微控制器的开发中，使用的较多的 IDE 是 KEIL，它是 KEIL 公司开发的。KEIL 公司是一家业界领先的微控制器（MCU）软件开发工具供应商，于 2005 年被 ARM 公司收购，因此 KEIL 变成了 arm KEIL。

STM32CubeIDE 是 ST 公司推出的一款图形化配置编程的集成开发环境，它的出现让编程变得更加简单。本书使用 KEIL 和 C 语言进行 STM32 系列微控制器的开发，当读者熟悉这种开发模式后，就会更加容易地掌握 STM32CubeIDE。

图 1-26　用于 STM32 系列微控制器开发的 IDE（图片引自 ST 官方网站）

1.3.1　KEIL 开发环境搭建

KEIL C51 是针对 51 系列单片机的开发工具，MDK-Arm 是 KEIL 公司针对 ARM 芯片的开发工具。二者相互独立，但均采用了 μVision 集成开发环境。2013 年 10 月，KEIL 公司正式发布了 KEILμVision5，本书使用的就是 KEILμVision5。

KEILμVision5 是一个窗口化的软件开发平台，它集成了功能强大的编辑器、工程管理器和各种编译工具（包括 C 编译器、宏汇编器、链接/装载器和十六进制文件转换器）。

下面我们来搭建 KEIL 的开发环境。

1．获取 KEILμVision5 安装包

要安装 KEILμVision5，我们首先要获取 KEILμVision5 的安装包，读者可在 KEIL 官网下载 KEILμVision5 的安装包，如图 1-27 所示。我们要下载的是 MDK-Arm。需要注意的是下载的软件基本都是试用版，试用期是一个月，如果要长期使用则需要购买注册版。

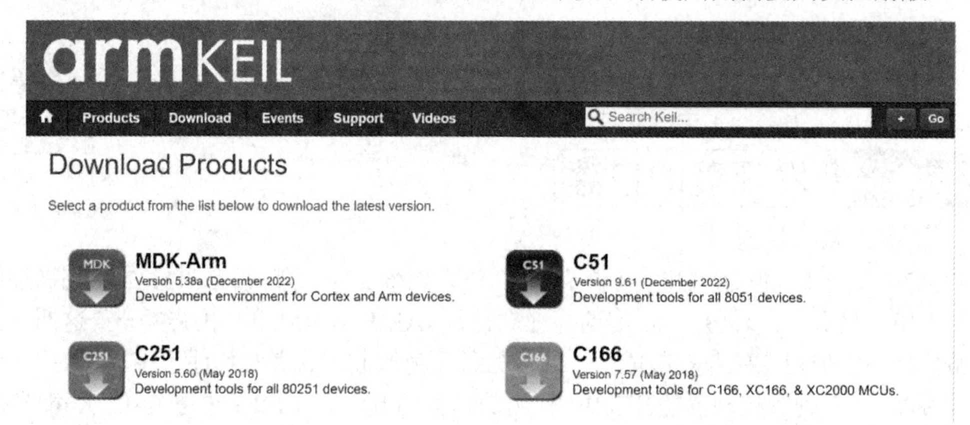

图 1-27　在 KEIL 官网下载 MDK-Arm

2．安装 KEILμVision5

本书使用的是 MDK5.23。双击 KEILμVision5 安装图标即可开始安装，KEILμVision5 的开始安装界面如图 1-28 所示。

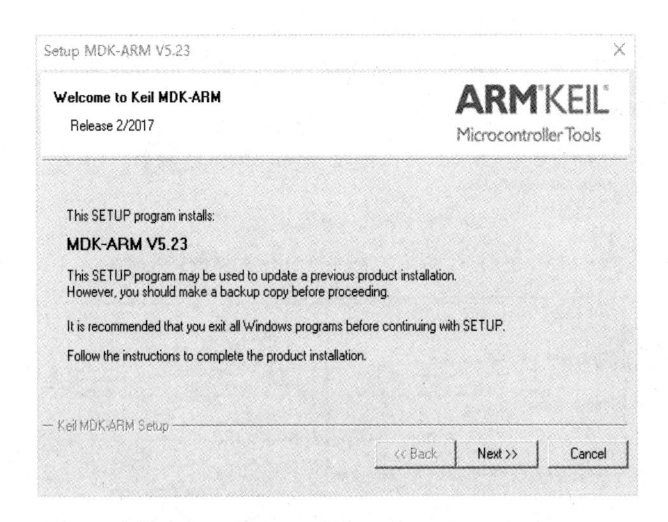

图 1-28　KEILμVision5 的开始安装界面

勾选“I agree to all the terms of the preceding License Agreement”后单击“Next”按钮即可继续安装，如图 1-29 所示。

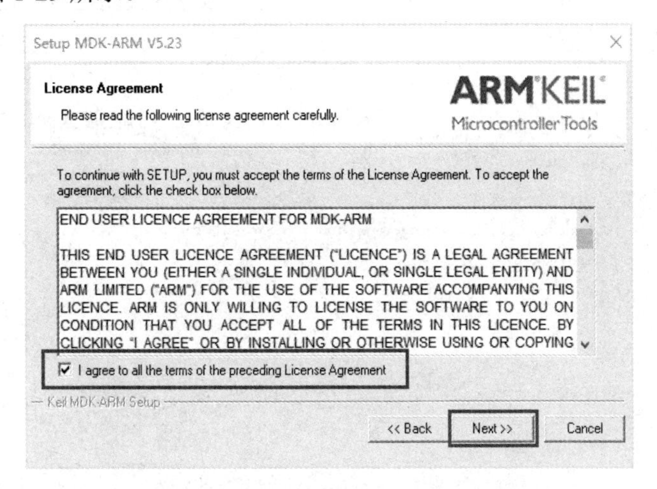

图 1-29　勾选同意协议

选择安装路径，注意路径中不能有中文字符，然后单击“Next”按钮，如图 1-30 所示。

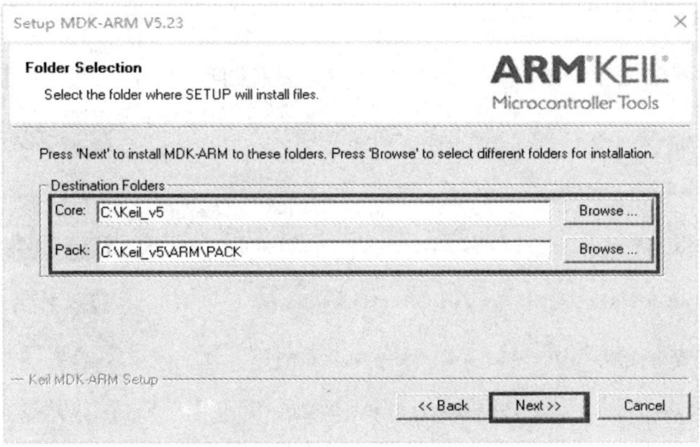

图 1-30　选择安装路径

填写用户信息，可以填写如图 1-31 所示的信息，也可以选择空格，单击“Next”按钮。

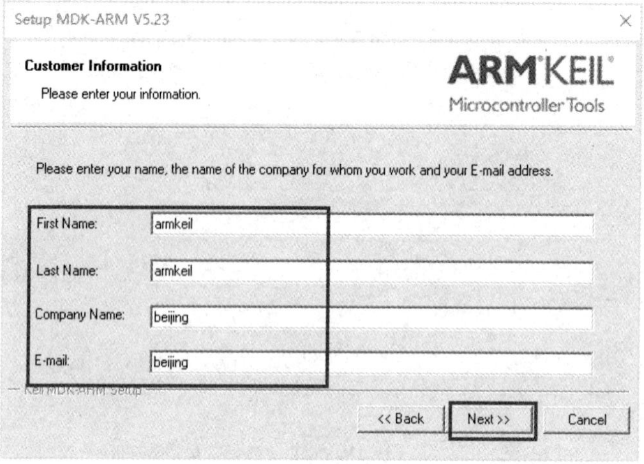

Setup MDK-ARM V5.23

Customer Information

Please enter your information.

ARM KEIL Microcontroller Tools

Please enter your name, the name of the company for whom you work and your E-mail address.

First Name: armkeil

Last Name: armkeil

Company Name: beijing

E-mail: beijing

Keil MDK-ARM Setup

<< Back Next >> Cancel

图 1-31　填写用户信息

安装完成后单击“Finish”按钮，如图 1-32 所示。安装完成后会在计算机桌面上生成一个 KEILμVision5 的快捷方式。

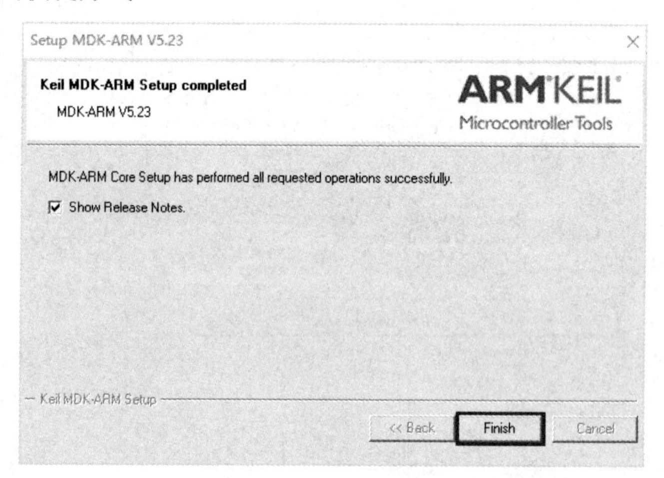

图 1-32　安装完成

3. 安装 STM32 芯片包

KEILμVision5 需要安装芯片包，芯片包可以在 KEIL 官网下载，如图 1-33 所示。

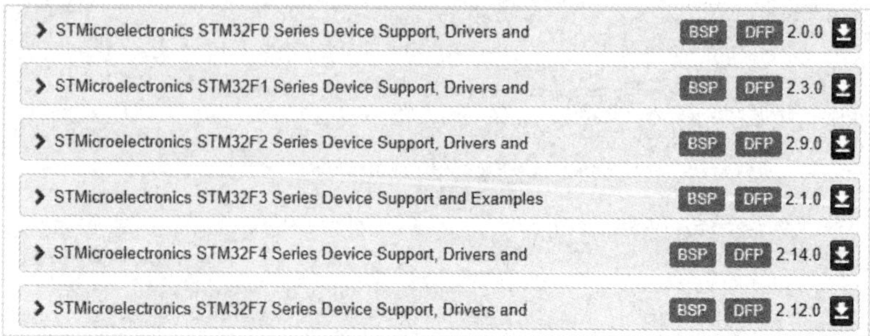

STMicroelectronics STM32F0 Series Device Support, Drivers and　BSP DFP 2.0.0

STMicroelectronics STM32F1 Series Device Support, Drivers and　BSP DFP 2.3.0

STMicroelectronics STM32F2 Series Device Support, Drivers and　BSP DFP 2.9.0

STMicroelectronics STM32F3 Series Device Support and Examples　BSP DFP 2.1.0

STMicroelectronics STM32F4 Series Device Support, Drivers and　BSP DFP 2.14.0

STMicroelectronics STM32F7 Series Device Support, Drivers and　BSP DFP 2.12.0

图 1-33　芯片包下载（图片引自 KEIL 官网）

双击下载的芯片包即可进行安装，安装成功后可以在器件库中选择相应的芯片包，如图 1-34 所示。

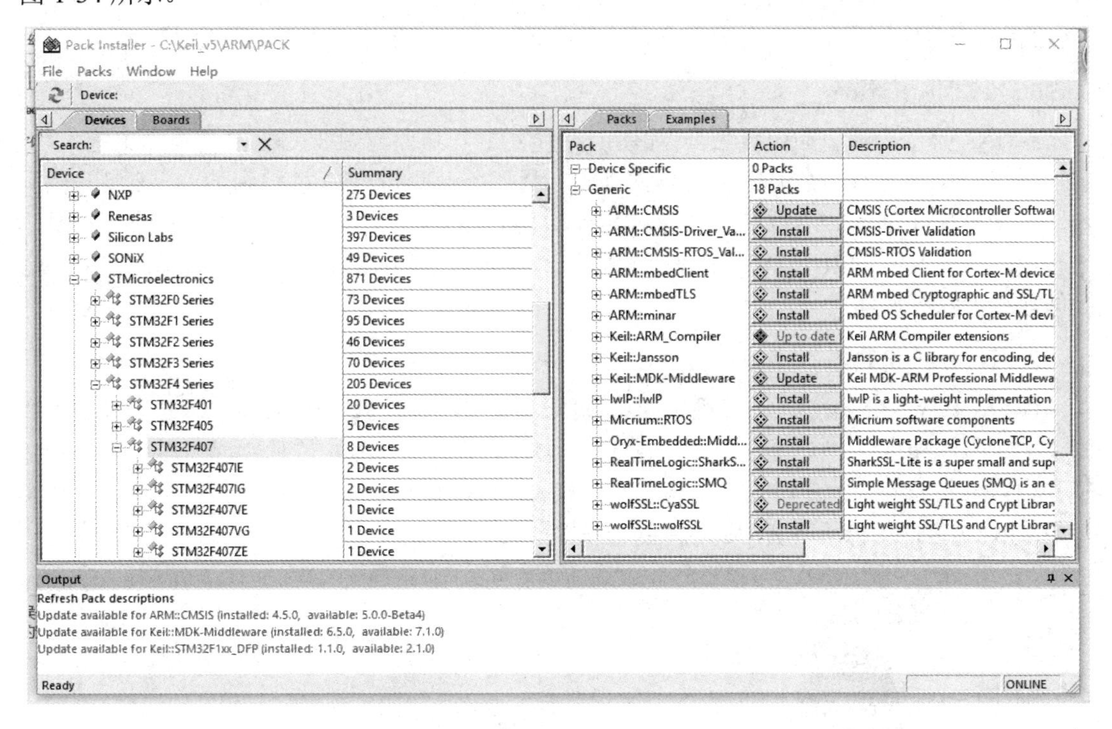

图 1-34　在器件库中选择相应的芯片包

1.3.2　安装调试工具

常用的安装调试接口是 JTAG 接口和 SWD 接口，如图 1-35 所示。

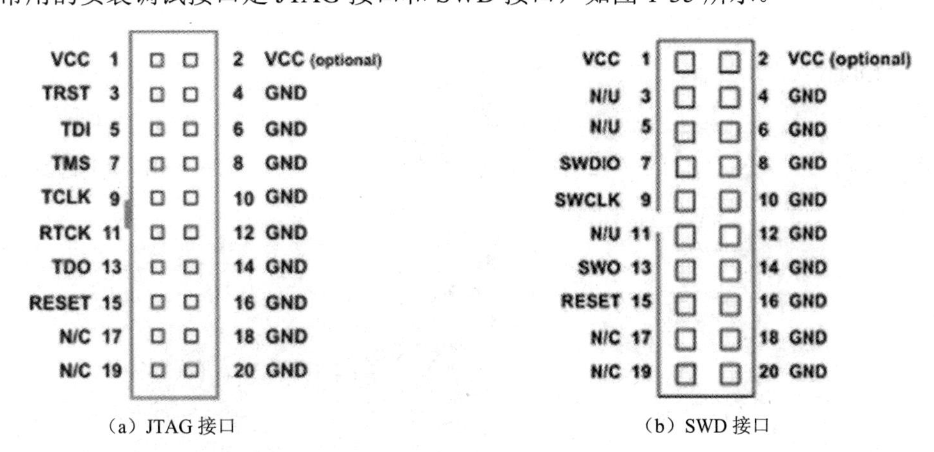

（a）JTAG 接口　　（b）SWD 接口

图 1-35　JTAG 接口和 SWD 接口

JTAG（Joint Test Action Group，联合测试行动小组）是一种国际标准测试协议（与 IEEE 1149.1 兼容），主要用于芯片内部测试。现在的大多数器件都支持 JTAG 协议，如 ARM 微控制器、DSP、FPGA 器件等。采用 JTAG 接口进行安装调试时，通常使用 4 个引脚，即 TMS、TCLK、TDI、TDO，分别用于模式选择、时钟、数据输入和数据输出。

SWD（Serial Wire Debug，串行调试）接口和 JTAG 接口不同，使用的调试协议也不一样。在使用 SWD 接口进行安装调试时，通常使用 3 个引脚，即 SWDIO、SWCLK 和 GND。SWD 接口的使用没有 JTAG 接口广泛，主流的调试器是后来才加上 SWD 接口的。

1. J-LINK 仿真器

J-LINK 是一个通用的仿真工具(如图 1-36 所示)，它是由德国 SEGGER 公司为支持 ARM 芯片推出的基于 JTAG 接口的仿真器，其本质上是一个小型的 USB 接口到 JTAG 接口的转换器。连接计算机的是 USB 接口，连接目标板的是 JTAG 接口。J-LINK 完成了从软件到硬件的转换，可以用于 KEIL、IAR、ADS 等集成开发环境。J-LINK 的速度和效率都比较高，是功能最强大的仿真器之一。

2. U-LINK 仿真器

U-LINK 是 ARM/KEIL 公司推出的仿真器，目前常用的是其升级版本，即 U-LINK2（如图 1-37 所示）和 U-LINK Pro。U-LINK/U-LINK2 可以配合 KEIL 软件实现仿真功能，增加了 SWD 接口、返回时钟和实时代理等功能。J-LINK 和 U-LINK2 与 ST-LINK 的区别是 J-LINK 与 U-LINK2 目前支持所有 ARM 芯片的开发。

图 1-36　J-LINK 仿真器

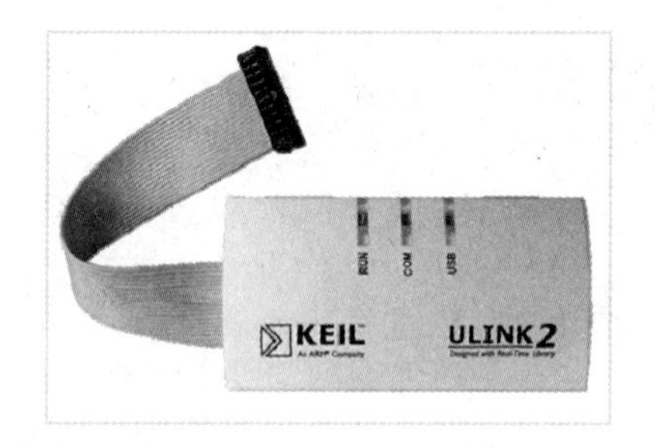

图 1-37　U-LINK 仿真器

3. ST-LINK

ST-LINK（如图 1-38 所示）是 ST 公司专门针对 STM8 系列和 STM32 系列微控制器开发的仿真器，目前已被大多数的 ARM 集成开发环境支持，如 MDK、IAR 等主流集成开发环境。

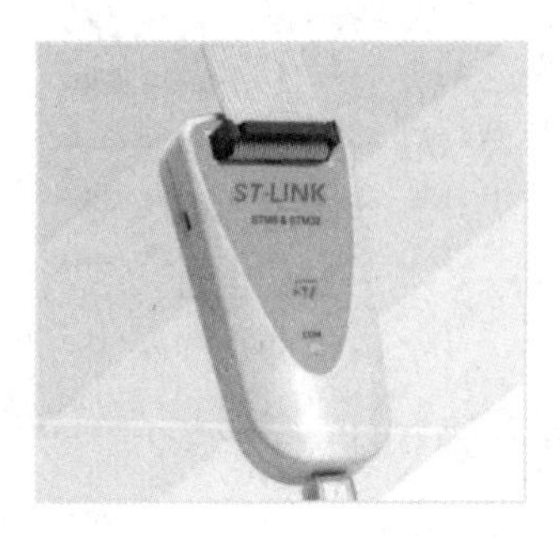

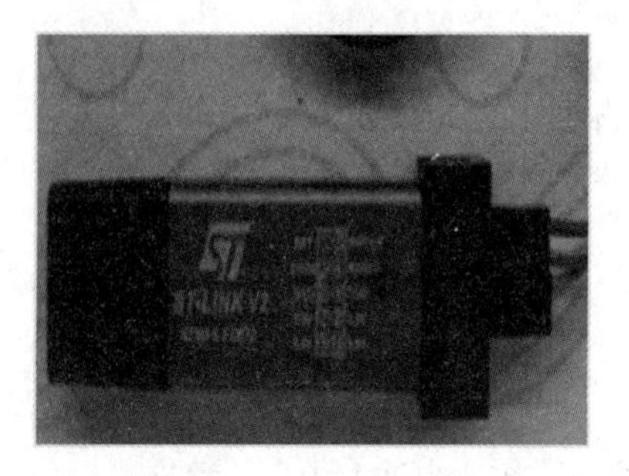

图 1-38　ST-LINK 仿真器

本书使用的是图 1-38 中右图所示的 ST-LINK 仿真器，在使用之前需要安装 ST-LINK 仿真器的驱动，读者可在 ST 官网下载 ST-LINK 仿真器的驱动，如图 1-39 所示。

图 1-39　ST-LINK 仿真器的驱动（图片引自 ST 官网）

双击下载的 ST-LINK 仿真器驱动即可按照向导进行安装，驱动安装完成后单击“Finish”按钮即可退出安装，如图 1-40 所示。接下来要在 KEIL 中配置 ST-LINK 仿真器。

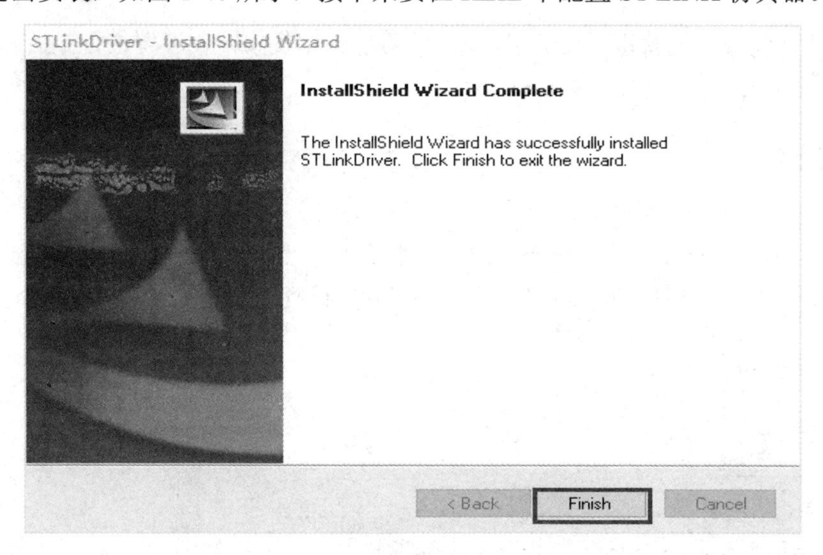

图 1-40　ST-LINK 仿真器的驱动安装

打开 KEIL，单击工具条中的“ ”按钮（Options for Target），如图 1-41 所示，即可打开仿真器配置界面。

图 1-41　单击工具条中的“ ”按钮

仿真器配置界面如图 1-42 所示，选择“Debug”选项卡，在“Debug Adapter”中选择“ST-LINK/V2”，设置“Port”后，单击“确定”按钮后就可以使用 ST-LINK 仿真器下载程序了。

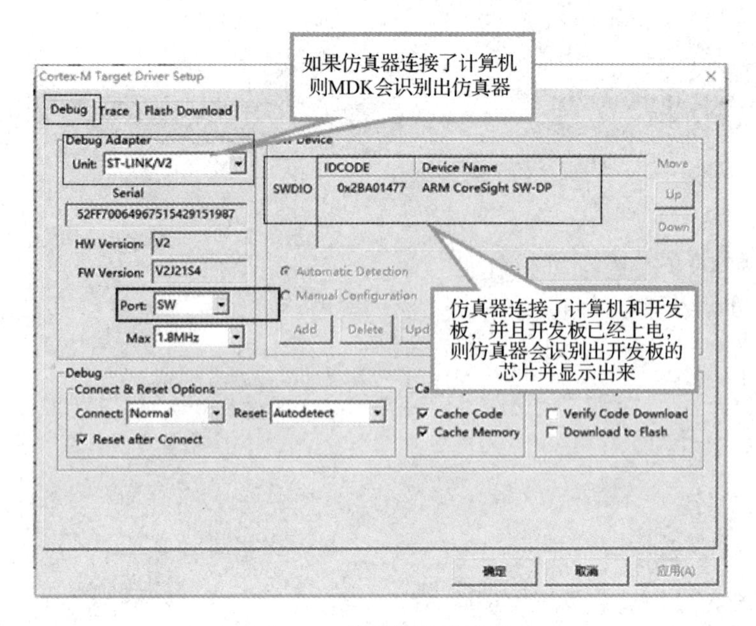

图 1-42　仿真器设置界面

至此，集成开发环境就搭建完成了，我们就可以使用集成开发环境进行微控制器的开发。

1.4 项目总结

本项目主要介绍 ARM 微控制器与嵌入式系统的开发入门。通过本项目的学习，读者可以了解 ARM 的历史、STM32F407 微控制器的使用、硬件电路原理图，以及集成开发环境的搭建，为嵌入式系统的开发做好准备。

1.5 动手实践

请完成 ARM 开发环境的搭建，并把关键步骤写在下面的横线上。

____

____

____

____

1.6 润物无声：中国芯片

2020 年 5 月 15 日晚间，美国商务部发布消息，美国工业和安全局（BIS）宣布计划：通过限制华为使用美国技术和软件在国外设计和制造其半导体的能力，来保护美国的国家安全。

这已经不是美国第一次针对华为了。早在 2019 年 5 月 20 日，美国芯片公司迫于特朗普政府压力，开始对华为断供。包括英特尔、高通、赛灵思、博通在内的多个厂商已告知员工，在没有接到进一步的通知前将停止向华为供货。这就意味着使用美国芯片制造设备的供应商想要给华为提供芯片，都得先经过美国的同意。美国的芯片技术领先全球，美国所谓的"保护美国国家安全计划"对华为的打击无疑是巨大的。

我们必须明白，在芯片领域，美国确实很强，但在整个产业链上不是都由美国说了算的。现在美国或许可以凭借拳头说话，长期如此一定行不通！现在中国最大的芯片制造企业——中芯国际已经开始全力追赶，相信我们一定能在不久的未来彻底解决芯片问题！

1.7 知识巩固

一、填空题

（1）微控制器是将微型计算机的________、________、________、________等主要部件集成在一个芯片上的单芯片微型计算机，由于它把这些部件都集成在一个芯片上，因此微控制器又称为________。

（2）ARM 指的是________和________。

（3）CISC 指________，RISC 指________。

（4）ARM 处理器包含三个系列，即________、________、________。

（5）STM32F407 微控制器是以________内核的微控制器。

（6）CMSIS 是指________。

（7）STM32 的含义是________。

（8）STM32F407ZGT6 中的 G 指的是________。

二、选择题

（1）STM32F051R8T6X 中的 R 指的是________。

（A）48 引脚　（B）64 引脚　（C）114 引脚　（D）144 引脚

（2）STM32F407 的最大工作时钟频率为________。

（A）168 MHz　（B）72 MHz　（C）48 MHz

（3）STM32 常用的开发工具有________。

（A）KEIL 软件　（B）IAR 软件　（C）TrueSTUDIO

（D）STM32CubeMX　（E）CoIDE　（F）SW4STM32

（4）STM32 系列微控制器有哪几种调试工具？________

（A）J-LINK　（B）U-LINK　（C）ST-LINK　（D）JTAG

（5）只针对 KEIL 仿真功能的调试工具是________。

（A）J-LINK　（B）U-LINK　（C）ST-LINK　（D）JTAG

（6）只针对 ST 公司的调试工具是________。

（A）J-LINK　（B）U-LINK　（C）ST-LINK　（D）JTAG

（7）通用的调试工具是________。

（A）J-LINK　（B）U-LINK　（C）ST-LINK　（D）JTAG

三、简答题

（1）STM32 系列微控制器的最小系统包含哪 5 个部分？

（2）STM32F030C8T6 指的是什么意思？

（3）请查阅资料，简述哈弗结构和冯・诺伊曼结构的区别。

项目 2
标准固件库函数开发初探:从点亮 LED 开始

项目描述：

本项目将使用库函数进行嵌入式系统的开发，因此需要读者掌握 C 语言的多文件编程、微控制器 GPIO 接口的工作模式，以及时钟树。本项目通过建立标准固件库函数的工程模板来使用库函数，最终点亮 LED。

项目内容：

任务 1：多文件编程。

任务 2：标准固件库函数工程模板的建立。

任务 3：点亮 LED。

学习目标：

📖 熟练掌握 C 语言的多文件编程方法，建立标准固件库函数的工程模板。

📖 掌握点亮 LED 的思路和流程。

📖 初步了解 GPIO 接口的工作模式、时钟树的基本知识。

任务 2.1 多文件编程

C 语言在 1972 年前后诞生于美国 AT&T 公司的贝尔实验室。在随后的数年内，C 语言与 UNIX 系统相辅相成、不断完善，伴随着 UNIX 系统一起成长。后来，C 语言作为一个被广泛采用的语言，独立于 UNIX 系统，可以在各种机器上使用。

微控制器的编程语言通常有汇编语言、BASIC 语言、C51 语言等，近年来还有一些微控制器使用 Python 语言进行编程。汇编语言的机器代码生成效率很高，但可读性并不强，复杂一点的程序就更难读懂。在大多数情况下，C 语言的机器代码生成效率和汇编语言相当，但可读性和可移植性却远超汇编语言，而且 C 语言还可以嵌入汇编语言来解决高时效性的代码编写问题。

目前，C 语言已经成为在微控制器中使用最为广泛的计算机编程语言之一。将 C 语言向微控制器移植始于 20 世纪 80 年代中后期，经过多家公司（KEIL、Franklin、Archmeades、IAR、BSO/Tasking 等）坚持不懈的努力，终于在 90 年代，微控制器 C 语言编程开始日趋成熟。现在，C 语言已成为专业化的微控制器编程的高级语言了。过去长期困扰人们的所谓“高级语言产生的代码太长，运行速度太慢，因此不适合微控制器使用”的缺点已被克服了。

2.1.1 C 程序的编译

多文件编程

一般情况下，我们在编写完一个源文件后要对其进行编译。编译器负责将一个源文件转换为可执行文件。C 程序的编译如图 2-1 所示。首先，预处理阶段的主要作用是处理源文件中的“#include”，将两个头文件包含到程序文件中进行编译。其次，编译阶段会检查源文件中代码的语法错误，编译成功后会生成一个目标文件，如 led.o。接着，编译器会将多个目标文件（以.o 为后缀的文件）链接在一起，并生成可执行文件。最后，将可执行文件下载到微控制器的 Flash 中运行。

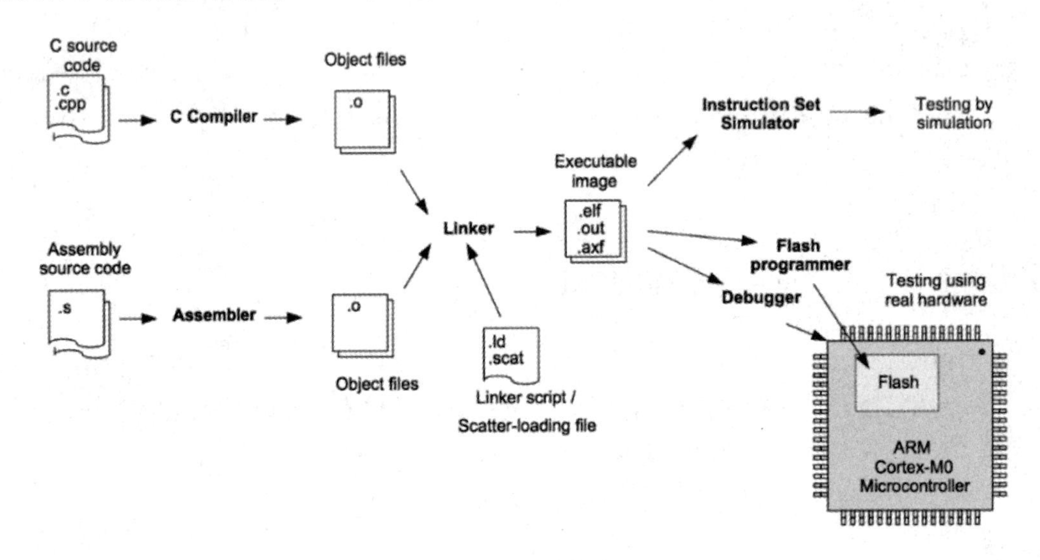

图 2-1 C 程序的编译

从 C 程序编译的过程可以发现，这种方法特别适合大规模的程序开发，而 Cortex-M 系列微控制器的开发就适用这种方法。

2.1.2 模块化编程

到目前为止，我们编写的大部分 C 程序都只包含一个源文件，并没有将代码分散到多个模块中。这种方式对于只有几百行的小程序来说或许是可以接受的，但对于动辄上万行的中大规模程序来说，将所有的代码都放在一个源文件中简直是一场灾难，后续的阅读和维护都将成为问题。

在 C 程序中，我们通常将一个.c 文件称为一个模块（Module）。所谓的模块化开发，就是指一个程序包含了多个源文件（.c 文件）和头文件（.h 文件）。C 程序代码要通过编译器对这些模块进行编译，并链接生成可执行文件。

我们知道，每个 C 程序都有一个且只能有一个 main.c。如果要进行多文件编程，则需要建立多个.c 文件。需要注意的是，一定要建立与.c 文件对应的.h 文件，.c 文件和对应的.h 文件的名称必须相同。在 main.c 中，当需要调用.c 文件中的函数时，只要把对应的.h 文件包在里面即可。多文件编程如图 2-2 所示。

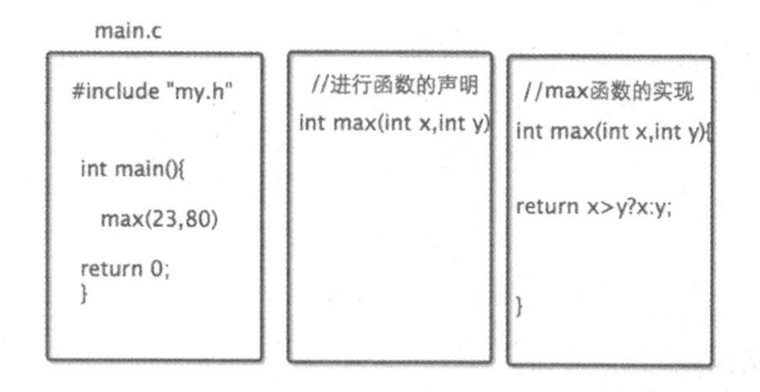

图 2-2　多文件编程

示例：本示例的函数都在同一个文件中，代码量很少，很容易看懂。

```
#include <stdio.h>
#include <stdlib.h>
void func1();                          //函数声明
void func2();                          //函数声明
void func3();                          //函数声明
int main(void)
{
    printf("Hello world!\n");
    func1();
    func2();
    func3();
    system("pause");
    return 0;
}
//函数实现
void func1(){
    printf("函数 1\n");
}
void func2(){
    printf("函数 2\n");
}
void func3(){
    printf("函数 3\n");
}
```

示例运行结果如图 2-3 所示。

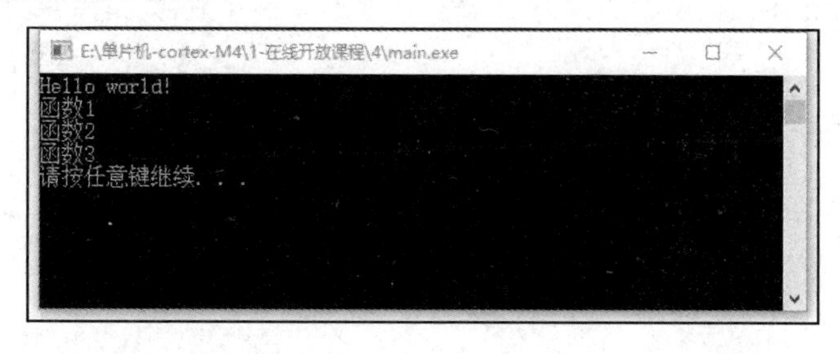

图 2-3　示例运行结果

如果代码量很大，就会发现程序的调试很费力。为了体现模块化的编程思想，我们把

func1、func2、func3 的实现单独放在一个文件中。

在 main.c 文件中只放主函数，首先建立一个名为 myfile.c 的源文件，在这个源文件中实现子函数；然后建立一个名为 myfile.h 的库文件，在 myfile.h 中声明 myfile.c 中的子函数；最后在 main.c 中调用子函数。

main.c 中的代码如下：

```
#include <stdio.h>
#include "myfile.h"
int main(int argc, char** argv)
{
    printf("Hello world!\n");
    func1();
    func2();
    func3();
    return 0;
}
```

myfile.c 中的代码如下：

```
void func1(){
    printf("函数 1\n");
}
void func2(){
    printf("函数 2\n");
}
void func3(){
    printf("函数 3\n");
}
```

myfile.h 中的代码如下：

```
void func1();
void func2();
void func3();
```

运行后的结果与图 2-3 所示的结果相同。

多文件编程的工程如图 2-4 所示，多文件编程工程中的源文件如图 2-5 所示，多文件编程工程中的库文件如图 2-6 所示。

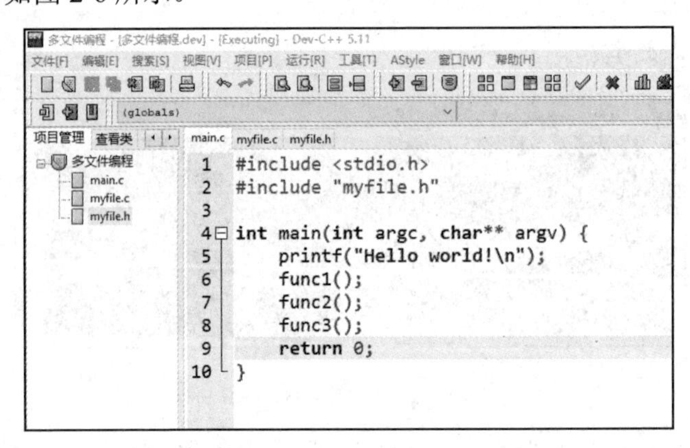

图 2-4 多文件编程工程

```
1   //函数实现
2   void func1(){
3       printf("函数1\n");
4   }
5   void func2(){
6       printf("函数2\n");
7   }
8   void func3(){
9       printf("函数3\n");
10  }
```

图 2-5　多文件编程工程中的源文件

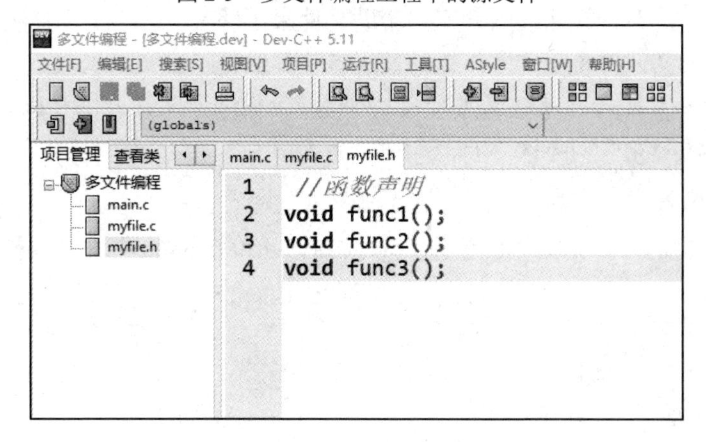

图 2-6　多文件编程工程中的库文件

任务 2.2 标准固件库函数工程模板的建立

在本任务中，我们先从 ST 官网下载标准固件库“STM32F4xx_DSP_StdPeriph_Lib_V1.8.0”，然后介绍标准固件库的相关内容，最后建立工程模板。

2.2.1　标准固件库文件

解压缩下载的标准固件库，可以看到标准固件库中包含的内容，如图 2-7 所示。

_htmresc

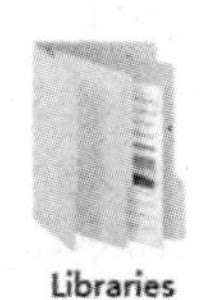
Libraries

Project

Utilities

MCD-ST Liberty SW License Agreement V2

Release_Notes

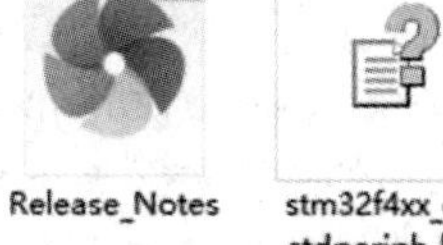
stm32f4xx_dsp_stdperiph_lib_um

图 2-7　标准固件库中包含的内容

标准固件库文件夹下的内容分别为：

- _htmresc：该文件夹下存放的是一些图标。
- Libraries：该文件夹下存放的是标准固件库的源代码及启动文件。
- Project：该文件夹下存放的是标准固件库的示例和工程模板。
- Utilities：该文件夹下存放的是基于 ST 官方实验板的例程，以及第三方软件库，如 emWIN 图形软件库、FATFS 文件系统。
- MCD-ST Liberty SW License Agreement V2：该文件是标准固件库的许可（License）说明。
- Release_Notes：该文件是标准固件库的版本更新说明。
- stm32f4xx_dsp_stdperiph_lib_um：该文件是标准固件库的帮助文件，这是一个已经编译好的 HTML 文件，主要介绍如何使用标准固件库函数来编写自己的应用程序。

在使用标准固件库函数进行嵌入式系统的开发时，需要把 Libraries 目录下的标准固件库函数添加到工程中，并查阅标准固件库的帮助文件来了解 ST 公司提供的标准固件库函数。标准固件库的帮助文件对每一个库函数的使用方法都进行了说明。

进入 Libraries 文件夹后可以发现，关于内核与外设的库文件分别存放在 CMSIS 文件夹和 STM32F4xx_StdPeriph_Driver 文件夹中。

1. CMSIS 文件夹

CMSIS 文件夹的内容如图 2-8 所示，其中 Device 和 Include 中的文件需要重点学习。

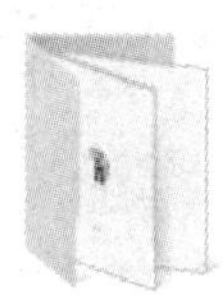

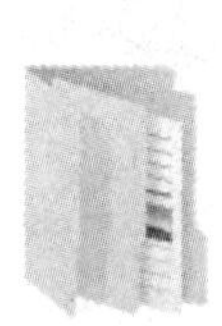

图 2-8 CMSIS 文件夹

（1）Device 文件夹。Device 文件夹下存放的是与具体芯片相关的文件，包含启动文件、芯片外设寄存器定义、系统时钟初始化功能等文件，这是由 ST 公司提供的。Device 文件夹中的主要文件如下：

① 系统时钟初始化功能文件 system_stm32f4xx.c。该文件的路径为“\Libraries\CMSIS\Device\ST\STM32F4xx\Source\Templates”，该文件包含了 STM32 系列微控制器在上电后初始化系统时钟、扩展外部存储器时使用的函数，如 SystemInit()函数用于上电后初始化时钟，该函数的定义就存储在 system_stm32f4xx.c 文件中。当 STM32F407 微控制器在上电后调用 SystemInit()函数时，系统时钟将被初始化为 168 MHz。如果需要设置为自己所需的时钟频率，则需要修改 system_stm32f4xx.c 文件的内容。

② 启动文件 startup_stm32f40_41xxx.s。该文件的路径为“Libraries\CMSIS\Device\ST\STM32F4xx\Source\Templates\arm”。Templates 文件夹下有很多子文件夹，如“arm”“gcc_ride7”“iar”等，这些子文件夹下包含了对应编译平台的启动文件，在实际使用中需要根据编译平台来选择不同的启动文件。本书使用的 MDK 启动文件在 arm 文件夹中，其中的 startup_stm32f40_41xxx.s 文件就是 STM32F407 微控制器的启动文件。

③ 芯片外设寄存器定义文件 stm32f4xx.h。该文件的路径是“Libraries\CMSIS\Device\ST\STM32F4xx\Include”。stm32f4xx.h 是一个非常重要的文件，它是与 STM32 系列微控制器底层相关的文件，包含了 STM32 系列微控制器中的所有外设寄存器地址和结构体类型定义，在使用 STM32 系列微控制器的标准固件库的地方都要包含这个文件。

（2）Include 文件夹。Include 文件夹中存放的主要是 Cortex-M4 内核的通用头文件，这些头文件的作用是为采用 Cortex-M 内核的芯片外设提供一个内核接口，定义了一些与内核相关的寄存器。至于这些功能是怎样用源码实现的，读者可以不用管它，只需要把这些头文件加入工程文件中即可。

STM32F4 的工程必须使用 core_cm4.h、core_cmFunc.h、corecmInstr.h 和 core_cmSimd.h 这 4 个文件，其他的文件是属于其他内核的，还有几个文件是供 DSP 函数库使用的头文件。

core_cm4.h 中有一些与编译器相关的条件编译语句，包含了一些与编译器相关的信息，用于屏蔽不同编译器的差异。例如，__CC_ARM（本书采用的是 RVMDK、KEIL）、__GNUC__（GNU 编译器）、ICC Compiler（IAR 编译器），这些编译器对于在 C 程序中嵌入汇编程序或内联函数关键字的语法不一样，因此条件编译语句需要使用__ASM、__INLINE 宏来定义，从而在不同的编译器中，由宏自动更改到相应的值，实现差异屏蔽。相关的条件编译语句如下：

```
#if defined ( __CC_ARM )
    #define __ASM   __asm            /*!< asm keyword for ARM Compiler      */
    #define __INLINE   __inline      /*!< inline keyword for ARM Compiler */
    #define __STATIC_INLINE   static __inline
#elif defined ( __GNUC__ )
    #define __ASM    __asm           /*!< asm keyword for GNU Compiler       */
    #define __INLINE   inline        /*!< inline keyword for GNU Compiler   */
    #define __STATIC_INLINE   static inline
#elif defined ( __ICCARM__ )
    #define __ASM    __asm           /*!< asm keyword for IAR Compiler       */
    #define __INLINE   inline        /*!< inline keyword for IAR Compiler. Only available in High
optimization mode!*/
    #define __STATIC_INLINE   static inline
#elif defined ( __TMS470__ )
    #define __ASM    __asm           /*!< asm keyword for TI CCS Compiler   */
    #define __STATIC_INLINE   static inline
#elif defined ( __TASKING__ )
    #define __ASM    __asm           /*!< asm keyword for TASKING Compiler     */
    #define __INLINE    inline       /*!< inline keyword for TASKING Compiler*/
    #define __STATIC_INLINE   static inline
#elif defined ( __CSMC__ )
    #define __packed
    #define __ASM    _asm            /*!< asm keyword for COSMIC Compiler       */
    #define __INLINE   inline        /*use -pc99 on compile line !< inline keyword for COSMIC Compiler*/
    #define __STATIC_INLINE   static inline
#endif
```

这里需要说明的是，core_cm4.h 中包含了 stdint.h。stdint.h 是一个 ANSI C 文件，该文件提供了一些类型定义。在有些程序中，读者可能会看到诸如 uint8_t、uint16_t、uint32_t 之类的类型，它们通常表示无符号的 8 位、16 位、32 位整型数据。但在这里要强调的是，在 ANSI C 中整型数据是 16 位的还是 32 位的，取决于编译器的定义；而在 stdint.h 中定义了具体的 8 位、16 位、32 位、64 位整型数据，因此在编程中尽量使用 uint8_t、uint16_t 等类型。

```
/*exact-width signed integer types*/
typedef    signed char          int8_t;
typedef    signed short int     int16_t;
typedef    signed int           int32_t;
typedef    signed __INT64       int64_t;
/*exact-width unsigned integer types*/
typedef unsigned char           uint8_t;
typedef unsigned short int      uint16_t;
typedef unsigned int            uint32_t;
typedef unsigned __INT64        uint64_t;
```

2．STM32F4xx_StdPeriph_Driver 文件夹

STM32F4xx_StdPeriph_Driver 文件夹的内容如图 2-9 所示，其中包括 2 个文件夹和 1 个 HTML 文件。

两个文件夹分别为 inc 和 src，src 中存放的是每个外设的驱动，inc 中存放的是外设的驱动头文件。src 及 inc 文件夹是 STM32 系列微控制器标准固件库的主要内容，非常重要。

文件夹 src 和 inc 中存放的内容是 ST 公司针对外设而编写的库函数文件，如图 2-10 所示。例如，对于 I2C 总线，在 src 文件夹下有一个 stm32f4xx_i2c.c 源文件，在 inc 文件夹下有一个 stm32f4xx_i2c.h 头文件，当开发中用到了 STM32 系列微控制器的 I2C 总线，则必须把这两个文件包含到工程里。

图 2-9 STM32F4xx_StdPeriph_Driver 文件夹

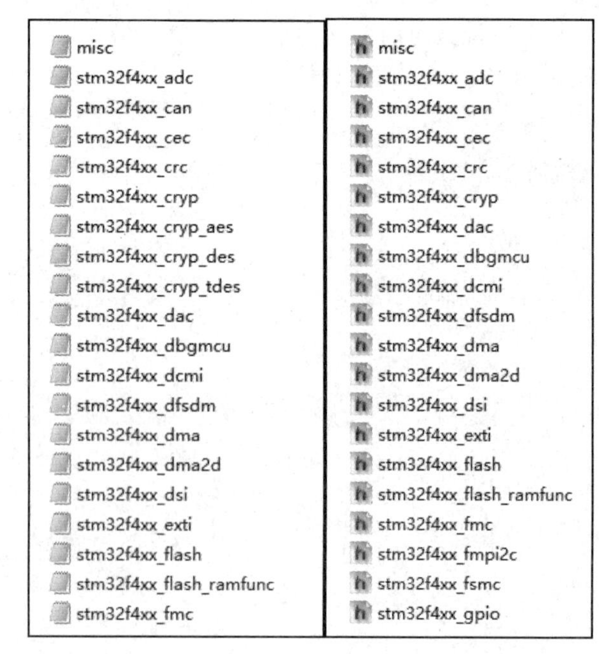

图 2-10 src 和 inc 文件夹中的主要文件

在文件夹 src 和 inc 中，还有一个很特别的文件，即 misc.c，这个文件提供了外设对内核 NVIC（Nested Vectored Interrupt Controller，内嵌向量中断控制器）的访问函数，在配置

中断时，必须把这个文件添加到工程中。

3. Project 文件夹

STM32F4xx_DSP_StdPeriph_Lib_V1.8.0\Project\STM32F4xx_StdPeriph_Templates

Project 文件夹中存放的是 ST 官方的一个库工程模板，我们在使用标准固件库建立一个完整的工程时，还需要添加该文件夹下的 stm32f4xx_it.c、stm32f4xx_it.h 和 stm32f4xx_conf.h。

stm32f4xx_it.c：该文件是专门用来编写中断服务函数的，这个文件已经定义了一些系统异常（特殊中断）的中断服务函数，其他的中断服务函数需要用户编写。但我们应该怎么编写中断服务函数呢？是不是可以自定义？答案当然是的，这些都可以在汇编启动文件中找到，本书在介绍中断和启动文件时将介绍中断服务函数的编写。

stm32f4xx_conf.h：该文件通常会包含到 stm32f4xx.h 中。STM32 系列微控制器的标准固件库支持 STM32F4 系列的所有微控制器，但有的微控制器外设比较多，在使用 stm32f4xx_conf.h 文件时应根据微控制器的型号增加或减少标准固件库的外设文件。通过宏可以指定微控制器的型号。通过 stm32f4xx_conf.h 文件配置标准固件库外设文件的代码如下：

```
#ifndef __STM32F4xx_CONF_H
#define __STM32F4xx_CONF_H
/*------------------------------Includes --------------------------------------*/
/*Uncomment the line below to enable peripheral header file inclusion*/
#include "stm32f4xx_adc.h"
#include "stm32f4xx_crc.h"
#include "stm32f4xx_dbgmcu.h"
#include "stm32f4xx_dma.h"
#include "stm32f4xx_exti.h"
#include "stm32f4xx_flash.h"
#include "stm32f4xx_gpio.h"
#include "stm32f4xx_i2c.h"
#include "stm32f4xx_iwdg.h"
#include "stm32f4xx_pwr.h"
#include "stm32f4xx_rcc.h"
#include "stm32f4xx_rtc.h"
#include "stm32f4xx_sdio.h"
#include "stm32f4xx_spi.h"
#include "stm32f4xx_syscfg.h"
#include "stm32f4xx_tim.h"
#include "stm32f4xx_usart.h"
#include "stm32f4xx_wwdg.h"
#include "misc.h" /*High level functions forNVICandSysTick(add-on to CMSIS functions)*/
#ifdefined(STM32F429_439xx) || defined(STM32F446xx) || defined(STM32F469_479xx)
#include "stm32f4xx_cryp.h"
#include "stm32f4xx_hash.h"
#include "stm32f4xx_rng.h"
#include "stm32f4xx_can.h"
#include "stm32f4xx_dac.h"
#include "stm32f4xx_dcmi.h"
#include "stm32f4xx_dma2d.h"
```

```
#include "stm32f4xx_fmc.h"
#include "stm32f4xx_ltdc.h"
#include "stm32f4xx_sai.h"
#endif /*STM32F429_439xx || STM32F446xx || STM32F469_479xx*/
#if defined(STM32F40_41xxx)
#include "stm32f4xx_cryp.h"
#include "stm32f4xx_hash.h"
#include "stm32f4xx_rng.h"
#include "stm32f4xx_can.h"
#include "stm32f4xx_dac.h"
#include "stm32f4xx_dcmi.h"
#include "stm32f4xx_fsmc.h"
#endif /*STM32F40_41xxx*/
```

4．标准固件库中各文件的关系

标准固件库中各文件的关系如图 2-11 所示，将标准固件库中的文件对应到 CMSIS 标准架构上，可以帮助读者从整体上把握标准固件库中各文件在工程中的层次或关系。

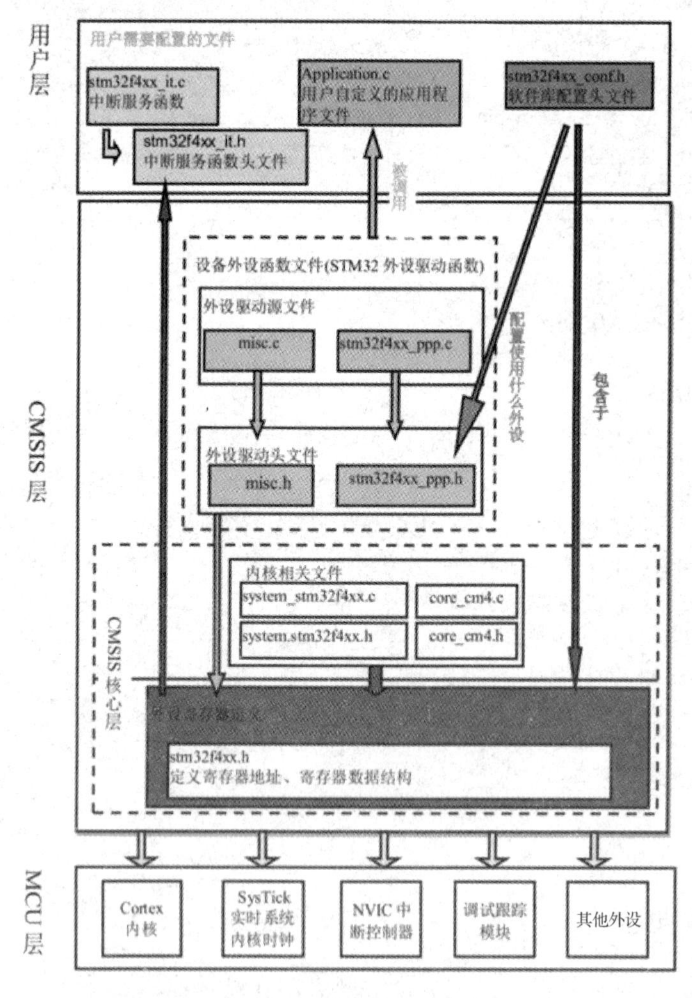

图 2-11　标准固件库中各文件的关系

2.2.2　使用帮助文档

标准固件库的帮助文件是 stm32f4xx_dsp_stdperiph_lib_um.chm，该文件位于“Modules\STM32F4xx_StdPeriph_Driver\”。在 STM32F4xx_StdPeriph_Driver 中有很多外设驱动文件，如 MISC、ADC、CAN、CRC 等。标准固件库帮助文件的界面如图 2-12 所示。

图 2-12　标准固件库帮助文件的界面

这里以 GPIO 接口的位清除函数 GPIO_ResetBits()为例进行说明。在标准固件库帮助文件的界面中，选择“GPIO”→“GPIO_Private_Functions”→“GPIO Read and Write”→“Functions”→“GPIO_ResetBits”，即可打开 GPIO_ResetBits()函数的说明，如图 2-13 所示。

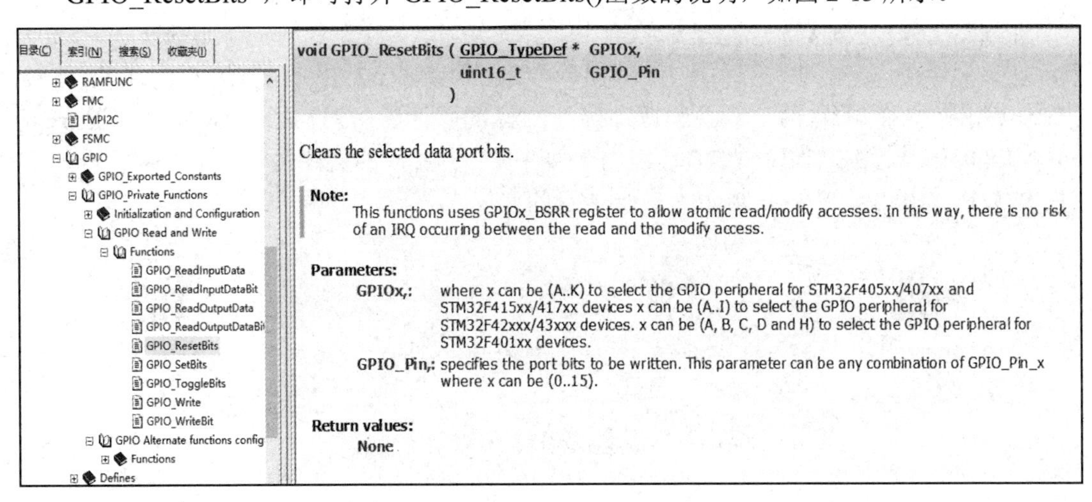

图 2-13　GPIO_ResetBits()函数的说明

通过帮助文件，我们可以看到 GPIO_ResetBits()函数的原型为：

```
void GPIO_SetBits(GPIO_TypeDef * GPIOx , uint16_t GPIO_Pin)
```

该函数的功能清除选择的接口位数据。该函数的参数有 GPIOx 和 GPIO_Pin，其中，GPIOx 表示要控制的 GPIO 接口；GPIO_Pin 表示接口的引脚号，用于指定要控制的引脚。

通过标准固件库的帮助，我们可以初步了解标准固件库函数。标准固件库中的每个函数和变量类型都符合“见名知义”的原则。这样的名称写起来特别长，很容易出错。在开发软件时，可以直接从帮助文件或源文件中复制函数和变量，也可以使用 MDK 软件中的代码自动补全功能，减少输入量。

2.2.3 建立库函数工程模板

工程模板的建立

1. STM32 工程管理

要进行工程模板的创建，就要按照一些约定俗成的规定建立工程目录，如图 2-14 所示。

图 2-14 工程目录

- CORE：用于存放内核文件，即微控制器的软件接口标准文件。在某些工程模板中，该文件夹有时候会用 CMSIS 文件夹代替。
- FWLIB：用于存放标准固件库函数。
- HARDWARE：用于存放外设文件。
- SYSTEM：用于存放系统文件。
- USR：用于存放用户文件。

……

在创建工程模板时，需要首先建立一个文件夹并命名为工程的名字（如 first-template）；然后在该文件夹下建立 5 个子文件夹，分别命名为 CORE、FWLIB、HARDWARE、SYSTEM、USR；最后在 ST 的官网下载并解压缩最新的标准固件库（STM32F4xx_DSP_StdPeriph_Lib_V1.8.0），从标准固件库中选择所需的文件并复制到相应的文件夹中。

（1）在 USR 文件夹中复制如图 2-15 所示的文件。

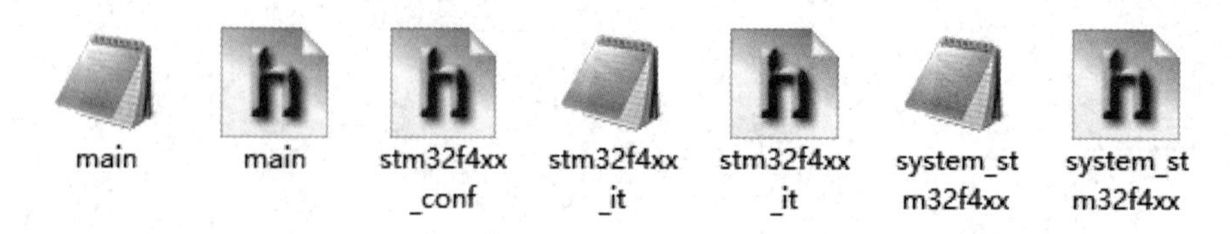

图 2-15 在 USR 文件夹中要复制的文件

- main.c：主源文件。
- main.h：主库函数。
- stm32f4xx_it.c：相关中断的源文件。
- stm32f4xx_it.h：相关中断的头文件。

- system_stm32f4xx.c：系统的源文件。
- system_stm32f4xx.h：系统的头文件。
- stm32f4xx_conf.h：外设驱动的配置文件。

（2）SYSTEM 文件夹中通常包含以下文件，但这些文件不在标准固件库中，需要用户后续创建。

- delay 文件：包括 delay.c（延时源文件）和 delay.h（延时头文件）。
- usart 文件：包括 usart.c（串口源文件）和 usart.h（串口头文件）。

……

（3）在 CORE（微控制器的软件接口标准文件）文件夹中复制如图 2-16 所示的文件。

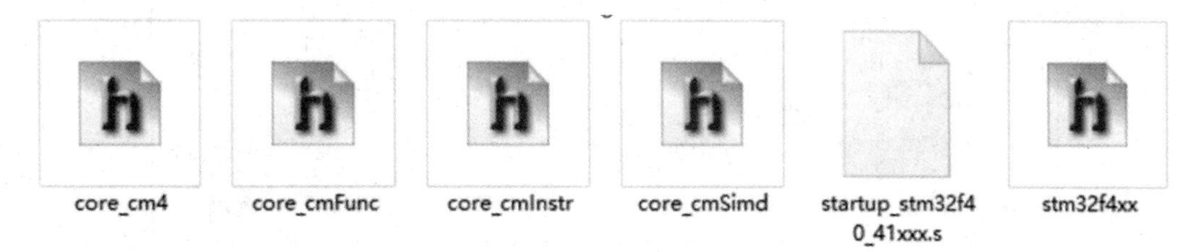

图 2-16　在 CORE 文件夹中要复制的文件

- core_cm4.h：内核功能的定义。
- core_cmFunc.h：内核核心功能接口头文件。
- core_cmInstr.h：包含内核核心专用指令的库文件。
- core_cmSimd.h：包含与编译器相关的处理的库文件。
- startup_stm32f40_41xxx.s：启动文件。
- stm32f4xx.h：头文件。

（4）HARDWARE 文件夹中通常包括以下文件，这些文件也是用户后续创建的。

- led.c、led.h：外设 LED 的源文件和头文件。
- key.c、key.h：外设 KEY 的源文件和头文件。
- lcd.c、lcd.h：外设 LCD 的源文件和头文件。

……

（5）在 FWLIB 文件夹中复制以下内容，如图 2-17 所示。

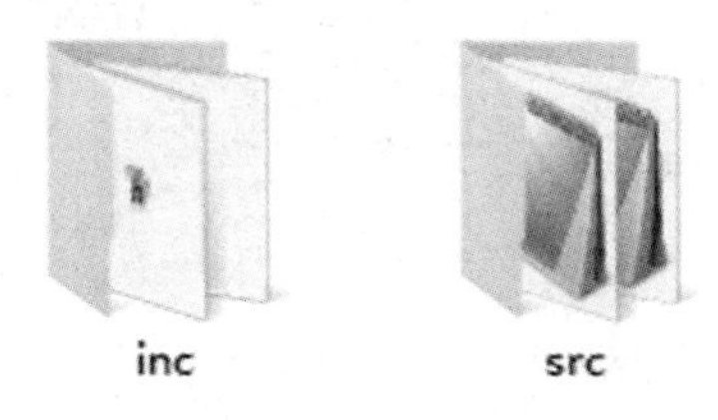

图 2-17　在 FWLIB 文件夹中要复制的文件

- inc 文件夹：标准固件库函数的头文件。
- src 文件夹：标准固件库函数的源文件。

2．STM32 库函数工程模板的建立

打开 KEILμVision5，新建工程，命名为 first-template，保存在 USR 文件夹中，如图 2-18 所示。

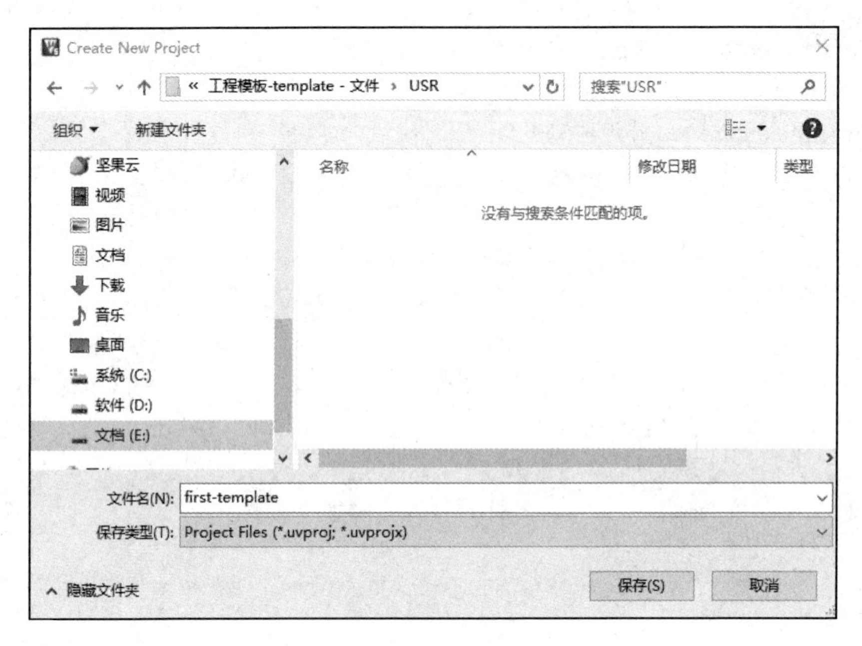

图 2-18 新建工程

单击"保存"按钮，在弹出的"Select Device for Target"对话框中选择"STM32F407ZGTx"，如图 2-19 所示。

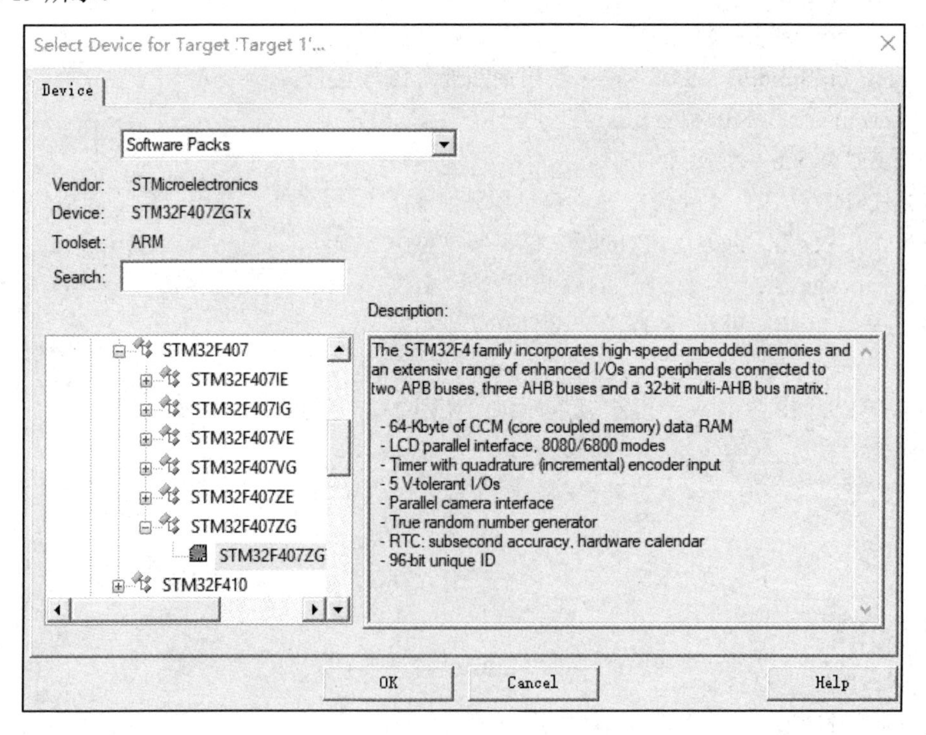

图 2-19 选择"STM32F407ZGTx"

单击"OK"按钮后，在"Manage Run-Time Environment"对话框中跳过固件选择，如图 2-20 所示。

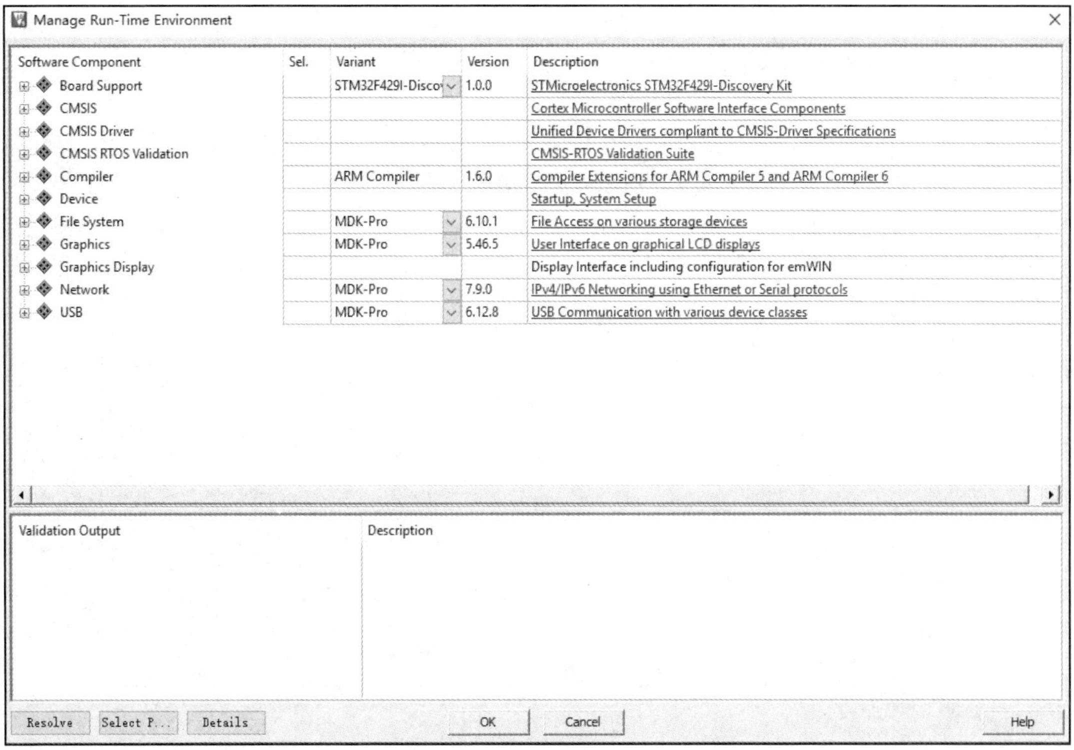

Manage Run-Time Environment
Software Component
Sel.
Variant
Version
Description
Board Support
STM32F429I-Disco
1.0.0
STMicroelectronics STM32F429I-Discovery Kit
CMSIS
Cortex Microcontroller Software Interface Components
CMSIS Driver
Unified Device Drivers compliant to CMSIS-Driver Specifications
CMSIS RTOS Validation
CMSIS-RTOS Validation Suite
Compiler
ARM Compiler
1.6.0
Compiler Extensions for ARM Compiler 5 and ARM Compiler 6
Device
Startup, System Setup
File System
MDK-Pro
6.10.1
File Access on various storage devices
Graphics
MDK-Pro
5.46.5
User Interface on graphical LCD displays
Graphics Display
Display Interface including configuration for emWIN
Network
MDK-Pro
7.9.0
IPv4/IPv6 Networking using Ethernet or Serial protocols
USB
MDK-Pro
6.12.8
USB Communication with various device classes
Validation Output
Description
Resolve
Select P...
Details
OK
Cancel
Help

图 2-20　跳过固件选择

单击“OK”按钮后即可完成工程的建立，如图 2-21 所示。

File Edit View Project Flash Debug Peripherals Tools SVCS Window Help
core_m4.c
Target 1
Project
Project: first-template
Target 1

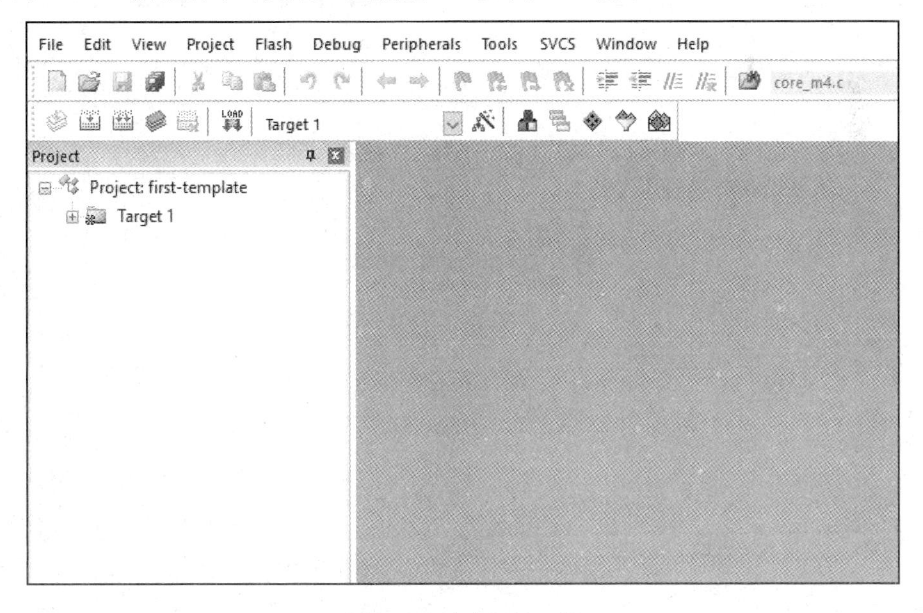

图 2-21　建立好的工程

单击工具条中的“ ”按钮，在弹出的“Manage Project Items”对话框中可以向新建的工程添加文件，如图 2-22 所示。

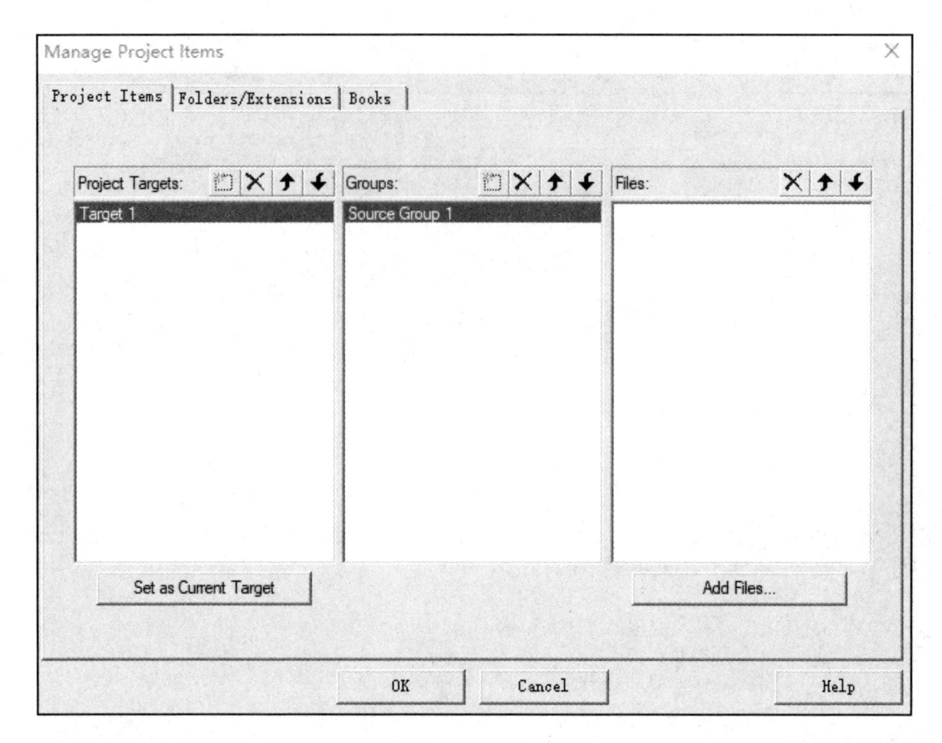

图 2-22　管理工程

这里在工程中添加 USR、CORE、SYSTEM、HARDWARE、FWLIB 等文件夹，如图 2-23 所示。

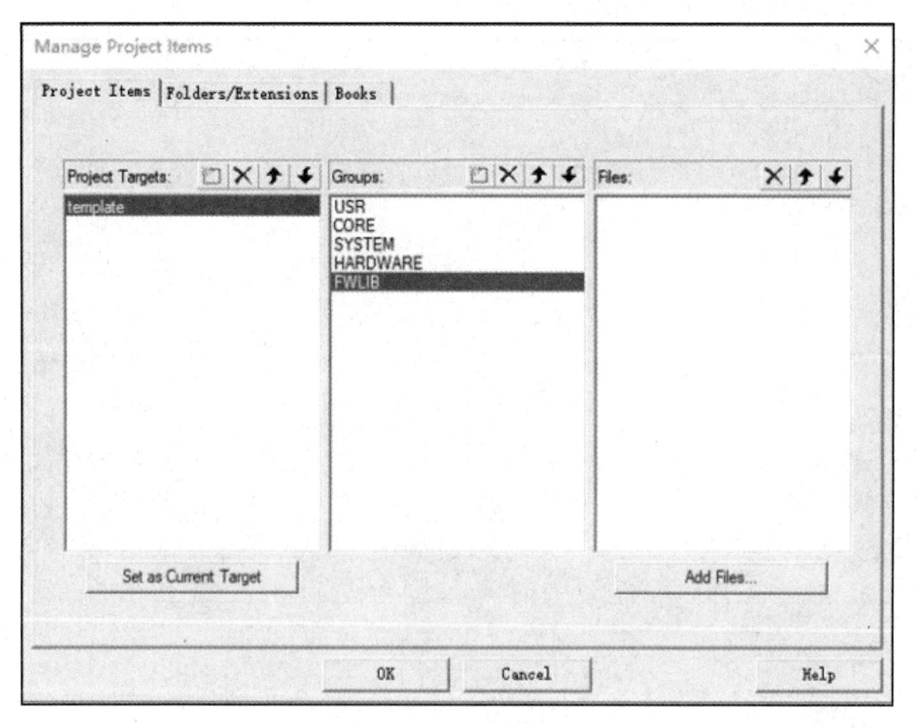

图 2-23　在工程中添加文件夹

单击“Add Files”按钮可以向左边的文件夹添加文件，为每个文件夹添加完文件后单击

“OK”按钮，如图 2-24 所示。

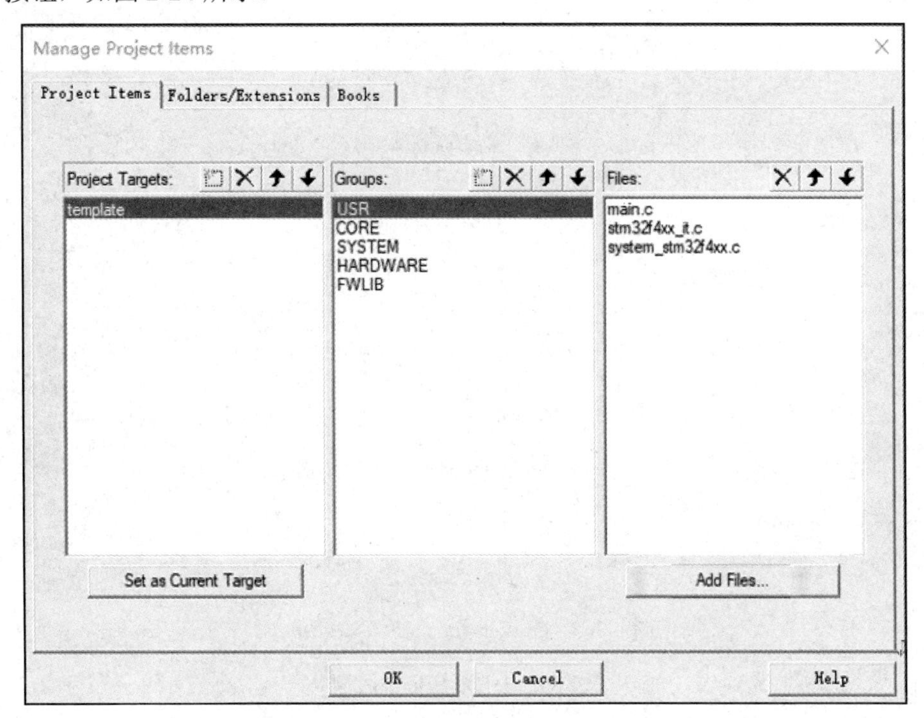

图 2-24　在文件夹中添加文件

添加所需文件后的工程如图 2-25 所示。

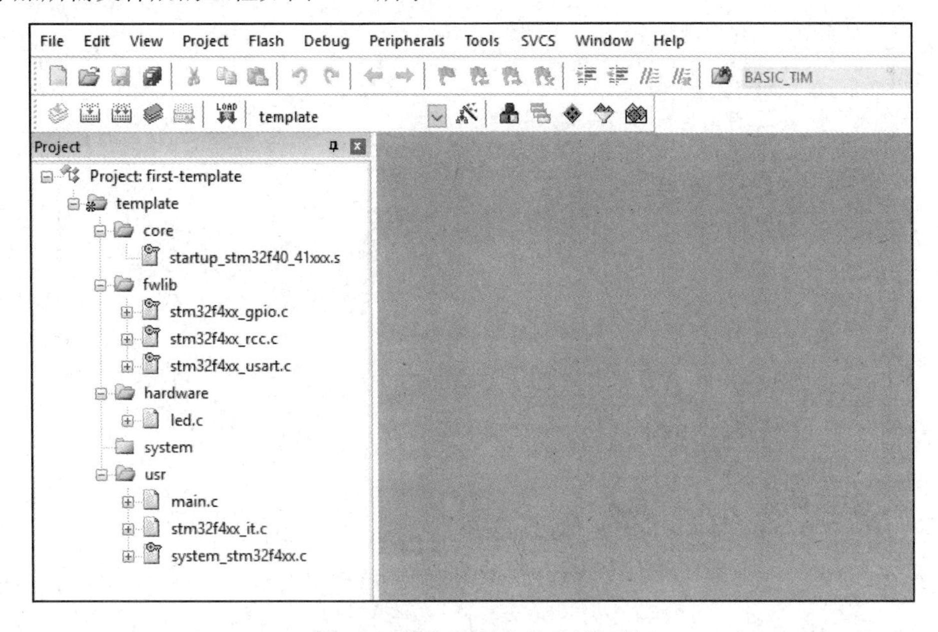

图 2-25　添加所需文件后的工程

至此，我们就建好了工程，下面对工程进行配置。单击工具条中魔法棒按钮（见图 2-26 中的方框），即可在弹出的“Options for Target”对话框中配置工程，如图 2-26 所示。

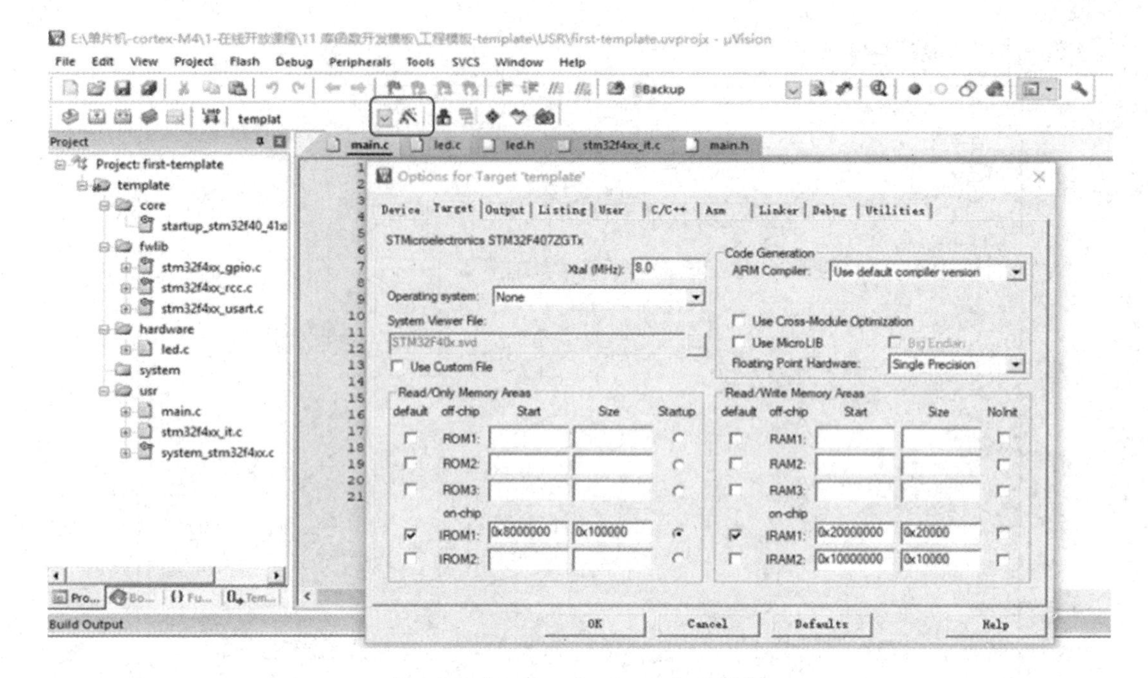

图 2-26 “Options for Target”对话框

选择“Output”选项卡，勾选“Create HEX File”后可以创建 hex 文件，如图 2-27 所示。

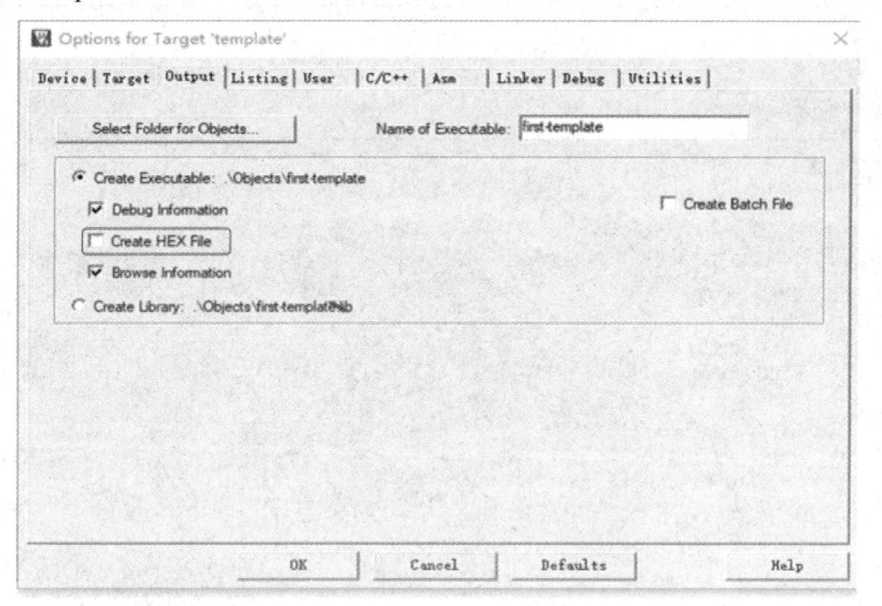

图 2-27 勾选“Create HEX File”

选择“C/C++”选项卡，首先在“Define”中输入“STM32F40_41xxx,USE_STDPERIPH_DRIVER”，这样就可以进行工程的选择性编译；然后在“Include Paths”中添加所有文件夹，以便选择编译路径。工程的选择性编译设置及编译路径设置如图 2-28 所示。

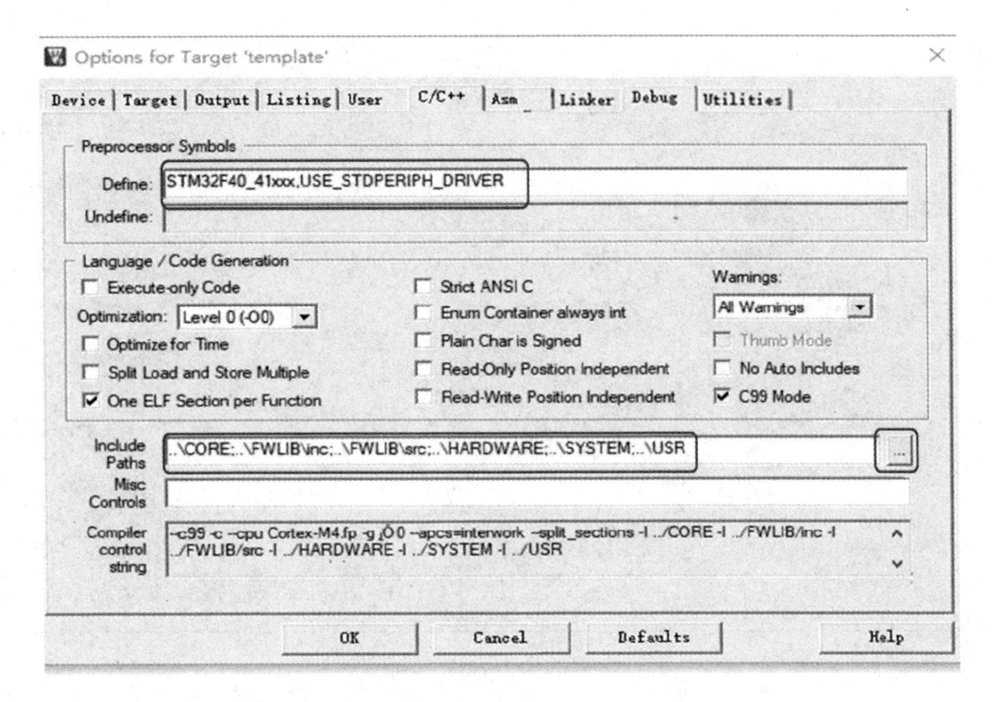

图 2-28　工程的选择性编译设置及编译路径设置

在“Debug”选项卡中选择“ST-Link Debugger”进行下载，如图 2-29 所示。

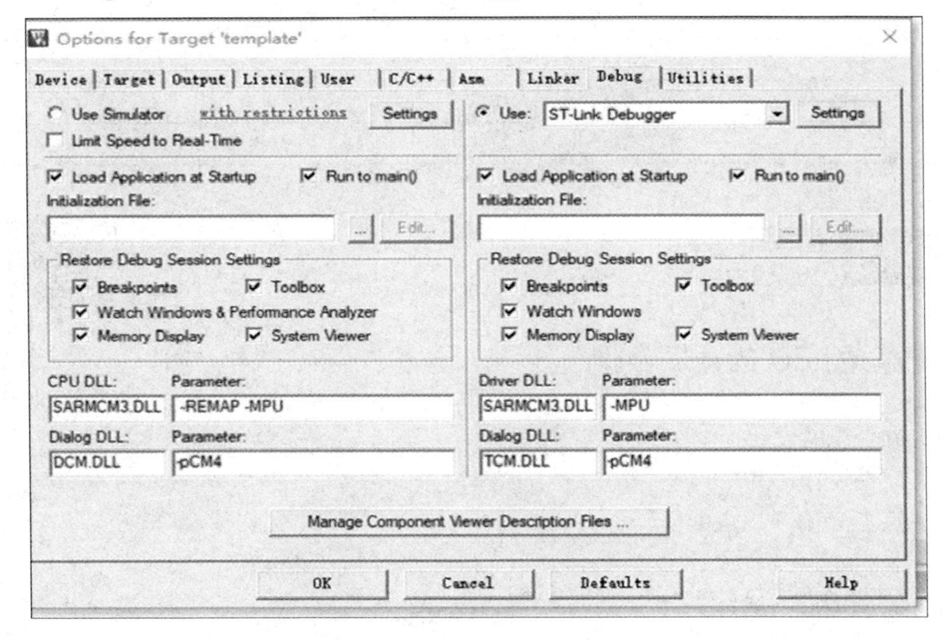

图 2-29　工程的 Debug 设置

配置好的工程如图 2-30 所示。

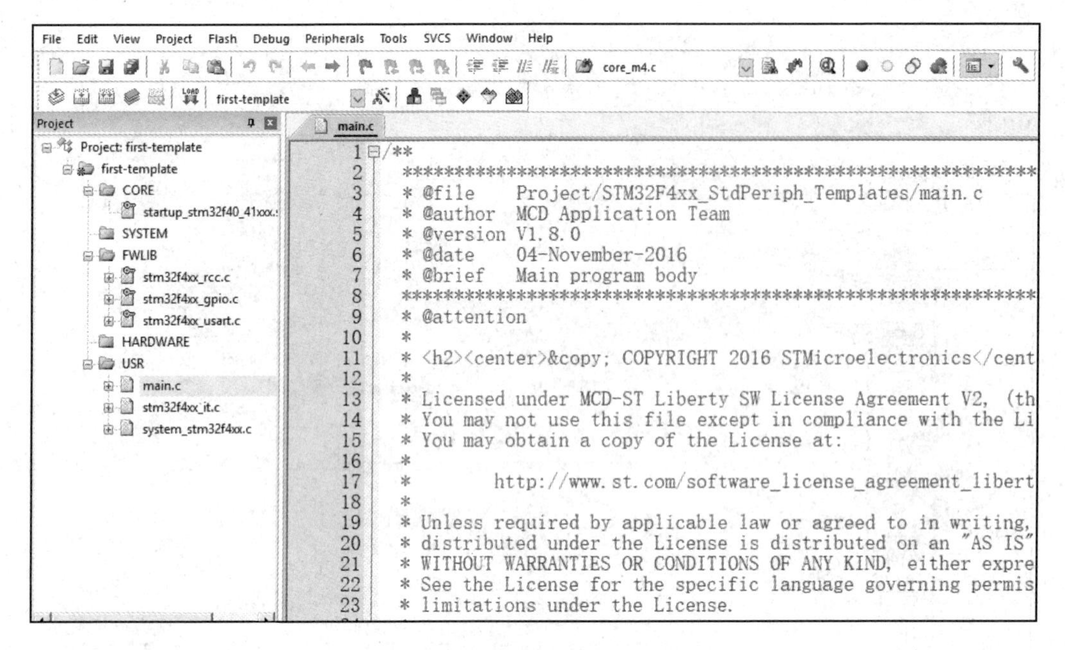

图 2-30 配置好的工程

请自行建立工程，并将具体步骤写在下面的横线上。

步骤：

任务 2.3 点亮 LED

库函数开发：点亮 LED

2.3.1 点亮 LED 的开发步骤

（1）硬件电路设计。

（2）软件设计。

（3）点亮 LED（点亮单灯）。

2.3.2 硬件电路设计

为了点亮 LED，需要先了解 LED 的硬件电路，这样就可以有的放矢地完成任务。本书使用的扩展板上的 LED 电路原理图如图 2-31 所示。在通过 GPIOA0 点亮 LED 时，首先要做的就是拿一根杜邦线连接图 2-31 的 1 引脚和图 2-32 中的 A0 引脚。

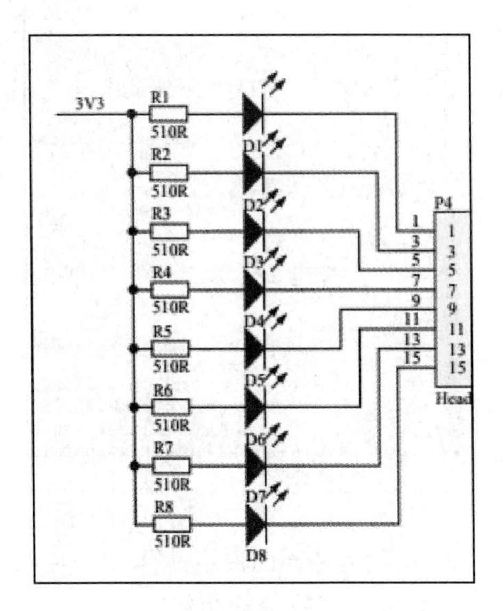

图 2-31　LED 电路原理图

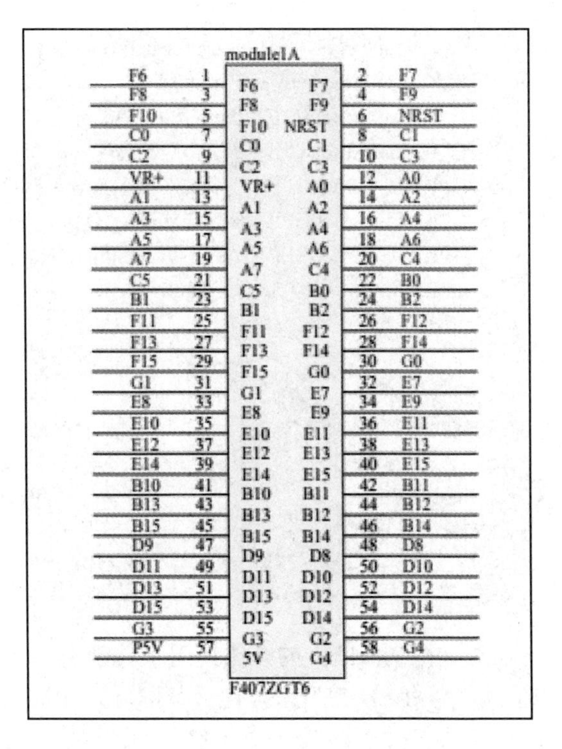

图 2-32　STM32F407 扩展板的引脚图

硬件电路连接好以后，我们要分析一下 LED 的电路原理图。从图 2-31 可以很清楚地看出，LED 的阳极通过电阻连接到 3.3 V 的电源，LED 的阴极则使用杜邦线接到图 2-32 中的 A0 引脚。从这个连接方式可以看出，要想点亮 LED，就需要使 A0 引脚保持低电平，因此接下来的任务就是如何使 A0 引脚保持低电平。

2.3.3　软件设计

点亮 LED 实验

（1）使用开发模板新建工程。

（2）开启外设时钟。

（3）配置 GPIO。

（4）点亮 LED（将 GPIOA0 设置为低电平）。

为了完成这个任务，在使用标准固件库函数建立工程后，还需要新建一个 led.c 文件并将该文件保存到 HARDWARE 文件夹中。led.c 中的内容是与 LED 相关的 GPIO 接口配置，因此还要新建一个 led.h 文件，其内容就是 led.c 中函数的声明。在 main.c 中调用 led.c，将 GPIOA0 设置为低电平。

需要注意的是，led.c 要添加到 HARDWARE 文件夹中，在 main.c 中要包含 led.h，即“#include "led.h"”。

led.c 和 led.h 的主要代码如下：

```
/**************************led.c*********************************************************/
#include "stm32f4xx.h"
void led_Init(void)
{
```

```
    GPIO_InitTypeDef GPIO_InitStruct;                      //定义结构体
    RCC_AHB1PeriphClockCmd(RCC_AHB1Periph_GPIOA, ENABLE);     //开启 GPIOA 的时钟
    GPIO_InitStruct.GPIO_Pin=GPIO_Pin_0;                   //设置 LED 对应的 GPIO 接口的 Pin 口
    GPIO_InitStruct.GPIO_Mode=GPIO_Mode_OUT;               //将 GPIO 接口设置为输出模式
    GPIO_InitStruct.GPIO_Speed=GPIO_Speed_100MHz;          //设置 GPIO 接口的工作频率为 100 MHz
    GPIO_InitStruct.GPIO_OType=GPIO_OType_PP;              //将 GPIO 接口设置为推挽输出模式
    GPIO_InitStruct.GPIO_PuPd=GPIO_PuPd_NOPULL;            //将 GPIO 接口设置为悬空模式
    GPIO_Init(GPIOA, &GPIO_InitStruct);                    //初始化 GPIO 接口
}
/*******************************************************************************/

/**********************led.h****************************************************/
#ifndef __LED_H
#define __LED_H
void led_Init(void);                                       //声明 led_Init(void)
#endif
/*******************************************************************************/
```

在头文件（led.h）的开头使用了关键字“#ifndef”，用于判断标号“__LED_H”是否被定义。若“__LED_H”未被定义，则从“#ifndef”到“#endif”之间的内容都有效，也就是说，这个头文件若被其他文件包含，“__LED_H”就会被包含到相应的文件中。头文件在“#ifndef __LED_H”后使用了关键字“#define”定义上面判断的标号“__LED_H”。当这个头文件被同一个文件第二次包含时，由于在第一次包含头文件时“#define __LED_H”是有效的，再次判断“#ifndef __LED_H”时，判断的结果就是假，因此从“#ifndef”到“#endif”之间的内容就无效了，从而可以防止在同一个头文件被多次包含时，出现 redefine（重复定义）的编译错误。

一般来说，我们不会直接在源文件写两行“#include”语句来包含同一个头文件，但可能因为头文件内部的包含导致重复定义，使用关键字“#ifndef”的目的是避免重复定义。

另外，为什么要用两个下画线来定义“__LED_H”标号呢？其目的是避免“__LED_H”与其他普通宏定义重复。如果用“GPIO_PIN_0”来代替这个标号“__LED_H”，就会因为 stm32f4xx.h 已经定义了 GPIO_PIN_0，导致 led.h 文件无效，相当于 led.h 一次都没有被包含。

主函数的关键代码如下：

```
/**********************main.c***************************************************/
#include "stm32f4xx.h"        //包含 stm32f4xx.h 的标准固件库
#include "led.h"              //包含自建的 led.h 库
int main(void)                //主函数，每个工程只有一个 main 函数
{
    led_Init();               //调用 LED 的初始化函数，LED 的初始化主要是对 GPIO 接口进行配置
    while(1){
        GPIO_ResetBits(GPIOA, GPIO_Pin_0);         //将 GPIOA0 设置为低电平
    }
}
/*******************************************************************************/
```

完成工程配置后单击“▦”按钮即可进行编译，如图 2-33 所示，当出现“0 Error(s), 0

Warning（s）”时表示编译成功，即没有错误没有警告。

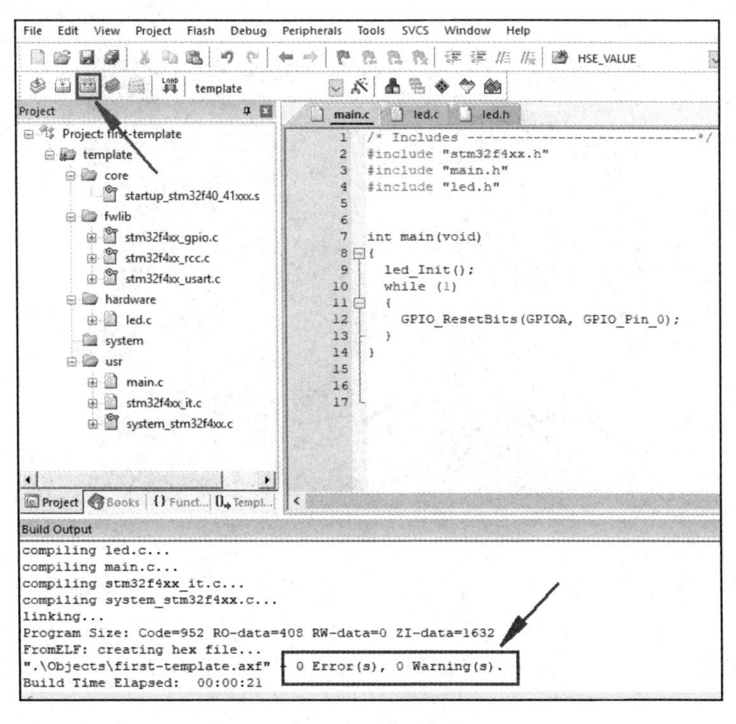

图 2-33　工程编译

在确保仿真器和核心板连接正确的情况下，即可单击“LOAD”按钮下载编译后的程序，如图 2-34 所示。

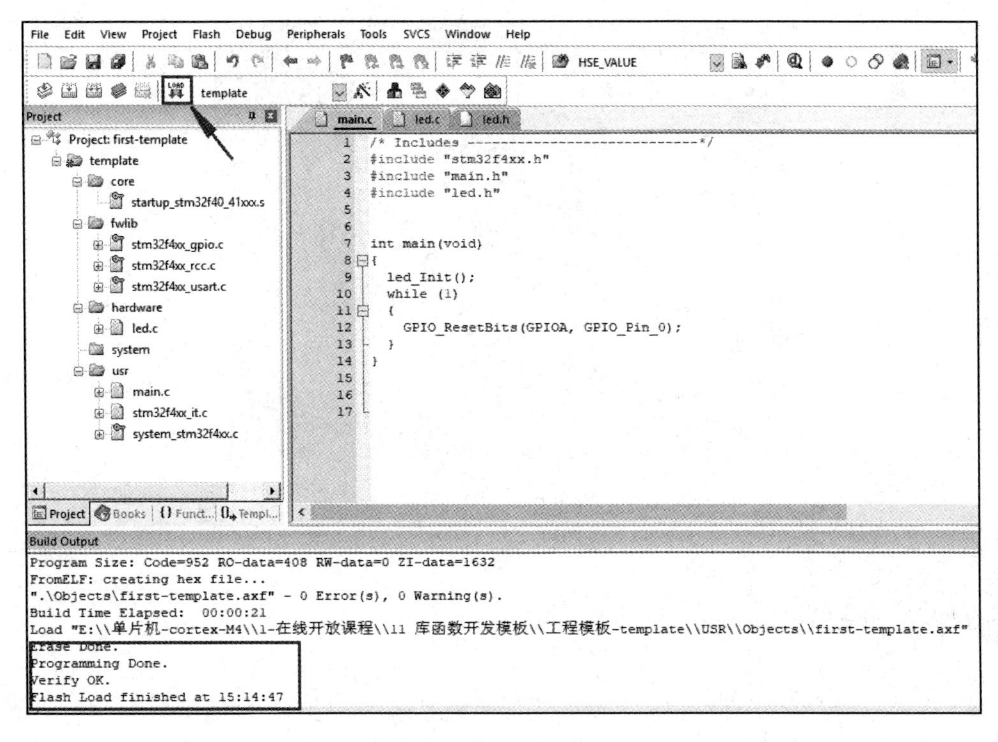

图 2-34　下载程序

仿真器和核心板的连接如图 2-35 所示，需要注意 LED1 是否与 GPIOA0 引脚的连接是否正确。

图 2-35　仿真器与核心板连接

本书使用的仿真器是 ST-LINK，在单击“LOAD”按钮下载程序前要确保 ST-LINK 的设置是正确的。ST-LINK 的设置详见图 1-42。

即使仿真器与核心板连接，以及仿真器的设置都正确，在下载程序时也可能会遇到问题，如提示“No Target”。这是由于核心板下载接口的电平造成的，在反复实验中，总结出了一种下载的方法：按住核心板的复位键后单击“LOAD”按钮，再松开复位键，这样就能够成功下载程序。

程序在核心板上的运行结果是点亮 LED，如图 2-36 所示。

图 2-36　点亮 LED

2.4 项目总结

本项目主要介绍多文件编程和库函数工程模板的建立，通过点亮 LED 的任务，介绍了 GPIO 接口的结构体、STM32 头文件的添加、GPIO 接口的库函数使用。通过本项目的学习，使读者真正进入 ARM 芯片开发阶段。

2.5 动手实践

（1）通过多文件编程的方法求三角形和矩形的面积，将多文件编程的结构实现代码写在下面的横线上。

____

____

____

____

（2）通过把 GPIOB0 引脚设置为低电平来点亮 LED，请将详细的实现过程写在下面的横线上。

____

____

____

____

2.6 项目拓展

STM32 寄存器开发：新建工程

STM32 寄存器开发：点亮 LED

本项目是通过标准固件库函数点亮 LED 的，而在单片机（如 51 系列单片机）是通过寄存器编程来点亮 LED 的。本节将通过寄存器编程点亮 LED 作为项目拓展，留给读者实现。

2.7 润物无声：千里之行，始于足下

“千里之行，始于足下”语出《道德经》第六十四章，意思是千里远的路程是从脚下迈第一步开始的，比喻远大目标的实现，要从小的、基础的事情做起。老子以大树、高台、千里之行一方面说明在问题或祸乱发生之前一定要提前防范或处置妥当，以免量变引起质变；另一方面说明任何事情都需要从头做起，一个好的开始往往是事情成败的关键，远大的理想和抱负需要脚踏实地的努力，才能在一个个具体目标的实现中完成看似不可能完成的任务。

点亮 LED 是进入微控制器开发的第一个项目，因此这个项目至关重要。

2.8 知识巩固

一、填空题

请在下面的横线上写出 GPIO_Init()函数初始化样例中各语句的含义。

```
GPIO_InitTypeDef    GPIO_InitStructure;
______________________________________________________________
RCC_AHB1PeriphClockCmd(RCC_AHB1Periph_GPIOH, ENABLE);
______________________________________________________________
GPIO_InitStructure.GPIO_Pin = GPIO_Pin_12 | GPIO_Pin_13;
______________________________________________________________
GPIO_InitStructure.GPIO_Mode = GPIO_Mode_OUT;
______________________________________________________________
GPIO_InitStructure.GPIO_OType = GPIO_OType_PP;
______________________________________________________________
GPIO_InitStructure.GPIO_Speed = GPIO_Speed_100MHz;
______________________________________________________________
GPIO_InitStructure.GPIO_PuPd = GPIO_PuPd_UP;
______________________________________________________________
GPIO_Init(GPIOH, &GPIO_InitStructure);
______________________________________________________________
```

二、选择题

（1）Cortex-M 内核的开发方法可以用知识巩固图 2-1 来说明，主要包括________。

（A）创建一个工程　　（B）选择一个设备

（C）选择一个设备，配置工程参数　　（D）加载程序代码和设备驱动库

（E）编译　　（F）下载到 Flash 中　　（G）调试并更新应用程序

（H）PC 通过 USB 与仿真器连接，这里通过 U-LINK2 将程序下载到开发板的 Flash

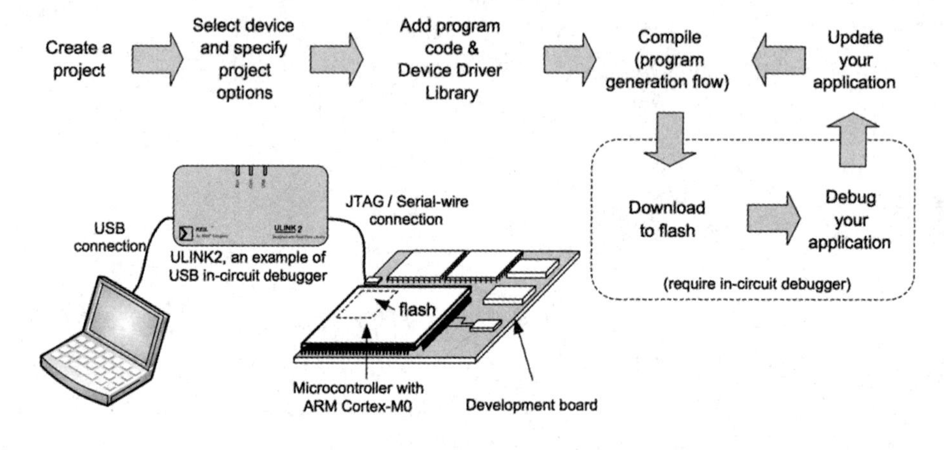

知识巩固图 2-1

（2）多文件编程中的源文件后缀名为________。

（A）.c　　（B）.h　　（C）.doc　　（D）.dev

（3）多文件编程中的库文件后缀名为________。

（A）.c　　（B）.h　　（C）.doc　　（D）.dev

（4）实现多文件编程的步骤包括________。

（A）库函数的编写　　（B）源文件的编写　　（C）库函数的调用

（D）主程序的编写　　（E）main 函数的调用

（5）为了防止重复定义，可以使用________。

（A）

```
#ifndef   _***_H
#define   _***_H
#endif
```

（B）

```
#ifdef   _***_H
#define   _***_H
#endif
```

（C）

```
#ifndef   _***_C
#define   _***_C
#endif
```

（D）

```
#ifdef    _***_C
#define   _***_C
#endif
```

（6）当标识符未被定义时，定义标识符的语句是________。

（A）

```
#ifdef 标识符
#define 标识符
#endif
```

（B）

```
#ifndef 标识符
#define 标识符
#endif
```

（C）

```
#ifndef    标识符
#endif
```

（D）

```
#ifdef    标识符
#endif
```

（7）当使用关键字 extern 声明变量和定义变量时，下列说法正确的是________。

（A）使用关键字 extern 可以多次声明变量

（A）使用关键字 extern 可以多次定义变量

（C）使用关键字 extern 声明的变量只能被引用，不能被赋值

（D）使用关键字 extern 声明的变量既能被引用，也能被赋值

（8）startup_stm32f40_41xxx.s 是________。

（A）内核核心功能接口头文件 （B）启动文件

（C）头文件 （D）包含内核核心专用指令的文件

（9）点亮 LED 需要将 GPIOA0 设置为低电平，可以使用的语句是________。

（A）

```
GPIO_ResetBits(GPIOA,GPIO_Pin_0);
```

（B）

```
GPIO_SetBits(GPIOA,GPIO_Pin_0);
```

（C）

```
GPIO_WriteBit(GPIOA,GPIO_Pin_0,1);
```

（D）

```
GPIO_WriteBit(GPIOA,GPIO_Pin_0,0);
```

（10）将 GPIOB1 设置为高电平，可以使用的语句是________。

（A）

```
GPIO_ResetBits(GPIOB,GPIO_Pin_0);
```

（B）

```
GPIO_SetBits(GPIOB,GPIO_Pin_1);
```

（C）

```
GPIO_WriteBit(GPIOB,GPIO_Pin_0,1);
```

（D）

```
GPIO_WriteBit(GPIOB,GPIO_Pin_1,0);
```

（11）GPIO_Mode_AF 是________。

（A）输入模式 （B）输出模式 （C）复用模式 （D）模拟模式

（12）Medium_Speed 指的是________。

（A）GPIO_Speed_2MHz （B）GPIO_Speed_25MHz

（C）GPIO_Speed_50MHz （D）GPIO_Speed_100MHz

（13）GPIOPuPd 的取值有________。

（A）GPIO_PuPd_NOPULL （B）GPIO_PuPd_UP

（C）GPIO_PuPd_DOWN （D）GPIO_PuPd_IN

（14）GPIO_PuPd_DOWN 指的是________模式。

（A）悬空 （B）上拉 （C）下拉 （D）输入

（15）读取 GPIO 接口输出数据的函数是________。

（A）

```
uint8_t GPIO_ReadOutputDataBit(GPIO_TypeDef* GPIOx, uint16_t GPIO_Pin);
```

（B）

```
uint16_t GPIO_ReadOutputData(GPIO_TypeDef* GPIOx);
```

（C）

```
uint8_t GPIO_ReadInputDataBit(GPIO_TypeDef* GPIOx, uint16_t GPIO_Pin);
```

（D）

```
uint16_t GPIO_ReadInputData(GPIO_TypeDef* GPIOx);
```

（16）读取 GPIO 接口输入数据的函数是________。

（A）

```
uint8_t GPIO_ReadOutputDataBit(GPIO_TypeDef* GPIOx, uint16_t GPIO_Pin);
```

（B）

```
uint16_t GPIO_ReadOutputData(GPIO_TypeDef* GPIOx);
```

（C）

```
uint8_t GPIO_ReadInputDataBit(GPIO_TypeDef* GPIOx, uint16_t GPIO_Pin);
```

（D）

```
uint16_t GPIO_ReadInputData(GPIO_TypeDef* GPIOx);
```

三、简答题

（1）请说明下面程序的含义。

```
#ifdef  标识符
程序段 1
#else  程序段 2
#endif
```

（2）下列语句的含义是什么？

```
typedef  struct{
    uint32_t GPIO_Pin;
    GPIOMode_TypeDef GPIO_Mode
    GPIOSpeed_TypeDef GPIO_Speed
    GPIOOType_TypeDef GPIO_OType;
    GPIOPuPd_TypeDef GPIO_PuPd
}GPIO_InitTypeDef;
```

（3）下列语句的含义是什么？

```
struct U_TYPE{
    int BaudRate；
    int WordLength;
}Usart1,Usart2；
```

（4）请根据图 2-1 简述 C 程序的编译过程。

项目 3
使用 GPIO 接口完成简单的开发任务

项目描述：

从项目 2 的点亮 LED 开始就进入了微处理器的开发，虽然点亮 LED 的任务比较简单，但需要读者了解微处理器的基础知识，其中最基础的就是微处理器的 GPIO 接口。点亮 LED 的任务就是通过微处理器的 GPIO 接口实现的。掌握了 GPIO 接口的功能，就可以通过 GPIO 接口来控制数码管，以及控制按键来实现某些操作。

项目内容：

任务 1：使用 GPIO 接口实现流水灯。

任务 2：使用 GPIO 接口控制按键。

任务 3：数码管的动态显示。

学习目标：

- 了解微控制器的 GPIO 接口的工作模式，在开发过程中能够选择正确的工作模式。
- 从 STM32F407 微控制器的时钟框图入手，熟悉 5 种时钟源，开启 GPIO 时钟。
- 通过不同的标准固件库函数完成流水灯任务。
- 通过软件方式完成按键去抖，从而实现对按键的控制。
- 理解数码管的显示原理，完成四位数码管的动态显示。

任务 3.1 使用 GPIO 接口实现流水灯

GPIO 结构

3.1.1 GPIO 接口的工作模式

GPIO 接口是通用型输入/输出（General-Purpose Input/Output）接口的简称，其功能类似于 8051 单片机的 P0～P3 接口。GPIO 接口可以由开发者通过软件控制，GPIO 接口对应的引脚可以作为通用输入（GPI）、通用输出（GPO）或通用输入输出（GPIO）等接口。对于通用输入接口，可以通过读取某个寄存器来确定引脚电平的高低；对于通用输出接口，可通过写入某个寄存器来让这个引脚输出高电平或者低电平；对于其他特殊功能，则由另外的寄存器来控制 GPIO 接口。

每个 GPIO 接口都有 4 个 32 位配置寄存器（GPIOx_MODER、GPIOx_OTYPER、GPIOx_OSPEEDR 和 GPIOx_PUPDR）、2 个 32 位数据寄存器（GPIOx_IDR 与 GPIOx_ODR）、1 个 32 位置位/复位寄存器（GPIOx_BSRR）、1 个 32 位锁定寄存器（GPIOx_LCKR）和 2 个 32 位复用功能寄存器（GPIOx_AFRH 和 GPIOx_AFRL）。

GPIO 接口的主要特性如下：

- 受控的 GPIO 接口多达 16 个。
- 输出状态包括推挽输出或开漏输出+上拉或下拉。
- 从输出数据寄存器（GPIOx_ODR）或外设（复用功能输出）输出数据。
- 可为每个 GPIO 接口设置不同的速度（或频率）。
- 输入状态包括悬空、上拉或下拉、模拟。
- 可将数据输入到输入数据寄存器（GPIOx_IDR）或外设（复用功能输入）。
- 置位/复位寄存器（GPIOx_BSRR）具有对 GPIOx_ODR 进行按位写的权限。
- 锁定寄存器（GPIOx_LCKR）可以冻结 GPIO 接口的配置。
- 具有模拟功能。
- 通过复用功能寄存器，每个 GPIO 接口最多可具有 16 个复用功能。
- GPIO 接口可快速翻转，每次翻转最快只需要 2 个时钟周期。
- 引脚的复用非常灵活，允许引脚当成 GPIO 接口或多种外设功能中的一种。

GPIO 接口的工作模式如图 3-1 所示。

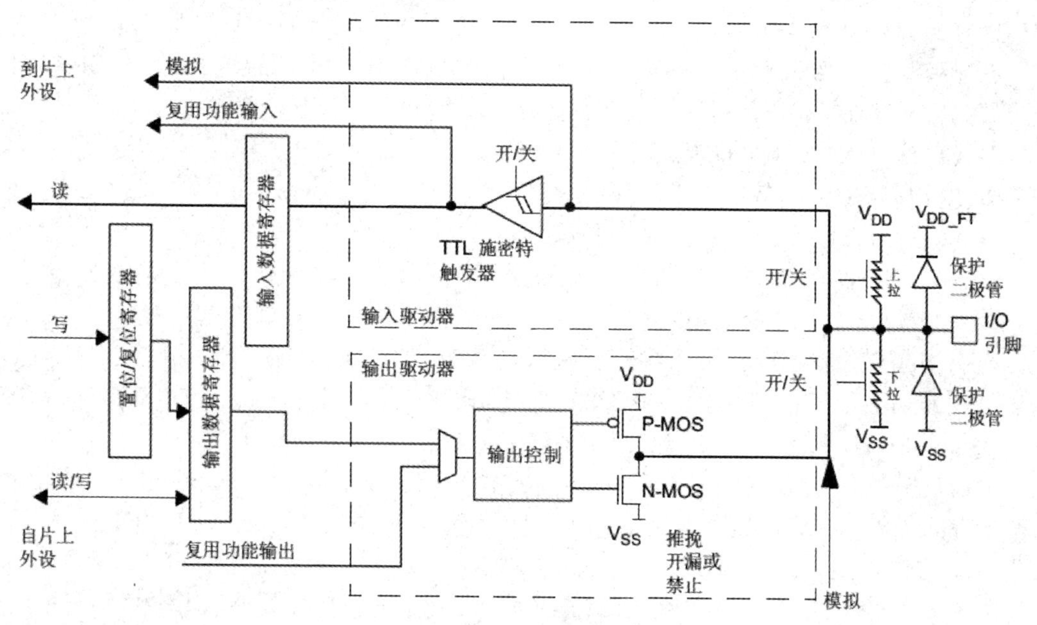

图 3-1　GPIO 接口的工作模式（引自 ST 公司的官方参考手册）

通过软件可以将微控制器 STM32F407 的 GPIO 接口设置为以下模式：

- 输入悬空。
- 输入上拉。
- 输入下拉。
- 模拟功能。
- 具有上拉或下拉功能的开漏输出。
- 具有上拉或下拉功能的推挽输出。
- 具有上拉或下拉功能的复用功能（推挽输出）。
- 具有上拉或下拉功能的复用功能（开漏输出）。

每个 GPIO 接口位（Port Bit）均可自由编程设置，但 GPIO 接口的寄存器必须按 32 位字、半字或字节进行访问。GPIOx_BSRR 旨在对 GPIO_ODR 进行原子读取/修改访问，这样可确保在读取和修改之间发生中断请求也不会有问题。

推挽输出（Push-Pull Output）：是指两个参数相同的功率晶体管或金属氧化物半导体场效应晶体管（Metal-Oxide-Semiconductor Field Effect Transistor，MOSFET），以推挽的方式存在于电路中。因为元件受到两个互补信号的制约，总会保持一个导通状态、另一个截止的状态。推拉输出既可以提高电路的负载能力，又可以提高开关速度。

开漏输出：输出端相当于晶体管的集电极，要得到高电平状态需要上拉电阻才行，适合作为电流型的驱动，其吸收电流的能力相对强（一般为 20 mA 内）。开漏输出可以利用外部电路的驱动能力来减少 IC 内部的驱动。一般来说，开漏是用来连接不同电平元件、匹配电平用的，因为在开漏引脚没有连接外部的上拉电阻时，只能输出低电平。如果需要引脚同时具备输出高电平的功能，则需要连接上拉电阻。开漏输出的一个优点是可以通过改变上拉电阻的电压来改变传输电平。例如，在连接上拉电阻时，可以提供 TTL/CMOS 电平输出。上拉电阻的阻值决定了逻辑电平转换时沿的速度。阻值越大，速度越低、功耗越小，所以上拉电阻的选择要兼顾功耗和速度。

在微控制器 STM32F407 复位期间及复位刚刚完成时，复用功能尚未激活，GPIO 接口被配置为输入悬空模式。复位后，调试引脚处于复用功能上拉/下拉模式。

- PA15：JTDI 处于上拉模式。
- PA14：JTCK、SWCLK 处于下拉模式。
- PA13：JTMS、SWDAT 处于下拉模式。
- PB4：NJTRST 处于上拉模式。
- PB3：JTDO 处于悬空模式。

当引脚配置为输出时，写入到输出数据寄存器（GPIOx_ODR）的值将由 GPIO 接口输出。用户可以在推挽输出模式或开漏输出模式下使用输出驱动器（输出 0 时仅激活 N-MOS）。

输入数据寄存器（GPIOx_IDR）每隔 1 个 AHB1 时钟周期捕获一次 GPIO 接口上的数据。

所有的 GPIO 接口都具有内部弱上拉及下拉电阻，可根据 GPIOx_PUPDR 的值来打开/关闭 GPIO 接口。

微控制器 STM32F407 的 GPIO 接口通过一个复用器连接到板载外设/模块，该复用器一次仅允许一个外设的复用功能（AF）连接到 GPIO 接口。这可以确保使用同一个 GPIO 接口的外设之间不会发生冲突。

每个 GPIO 接口都有一个复用器，该复用器采用 16 路复用功能输入（AF0～AF15），可通过 GPIOx_AFRL（针对引脚 0 到 7）和 GPIOx_AFRH（针对引脚 8 到 15）寄存器对这些输入进行配置。微控制器 STM32F407 复用功能的选择如图 3-2 所示。

- 微控制器 STM32F407 完成复位后，所有 GPIO 接口都会连接到系统的复用功能 0（AF0）。
- 外设的复用功能会映射到 AF1～AF13。
- Cortex-M4F 内核的 FEVENTOUT 会映射到 AF15。

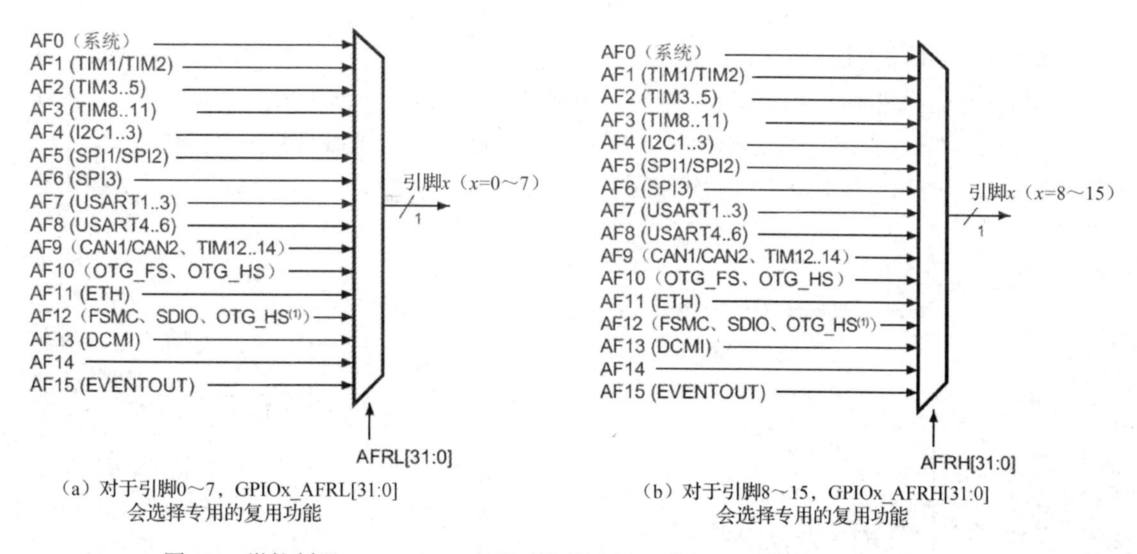

图 3-2　微控制器 STM32F407 复用功能的选择（引自 ST 公司的官方参考手册）

1. GPIO 接口的输入模式

GPIO 接口的输入模式如图 3-3 所示。通过编程将 GPIO 接口作为输入时，输出缓冲器被关闭、TTL 施密特触发器的输入被打开。根据 GPIOx_PUPDR 中的值决定是否打开上拉模式和下拉模式，输入数据寄存器每隔 1 个 AHB1 时钟周期对 GPIO 接口上的数据进行一次采集，对输入数据寄存器的读访问可获取 GPIO 接口的状态。

在悬空模式下，GPIO 接口的电平状态是不确定的，完全由外部输入决定。如果 GPIO 接口是悬空的，则读取该接口的电平是不确定的。

上拉模式就是将不确定的信号通过一个电阻钳位在高电平，电阻同时起限流作用。弱上拉和强上拉只是上拉电阻的阻值不同，没有特别严格的区分。

下拉模式就是将不确定的信号通过一个电阻钳位在低电平，电阻同时起限流作用。弱下拉和强下拉只是下拉电阻的阻值不同，没有特别严格的区分。

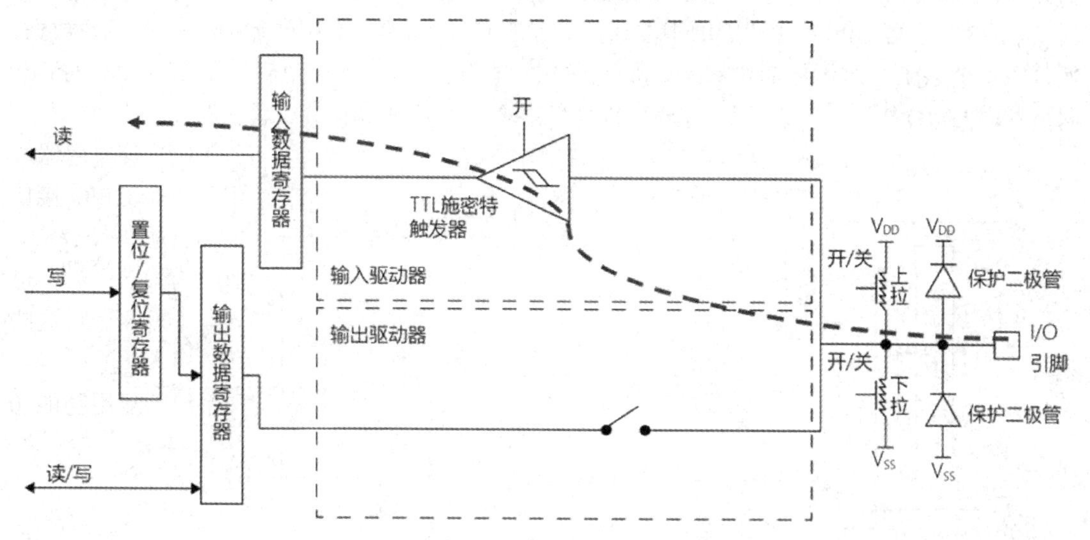

图 3-3　GPIO 接口的输入模式（引自 ST 公司的官方参考手册）

2. GPIO 接口的模拟模式

GPIO 接口的模拟模式如图 3-4 所示。通过编程将 GPIO 接口作为模拟输入时，输出缓冲器被禁止，TTL 施密特触发器的输入被关闭，GPIO 接口的模拟输入的功耗变为零，TTL 施密特触发器的输出被强制设置为恒定值（0），上拉和下拉电阻被关闭，读取输入数据寄存器的结果为 0。

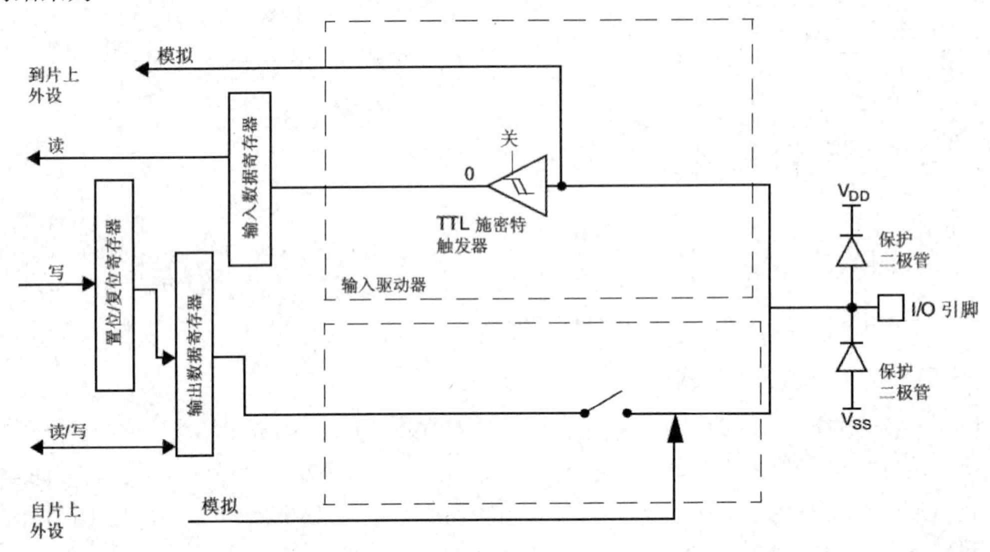

图 3-4 GPIO 接口的模拟模式（引自 ST 公司的官方参考手册）

3. GPIO 接口的输出模式

GPIO 接口的输出模式如图 3-5 所示。通过编程将 GPIO 接口作为模拟输出时，输出缓冲器被打开，TTL 施密特触发器的输入被打开。若在开漏输出模式下，则输出寄存器中的 0 可激活 N-MOS，输出寄存器中的 1 会使 GPIO 接口保持高组态（HiZ，即 P-MOS 始终不激活）。若在推挽输出模式下，则输出寄存器中的 0 可激活 N-MOS，而输出寄存器中的 1 可激活 P-MOS。根据 GPIOx_PUPDR 中的值决定是否打开上拉电阻和下拉电阻，输入数据寄存器每隔 1 个 AHB1 时钟周期对 GPIO 接口上的数据进行一次采集，对输入数据寄存器的读访问可获取 GPIO 接口的状态，对输出数据寄存器的读访问可获取最后写入的值。

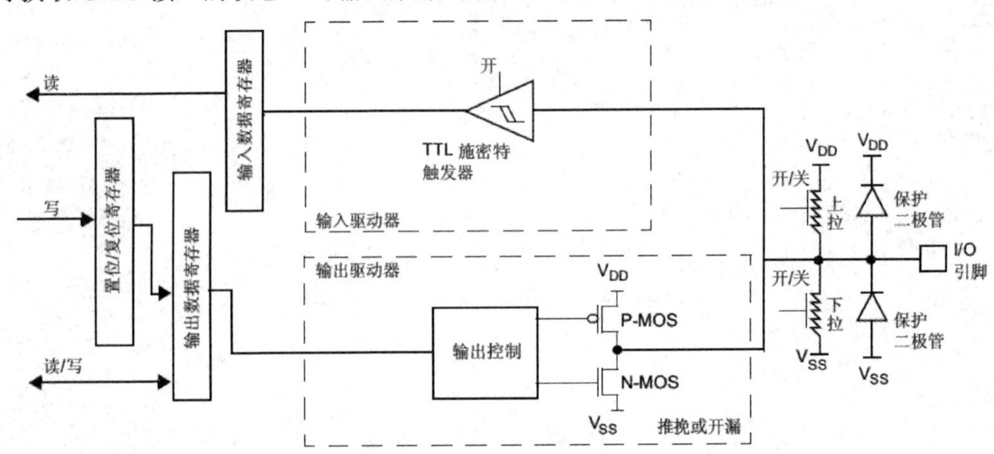

图 3-5 GPIO 接口的输出模式（引自 ST 公司的官方参考手册）

GPIO 接口的输出经过两个保护二极管后，向上流向“输入模式”结构，向下流向“输出模式”结构。先看“输出模式”结构，GPIO 接口的输出经过一个由 P-MOS 和 N-MOS 场效应管组成的单元电路，这个单元电路使 GPIO 接口具有推挽输出和开漏输出两种模式。

（1）推挽输出模式。推挽是指两个参数相同的晶体管或 MOS 场效应管以推挽的方式存在于电路中，各负责正负半周的波形放大任务。当电路工作时，两只对称的晶体管或 MOS 场效应管每次只有一个导通，所以导通损耗小、效率高。推挽输出既可以向负载灌电流，也可以从负载抽电流。推拉输出既可以提高电路的负载能力，也可以提高开关速度。推挽输出模式如图 3-6 所示。

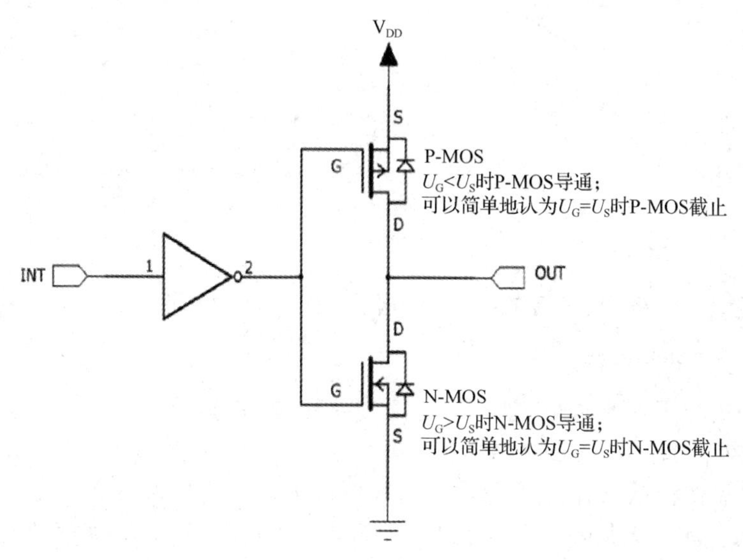

图 3-6　推挽输出模式（引自 ST 公司的官方参考手册）

所谓的推挽输出模式，是根据两个 MOS 场效应管的工作方式来命名的。在两个 MOS 场效应管组成的单元电路中输入高电平时，经过反向后，上方的 P-MOS 导通，下方的 N-MOS 截止，对外输出高电平；而在该单元电路中输入低电平时，经过反向后，N-MOS 导通，P-MOS 截止，对外输出低电平。当 GPIO 接口切换高低电平时，P-MOS 和 N-MOS 轮流导通，P-MOS 负责灌电流，N-MOS 负责抽电流，使其负载能力和开关速度都有了很大的提高。推挽输出的低电平为 0 V，高电平为 3.3 V。

（2）开漏输出。开漏输出模式如图 3-7 所示。在开漏输出模式下，P-MOS 完全不工作。如果要使输出为 0（低电平），则 P-MOS 截止、N-MOS 导通，使输出接地；若使输出为 1（它无法直接输出高电平）时，则 P-MOS 和 N-MOS 都关闭，所以 GPIO 接口既不输出高电平，也不输出低电平，为高阻态。为了正常使用，必须外接上拉电阻。上拉电阻具有“线与”功能，也就是说，若有很多开漏输出模式的引脚连接到一起，则只有当所有引脚都输出高阻态时，才由上拉电阻提供高电平，此高电平的电压值为外部上拉电阻所接的电源电压；若其中一个引脚为低电平，就相当于短路接地，使得所有引脚的输出都是低电平，即 0 V。

推挽输出模式通常用在输出电平为 0 V 和 3.3 V，且需要进行高速切换开关状态的场合。在 STM32 系列微控制器中，除了必须用开漏输出模式的场合，均建议使用推挽输出模式。开漏输出模式一般应用在 I2C 总线、SMBus（系统管理总线）等需要“线与”功能场合，以及电平不匹配的场合。例如，若需要输出 5 V 的高电平，就可以外接一个上拉电阻，令电源电压为 5 V，并且把 GPIO 接口设置为开漏输出模式，当输出为高阻态时，由上拉电阻和电源向外输出 5 V 的高电平。

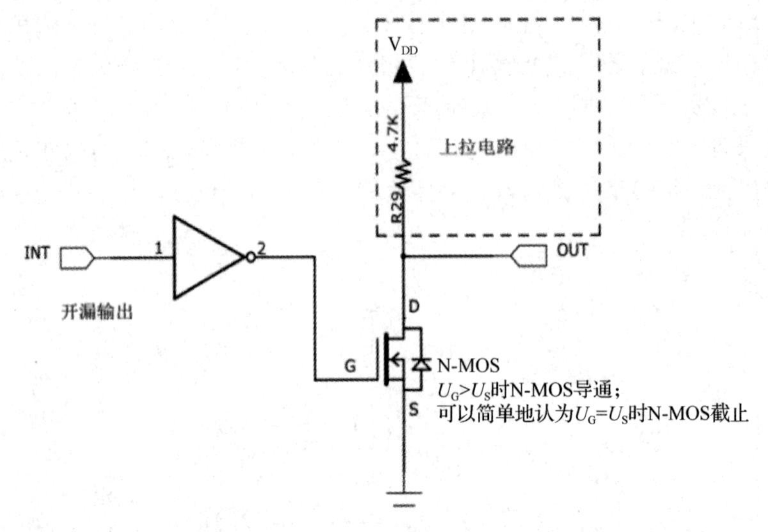

图 3-7 开漏输出模式（引自 ST 公司的官方参考手册）

4. GPIO 接口的复用模式

GPIO 接口的复用模式如图 3-8 所示。通过编程使 GPIO 接口实现复用功能时，可将输出缓冲器配置为开漏输出模式或推挽模式，输出缓冲器由来自外设的信号驱动（发送器使能和数据），TTL 施密特触发器的输入被打开。根据 GPIOx_PUPDR 中的值决定是否打开上拉和下拉，输入数据寄存器每隔 1 个 AHB1 时钟周期对 GPIO 接口上的数据进行一次采样，对输入数据寄存器的读访问可获取 GPIO 接口的状态。

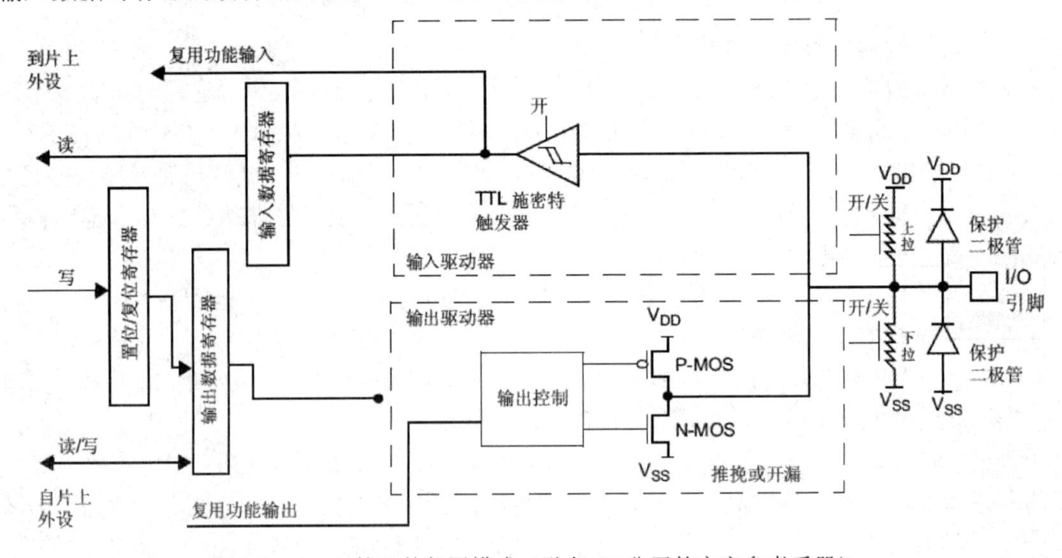

图 3-8 GPIO 接口的复用模式（引自 ST 公司的官方参考手册）

3.1.2 STM32F407ZGT6 的时钟系统

时钟树

STM32F407ZGT6 的时钟树如图 3-9 所示。

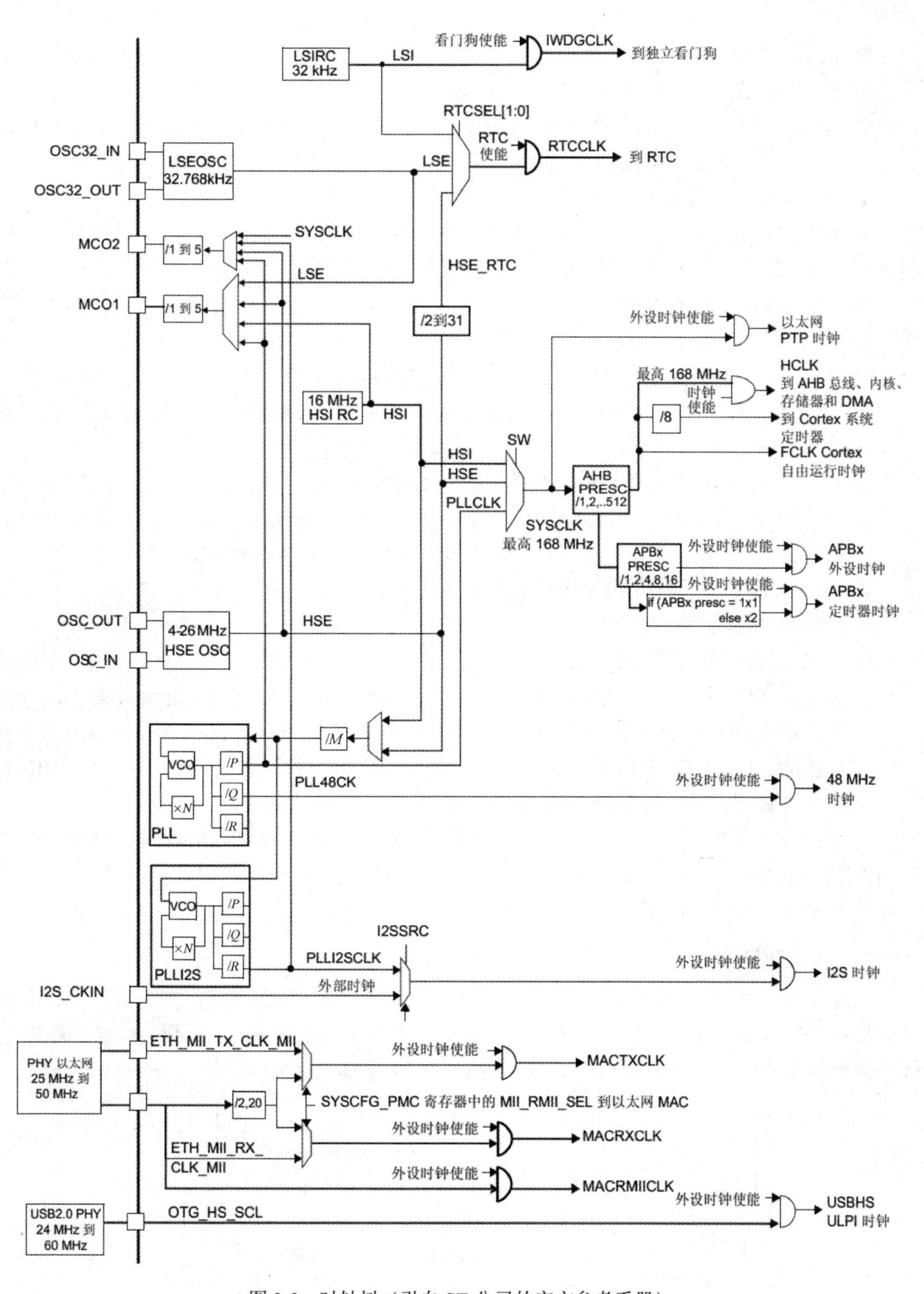

图 3-9　时钟树（引自 ST 公司的官方参考手册）

STM32F407ZGT6 可以使用三种不同的时钟作为系统时钟（SYSCLK）：

➲ HSI 时钟。

➲ HSE 时钟。

- 主 PLL 时钟。

STM32F407ZGT6 还具有以下两个次级时钟源：

- 32 kHz 的低速内部 RC 振荡器（LSIRC），用于驱动独立的看门狗电路，也可以作为实时时钟（Real Time Clock，RTC）将微控制器从停机/待机模式中自动唤醒。
- 32.768 kHz 的低速外部晶振（LSE 晶振），作为 RTC。

对于每个时钟源来说，在未使用时都可单独打开或者关闭，以降低功耗。复位与时钟控制器（Reset Clock Controller，RCC）为应用带来了高度的灵活性，读者在运行内核和外设时可选择使用外部晶振或者使用 RC 振荡器，既可采用最高的频率，也可为以太网、USB OTG FS、USB OTG HS、I2S 和 SDIO 等需要特定时钟的外设提供合适的频率。

STM32F407ZGT6 通过多个预分频器可配置 AHB、高速 APB（APB2）和低速 APB（APB1）的频率。AHB 的最大频率为 168 MHz，APB2 的最大频率为 84 MHz，APB1 的最大频率为 42 MHz。

除了以下时钟，所有的外设时钟均由系统时钟（SYSCLK）提供：

- 来自特定 PLL 输出（PLL48CLK）的 USB OTG FS 时钟（48 MHz）、基于模拟技术的随机数发生器（RNG）时钟（48 MHz）和 SDIO 时钟（48 MHz）。
- I2S 时钟。要实现高品质的音频性能，可通过特定的 PLL（PLLI2S）或映射到 I2S_CKIN 引脚的外部时钟提供 I2S 时钟。
- 由外部 PHY 提供的 USB OTG HS（60 MHz）时钟
- 由外部 PHY 提供的以太网 MAC 时钟（TX、RX 和 RMII）。当使用以太网时，AHB 时钟频率至少为 25 MHz。RCC 可以向 Cortex 内核的系统定时器（SysTick）馈送 8 分频的 AHB 时钟（HCLK）。SysTick 既可以使用此时钟作为时钟源，也可使用 HCLK 作为时钟源，具体可在 SysTick 控制和状态寄存器中配置。

STM32F405xx/07xx 微控制器和 STM32F415xx/17xx 微控制器的定时器时钟频率由硬件自动设置，分为两种情况：如果 APB 预分频器为 1，则定时器时钟频率等于 APB 的频率；否则等于 APB 的频率的 2 倍。

1. HSE 时钟

高速外部（HSE）时钟有 2 个时钟源：晶振/陶瓷谐振器和外部时钟。谐振器和负载电容必须尽可能靠近振荡器的引脚，以尽量减小输出失真和起振稳定时间。负载电容必须根据所选振荡器的不同进行适当的调整。HSE 时钟的硬件配置如图 3-10 所示。

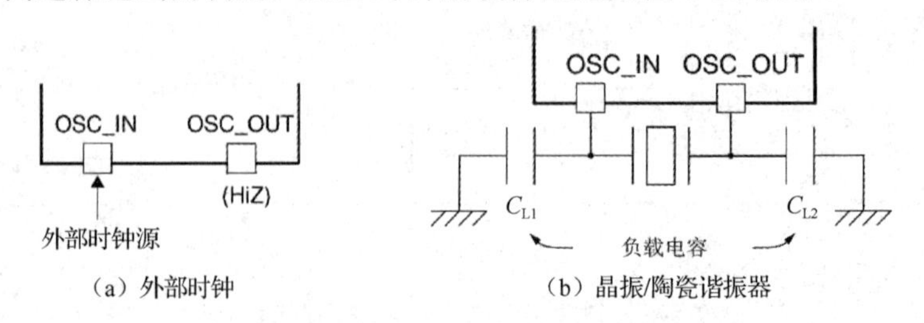

图 3-10　HSE 时钟的硬件配置（引自 ST 公司的官方参考手册）

外部时钟（HSE 旁路）：在此模式下，必须提供外部时钟源。外部时钟源必须使用占空比约为 50%的外部时钟信号（方波、正弦波或三角波信号）来驱动 OSC_IN 引脚，同时 OSC_OUT 引脚应保持为高阻态（HiZ）。

晶振/陶瓷谐振器（HSE 晶振）：HSE 的特点是精度非常高，RCC 的时钟控制寄存器（RCC_CR）中的 HSERDY 位用于表示高速外部振荡器是否稳定。在启动 HSE 晶振时，硬件将此位置 1 后，才可以使用 HSE 晶振。通过 RCC_CR 中的 HSEON 位可以打开或关闭 HSE 晶振。

2. HSI 时钟

HSI 时钟由 16 MHz 的内部 RC 振荡器生成，可直接作为系统时钟或 PLL 的输入。HSI 时钟的优点是成本较低（无须使用外部组件）。此外，HSI 时钟的启动速度要比 HSE 晶振快。但即使在校准 HSI 时钟后，其精度也不及 HSE 晶振。如果器件受到电压或温度变化的影响，则可能会影响到 HSI 时钟的速度。

3. PLL 配置

STM32F4xx 微控制器具有两个 PLL：

主 PLL：由 HSE 晶振或 HIS 时钟提供时钟信号，并具有两个不同的输出时钟：第一个输出时钟用于生成高速系统时钟（最高可达 168 MHz）；第二个输出时钟用于生成 USB OTG FS 的时钟（48 MHz）、随机数发生器的时钟（48 MHz）和 SDIO 时钟（48 MHz）。

专用 PLL（PLLI2S）：用于生成精确时钟，从而在 I2S 接口实现高品质音频性能。

由于在 PLL 使能后主 PLL 的配置参数便不可再更改，因此建议先对主 PLL 进行配置，再使能（选择 HIS 时钟或 HSE 晶振作为 PLL 的时钟源，并配置分频系数 M、N、P 和 Q）。

PLLI2S 使用与主 PLL 相同的输入时钟（PLLM[5:0]和 PLLSRC 位被两个 PLL 共用），但 PLLI2S 具有专门的使能/禁止和分频系数（N 和 R）配置位。在使能 PLLI2S 后，其配置参数便不能再更改。

当进入微控制器停机和待机模式后，两个 PLL 将由硬件禁止。如果将 HSE 晶振或 PLL（由 HSE 晶振提供时钟信号）作为系统时钟，则在 HSE 晶振发生故障时，两个 PLL 也将由硬件禁止。RCC PLL 配置寄存器（RCC_PLLCFGR）和 RCC 时钟配置寄存器（RCC_CFGR）可分别用于配置主 PLL 和 PLLI2S。

4. LSE 时钟

LSE 晶振是 32.768 kHz 的低速外部（LSE）晶振或陶瓷谐振器，可作为实时时钟（RTC）来提供时钟/日历或其他定时功能，具有功耗低且精度高的优点。LSE 晶振通过 RCC 备份域控制寄存器（RCC_BDCR）中的 LSEON 位打开和关闭。RCC_BDCR 中的 LSERDY 位表示 LSE 晶振是否稳定。在启动时，硬件将此位置 1 后，LSE 晶振输出时钟信号才可以使用。

5. LSI 时钟

LSIRC 的时钟频率为 32 kHz，可作为低功耗时钟源在停机和待机模式下保持运行，供独立看门狗（IWDG）和自动唤醒单元（AWU）使用。

通过 RCC 时钟控制和状态寄存器（RCC_CSR）中的 LSION 位可打开或关闭 LSIRC。微控制器将 LSION 位置 1 后（该位可通过软件置 1 或清 0），LSIRC 才可以使用。RCC_CSR 中的 LSIRDY 位表示低速内部振荡器是否稳定。

6. 系统时钟（SYSCLK）选择

在微控制器复位后，默认的系统时钟为 HIS 时钟。在直接使用 HIS 时钟或通过 PLL 使用 HIS 时钟作为系统时钟时，HIS 时钟无法停止。

只有在目标时钟就绪时（时钟在启动延迟或 PLL 锁相后稳定时），才可以从一个时钟切换到另一个时钟。如果选择尚未就绪的时钟，则只有在该时钟就绪时才能进行切换。RCC_CR 中的状态位指示哪个时钟已就绪，以及当前哪个时钟正充当系统时钟。

7．时钟安全系统（CSS）

时钟安全系统（Clock Security System，CSS）可通过软件激活。当 CSS 被激活后，时钟监测器（Clock Detector）将在 HSE 时钟启动后延迟一段时间才能被使能，并在此 HSE 时钟停止后关闭。

如果 HSE 时钟发生故障，则 CSS 将自动禁止，一个时钟故障事件将发送到高级控制定时器 TIM1 和 TIM8 的中断输入，并同时生成一个中断来向软件系统通知该故障（时钟安全系统中断，CSSI），以便微控制器能够执行相关的操作（如抢救操作）。CSSI 与 Cortex-M4F 的 NMI（不可屏蔽中断）异常向量相链接。

8．RTC/AWU 时钟

一旦选定 RTC 的时钟源后，要想修改所选择的时钟源，就只能复位电源。

RTC 的时钟源可以是 1 MHz 的 HSE（HSE 可以被一个可编程的预分频器分频）、LSE 或者 LSI 时钟。选择时钟源的方式是通过编程设置 RCC 备份域控制寄存器（RCC_BDCR）中的 RTCSEL[1:0]位和 RCC 时钟配置寄存器（RCC_CFGR）中的 RTCPRE[4:0]位，所选择的时钟源只能通过复位备份域的方式来进行修改。

如果 LSE 时钟作为 RTC，则系统掉电后 RTC 将正常工作。如果选择 LSI 时钟作为 AWU 时钟，则系统掉电后将无法保证 AWU 的状态。如果 HSE 时钟通过一个介于 2 和 31 之间的值进行分频，则在备用或系统电源掉电后将无法保证 RTC 的状态。

LSE 时钟位于备份域（Backup Domain）中，而 HSE 时钟和 LSI 时钟则不是。因此：

（1）如果选择 LSE 时钟作为 RTC，则只要 V_{BAT} 保持工作，即使 V_{DD} 关闭，RTC 仍可继续工作。

（2）如果选择 LSI 时钟作为 AWU 的时钟，则在 V_{DD} 掉电时，将不能保证 AWU 的状态。

（3）如果使用 HSE 时钟作为 RTC，则在 V_{DD} 掉电或者内部调压器关闭（切断 1.2 V 的供电），将不能保证 RTC 的状态。

9．独立看门狗时钟

如果独立看门狗（IWDG）已通过硬件选项字节或软件设置的方式启动，则 LSI 振荡器（LSIRC）将被强制打开且不可禁止。在 LSIRC 稳定后，将向 IWDG 提供 LSI 时钟。

10．时钟输出功能

STM32F407ZGT6 共有两个微控制器时钟输出（Microcontroller Clock Output，MCO）引脚：

（1）MCO1。用户通过可配置的预分配器（从 1 到 5）可以向 MCO1 引脚（PA8）输出 4 个不同的时钟，即 HSI 时钟、LSE 时钟、HSE 时钟、PLL 时钟。

通过 RCC 时钟配置寄存器（RCC_CFGR）中的 MCO1PRE[2:0]和 MCO1[1:0]位可以选择所需的时钟。

（2）MCO2。用户通过可配置的预分配器（从 1 到 5）可以向 MCO2 引脚（PC9）输出 4 个不同的时钟，即 HSE 时钟、PLL 时钟、系统时钟（SYSCLK）、PLLI2S。

通过 RCC 时钟配置寄存器（RCC_CFGR）中的 MCO2PRE[2:0]和 MCO2[1:0]位可以选择所需的时钟。

对于不同的 MCO 引脚，必须在相应的 GPIO 接口处于复用功能模式下才能进行设置。MCO 的输出时钟不得超过 100 MHz（最大 I/O 速度）。

3.1.3　GPIO 接口的结构体及库函数

stm32f4xx_gpio.h 定义了与 GPIO 接口寄存器相关的结构体，stm32f4xx_gpio.c 定义了相关的标准固件库函数。标准固件库函数的目的是通过操作结构体来操作 GPIO 接口寄存器。

在标准固件库中，通过 4 个配置寄存器可初始化 GPIO 接口，初始化工作是通过 GPIO 接口的初始化函数完成的。

1．void GPIO_Init(GPIO_TypeDef * GPIOx，GPIO_InitTypeDef * GPIO_InitStruct)

该函数有两个输入参数：

输入参数 1 是 GPIOx，其中的 x 可以是 A、B、C、D 或 E，用来选择 GPIO 接口。

输入参数 2 是 GPIO_InitStruct，该参数是指向结构体 GPIO_InitTypeDef 的指针，该结构体包含了 GPIO 接口的配置信息。

结构体 GPIO_InitTypeDef 定义在 stm32f4xx_gpio.h 中，其内容如下：

```
typedefStruct
{
    uint32_t            GPIO_Pin;
    GPIOMode_Type       DefGPIO_Mode;
    GPIOSpeed_Type      DefGPIO_Speed;
    GPIOOType_Type      DefGPIO_OType;
    GPIOPuPd_Type       DefGPIO_PuPd;
}GPIO_InitTypeDef;
```

（1）GPIO_Pin：用于选择待设置的 GPIO 接口，如 PA2 或 PA4。通过操作符“|”可以一次选中多个 GPIO 接口。GPIO_Pin 的取值及含义如表 3-1 所示。

表 3-1　GPIO_Pin 的取值及含义

GPIO_Pin 的取值	含　义	GPIO_Pin 的取值	含　义
GPIO_Pin_None	无引脚被选中	GPIO_Pin_8	选中引脚 8
GPIO_Pin_0	选中引脚 0	GPIO_Pin_9	选中引脚 9
GPIO_Pin_1	选中引脚 1	GPIO_Pin_10	选中引脚 10
GPIO_Pin_2	选中引脚 2	GPIO_Pin_11	选中引脚 11
GPIO_Pin_3	选中引脚 3	GPIO_Pin_12	选中引脚 12
GPIO_Pin_4	选中引脚 4	GPIO_Pin_13	选中引脚 13
GPIO_Pin_5	选中引脚 5	GPIO_Pin_14	选中引脚 14
GPIO_Pin_6	选中引脚 6	GPIO_Pin_15	选中引脚 15
GPIO_Pin_7	选中引脚 7	GPIO_Pin_All	选中全部引脚

（2）GPIO_Mode：用于设置选中 GPIO 接口的工作状态。GPIO_Mode 的取值及含义如表 3-2 所示。

表 3-2　GPIO_Mode 的取值及含义

GPIO_Mode 的取值	含　义
GPIO_Mode_IN	输入模式
GPIO_Mode_OUT	输出模式
GPIO_Mode_AF	复用模式
GPIO_Mode_AN	模拟模式

（3）GPIO_Speed：用于设置选中 GPIO 接口的频率。GPIO_Speed 的取值及含义如表 3-3 所示。

表 3-3　GPIO_Speed 的取值及含义

GPIO_Speed 的取值	含　义
GPIO_Speed_2MHz	低速
GPIO_Speed_25MHz	中速
GPIO_Speed_50MHz	快速
GPIO_Speed_100MHz	高速

（4）GPIO_OType：用于设置选中 GPIO 接口的输出类型。GPIO_OType 的取值及含义如表 3-4 所示。

表 3-4　GPIO_OType 的取值及含义

GPIO_OType 的取值	含　义
GPIO_OType_PP	推挽输出
GPIO_OType_OD	开漏输出

（5）GPIO_PuPd：用于设置 GPIO 接口的上拉或下拉。GPIO_PuPd 的取值及含义如表 3-5 所示。

表 3-5　GPIO_OType 的取值及含义

GPIO_PuPd 的取值	含　义
GPIO_PuPd_NOPULL	悬空
GPIO_PuPd_UP	上拉
GPIO_PuPd_DOWN	下拉

这里以点亮 LED（见任务 2.3）的代码为例介绍结构体 GPIO_InitTypeDef 的成员，代码如下：

```
/********************led.c    ***************************************************************/
#include "stm32f4xx.h"
void led_Init(void)
```

```
{
    GPIO_InitTypeDef GPIO_InitStruct;                           //①定义结构体
    RCC_AHB1PeriphClockCmd(RCC_AHB1Periph_GPIOA, ENABLE);        //②开启 GPIOA 的时钟
    GPIO_InitStruct.GPIO_Pin=GPIO_Pin_0;                        //③设置 LED 对应的 GPIO 接口
    GPIO_InitStruct.GPIO_Mode=GPIO_Mode_OUT;                    //④将 GPIO 接口设置为输出模式
    GPIO_InitStruct.GPIO_Speed=GPIO_Speed_100MHz;               //⑤设置 GPIO 接口的频率为 100 MHz
    GPIO_InitStruct.GPIO_OType=GPIO_OType_PP;                   //⑥将 GPIO 接口设置为推挽输出模式
    GPIO_InitStruct.GPIO_PuPd=GPIO_PuPd_NOPULL;                 //⑦将 GPIO 接口设置为悬空模式
    GPIO_Init(GPIOA, &GPIO_InitStruct);                         //⑧初始化 GPIO 接口
}
/*************************************************************************/
```

从上述代码可以看出，要对 GPIO 接口进行设置，需要先通过①定义一个结构体，结构体的名字为 GPIO_InitStruct，然后通过②开启 GPIO 接口的时钟，再通过③、④、⑤、⑥、⑦对结构体的成员进行设置，最后通过⑧完成 GPIO 接口的初始化。

其中③、④、⑤、⑥、⑦通过在结构体名称 GPIO_InitStruct 后面加“.”来调用其中的各个成员。例如，GPIO_InitStruct.GPIO_Pin，然后给该成员赋值 GPIO_Pin_0，这表示选择了 Pin_0 这个接口。如果需要选择别的 GPIO 接口，则可以对 GPIO_Pin 这个值进行修改，使用“|”可以连接多个值，直接对 GPIO_Pin 赋值 GPIO_Pin_All 可以选择所有的 GPIO 接口。

④ 通过将 GPIO_Mode 的值设置为 GPIO_Mode_OUT，表示点亮 LED 的任务需要将 GPIO 接口设置为输出模式；如果使用按键，就要将 GPIO 接口设置为输入模式。

⑤ 将 GPIO_Speed 的值设置为 GPIO_Speed_100MHz（高速模式）。GPIO_Speed 的取值有 4 种，用户可以根据 GPIO 接口驱动不同外设的速率而选择相应的 GPIO_Speed。

⑥ 将 GPIO_OType 的值设置为 GPIO_OType_PP。GPIO_OType 的取值有两个，一个是 GPIO_OType_PP，表示推挽输出，可以输出强高电平和强低电平，在点亮 LED 任务中选择 GPIO_OType_PP；另一个是 GPIO_OType_OD，表示开漏输出，如果选择这个值，则需要上拉电阻才能输出高电平。

GPIO_PuPd 的取值有 3 个，⑦将 GPIO_PuPd 设置为 GPIO_PuPd_NOPULL，表示悬空。

语句“GPIO_Init(GPIOA, &GPIO_InitStruct);”是必不可少的，该语句通过标准固件库的初始化函数将③、④、⑤、⑥、⑦设置的参数写入标准化固件库的结构体中。

2．void GPIO_PinLockConfig(GPIO_TypeDef* GPIOx, uint16_t GPIO_Pin)

功能描述：锁定 GPIO 接口的设置寄存器。

输入参数 1 是 GPIOx，其中的 x 可以是 A、B、C、D 或 E…，用来选择 GPIO 接口。

输入参数 2 是 GPIO_Pin，表示待锁定的接口位。该参数可以取 GPIO_Pin_x（x 是 0～15）的任意组合。

例如，通过下面的代码可以锁定 GPIOA 的 Pin0 和 Pin1。

```
GPIO_PinLockConfig(GPIOA, GPIO_Pin_0 | GPIO_Pin_1);
```

3．uint16_t　GPIO_ReadInputData(GPIO_TypeDef* GPIOx)

功能描述：读取指定 GPIO 接口的输入。

输入参数是 GPIOx，其中的 x 可以是 A、B、C、D 或 E…，用来选择 GPIO 接口。

返回值是 GPIO 接口输入的数据。

例如，通过下面的代码可以读取 GPIOC 的输入数据并把它存储到 ReadValue 变量中。

```
uint16_t ReadValue;
ReadValue = GPIO_ReadInputData(GPIOC);
```

4．uint16_t GPIO_ReadOutputData(GPIO_TypeDef* GPIOx)

功能描述：读取指定的 GPIO 接口的输出。

输入参数是 GPIOx，其中的 x 可以是 A、B、C、D 或 E…，用来选择 GPIO 接口。

返回值是 GPIO 接口输出的数据。

例如，通过下面的代码可以读取 GPIOC 的输出数据并把它存储到 ReadValue 变量中。

```
uint16_t ReadValue;
ReadValue = GPIO_ReadOutputData(GPIOC);
```

5．void GPIO_SetBits(GPIO_TypeDef* GPIOx, uint16_t GPIO_Pin)

功能描述：设置指定的 GPIO 接口数据。

输入参数 1 是 GPIOx，其中的 x 可以是 A、B、C、D 或 E…，用来选择 GPIO 接口。

输入参数 2 是 GPIO_Pin，表示待设置的接口位。该参数可以取 GPIO_Pin_x（x 是 0～15）的任意组合。

例如，通过下面的代码可以将 GPIOA 的 Pin10 和 Pin15 置 1。

```
GPIO_SetBits(GPIOA, GPIO_Pin_10 | GPIO_Pin_15);
```

6．void GPIO_ResetBits(GPIO_TypeDef* GPIOx, uint16_t GPIO_Pin)

功能描述：清除指定的 GPIO 接口数据。

输入参数 1 是 GPIOx，其中的 x 可以是 A、B、C、D 或 E…，用来选择 GPIO 接口。

输入参数 2 是 GPIO_Pin，表示待清 0 的接口位。该参数可以取 GPIO_Pin_x（x 是 0～15）的任意组合。

例如，通过下面的代码可以将 GPIOA 的 Pin10 和 Pin15 清 0。

```
GPIO_ResetBits(GPIOA, GPIO_Pin_10 | GPIO_Pin_15);
```

7．void GPIO_WriteBit(GPIO_TypeDef* GPIOx, uint16_t GPIO_Pin, BitAction BitVal)

功能描述：设置或者清除指定的 GPIO 接口数据。

输入参数 1 是 GPIOx，其中的 x 可以是 A、B、C、D 或 E…，用来选择 GPIO 接口。

输入参数 2 是 GPIO_Pin，表示待设置或清 0 的接口位。该参数可以取 GPIO_Pin_x（x 是 0～15）的任意组合。

输入参数 3 是 BitVal，用于指定待写入的值，该参数必须取枚举 BitAction 的一个值，其中 Bit_RESET 表示将接口位清 0，Bit_SET 表示将接口位置 1。

例如，通过下面的代码可以将 GPIOA 的 Pin15 置 1。

```
GPIO_WriteBit(GPIOA, GPIO_Pin_15, Bit_SET);
```

8．void GPIO_Write(GPIO_TypeDef* GPIOx, uint16_t PortVal)

功能描述：向指定 GPIO 接口写入数据。

输入参数 1 是 GPIOx，其中的 x 可以是 A、B、C、D 或 E…，用来选择 GPIO 接口。

输入参数 2 是 PortVal，待写入接口数据寄存器的值。

例如，通过下面的代码可以向 GPIOA 写入数据 0x1101。

```
GPIO_Write(GPIOA, 0x1101);
```

3.1.4　流水灯的软硬件设计

在学习的 GPIO 接口的结构体和标准固件库函数的基础上，本节完成流水灯任务。很多工程师都会称流水灯为跑马灯。

流水灯

1．任务描述

通过 GPIO 接口实现流水灯。

2．硬件设计

本书使用的开发板有 8 个 LED，标号为 D1～D8，通过杜邦线连接 8 个 LED 的引脚和 GPIO 接口。流水灯的硬件设计如图 3-11 所示，这里把 D1～D8 分别连接到了微控制器的 PA0～PA7 引脚。

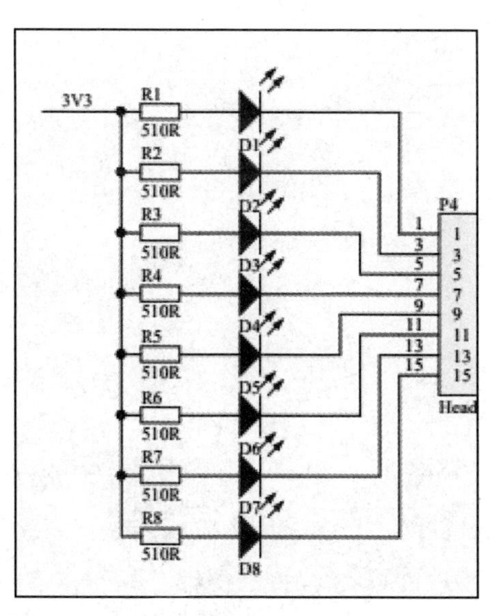

图 3-11　流水灯的硬件设计

3．软件设计

流水灯实验

流水灯的软件设计步骤如下：

步骤 1：开启 GPIOA 的时钟，代码如下：

```
RCC_AHB1PeriphClockCmd(RCC_AHB1Periph_GPIOA, ENABLE);
```

步骤 2：初始化 GPIOA，代码如下：

```
GPIO_InitTypeDef GPIO_InitStruct;                    //定义结构体
//将 GPIO_Pin 配置为 PA0、PA1、PA2、PA3、PA4、PA5、PA6、PA7
GPIO_InitStruct.GPIO_Pin=GPIO_Pin_0|GPIO_Pin_1|GPIO_Pin_2|GPIO_Pin_3|GPIO_Pin_4|GPIO_Pin_5|
GPIO_Pin_6|GPIO_Pin_7;
```

```
GPIO_InitStruct.GPIO_Mode=GPIO_Mode_OUT;            //设定为输出模式
GPIO_InitStruct.GPIO_Speed=GPIO_Speed_100MHz;       //设定 GPIO 接口的频率为 100 MHz
GPIO_InitStruct.GPIO_OType=GPIO_OType_PP;           //推挽输出
GPIO_InitStruct.GPIO_PuPd=GPIO_PuPd_NOPULL;         //悬空
GPIO_Init(GPIOA, &GPIO_InitStruct);                 //初始化 GPIOA
```

步骤 3：设置 GPIOA，即设置 GPIO 接口的 Pin0～Pin7 的高/低电平。通过标准固件库里的函数：

```
void GPIO_Write(GPIO_TypeDef* GPIOx, uint16_t PortVal);
```

可以直接给 GPIOA 的接口位赋值。

下面的代码是使用多文件编程来实现的。我们在微控制器的开发中要养成一个好习惯，即通过不同的源文件实现不同的功能。下面代码中的主函数主要调用 LED 的初始化函数进行各个参数的设置，通过设置 GPIOA 接口位的高/低电平来实现流水灯。其中的 LED 初始化函数 led_Init()是在 led.c 中完成的，在 main.c 中通过“#include "led.h"”即可包含 led.c 中新建的源函数；实现流水灯的延时函数是在 delay.c 中完成的，在 main.c 中通过“#include "delay.h"”即可包含 delay.c 中定义的源函数。

实例代码如下：

```
//main.c，主函数
#include "stm32f4xx.h"
#include "main.h"
#include "led.h"
#include "delay.h"
char led=0x01;                              //定义变量 led 并为其赋初值 00000001
int main(void)
{
    led_Init();                             //调用 led_Init()函数
    while (1){
        GPIO_Write(GPIOA,~led);             //把 led 取反后赋值给 GPIOA
        delay(1000);                        //延时函数
        led<<=1;                            //把变量 led 左移一位
        if(led==0x00)                       //加一个条件，当 led 变为 0x00 时
        led=0x01;                           //为 led 赋值 0x01
    }
}
//led.c：GPIO 接口初始化函数是在该文件中定义的
#include "stm32f4xx.h"
#include "main.h"
void led_Init(void)
{
    GPIO_InitTypeDef GPIO_InitStructure;        //定义结构体
    RCC_AHB1PeriphClockCmd(RCC_AHB1Periph_GPIOA, ENABLE);        //开启时钟
    /*这里打开了 GPIO 接口所有的 GPIO_Pin，这样做是为了书写方便，实在实际的开发中建议使用
哪个 LED 则打开对应的 GPIO_Pin*/
    GPIO_InitStructure.GPIO_Pin = GPIO_Pin_All;
    GPIO_InitStructure.GPIO_Speed = GPIO_Speed_100MHz;            //频率为 100 MHz
```

```
        GPIO_InitStructure.GPIO_Mode = GPIO_Mode_OUT;                    //输出模式
        GPIO_InitStructure.GPIO_OType = GPIO_OType_PP;                   //推挽输出
        GPIO_InitStructure.GPIO_PuPd = GPIO_PuPd_NOPULL;                 //上/下拉为悬空
        GPIO_Init(GPIOA, &GPIO_InitStructure);                           //初始化结构体
}   //初始化结构体
//led.h：对应于 led.c 的库函数，目的是声明 led.c 中定义的源函数
#ifndef   __LED_H                  //这里使用 ifndef 的方式来定义，避免重复引用
#define __LED_H
void led_Init(void);               //声明函数
#endif
//delay.c：延时函数，保存在 system 文件夹中
#include "stm32f4xx.h"
#include "main.h"
void delay(uint16_t t)
{
        uint16_t i,j;
        for(i=0;i<t;i++)
        for(j=0;j<1000;j++);
}
```

运行上面的代码时，我们会发现延时函数就是空循环，代码如下：

```
//delay.h：延时函数的库函数
#include "stm32f4xx.h"
#include "main.h"
#ifndef   __DELAY_H
#define __DELAY_H
void delay(uint16_t t);
#endif
```

编译上面的代码，当编译没有警告和错误时将编译后的程序下载到开发板。这时启动开发板可以发现其上的 8 个 LED 依次亮灭，实现了流水灯。

任务 3.2 使用 GPIO 接口控制按键

键盘是嵌入式系统中最重要的输入设备之一。通过对键盘进行操作，可以给系统下达指令，告知系统要进行什么操作。系统是通过循环读取与按键相连的 GPIO 接口的高/低电平来判断按键状态的，就其本质来说，系统对按键的处理，就是对 GPIO 接口高/低电平的读取和处理。本节通过一个简单的实例来说明使用 GPIO 接口控制按键的过程。

3.2.1 任务描述

通过 GPIO 接口控制按键来点亮 LED，例如通过 PC0 引脚控制按键，通过 PA0 引脚点亮 LED。

3.2.2 硬件设计

单一按键

按键控制的硬件设计如图 3-12 所示。

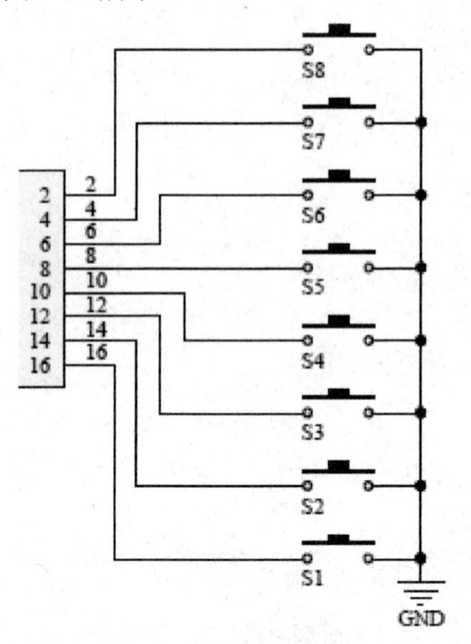

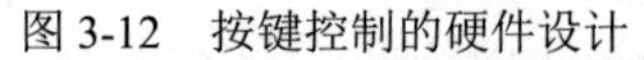

图 3-12 按键控制的硬件设计

本书使用的开发板有 8 个按键，这里选择其中的一个按键，通过 GPIO 接口连接该按键并对其进行控制。本节将 S1 按键连接到 PC0 引脚，对按键 S1 的控制就变成了对 PC0 引脚高/低电平的控制。需要注意的是，这里的 PC0 引脚要接收外部的高/低电平，因此要将 GPIO 接口配置为输入模式，这是与点亮 LED 不同的地方。另外，由于需要读取按键的高/低电平，因此按键的一端连接 GND 引脚，另一端要把 PC0 引脚配置成上拉模式。

3.2.3 软件设计

循环读取按键高/低电平的程序框架如图 3-13 所示。

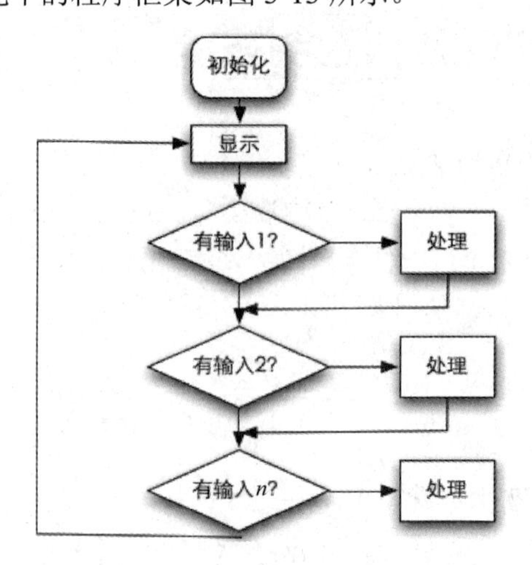

图 3-13 循环读取按键高/低电平的程序框架

当按键的机械触点断开或闭合时，由于机械触点的弹性作用，按键开关不会马上稳定接通或一下子断开，在使用按键时会产生带波纹信号，因此需要进行消抖。在实际的开发中，一般会采用软件方式进行消抖，也就是不断检测按键值，直到按键值稳定为止。具体的消抖方法是：假设按键后值是 0，在发生抖动时按键值是不确定的，当检测到按键值为 0 时，延时 5～10 ms 后再次检测，如果按键值还是 0，就认为有按键输入。通过延时 5～10 ms 可避开按键的抖动期。

循环读取按键高/低电平的程序结构如下：

```
//定义一个变量 key0，接收 GPIO_Pin_0 的高/低电平
key0=GPIO_ReadInputDataBit(GPIOC,GPIO_Pin_0);
if(key0==0){                                    //如果 key0 为 0
    delay(10);                                  //延时
    if(key0==0){                                //再次判断 key0 是否为 0
        //按键处理语句                          //若仍然为 0，则执行按键处理语句
    }
}
key0=GPIO_ReadInputDataBit(GPIOC,GPIO_Pin_0);           //再次检测 key0
while(key0==1){                                 //如果 key0 为 1，说明按键已经弹起
    //按键处理语句                              //这是释放后按键后的执行语句，非必需的
    key0=GPIO_ReadInputDataBit(GPIOC,GPIO_Pin_0);       //再次检测 key0
}
```

下面对 GPIO 接口进行配置，步骤如下：

步骤 1：开启 GPIOA 时钟，代码如下：

```
RCC_AHBPeriphClockCmd(RCC_AHBPeriph_GPIOA,ENABLE);
```

开启 GPIOC 时钟，代码如下：

```
RCC_AHBPeriphClockCmd(RCC_AHBPeriph_GPIOC,ENABLE);
```

步骤 2：初始化 GPIOA，代码如下：

```
GPIO_InitTypeDef GPIO_InitStruct;                     //定义结构体
GPIO_InitStruct.GPIO_Mode=GPIO_Mode_OUT;              //将 GPIO 接口设置为输出模式
GPIO_InitStruct.GPIO_OType=GPIO_OType_PP;             //将 GPIO 接口设置为推挽输出模式
GPIO_InitStruct.GPIO_Pin=GPIO_Pin_0;                  //将引脚 PA0 设置为输出模式
GPIO_InitStruct.GPIO_Speed=GPIO_Speed_100MHz;         //将 GPIO 接口的频率设置为 100 MHz
GPIO_InitStruct.GPIO_PuPd= GPIO_PuPd_NOPULL;          //悬空模式
GPIO_Init(GPIOA,& GPIO_InitStruct);                   //初始化 GPIOA
```

初始化 GPIOC，代码如下：

```
GPIO_InitStruct.GPIO_Mode=GPIO_Mode_IN;               //将 GPIO 接口设置为输入模式
GPIO_InitStruct.GPIO_OType=GPIO_OType_PP;             //将 GPIO 接口设置为推挽输出模式
GPIO_InitStruct.GPIO_Pin=GPIO_Pin_0;                  //将引脚 PC0 设置为输入模式
GPIO_InitStruct.GPIO_Speed=GPIO_Speed_100MHz;         //将 GPIO 接口的频率设置为 100 MHz
GPIO_InitStruct.GPIO_PuPd= GPIO_PuPd_UP;              //上拉模式
GPIO_Init(GPIOC,& GPIO_InitStruct);                   //初始化 GPIOC
```

步骤 3：配置 GPIOA 和 GPIOC 的接口位。通过标准固件库中的函数：

```
uint8_t GPIO_ReadInputDataBit(GPIO_TypeDef* GPIOx, uint16_t GPIO_Pin);
```

可以读取 PC0 引脚的输入值。另外，通过以下两个函数：

```
void GPIO_SetBits(GPIO_TypeDef* GPIOx, uint16_t GPIO_Pin);
void GPIO_ResetBits(GPIO_TypeDef* GPIOx, uint16_t GPIO_Pin);
```

分别将 PA0 引脚置 1 或清 0。

实例代码如下：

```
/*main.c：主函数*/
#include "stm32f4xx.h"
#include "led.h"
#include "key.h"
#include "delay.h"
int key0,key1,key2;
int main(void)
{
    led_Init();                                  //调用 led_Init()函数
    key_Init();                                  //调用 key_Init()函数
    GPIO_SetBits(GPIOA,GPIO_Pin_All);            //将 GPIOA 置为高电平，熄灭 LED
    while(1){
        key0=GPIO_ReadInputDataBit(GPIOC,GPIO_Pin_0);      //这里使用 GPIOC
        if(key0==0){
            delay(10);
            key0=GPIO_ReadInputDataBit(GPIOC,GPIO_Pin_0);
            if(key0==0){
                GPIO_ResetBits(GPIOA,GPIO_Pin_0);      //将 GPIOA 置为低电平，点亮 LED
                key0=GPIO_ReadInputDataBit(GPIOC,GPIO_Pin_0);
            }
        }
        while(key0==1){
            GPIO_SetBits(GPIOA,GPIO_Pin_0);            //将 GPIOA 置为高电平，熄灭 LED
            key0=GPIO_ReadInputDataBit(GPIOC,GPIO_Pin_0);
        }
    }
}
/*key.c：按键的源文件*/
#include "stm32f4xx.h"
void key_Init(void){
    GPIO_InitTypeDef GPIO_Initstructure;                          //初始化结构体
    RCC_AHB1PeriphClockCmd(RCC_AHB1Periph_GPIOC, ENABLE);//开启时钟
    GPIO_Initstructure.GPIO_Pin=GPIO_Pin_0;                   //配置 GPIO_Pin_0
    GPIO_Initstructure.GPIO_Mode=GPIO_Mode_IN;                //将 GPIO 接口设置为输入模式
    GPIO_Initstructure.GPIO_Speed=GPIO_Speed_100MHz; //将 GPIO 接口的频率设置为 100 MHz
    GPIO_Initstructure.GPIO_OType=GPIO_OType_PP;          //将 GPIO 接口设置为推挽输出模式
    GPIO_Initstructure.GPIO_PuPd=GPIO_PuPd_UP;            //上拉模式
    GPIO_Init(GPIOC, &GPIO_Initstructure);                    //初始化结构体
```

```
    }
/*key.h：对应于 key.c 的库函数*/
#ifndef __KEY_H
#define __KEY_H
void key_Init(void);
#endif
/*led.c：在流水灯任务的基础上进行修改*/
#include "stm32f4xx.h"
void led_Init(void){
    GPIO_InitTypeDef GPIO_Initstructure;
    RCC_AHB1PeriphClockCmd(RCC_AHB1Periph_GPIOA, ENABLE);
    GPIO_Initstructure.GPIO_Pin=GPIO_Pin_All;
    GPIO_Initstructure.GPIO_Mode=GPIO_Mode_OUT;
    GPIO_Initstructure.GPIO_Speed=GPIO_Speed_100MHz;
    GPIO_Initstructure.GPIO_OType=GPIO_OType_PP;
    GPIO_Initstructure.GPIO_PuPd=GPIO_PuPd_NOPULL;
    GPIO_Init(GPIOA, &GPIO_Initstructure);
}
/*led.h：对应于 led.c 的库函数*/
#ifndef __LED_H
#define __LED_H
void led_Init(void);
#endif
/*delay.c，与流水灯延时函数相同*/
#include "stm32f4xx.h"
void delay(uint16_t t)
{
    uint16_t i,j;
    for(i=0;i<t;i++)
    for(j=0;j<1000;j++);}
/*delay.h*/
#ifndef __DELAY_H
#define __DELAY_H
    void delay(uint16_t t);
#endif
```

编译上面的代码，当编译没有警告和错误时将编译后的程序下载到开发板。启动开发板后可以通过按键点亮 LED。

为了统一循环读取按键高/低电平的程序结构，将程序的基本结构定义为（如果有 2 个按键或有 3 个以及更多按键，则先假设有 3 个按键，其余相同）：

```
key0=GPIO_ReadInputDataBit(GPIOC, GPIO_Pin_0);
key1=GPIO_ReadInputDataBit(GPIOC, GPIO_Pin_1);
key2=GPIO_ReadInputDataBit(GPIOC, GPIO_Pin_2);
if(key0==0){
    delay(10);
    key0=GPIO_ReadInputDataBit(GPIOC, GPIO_Pin_0);
    if(key0==0){
```

```
            //执行语句
            key0=GPIO_ReadInputDataBit(GPIOC, GPIO_Pin_0);
        }
    }
    if(key1==0){
        delay(10);
        key1=GPIO_ReadInputDataBit(GPIOC, GPIO_Pin_1);
        if(key1==0){
            //执行语句
            key1=GPIO_ReadInputDataBit(GPIOC, GPIO_Pin_1);
        }
    }
    if(key2==0){
        delay(10);
        key2=GPIO_ReadInputDataBit(GPIOC, GPIO_Pin_2);
        if(key2==0){
            //执行语句
            key2=GPIO_ReadInputDataBit(GPIOC, GPIO_Pin_2);
        }
    }
    while(key0==1&&key1==1&&key2==1){
        //执行语句
        key0=GPIO_ReadInputDataBit(GPIOC, GPIO_Pin_0);
        key1=GPIO_ReadInputDataBit(GPIOC, GPIO_Pin_1);
        key2=GPIO_ReadInputDataBit(GPIOC, GPIO_Pin_2);
    }
```

当有更多按键时可以依次添加按键。读者可以使用 3 个按键分别控制一个 LED 的亮灭，加深对循环读取按键高/低电平程序结构的理解。

任务 3.3 数码管的动态显示

数码管的动态显示

3.3.1 任务描述

本任务在四位数码管上显示数字。例如，要显示数字 1234，就需要第一次显示数字 1，第二次显示数字 2，第三次显示数字 3，第四次显示数字 4。由于 LED 的余辉效应和人眼的视觉暂留作用，因此我们感觉四位数码管是在同时显示数字。

3.3.2 硬件设计

数码管是微控制器系统中常用的显示器，常用的数码管包括单位数码管、双位数码管、四位数码管，以及米字数码管等。

数码管是依靠其内部的发光二极管（LED）来实现显示效果的。在显示数字 8 时需要用到 7 个段（a 段到 g 段），需要 7 个引脚。另外，数码管还有一个小数点（dp），所以单位数码管内部有 8 个发光二极管。单位数码管有两个公共端（COM），生产商为了统一封装，单位数码管都有 10 个引脚，其中两个公共端是连接在一起的。单位数码管的连接分为共阳极连接和共阴极连接。图 3-14 所示为单位数码管的内部结构和连接方法。

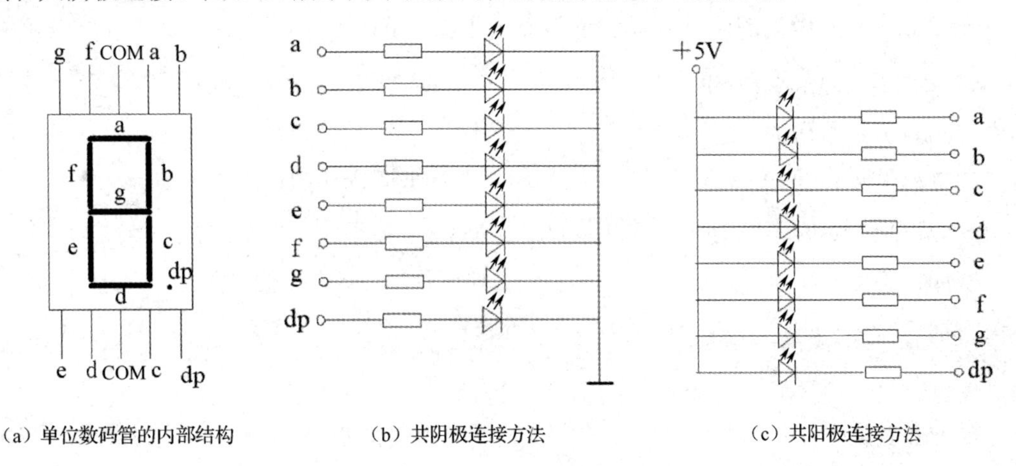

（a）单位数码管的内部结构　（b）共阴极连接方法　（c）共阳极连接方法

图 3-14　单位数码管的内部结构及其连接方法

对于共阴极连接方法来说，单位数码管内部 8 个发光二极管的阴极连接在一起，而它们的阳极是独立的，所以称为共阴极连接。采用共阴极连接方法时，发光二极管的阳极与微控制器的 I/O 引脚连接在一起，这时只需要给某个 I/O 引脚高电平就能点亮与该引脚连接的 LED，从而显示单位数码管的相应段。

对于共阳极连接方法来说，单位数码管内部 8 个发光二极管的阳极连接在一起，而它们的阴极是独立的，所以称为共阳极连接。采用共阳极连接方法时，发光二极管的阴极与微控制器的 I/O 引脚连接在一起，这时只需要给某个 I/O 引脚低电平就能点亮与该引脚连接的 LED，从而显示单位数码管的相应段。

双位数码管和四位数码管，甚至更多位的数码管，负责显示什么数字的段连接在一个公共端，称为段选线；独立的公共端可以控制多位数码管中的哪一位数码管被点亮，称为位选线。通过位选线和段选线，微控制器可以驱动外部电路来控制数码管显示任意的数字。

通常，单位数码管有 10 个引脚，双位数码管也有 10 个引脚，四位数码管有 12 个引脚。读者可以通过查询相关资料或者使用万用表测量的方式，来了解数码管的具体引脚。

3.3.3　软件设计

1．数码管的静态显示

本书使用的开发板没有集成数码管，我们可以通过面包板来进行电路设计，这里采用共阳极连接方法。共阳极连接方法的数码管编码如表 3-6 所示。

表 3-6　共阳极数码管段码

数字	0	1	2	3	4	5	6	7	8	9
编码	0xc0	0xf9	0xa4	0xb0	0x99	0x92	0x82	0xf8	0x80	0x90

例如，当显示数字 0 时，需要段 a、段 b、段 c、段 d、段 e 和段 f 发光，而段 g 和 dp

不发光。要点亮相应的发光二极管，就要使 PA0～PA5 引脚（分别连接段 a～段 f）为低电平，使 PA6 和 PA7 引脚（分别连接段 g 和 dp）为高电平。因此，直接给 GPIOA 写入 1100 0000，就可以使单位数码管显示数字 0。

在 C 语言中，编码的定义可以通过数组来实现，编码定义代码为：

```
unsigned char code table[]={0xc0,0xf9,0xa4,0xb0,0x99,0x92,0x82, 0xf8,0x80,0x98};
```

其中，code 表示编码的意思。

通过数组向 GPIOA 写入数据时，需要用到的标准固件库函数是：

```
void GPIO_Write(GPIO_TypeDef* GPIOx, uint16_t PortVal);
```

例如，通过下面的代码：

```
GPIO_Write(GPIOA, table[0]);
```

即可使单位数码管显示 0。

在静态显示中，我们要在单位数码管上轮流显示数字 0～9，采用图 3-14 所示的单位数码管和共阳极连接方法。软件设计步骤如下：

步骤 1：开启 GPIOA 时钟，代码如下：

```
RCC_AHB1PeriphClockCmd(RCC_AHB1Periph_GPIOA, ENABLE);
```

步骤 2：初始化 GPIOA，代码如下：

```
GPIO_InitTypeDef GPIO_InitStruct;                      //定义结构体
GPIO_InitStruct.GPIO_Pin=GPIO_Pin_All;                 //将 GPIO_Pin 设置为 GPIO_Pin_All
GPIO_InitStruct.GPIO_Mode=GPIO_Mode_OUT;               //将 GPIOA 设置为输出模式
GPIO_InitStruct.GPIO_Speed=GPIO_Speed_100MHz;          //将 GPIOA 的频率设置为 100 MHz
GPIO_InitStruct.GPIO_OType=GPIO_OType_PP;              //将 GPIOA 设置为推挽输出模式
GPIO_InitStruct.GPIO_PuPd=GPIO_PuPd_NOPULL;            //悬空
GPIO_Init(GPIOA, &GPIO_InitStruct);                    //初始化 GPIOA
```

步骤 3：通过标准固件库函数向 GPIOA 写入编码。这里使用的函数是 GPIO_Write()。实例代码如下：

```
/*main.c*/
#include "stm32f4xx.h"
#include "seg.h"
#include "delay.h"
char LED[ ]={0xc0,0xf9,0xa4,0xb0,0x99,0x92,0x82,0xf8,0x80,0x90,0x88};
int main(void)
{
    seg_Init();                                 //调用数码管初始化函数
    int i;                                      //定义循环变量
    while(1){
        for(i=0;i<10;i++){
            GPIO_Write(GPIOA, LED[i]);          //向 GPIOA 写入编码
            delay(1000);
        }
    }
```

```
}
/*seg.c:数码管的配置*/
#include "stm32f4xx.h"
void seg_Init(void)
{
    GPIO_InitTypeDef GPIO_InitStruct;
    RCC_AHB1PeriphClockCmd(RCC_AHB1Periph_GPIOA, ENABLE);
    GPIO_InitStruct.GPIO_Pin=GPIO_Pin_All;
    GPIO_InitStruct.GPIO_Mode=GPIO_Mode_OUT;
    GPIO_InitStruct.GPIO_Speed=GPIO_Speed_100MHz;
    GPIO_InitStruct.GPIO_OType=GPIO_OType_PP;
    GPIO_InitStruct.GPIO_PuPd=GPIO_PuPd_NOPULL;
    GPIO_Init(GPIOA, &GPIO_InitStruct);
}
/*seg.h：对应于 seg.c 的库函数*/
#ifndef __SEG_H
#define __SEG_H
void seg_Init(void);
#endif
```

编译上面的代码，当编译没有警告和错误时将编译后的程序下载到开发板。启动开发板后可以在单位数码管上轮流显示数字 0～9。

数码管的动态显示实验

2．数码管的动态显示

所谓动态显示，就是轮流向各位数码管发送编码和相应的位选信号，利用 LED 的余辉效应和人眼视觉暂留作用，使人的感觉好像各位数码管是同时显示的。动态显示的亮度比静态显示要差一些，所以限流电阻的阻值应略小于静态显示中的限流电阻的阻值。

我们选择四位数码管来实现动态显示，其中段选线连接 PA0～PA7 引脚，位选线连接 PB0～PB3 引脚。四位数码管与微控制器的连接如图 3-15 所示。

动态显示任务要在四位数码管上显示数字 1、2、3、4。这里采用共阴极连接方法，图 3-16 所示为共阴极连接的 PCB。

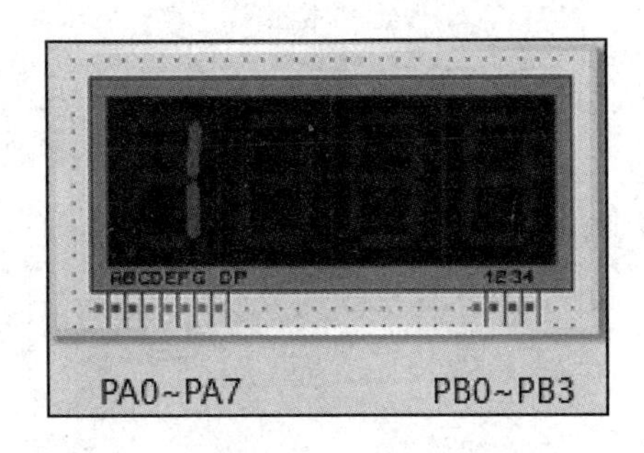

图 3-15　四位数码管与微控制器的连线

图 3-16　共阴极连接的 PCB

软件设计步骤：

步骤 1：开启 GPIOA 时钟，代码如下：

```
RCC_AHBPeriphClockCmd(RCC_AHBPeriph_GPIOA,ENABLE);
```

开启 GPIOB 时钟，代码如下：

```
RCC_AHBPeriphClockCmd(RCC_AHBPeriph_GPIOB,ENABLE);
```

步骤 2：初始化 GPIOA，代码如下：

```
GPIO_InitTypeDef GPIO_InitStruct;                    //定义结构体
GPIO_InitStruct.GPIO_Mode=GPIO_Mode_OUT;             //将 GPIOA 设置为输出模式
GPIO_InitStruct.GPIO_OType=GPIO_OType_PP;            //将 GPIOA 设置为推挽输出模式
GPIO_InitStruct.GPIO_Pin=GPIO_Pin_All;               //将 GPIO_Pin 设置为 GPIO_Pin_All
GPIO_InitStruct.GPIO_Speed=GPIO_Speed_100MHz;        //将 GPIOA 的频率设置为 100 MHz
GPIO_InitStruct.GPIO_PuPd= GPIO_PuPd_NOPULL;         //悬空模式
GPIO_Init(GPIOA,& GPIO_InitStruct);                  //初始化 GPIOA
```

初始化 GPIOB，代码如下：

```
GPIO_InitStruct.GPIO_Mode=GPIO_Mode_OUT;             //将 GPIOB 设置为输出模式
GPIO_InitStruct.GPIO_OType=GPIO_OType_PP;            //将 GPIOA 设置为推挽输出模式
//将 PB0、PB1、PB2、PB3 引脚设置为输出模式
GPIO_InitStruct.GPIO_Pin=GPIO_Pin_0|GPIO_Pin_1|GPIO_Pin_2|GPIO_Pin_3;
GPIO_InitStruct.GPIO_Speed=GPIO_Speed_100MHz;        //将 GPIOB 的频率设置为 100 MHz
GPIO_InitStruct.GPIO_PuPd= GPIO_PuPd_NOPULL;         //悬空模式
GPIO_Init(GPIOB,& GPIO_InitStruct);                  //初始化 GPIOB
```

步骤 3：配置 GPIOA 和 GPIOB 的接口位。通过标准固件库函数：

```
void GPIO_Write(GPIO_TypeDef* GPIOx, uint16_t PortVal);
```

可以向 GPIOA 和 GPIOB 赋值。这里通过上面的函数向 GPIOA 写入编码，向 GPIOB 写入数码管的位选信号。

实例代码如下：

```
/*main.c*/
#include "stm32f4xx.h"
#include "main.h"
#include "led.h"
#include "delay.h"
#include "key.h"
#include "seg.h"
int main(void){
    seg_Init();
    while(1)  {
        display_seg(1234);
    }
}
/*seg.c：包含两个函数，一个函数是 seg_Init()，该函数用于配置相关的 GPIO；另一个函数是 display_
seg()，该函数用于显示相关内容*/
#include "stm32f4xx.h"
#include "main.h"
#include "delay.h"
#include "seg.h"
```

```
char LED[ ]={0xc0,0xf9,0xa4,0xb0,0x99,0x92,0x82,0xf8,0x80,0x90,0x88,0x83,
             0xc6,0xa1,0x86,0x8e};
void seg_Init(void){
    GPIO_InitTypeDef GPIO_InitStructure;
    RCC_AHB1PeriphClockCmd(RCC_AHB1Periph_GPIOA, ENABLE);
    GPIO_InitStructure.GPIO_Pin = GPIO_Pin_All;
    GPIO_InitStructure.GPIO_Speed = GPIO_Speed_100MHz;
    GPIO_InitStructure.GPIO_Mode = GPIO_Mode_OUT;
    GPIO_InitStructure.GPIO_OType = GPIO_OType_PP;
    GPIO_InitStructure.GPIO_PuPd = GPIO_PuPd_NOPULL;
    GPIO_Init(GPIOA, &GPIO_InitStructure);
    RCC_AHB1PeriphClockCmd(RCC_AHB1Periph_GPIOB, ENABLE);
    GPIO_InitStructure.GPIO_Pin = GPIO_Pin_All;
    GPIO_InitStructure.GPIO_Speed = GPIO_Speed_100MHz;
    GPIO_InitStructure.GPIO_Mode = GPIO_Mode_OUT;
    GPIO_InitStructure.GPIO_OType = GPIO_OType_PP;
    GPIO_InitStructure.GPIO_PuPd = GPIO_PuPd_NOPULL;
    GPIO_Init(GPIOB, &GPIO_InitStructure);
}
void display_seg(uint16_t a){
    wela1_0;wela2_1;wela3_1;wela4_1;
    GPIO_Write(GPIOA,~LED[a/1000]);
    delay(10);
    wela1_1;wela2_0;wela3_1;wela4_1;
    GPIO_Write(GPIOA,~LED[a%1000/100]);
    delay(10);
    wela1_1;wela2_1;wela3_0;wela4_1;
    GPIO_Write(GPIOA,~LED[a%100/10]);
    delay(10);
    wela1_1;wela2_1;wela3_1;wela4_0;
    GPIO_Write(GPIOA,~LED[a%10]);
    delay(10);
}
/*seg.h：这是与 seg.c 对应的头文件，该头文件通过宏定义定义了参数 wela1_0、wela1_1、wela2_0、
wela2_1、wela3_0、wela3_1、wela4_0、wela4_1，这几个参数用于选择数码管的位*/
#ifndef __SEG_H
#define __SEG_H
#define wela0_0   GPIO_ResetBits(GPIOB,GPIO_Pin_0)
#define wela0_1   GPIO_SetBits(GPIOB,GPIO_Pin_0)
#define wela1_0   GPIO_ResetBits(GPIOB,GPIO_Pin_1)
#define wela1_1   GPIO_SetBits(GPIOB,GPIO_Pin_1)
#define wela2_0   GPIO_ResetBits(GPIOB,GPIO_Pin_2)
#define wela2_1   GPIO_SetBits(GPIOB,GPIO_Pin_2)
#define wela3_0   GPIO_ResetBits(GPIOB,GPIO_Pin_3)
#define wela3_1   GPIO_SetBits(GPIOB,GPIO_Pin_3)
void seg_Init(void);
void display(uint16_t a,uint16_t b,uint16_t c,uint16_t d);
#endif
```

编译上面的代码，当编译没有警告和错误时将编译后的程序下载到开发板。启动开发板后可以看到数码管上显示数字 1、2、3、4，如图 3-17 所示。

图 3-17 数码管上显示数字 1、2、3、4

3.4 项目总结

本项目完成了三个与 GPIO 接口相关的任务，即使用 GPIO 接口实现流水灯、使用 GPIO 接口完成按键控制、数码管的显示。通过本项目的三个任务，读者可以熟悉 GPIO 接口的功能、输入/输出的配置、复用功能、标准固件库函数和程序结构，掌握 GPIO 接口的应用开发方法。

3.5 动手实践

（1）完成流水灯的程序。要求：8 个 LED 连接在微控制器的引脚 PA8～PA15，当引脚 PA8～PA15 为低电平时才能点亮 LED，使用

```
GPIO_Write(GPIO_TypeDef* GPIOx, uint16_t PortVal);
```

实现流水灯。请在下面的横线上写出关键代码。

____

____

____

____

（2）完成流水灯的程序。要求：8 个 LED 连接在微控制器的引脚 PA0～PA7，当引脚 PA0～PA7 为低电平时才能点亮 LED，使用

```
GPIO_Write(GPIO_TypeDef* GPIOx, uint16_t PortVal);
```

实现流水灯。请在下面的横线上写出关键代码。

____

____

（3）完成单一按键的控制程序。要求：按下按键时点亮 LED，释放按键后熄灭 LED，使用引脚 PC0 控制按键，使用 PA0 控制 LED 的亮灭。请在下面的横线上写出关键代码。

单一按键编程实验

（4）完成三个按键的控制程序。要求：第 1 个按键用于选择计数器的递增或递减，分别用 2 个 LED 表示递增递减；第 2 个按键用于启动计数器，使用 4 个 LED 来表示递增的计数或递减的计数；第 3 个按键用于清 0 计数器，点亮 1 个 LED 表示计数器已经被清 0。请在下面的横线上写出关键代码。

按键综合项目　　按键综合项目实验 1　　按键综合项目实验 2

（5）使用四位数码管动态显示数字 1、2、3、4 的程序。要求：微控制器的引脚 PA0～PA7 连接段选线，引脚 PB0～PB3 连接位选线。请在下面的横线上写出关键代码。

（6）使用四位数码管的动态显示，先显示 0、1、2、3，再显示 4、5、6、7。要求：微控制器的引脚 PA0～PA7 连接段选线，引脚 PB0～PB3 连接位选线。请在下面的横线上写出关键代码。

3.6 润物无声：代码规范

什么是代码规范呢？在 C 语言中，如果不遵守编译器的规定，那么在编译程序时编译器就会报错，这个规定称为规则。但有一种规定，它是一种人为的、约定俗成的，即使不按照这种规定，编译器也不会报错，这种规定通常称为代码规范。

规范化的代码有很多好处，如规范化的代码可以促进团队合作。实际项目的开发大多是由一个团队来完成的，规范化的代码可以极大地提高代码的可读性，减少代码 Bug 的处理，降低项目的维护成本，有助于代码的审查。养成代码规范的习惯，有助于程序员自身的成长。

记住！每天不规范地乱垒代码，并不能使你获得更多的进步。相反，要想成为一名高水平的程序员，养成良好的代码开发习惯绝对是必需的。

3.7 知识巩固

一、选择题

（1）下列哪种模式可以输出强低电平和强高电平？________

（A）推挽输出模式　　（B）开漏输出模式

（2）如果要在开漏输出模式下输出强高电平应该怎么做？________

（A）在漏极连接下拉电阻　　（B）在漏极连接上拉电阻

（3）STM32 系列微控制器的时钟源包含________。

（A）HSI　（B）HSE　（C）LSI　（D）LSE　（E）PLL

（4）Cortex-M4 内核的 GPIO 接口挂载的 AHB 的时钟频率是________。

（A）84 MHz　（B）42 MHz　（C）168 MHz　（D）72 MHz

（5）STM32F407 微控制器的系统时钟频率是________。

（A）84 MHz　（B）42 MHz　（C）168 MHz　（D）72 MHz

（6）流水灯可以分为 8 个状态，第 1 个状态是第 1 个 LED 点亮、第 2～8 个 LED 熄灭，第 2 个状态是第 2 个 LED 点亮、第 1 个 LED 和第 3～8 个 LED 熄灭，以此类推，第 8 个状态是________。

（A）第 1～8 个 LED 点亮　　（B）第 1～8 个 LED 熄灭

（C）第 1～7 个 LED 熄灭，第 8 个 LED 点亮

（D）第 1～7 个 LED 点亮，第 8 个 LED 熄灭

（7）如果 LED 连接的是微控制器的引脚 PA0～PA7，而且只有在引脚 PA0～PA7 为低电平时才能点亮 LED，那么在使用

```
GPIO_ResetBits(GPIOx,GPIO_Pin_x);
GPIO_SetBits(GPIOx , GPIO_Pin_x);
```

表示流水灯的第 1 个状态时，即第 1 个 LED 点亮、第 2～8 个 LED 熄灭，下面哪个选项是对的？________

（A）

```
GPIO_ResetBits(GPIOA , GPIO_Pin_0);
GPIO_SetBits(GPIOA , GPIO_Pin_1|GPIO_Pin_2|GPIO_Pin_3|GPIO_Pin_4|GPIO_Pin_5|
                GPIO_Pin_6|GPIO_Pin_7);
```

（B）

```
GPIO_ResetBits(GPIOA , GPIO_Pin_1);
GPIO_SetBits(GPIOA , GPIO_Pin_0|GPIO_Pin_2|GPIO_Pin_3|GPIO_Pin_4|GPIO_Pin_5|
```

```
                GPIO_Pin_6|GPIO_Pin_7);
```

（C）

```
GPIO_ResetBits(GPIOA , GPIO_Pin_2);
GPIO_SetBits(GPIOA , GPIO_Pin_0|GPIO_Pin_1|GPIO_Pin_3|GPIO_Pin_4|GPIO_Pin_5|
                GPIO_Pin_6|GPIO_Pin_7);
```

（D）

```
GPIO_ResetBits(GPIOA , GPIO_Pin_7);
GPIO_SetBits(GPIOA , GPIO_Pin_0|GPIO_Pin_2|GPIO_Pin_3|GPIO_Pin_4|GPIO_Pin_5|
                GPIO_Pin_6|GPIO_Pin_1);
```

（8）如果 LED 连接的是微控制器的引脚 PA0～PA7，而且只有在引脚 PA0～PA7 为高电平时才能点亮 LED，那么在使用

```
GPIO_Write(GPIO_TypeDef* GPIOx, uint16_t PortVal);
```

表示流水灯的第 1 个状态时，即第 1 个 LED 点亮、第 2～8 个 LED 熄灭，下面哪个选项是对的？________

（A）

```
GPIO_Write(GPIOA,0x01);
```

（B）

```
GPIO_Write(GPIOA,~0x01);
```

（C）

```
GPIO_Write(GPIOA,0xFE);
```

（D）

```
GPIO_Write(GPIOA,~0xFE);
```

（9）如果 LED 连接的是微控制器的引脚 PA0～PA7，而且只有在引脚 PA0～PA7 为低电平时才能点亮 LED，那么在使用

```
GPIO_Write(GPIO_TypeDef* GPIOx, uint16_t PortVal);
```

表示流水灯的第 2 个状态时，即第 2 个 LED 点亮、第 1 个和第 3～8 个 LED 熄灭，下面哪个选项是对的？________

（A）

```
GPIO_Write(GPIOA,0x02);
```

（B）

```
GPIO_Write(GPIOA,~0x01);
```

（C）

```
GPIO_Write(GPIOA,0xFD);
```

（D）

```
GPIO_Write(GPIOA,~0xFD);
```

（10）如果 LED 连接的是微控制器的引脚 PA0～PA7，而且只有在引脚 PA0～PA7 为高电平时才能点亮 LED，那么在使用

```
GPIO_Write(GPIO_TypeDef* GPIOx, uint16_t PortVal);
```

表示流水灯的第 2 个状态时，即第 2 个 LED 点亮、第 1 个和第 3～8 个 LED 熄灭，下面哪个选项是对的？________

（A）

```
GPIO_Write(GPIOA,0x02);
```

（B）

```
GPIO_Write(GPIOA,~0x02);
```

（C）

```
GPIO_Write(GPIOA,0xFE);
```

（D）

```
GPIO_Write(GPIOA,~0xFE);
```

（11）已知变量 led 为 0x01，点亮 LED 需要将引脚 PA0 置为低电平，使用的语句是________。

（A）

```
GPIO_Write(GPIOA,led);
```

（B）

```
GPIO_Write(GPIOA,~led);
```

（C）

```
GPIO_Write(GPIOA,0xff);
```

（D）

```
GPIO_Write(GPIOA,0x00);
```

（12）将 GPIO 接口设置为输出模式的语句是________。

（A）

```
GPIO_InitStruct.GPIO_Mode=GPIO_Mode_OUT;
```

（B）

```
GPIO_InitStruct.GPIO_Mode=GPIO_Mode_IN;
```

（C）

```
GPIO_InitStruct.GPIO_Mode=GPIO_Mode_AF;
```

（D）

```
GPIO_InitStruct.GPIO_Mode=GPIO_Mode_AN;
```

（13）语句

```
GPIO_InitStruct.GPIO_PuPd=GPIO_PuPd_NOPULL;
```

的作用是________。

（A）上拉　　（B）下拉　　（C）悬空　　（D）不确定

（14）读取引脚 PA5 电平的语句是________。

（A）

```
GPIO_ReadInputDataBit(GPIO, GPIO_Pin_5);
```

（B）

```
GPIO_ReadInputDataBit(GPIOA, GPIO_Pin);
```

（C）

```
GPIO_ReadInputDataBit(GPIOA, GPIO_Pin5);
```

（D）

```
GPIO_ReadInputDataBit(GPIOA, GPIO_Pin_5);
```

（15）GPIO 挂载在________上。

（A）AHB　　（B）APB1　　（C）APB2　　（D）AHB1

（16）语句

```
GPIO_ReadInputDataBit(GPIO_TypeDef* GPIOx, uint16_t GPIO_Pin);
```

的作用是________。

（A）读取某个 GPIO 接口的输入电平
（B）读取某组 GPIO 接口的输入电平
（C）读取某个 GPIO 接口的输出电平
（D）读取某组 GPIO 接口的输出电平

（17）语句

```
GPIO_ReadInputData(GPIO_TypeDef* GPIOx);
```

的作用是________。

（A）读取某个 GPIO 接口的输入电平
（B）读取某组 GPIO 接口的输入电平
（C）读取某个 GPIO 接口的输出电平
（D）读取某组 GPIO 接口的输出电平

（18）为使共阳极连接的数码管显示数字 0，如果数码管的段选线连接在 GPIOA 上，那么它的段码是________。

（A）0x3f　　（B）0x90　　（C）0xc0　　（D）0x82

二、简答题

（1）在知识巩固图 3-1 中，图当外部晶振的频率是 8 MHz 时，如果要使用 PLL（锁相环时钟）提供主系统时钟，那么如何才能获得 168 MHz 的主频？

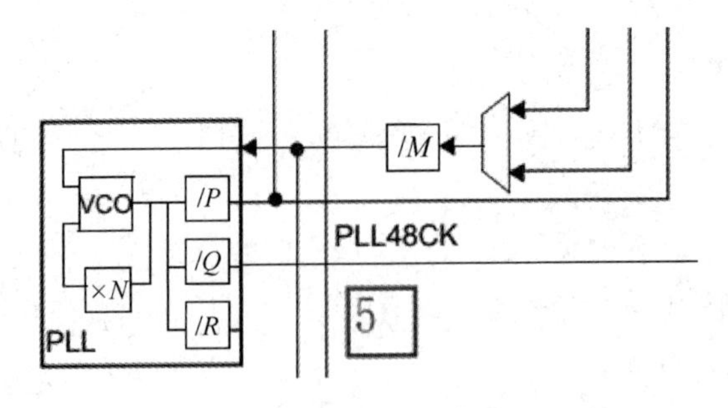

知识巩固图 3-1

（2）在知识巩固图 3-2 中，应该如何点亮 LED？

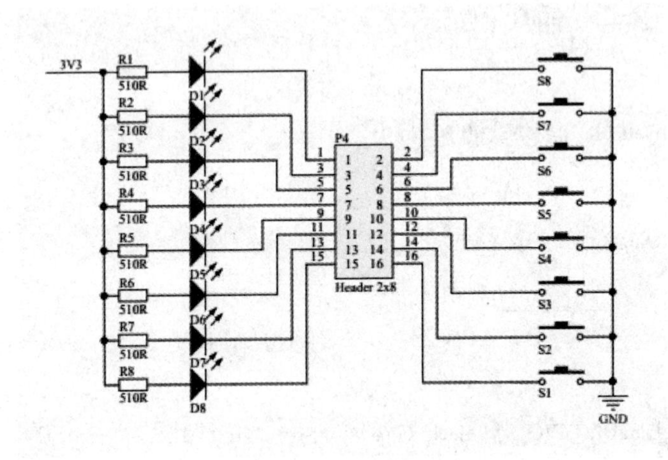

知识巩固图 3-2

（3）共阳极连接和共阴极连接的区别是什么？

（4）共阳极连接的数码管的阳极接高电平，为了显示数字，微控制器的引脚 PA0～PA7 分别与数码管的段 a、段 b、段 c、段 d、段 e、段 f、段 g 和 dp，数字 0～9 的段码分别是什么？

（5）共阴极连接的数码管的阴极接低电平，为了显示数字，微控制器的引脚 PA0～PA7 分别与数码管的段 a、段 b、段 c、段 d、段 e、段 f、段 g 和 dp，数字 0～9 的段码分别是什么？

（6）什么是余辉效应？

项目 4 使用定时器实现电子钟

项目描述：

通过定时器实现电子钟，帮助读者熟悉微控制器的中断系统和定时器。

项目内容：

任务 1：熟悉 STM32 系列微控制器的中断系统。

任务 2：熟悉 STM32F407 微控制器的定时器特性。

任务 3：使用定时器实现电子钟的软件设计。

学习目标：

- 熟悉 STM32 系列微控制器的中断系统。
- 掌握嵌套向量中断控制器（NVIC）的特性，并能够设置中断的相关参数。
- 掌握中断的编程要点。
- 掌握基本定时器的相关特性，可以设置定时器的标准固件库函数和结构体。
- 能够通过定时器和中断实现电子钟。

任务 4.1 熟悉 STM32 系列微控制器的中断系统

NVIC 嵌套向量中断控制器

早期的计算机没有中断功能，CPU 与外设的信息交互只能采用轮询的方式，CPU 的大部分时间浪费在大量的轮询上。另外，由于外设的工作速度根本无法与 CPU 的处理速度相匹配，因此在每次进行信息交互时，CPU 都要浪费大量时间来等待外设。为了解决 CPU 的利用率问题，计算机领域的科学家提出了中断的概念。

所谓中断，是指 CPU 暂时停止正在执行的程序，转而去处理临时发生的事件，在处理完临时的事件后再返回去继续执行暂停的程序。中断是指由外设主动提出信息交互的请求，CPU 在收到请求时暂停正在执行的工作任务（主程序），在处理完外设的信息交互请求后再返回来继续执行主程序。CPU 的工作速度很快，信息交互花费的时间很短，对主程序的运行不会造成影响。

我们在微处理器的开发中不仅会提到中断，还会经常说到异常。在 ARM 微处理器中，中断和异常有些差别，异常通常指 CPU/执行指令内部的事件发生后转而去处理该事件的过程，而中断通常指 CPU/执行指令外部的事件发生后转而去处理该事件的过程。本书不严格区分异常和中断，将二者都看成微处理器的正常程序被打断，进入特定程序的一种机制。

Cortex 内核具有强大的异常响应系统，将打断当前正常程序的事件分为异常和中断，并把它们用一个表（向量表）来管理。STM32F4 系列微控制器在 Cortex 内核上搭载了一个异常响应系统，支持为数众多的异常和中断，其中异常有 10 个，中断有 81 个。除了个别的异常/中断的优先级是固定的，其他异常/中断的优先级都是可设置的。STM32F4 系列微控制器的向量表如表 4-1 所示，其中灰色的部分表示异常。表 4-1 仅给出了部分中断，完整的信息请查阅 ST 公司的官方参考手册。

表 4-1 STM32F4 系列微控制器的向量表

位置	优先级	优先级类型	名称	说 明	地 址
—	—	—	—	保留	0x00000000
—	−3	固定	Reset	复位	0x00000004
—	−2	固定	NMI	不可屏蔽中断，RCC 时钟安全系统（CSS）连接到 NMI	0x00000008
—	−1	固定	HardFault	所有类型的错误	0x0000000C
—	0	可设置	MemManage	存储器管理	0x00000010
—	1	可设置	BusFault	预取指失败、访问存储器失败	0x00000014
—	2	可设置	UsageFault	未定义的指令或非法状态	0x00000018
—	—	—	—	保留	0x0000001C～0x0000002B
—	3	可设置	SVCall	通过 SWI 指令调用的系统服务	0x0000002C
—	4	可设置	DebugMonitor	调试监控器	0x00000030
—	—	—	—	保留	0x00000034
—	5	可设置	PendSV	可挂起的系统服务	0x00000038
—	6	可设置	SysTick	系统嘀嗒定时器	0x0000003C
0	7	可设置	WWDG	窗口看门狗中断	0x00000040
1	8	可设置	PVD	连接到中断/事件线的可编程电压检测（PVD）中断	0x00000044
2	9	可设置	TAMP_STAMP	连接到中断/事件线的入侵和时间戳中断	0x00000048
3	10	可设置	RTC_WKUP	连接到中断/事件线的 RTC 唤醒中断	0x0000004C
4	11	可设置	FLASH	Flash 全局中断	0x00000050
5	12	可设置	RCC	RCC 全局中断	0x00000054
6	13	可设置	EXTI0	EXTI0 中断	0x00000058
7	14	可设置	EXTI1	EXTI1 中断	0x0000005C
8	15	可设置	EXTI2	EXTI2 中断	0x00000060
9	16	可设置	EXTI3	EXTI3 中断	0x00000064
10	17	可设置	EXTI4	EXTI4 中断	0x00000068
……					
27	34	可设置	TIM1_CC	TIM1 捕获比较中断	0x000000AC
28	35	可设置	TIM2	TIM2 全局中断	0x000000B0
29	36	可设置	TIM3	TIM3 全局中断	0x000000B4

续表

位置	优先级	优先级类型	名称	说　明	地　址
30	37	可设置	TIM4	TIM4 全局中断	0x000000B8
77	84	可设置	OTG_HS	USB On The Go HS 全局中断	0x00000174
78	85	可设置	DCMI	DCMI 全局中断	0x00000178
79	86	可设置	CRYP	CRYP 加密全局中断	0x0000017C
80	87	可设置	HASH_RNG	哈希和随机数发生器全局中断	0x00000180
81	88	可设置	FPU	FPU 全局中断	0x00000184

当一个异常/中断发生时，硬件会自动比较该异常/中断的优先级是否比当前的异常/中断优先级更高。如果后发生异常/中断具有更高的优先级，则微控制器会中断当前的中断服务程序（Interrupt Service Routines，ISR）或普通程序，去服务后发生的异常/中断，即立即抢占。当开始响应一个异常/中断后，Cortex-M4 内核会自动定位一张向量表，并且根据中断号从表中找出 ISR 的入口地址，然后跳转过去执行，不需要像以前的 ARM 微处理器那样，由软件来分辨到底是哪个中断发生了，也无须半导体厂商提供私有的中断控制器来完成这种工作。这么一来，就大大缩短了中断延迟时间。

4.1.1　嵌套向量中断控制器

嵌套向量中断控制器（Nested Vectored Interrupt Controller，NVIC）属于内核外设，用于管理包括内核和片上所有外设的异常/中断。STM32F407 微控制器内置的 NVIC 可管理 16 个优先级，处理带 FPU 的 Cortex-M4 内核的最多 81 个可屏蔽中断通道及 23 条中断/事件线。

（1）NVIC 的主要特性如下：

- 紧耦合式的 NVIC 使得中断响应更快。
- 直接向内核传递 ISR 的入口地址。
- 允许对中断进行预处理。
- 处理延迟到达、优先级较高的中断。
- 支持尾链功能。
- 自动保存微控制器的状态。
- 退出中断时可自动恢复现场，无须指令开销

NVIC 以最小的中断延迟提供了灵活的中断管理功能。

（2）与 NVIC 相关的两个重要的文件：core_cm4.h 和 misc.c（在使用标准固件库函数时需要在工程文件中加载这两个文件）。core_cm4.h 中定义了很多寄存器，下面给出了 NVIC_Type 的结构体。

```
/*NVIC_Type 的结构体*/
typedef struct
{
     __IO uint32_t ISER[8];              //中断使能寄存器
     uint32_t RESERVED0[24];
     __IO uint32_t ICER[8];              //中断清除寄存器
```

```
        uint32_t RSERVED1[24];
        __IO uint32_t ISPR[8];              //中断使能悬挂寄存器
        uint32_t RESERVED2[24];
        __IO uint32_t ICPR[8];              //中断有效位寄存器
        uint32_t RESERVED3[24];
        __IO uint32_t IABR[8];              //中断激活标志位寄存器
        uint32_t RESERVED4[56];
        __IO uint8_t   IP[240];             //中断优先级寄存器
        uint32_t RESERVED5[644];
        __O   uint32_t STIR;                //软件出发中断寄存器
    }  NVIC_Type;
```

在配置STM32F407微控制器的中断时不需要配置上面所有的寄存器，只需要配置ISER、ICER、IP，其中ISER用来使能中断，ICER用来失能中断，IP用来设置中断的优先级。

（3）中断的优先级。NVIC中有一个专门的寄存器，即中断优先级寄存器，用来设置外部中断的优先级，该寄存器的宽度为8 bit，原则上每个外部中断可设置的优先级均为0～255，数值越小，优先级越高。但绝大多数基于Cortex-M4内核的微控制器都会精简设计，导致实际上支持的优先级减少。在STM32F407微控制器中，只使用了4位来表示优先级，如表4-2所示。

表 4-2　STM32F407 微控制器使用 4 位表示优先级

位	bit7	bit6	bit5	bit4	bit3	bit2	bit1	bit0
含义	用于表示优先级				未使用，读为0			

用于表示优先级的4 bit又被分组成抢占优先级（主优先级）和子优先级。如果有多个中断同时发生，则抢占优先级高的中断就会先于抢占优先级低的中断而先得到响应。对于抢占优先级相同的中断，就比较子优先级，如果抢占优先级和子优先级都相同，就比较硬件编号，编号越小，优先级越高。

从STM32F4系列微控制器的向量表可以看出，向量的优先级就是中断的硬件编号，Cortex-M4内核在设计时就已经定义了中断的硬件编号，编号越小，优先级越高。除了系统异常，窗口看门狗的优先级是最高的。

（4）中断优先级分组。STM32系列微控制器的中断优先级由抢占优先级（主优先级）与响应优先级（子优先级）决定，抢占优先级和响应优先级取值范围由中断优先级分组决定。中断优先级分组如表4-3所示。

表 4-3　中断优先级分组

优先级分组	抢占优先级	响应优先级	描　述
NVIC_PriorityGroup_0	0	0～15	抢占优先级占0位，响应优先级占4位
NVIC_PriorityGroup_1	0～1	0～7	抢占优先级占1位，响应优先级占3位
NVIC_PriorityGroup_2	0～3	0～3	抢占优先级占2位，响应优先级占2位
NVIC_PriorityGroup_3	0～7	0～1	抢占优先级占3位，响应优先级占1位
NVIC_PriorityGroup_4	0～15	0	抢占优先级占4位，响应优先级占0位

表 4-4 所示为中断向量优先级，中断向量 A 和 B 根据抢占优先级与响应优先级得到的优先级是不同的。

表 4-4　中断向量优先级

中断向量	抢占优先级	响应优先级	备　注
A	0	1	抢占优先级相同，响应优先级数值小的优先级高（中断向量 A 的优先级高于中断向量 B 的优先级）
B	0	2	
A	1	2	响应优先级相同，抢占优先级数值小的优先级高（中断向量 A 的优先级低于中断向量 B 的优先级）
B	0	2	
A	1	0	抢占优先级比响应优先级高（中断向量 A 的优先级低于中断向量 B 的优先级）
B	0	2	
A	1	1	抢占优先级和响应优先级均相同，则中断硬件编号小的先执行（需要比较中断向量表中的顺序）
B	1	1	

中断向量优先级的比较顺序是：抢占优先级→响应优先级→中断表中的排位顺序。

第一组的中断向量 A 和 B，当抢占优先级相同时，比较响应优先级，响应优先级小的优先级高，因此 A 的优先级高于 B 的优先级。

第二组的中断向量 A 和 B，它们的响应优先级相同，但 A 抢占优先级数比 B 大，因此 B 的优先级高于 A 的优先级。

第三组的中断向量 A 和 B，A 的抢占优先级比 B 小，因此 B 的优先级高于 A 的优先级。

第四组的中断向量 A 和 B，它们抢占优先级和响应优先级均相同，因此需要比较中断硬件编号，编号小的优先级高。

4.1.2　NVIC 的结构体

在标准固件库中，NVIC 的结构体定义可谓是颇有远虑，给每个寄存器都预留了很多位，其目的是便于日后的扩展。misc.h 中定义了 NVIC 的结构体，如下所示：

```
/*NVIC_InitTypeDef NVIC 结构体*/
typedef struct
{
    uint8_t NVIC_IRQChannel;                        //中断源
    uint8_t NVIC_IRQChannelPreemptionPriority;      //抢占优先级
    uint8_t NVIC_IRQChannelSubPriority;             //响应优先级
    FunctionalState NVIC_IRQChannelCmd;             //中断向量使能或失能
} NVIC_InitTypeDef;
```

NVIC 的结构体中包含中断源、抢占优先级、响应优先级、中断向量使能或失能。如果要使用中断就要设置 NVIC 结构体中的这几个成员。

（1）NVIC_IRQChannel。中断源就是中断，可在表 4-1 所示的向量表中查询，如 EXTI0 中断，DMA1 流 0 全局中断，ADC1、ADC2 和 ADC3 全局中断，CAN1 TX 中断，TIM1 捕获比较中断，USART1 全局中断。这些中断都有唯一的名称，系统都已经规定好了，是在 stm32f4xx.h 的 IRQn_Type 的结构体中定义的，这个结构体包含了所有的中断源。

```
/*IRQn_Type 的结构体*/
typedef enum IRQn
{
    //Cortex-M4 内核的异常编号
    NonMaskableInt_IRQn = -14,
    MemoryManagement_IRQn = -12,
    BusFault_IRQn = -11,
    UsageFault_IRQn = -10,
    SVCall_IRQn = -5,
    DebugMonitor_IRQn = -4,
    PendSV_IRQn = -2,
    SysTick_IRQn = -1,
    //STM32 系列微控制器的外部中断编号
    WWDG_IRQn = 0,
    PVD_IRQn = 1,
    TAMP_STAMP_IRQn= 2,
    ……
    CRYP_IRQn= 79,
    HASH_RNG_IRQn = 80,
    FPU_IRQn = 81,
} IRQn_Type;
```

例如，STM32F407 微控制器的基本定时器（TIM6、TIM7）中断向量共 2 个，分别为 TIM6_DAC_IRQn 和 TIM7_IRQn，可以通过以下语句进行赋值：

```
NVIC_InitStructure.NVIC_IRQChannel= TIM6_DAC_IRQn;
NVIC_InitStructure.NVIC_IRQChannel= TIM7_IRQn;
```

（2）优先级配置。

① 配置优先级分组。可以使用标准固件库函数 NVIC_PriorityGroupConfig()进行配置，NVIC_PriorityGroup 的取值包括 NVIC_PriorityGroup_0、NVIC_PriorityGroup_1、NVIC_PriorityGroup_2、NVIC_PriorityGroup_3、NVIC_PriorityGroup_4。例如：

```
NVIC_PriorityGroupConfig(NVIC_PriorityGroup_0);      //将优先级分组配置为 0 组
```

② 配置抢占优先级和响应优先级。上面的例子将优先级分组配置为 0 组，这时抢占优先级只能配置为 0，优先级主要取决于响应优先级，响应优先级可以配置为 0～15。例如：

```
NVIC_InitStructure.NVIC_IRQChannelPreemptionPriority = 0;
NVIC_InitStructure.NVIC_IRQChannelSubPriority = 3;          //可以是 0～15
```

如果改变抢占优先级，则响应优先级的取值范围也会改变。

③ NVIC_IRQChannelCmd 的取值范围。NVIC_IRQChannelCmd 的取值包括 ENABLE（使能）和 DISABLE（失能）。如果要使用中断，就要使能 NVIC，可通过下面的语句进行配置：

```
NVIC_InitStructure.NVIC_IRQChannelCmd = ENABLE;
```

④ 初始化 NVIC。在进行 NVIC 初始化时不得不提到 NVIC_Init()这个库函数，我们可以直接使用 NVIC_Init()把配置好的参数写入 NVIC 的结构体。下面给出了一个 NVIC 配置示例：

```
/*NVIC 配置示例*/
void TIM6_NVIC_config(void)
{
    NVIC_InitTypeDef NVIC_InitStruct;                              //定义结构体
    NVIC_PriorityGroupConfig(NVIC_PriorityGroup_0);                //将优先级分组配置为 0 组
    NVIC_InitStruct.NVIC_IRQChannel=TIM6_DAC_IRQn;                 //配置中断源
    NVIC_InitStruct.NVIC_IRQChannelPreemptionPriority=0;           //配置抢占优先级
    NVIC_InitStruct.NVIC_IRQChannelSubPriority=3;                  //配置响应优先级
    NVIC_InitStruct.NVIC_IRQChannelCmd=ENABLE;                     //使能 NVIC
    NVIC_Init(&NVIC_InitStruct);                                   //初始化 NVIC
}
```

4.1.3　NVIC 的标准固件库函数

表 4-5 给出了 NVIC 的标准固件库函数，其中常用的是第 1 个和第 2 个，这两个标准固件库函数的作用分别是设置优先级分组和初始化 NVIC 的寄存器，它们的用法在 NVIC 的结构体已经介绍了，这里不再赘述。

表 4-5　NVIC 的标准固件库函数

序　号	NVIC 的标准固件库函数	描　述
1	void NVIC_PriorityGroupConfig(uint32_t NVIC_PriorityGroup);	设置优先级分组
2	void NVIC_Init(NVIC_InitTypeDef* NVIC_InitStruct);	根据 NVIC_InitStruct 指定的参数初始化 NVIC 的寄存器
3	void NVIC_SetVectorTable(uint32_t NVIC_VectTab, uint32_t Offset);	设置向量表的位置和偏移
4	void NVIC_SystemLPConfig(uint8_t LowPowerMode, FunctionalState NewState);	选择系统进入低功耗模式的条件

4.1.4　中断编程的要点

中断编程的要点如下：

（1）外设的中断是由该外设的中断使能位控制的，例如，串口有发送完成中断和接收完成中断，这两个中断都是由串口控制寄存器的中断使能位控制的。

（2）初始化 NVIC_InitTypeDef 结构体主要包括配置中断的优先级分组、抢占优先级和子优先级，使能中断请求。

（3）中断服务函数的编写。启动文件 startup_stm32f40xx.s 预先为每个中断都写了一个中断服务函数，但这些函数都是空的，目的是初始化中断向量表。实际的中断服务函数需要用户重新编写，中断服务函数统一在 stm32f4xx_it.c 文件中编写。中断服务函数的名称必须和启动文件 startup_stm32f40xx.s 中预先定义名称一样，如果名称不一致，系统就无法在中断向量表中找到中断服务函数的入口地址，从而直接跳转到启动文件 startup_stm32f40xx.s 预先编写的空函数，并且在该空函数中无限循环，无法实现中断的功能。

基本定时器

任务 4.2 熟悉 STM32F407 微控制器的定时器特性

STM32F407 微控制器的定时器包括 2 个高级控制定时器、8 个通用定时器、2 个基本定时器和 2 个看门狗。表 4-6 列出了 STM32F407 微控制器的定时器特性。

表 4-6 STM32F407 微控制器的定时器特性

定时器类型	定时器	计数器分辨率/bit	计数器类型	预分频因子	产生 DMA 请求	捕获/比较通道	互补输出
高级控制	TIM1 TIM8	16	递增、递减、递增/递减	1～65536 之间的整数	是	4	是
通用类型	TIM2 TIM5	32	递增、递减、递增/递减	1～65536 之间的整数	是	4	无
	TIM3 TIM4	16	递增、递减、递增/递减	1～65536 之间的整数	是	4	否
	TIM9	16	递增	1～65536 之间的整数	否	2	否
	TIM10 TIM11	16	递增	1～65536 之间的整数	否	1	否
	TIM12	16	递增	1～65536 之间的整数	否	2	否
	TIM13 TIM14	16	递增	1～65536 之间的整数	否	1	否
基本类型	TIM6 TIM7	16	递增	1～65536 之间的整数	是	0	否

4.2.1 高级控制定时器

高级控制定时器 TIM1 和 TIM8 具有以下特性：

- 具有 16 位递增、递减、递增/递减自动重载计数器；
- 具有 16 位可编程预分频器，用于对计数器的时钟频率进行分频，分频系数为 1～65536 之间的整数。
- 多达 4 个独立通道，可用于输入捕获、输出比较、PWM 信号生成（边沿对齐模式和中心对齐模式），以及单脉冲模式输出；
- 带可编程死区的互补输出；
- 可使用外部信号控制定时器，实现多个定时器相互连接的同步电路；
- 可重复计数，用于仅在给定数目的计数周期后更新定时器寄存器；
- 可将定时器的输出信号置于复位状态或已知状态的断路输入；
- 发生如下事件时产生中断/DMA 请求：
  - 更新事件，如计数器上溢/下溢、计数器初始化（通过软件或内部/外部触发）；
  - 触发事件（计数器启动、停止、初始化或通过内部/外部触发计数）；
  - 输入捕获；
  - 输出比较；

- 断路输入；

➲ 支持用于定位的增量（正交）编码器和霍尔传感器电路；

➲ 外部时钟或逐周期电流管理可触发输入。

4.2.2　通用定时器

STM32F407 微控制器中内置有 10 个通用定时器。

（1）TIM2、TIM3、TIM4 和 TIM5。这 4 个通用定时器包含一个 16 bit 或 32 bit 的自动重载计数器，该计数器由可编程预分频器驱动。TIM2～TIM5 可用于多种场合，包括测量输入信号的脉冲宽度（输入捕获）或生成输出波形（输出比较和 PWM），通过定时器预分频器和 RCC 预分频器，TIM2～TIM5 可将脉冲宽度和波形周期从几微秒调制到几毫秒。TIM2～TIM5 彼此完全独立，不共享任何资源。

（2）TIM9、TIM10、TIM11、TIM12、TIM13 和 TIM14。这 6 个通用定时器包含一个 16 bit 的自动重载计数器，该计数器由可编程预分频器驱动。TIM9～TIM14 可用于多种场合，包括测量输入信号的脉冲宽度（输入捕获）或生成输出波形（输出比较、PWM）。通过定时器预分频器和 RCC 预分频器，TIM9～TIM14 可将脉冲宽度和波形周期从几微秒调制到几毫秒。TIM9～TIM14 彼此完全独立，不共享任何资源。

4.2.3　基本定时器

基本定时器 TIM6 和 TIM7 包含一个 16 bit 的自动重载计数器，该计数器由可编程预分频器驱动。TIM6 和 TIM7 不仅可以作为通用定时器生成时基，还可以专门用于驱动数/模转换器（DAC）。实际上，TIM6 和 TIM7 在内部连接到了 DAC，并能够通过其触发输出驱动 DAC。TIM6 和 TIM7 彼此完全独立，不共享任何资源。

任务 4.3　使用定时器实现电子钟的软件设计

4.3.1　基本定时器的主要功能

为了更好地理解定时器的用法，可将定时器想象成一块手表，即一个基础时钟信号（时基）一直在默默地运行。在使用定时器时，首先要设置多少个时基后执行某一个动作（即中断），设定好后，再开始计数。这种方式类似于闹钟，是通常所说的定时功能（如 TIM6、TIM7 只有基本定时功能）。本节将介绍基本定时器的主要功能。基本定时器的框图如图 4-1 所示。

1．时基单元

可编程定时器的主要模块是由一个 16 bit 的递增计数器及其相关的自动重载寄存器组成的。计数器的时钟可通过预分频器进行分频。计数器、自动重载寄存器和预分频器寄存器可通过软件进行读写操作，即使在计数器运行时也可对其进行读写操作。

时基单元包括自动重载寄存器、计数器寄存器、预分频器寄存器。

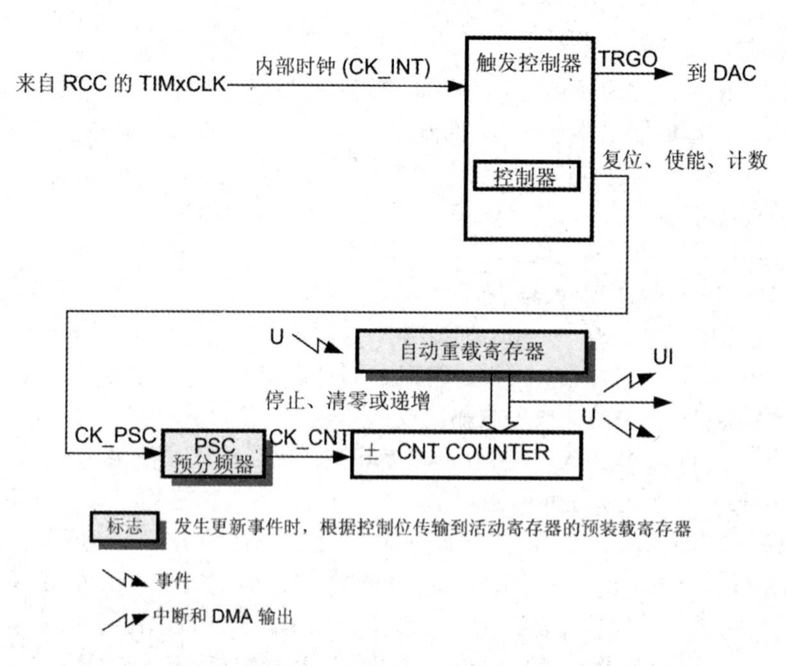

图 4-1 基本定时器的框图（引自 ST 公司的官方参考手册）

（1）自动重载寄存器（TIMx_ARR）。自动重载寄存器是预装载的，在每次对自动重载寄存器进行读写操作时，都会访问预装载寄存器。预装载寄存器的内容既可以直接传输到影子寄存器，也可以在每次发生更新事件（UEV）时传输到影子寄存器，这取决于 TIMx_CR1 中的自动重载预装载使能（ARPE）位。当计数器达到上溢值并且 TIMx_CR1 中的 UDIS 位为 0 时，将发送更新事件。

（2）计数器寄存器（TIMx_CNT）。计数器由预分频器输出 CK_CNT 提供时钟，仅当 TIMx_CR1 中的计数器启动（CEN）位置 1 时，才会启动计数器。实际的计数器使能信号 CNT_EN 在 CEN 位置 1 后一个时钟周期后被置 1。

（3）预分频器寄存器（TIMx_PSC）。预分频器可对计数器的时钟频率进行分频，分频系数是 1～65536 之间的整数。预分频器是基于 TIMx_PSC 中的 16 bit 寄存器所控制的 16 bit 计数器工作的。由于 TIMx_PSC 有缓冲功能，因此可对预分频器进行实时更改，新的预分频系数将在下一更新事件发生时被采用。

2．计数模式

计数器从 0 计数到自动重载值（TIMx_ARR 的内容），然后产生计数器上溢事件并重新从 0 开始计数。

在每次发生计数器上溢时都会产生更新事件，或将 TIMx_EGR 中的 UG 位置 1。通过软件或使用从模式控制器也可以产生更新事件。

通过软件将 TIMx_CR1 中的 UDIS 位置 1 时可禁止更新事件。这可避免向预装载寄存器写入新值时更新影子寄存器，这样就不会在将 UDIS 位清 0 前产生任何更新事件，但计数器和预分频器计数器都会重新从 0 开始计数（而预分频系数保持不变）。此外，如果 TIMx_CR1 中的 URS（更新请求选择）位已置 1，则在将 UG 位置 1 时会产生更新事件，但不会将 UIF 位置 1，因此不会发送任何中断或 DMA 请求。

在发生更新事件时，所有的寄存器将被更新，并且更新标志（TIMx_SR 中的 UIF 位）

会被置 1，这取决于 URS 位。例如：

- 使用 TIMx_PSC 的内容重新装载重复计数器；
- 使用预装载值（TIMx_ARR）更新自动重载影子寄存器；
- 将在预分频器的缓冲区中使用 TIMx_PSC 的内容重新装载预装载值。

当 TIMx_ARR=0x36 时不同时钟频率下计数器的内部时钟如图 4-2 所示。

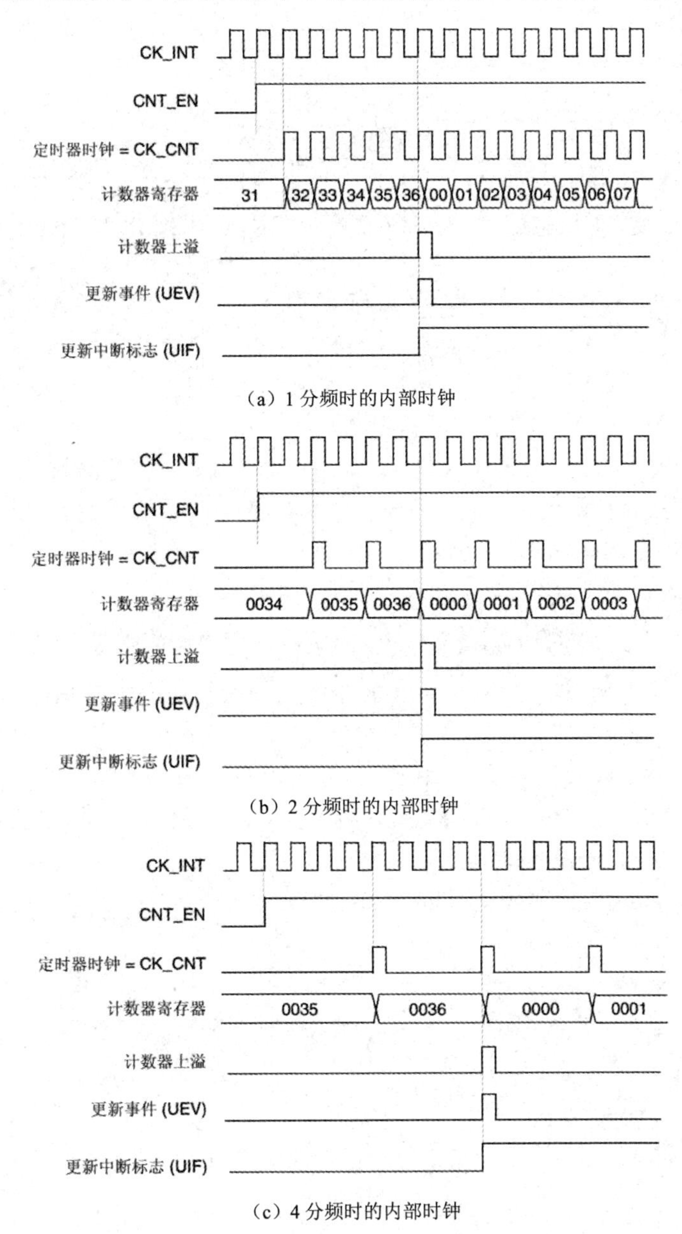

图 4-2　当 TIMx_ARR=0x36 时不同时钟频率下计数器的内部时钟（引自 ST 公司的官方参考手册）

3. 计数器的实际控制位

计数器的时钟是由内部时钟（CK_INT）提供的，CK_INT 的频率为 84 MHz。CEN 位（在 TIMx_CR1 中）和 UG 位（在 TIMx_EGR 中）是实际控制位，并且只能通过软件进行更改（UG

位除外，将保持自动清 0）。当 CEN 位置 1 时，预分频器的时钟就由内部时钟 CK_INT 提供。正常模式下实际控制位与计数器的内部时钟如图 4-3 所示。

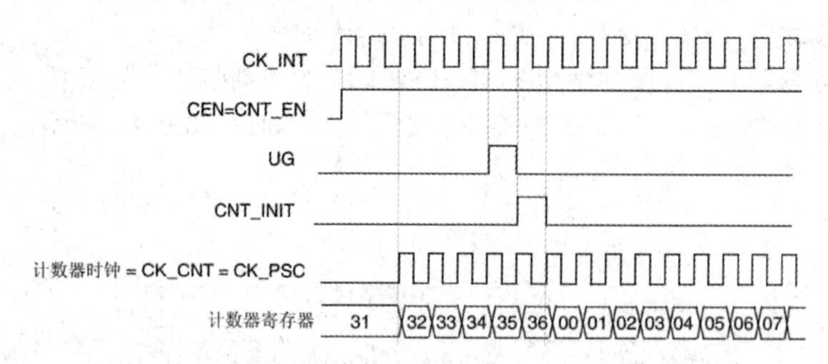

图 4-3　正常模式下实际控制位与计数器的内部时钟（引自 ST 公司的官方参考手册）

4.3.2　定时器的结构体及标准固件库函数

定时器的结构体定义在 stm32f4xx_tim.h 中，库函数定义在 stm32f4xx_tim.c 中。标准固件库为定时器构建了 4 个结构体，基本定时器只用到了其中的结构体 TIM_TimeBaseInitTypeDef。该结构体成员用于设置定时器的工作参数，并由定时器的初始化配置函数 TIM_TimeBaseInit() 调用，这些工作参数会设置定时器的寄存器，达到配置定时器的目的。

（1）TIM_TimeBaseInit()函数。函数原型如下：

```
void TIM_TimeBaseInit(TIM_TypeDef *TIMx,
                      TIM_TimeBaseInitTypeDef *TIM_TimeBaseInitStruct)
```

函数功能：根据 TIM_TimeBaseInitStruct 中指定的参数初始化 TIMx 的时基单位。该函数有两个输入参数：

输入参数 1 为 TIMx，x 可以是 2、3 或者 4…，用于选择定时器。

输入参数 2 为 TIMTimeBase_InitStruct，是指向结构体 TIM_TimeBaseInitTypeDef 的指针，该结构体包含了 TIMx 的时基配置信息。

结构体 TIM_TimeBaseInitTypeDef 是在 stm32f4xx_tim.h 中定义的，其内容如下：

```
typedef struct{
    uint16_t TIM_Prescaler;                    //预分频器
    uint16_t TIM_CounterMode;                  //计数模式
    uint32_t TIM_Period;                       //定时器周期
    uint16_t TIM_ClockDivision;                //时钟分频
    uint8_t TIM_RepetitionCounter;             //重复计算器
}TIM_TimeBaseInitTypeDef;
```

① TIM_Prescaler：用于设置定时器的预分频器，时钟经预分频器后可生成定时器的时钟。TIM_Prescaler 设置的是 TIMx_PSC 的值，取值范围为 0～65535，实现 1～65536 分频。

② TIM_CounterMode：用于设置定时器的计数模式，可以设置为向上计数、向下计数以及三种中心对齐模式。基本定时器只能采用向上计数模式，即 TIMx_CNT 只能从 0 开始递增，并且无须初始化。TIM_CounterMode 的取值及含义如表 4-7 所示。

表 4-7　TIM_CounterMode 的取值及含义

TIM_CounterMode 的取值	含　义
TIM_CounterMode_Up	TIM 向上计数模式
TIM_CounterMode_Down	TIM 向下计数模式
TIM_CounterMode_CenterAligned1	TIM 中心对齐模式 1 计数模式
TIM_CounterMode_CenterAligned2	TIM 中心对齐模式 2 计数模式
TIM_CounterMode_CenterAligned3	TIM 中心对齐模式 3 计数模式

③ TIM_Period：用于设置定时器的周期，实际就是设置自动重载寄存器的值，并在事件发生时更新到影子寄存器。TIM_Period 的取值范围为 0～65535。

④ TIM_ClockDivision：用于设置时钟分频，即设置定时器时钟 CK_INT 频率与数字滤波器采样时钟频率的分频比，基本定时器没有此功能，不用设置该参数。TIM_ClockDivision 的取值及含义如表 4-8 所示。

表 4-8　TIM_ClockDivision 的取值及含义

TIM_ClockDivision 的取值	含　义
TIM_CKD_DIV1	TDTS=Tck_tim
TIM_CKD_DIV2	TDTS=2Tck_tim
TIM_CKD_DIV4	TDTS=4Tck_tim

⑤ TIM_RepetitionCounter：用于设置重复计数器，利用该参数可以非常容易地控制输出的 PWM 信号个数。基本定时器不用设置该参数。

例如，在使用 TIM6 实现一个周期为 1 s 的定时器时，结构体 TIM_TimeBaseInitTypeDef 的参数需要根据具体的情况进行设置。我们知道，定时事件生成时间主要由 TIMx_PSC 和 TIMx_ARR 这两个寄存器值决定，定时事件生成时间就是定时器的周期。如果要实现一个周期为 1 s 的定时器，那么该怎么设置 TIMx_PSC 和 TIMx_ARR 呢？假设先将 TIMx_ARR 设置为 9999，即 TIMx_CNT 从 0 开始计数，当计数到 9999 时生成事件，总共计数 10000 次。如果此时的时钟周期为 100 μs，则可以实现一个周期为 1 s 的定时器。接下来问题就是如何设置 TIMx_PSC，使得 CK_CNT 输出时钟周期为 100 μs（10000 Hz）的时钟。预分频器的输入时钟 CK_PSC 的频率为 84 MHz，将预分频器（分频系数）设置为 8400−1 即可，因此将结构体 TIM_TimeBaseInitTypeDef 的参数 TIM_Prescaler 设置为 8400−1，将 TIM_Period 设置为 10000−1。具体代码如下：

```
/************************结构体的设置参考示例（定时器的周期为 1 s）*********************/
TIM_TimeBaseInitTypeDef TIM_TimeBaseStructure;      //定义结构体
TIM_TimeBaseStructure.TIM_Period=10000-1;           //将 TIM_Period 设置为 10000−1
TIM_TimeBaseStructure.TIM_Prescaler=8400-1;         //将 TIM_Prescaler 设置为 8400−1
TIM_TimeBaseInit(TIM6,&TIM_TimeBaseStructure);      //初始化结构体
/*********************************************************************************/
```

（2）TIM_Cmd()函数。函数原型如下：

```
void TIM_Cmd(TIM_TypeDef* TIMx,FunctionalState NewState)
```

函数功能：使能或者失能 TIMx。

输入参数 1 为 TIMx，x 可以是 2、3 或者 4…，用于选择定时器。

输入参数 2 为 NewState，表示 TIMx 的新状态，该参数可以设置为 ENABLE 或者 DISABLE。

例如，通过下面的代码可以使能 TIM6。

```
TIM_Cmd(TIM6,ENABLE);
```

（3）TIM_ITConfig()函数。函数原型如下：

```
void TIM_ITConfig(TIM_TypeDef *TIMx,uint16_t TIM_IT,FunctionalState NewState)
```

函数功能：使能或者失能指定的 TIM 中断源。

输入参数 1 为 TIMx，x 可以是 2、3 或者 4…，用于选择定时器。

输入参数 2 为 TIM_IT，表示待使能或者失能的 TIM 中断源。

输入参数 3 为 NewState，表示 TIMx 的新状态，该参数可以设置为 ENABLE 或者 DISABLE。

TIM_IT 的取值及含义如表 4-9 所示。

表 4-9 TIM_IT 的取值及含义

TIM_IT 的取值	含　义
TIM_IT_Update	TIM 的更新中断源
TIM_IT_CC1	TIM 捕获/比较 1 的中断源
TIM_IT_CC2	TIM 捕获/比较 2 的中断源
TIM_IT_CC3	TIM 捕获/比较 3 的中断源
TIM_IT_CC4	TIM 捕获/比较 4 的中断源
TIM_IT_COM	TIMCOM 的中断源
TIM_IT_Trigger	TIM 的触发中断源
TIM_IT_Break	TIM 的断路中断源

例如，通过下面的代码可以使能 TIM6 的更新中断源。

```
TIM_ITConfig(TIM6, TIM_IT_Update, ENABLE);
```

（4）TIM_GetITStatus()函数。函数原型如下：

```
ITStatus TIM_GetITStatus(TIM_TypeDef *TIMx,uint16_t TIM_IT)
```

函数功能：检查指定的 TIM 是否发生中断。

输入参数 1 为 TIMx，x 可以是 2、3 或者 4…，用于选择定时器。

输入参数 2 为 TIM_IT，表示待使能或者失能的 TIM 中断源。

例如，通过下面的代码可以检查 TIM6 是否发生中断。

```
if(TIM_GetITStatus(TIM6, TIM_IT_Update)!=RESET){ ...... }
```

（5）TIM_ClearFlag()函数。函数原型如下：

```
void TIM_ClearFlag(TIM_TypeDef *TIMx, uint16_t TIM_FLAG)
```

函数功能：清除 TIM 的标志位。

输入参数 1 为 TIMx，x 可以是 2、3 或者 4…，用于选择定时器。

输入参数 2 为 TIM_FLAG，表示待清除的 TIM 标志位，其取值及含义如表 4-10 所示。

表 4-10　TIM_FLAG 的取值及含义

TIM_FLAG 的取值	含　义
TIM_FLAG_Update	TIM 的更新中断标志位
TIM_FLAG_CC1	TIM 捕获/比较 1 的中断标志位
TIM_FLAG_CC2	TIM 捕获/比较 2 的中断标志位
TIM_FLAG_CC3	TIM 捕获/比较 3 的中断标志位
TIM_FLAG_CC4	TIM 捕获/比较 4 的中断标志位
TIM_FLAG_COM	TIMCOM 的中断标志位
TIM_FLAG_Break	TIM 的断路标志位
TIM_FLAG_Trigger	TIM 的触发中断标志位
TIM_FLAG_CC1OF	TIM 捕获/比较 1 的溢出标志位
TIM_FLAG_CC2OF	TIM 捕获/比较 2 的溢出标志位
TIM_FLAG_CC3OF	TIM 捕获/比较 3 的溢出标志位
TIM_FLAG_CC4OF	TIM 捕获/比较 4 的溢出标志位

例如，通过下面的代码可以清除 TIM 的更新中断标志位。

```
TIM_ClearFlag(TIM6, TIM_FLAG_Update);
```

（6）TIM_ClearITPendingBit()函数。函数原型如下：

```
void TIM_ClearITPendingBit(TIM_TypeDef *TIMx, uint16_t TIM_IT)
```

函数功能：清除 TIMx 的中断请求标志位。

输入参数 1 为 TIMx，x 可以是 2、3 或者 4…，用于选择定时器。

输入参数 2 为 TIM_IT，表示待清除的 TIM 中断请求位，其取值如表 4-9 所示。

通过对结构体 TIM_TimeBaseInitTypeDef 及标准固件库函数的学习，这里以通过 TIM6 实现一个周期为 1 s 的定时器为例介绍下面的代码。

```
/********************basic_TIM.c*********************************************************/
void TIM6_config(void)
{
    TIM_TimeBaseInitTypeDef TIM_TimeBaseInitStruct;           //①定义结构体
    RCC_APB1PeriphClockCmd(RCC_APB1Periph_TIM6,ENABLE);//②打开 TIM6 的时钟
    TIM_TimeBaseInitStruct.TIM_Prescaler=8400-1;              //③将 TIM_Prescaler 设置为 8400-1
    TIM_TimeBaseInitStruct.TIM_Period=10000-1;                //④将 TIM_Period 设置为 10000-1
    TIM_TimeBaseInit(TIM6,&TIM_TimeBaseInitStruct);           //⑤初始化结构体
    TIM_ClearFlag(TIM6,TIM_FLAG_Update);                      //⑥清除定时器的更新中断标志位
    TIM_ITConfig(TIM6,TIM_IT_Update,ENABLE);                  //⑦开启定时器更新中断
    TIM_Cmd(TIM6,ENABLE);                                     //⑧使能定时器
}
/*****************************************************************************************/
```

从上面的代码可以看出，要通过 TIM6 实现一个周期为 1 s 的定时器，需要首先通过①定义一个结构体，结构体的名字为 TIM_TimeBaseInitStruct，然后通过②打开 TIM6 的时钟，再通过③、④进行预分频器和计数器的设置，接着通过⑤对结构体进行初始化，并通过⑥清除定时器的中断标志位，以及通过⑦开启定时器的更新中断源，最后通过⑧使能定时器。

4.3.3 电子钟的软件设计

基本定时器实验

在 4.3.2 节中，我们已经能够实现周期为 1 s 的定时器，再结合关于数码管的使用方法，就可以通过定时器实现电子钟了。

本任务的要求是：电子钟可以显示时间，包括时、分、秒、年、月、日，只能使用数码管显示，因此需要循环显示，首先显示分和秒，然后显示小时，接着显示月和日，最后显示年。

本任务有两个难点，第一个难点是要实现万年历，其中包含闰年的显示，闰年的 2 月有 29 天，平年的 2 月有 28 天；1、3、5、7、8、10、12 月每月都有 31 天；4、6、9、11 月每月都有 30 天。解决这个难点需要写一个函数 Monthday()来计算每月有多少天，在月份变化时使变量 monthday（每月的天数）随之变化。

第二个难点是实现周期为 1 s 的定时器定时。4.3.2 节使用 TIM6 进行分频计数，只需要将分频系数设置为 8400、将重装载寄存器设置为 10000 即可实现周期为 1 s 的定时器。实现的原理就是：由于 TIM6 的时钟频率为 84 MHz，因此经过 8400 分频后的频率为 84 MHz/8400=10000 Hz，这样每经过 0.0001 s 就计数一次，当重装载寄存器为 10000 时，有 0.0001×10000=1 s，从而就实现了周期为 1 s 的定时器。

定时器定时的软件设计步骤如下：

1. 定时器的配置

定时器的配置步骤如下：

（1）定义时基结构体。

（2）开启定时器时钟。

（3）设置分频因子和自动重装载值（按照定时时长配置）。

（4）初始化结构体。

（5）清除定时器更新中断标志位，开启定时器更新中断，使能定时器。

定时器的配置代码如 basic_TIM.c 所示，请参考 4.3.2 节。

2. NVIC 的配置（中断优先级配置）

NVIC 的配置代码如下：

```
/**************************NVIC 配置（中断优先级配置）*******************************/
void TIM6_NVIC_config(void)
{
    NVIC_InitTypeDef NVIC_InitStruct;                          //定义结构体
    NVIC_PriorityGroupConfig(NVIC_PriorityGroup_0);            //设置中断组为 0
    NVIC_InitStruct.NVIC_IRQChannel=TIM6_DAC_IRQn;             //设置中断源
    NVIC_InitStruct.NVIC_IRQChannelPreemptionPriority=0;       //设置抢占优先级
    NVIC_InitStruct.NVIC_IRQChannelSubPriority=3;              //设置响应优先级
```

```
    NVIC_InitStruct.NVIC_IRQChannelCmd=ENABLE;                        //使能 NVIC
    NVIC_Init(&NVIC_InitStruct);                                      //初始化 NVIC
}
/*****************************************************************************************/
```

3．中断服务程序（按照实现的目标完成）

中断服务程序如下所示：

```
/******************************中断服务程序*******************************************/
void TIM6_DAC_IRQHandler(void)
{
    if(TIM_GetITStatus(TIM6,TIM_IT_Update)!=RESET)            //检查 TIM6 的更新中断是否发生
    {
        /*执行语句*/
        TIM_ClearITPendingBit(TIM6,TIM_IT_Update);            //清除 TIMx 的中断标志位
    }
}
/*****************************************************************************************/
```

电子钟采用多文件编程的方式来实现，通过不同的源文件实现不同的功能。

在 seg.c 中，实现了函数 display2()和 display1()，函数 display2()用来显示小时和分钟，或者分和秒，或者月和日；函数 display1()用于显示年。

在 basic_TIM.c 中，函数 TIM6_NVIC_config()用于设置 NVIC；函数 TIM6_config()用于设置定时器；函数 TIM6_Init()把函数 TIM6_NVIC_config()和 TIM6_config()放到一起，用于设置 NVIC 和定时器，在主函数中调用函数 TIM6_Init()即可完成定时器和 NVIC 的设置。

在 calendar.c 中，函数 Monthday(int year,int month)用于判定是否闰年。

在 stm32f4xx_it.c 中，函数 TIM6_DAC_IRQHandler()作为中断服务程序，实现时钟的进位。

主函数主要调用 NVIC 和定时器的初始化函数，设置各个参数以及中断优先级；调用数码管的配置函数，完成 GPIO 接口的配置；调用 display()函数实现时钟显示。

库函数一定要在.h 文件中声明，并在 main 函数中包含对应的.h 文件。这里需要注意的是，要把 stm32f4xx_tim.c 和 misc.c 复制到 FWLIB 文件夹中，把 basic_TIM.c 和 calendar.c 复制到 SYSTEM 文件夹中。

实例代码如下：

```
/*main.c，主函数*/
#include "stm32f4xx.h"
#include "led.h"
#include "delay.h"
#include "key.h"
#include "seg.h"
#include "basic_TIM.h"
#include "canlendar.h"
charled=0x01;
intkey0;
inta=0;
intmin=59, sec=57, hour=23, year=2020, month=2, day=28, monthday;
intmain(void)
```

```
{
    seg_Init();
    TIM6_Init();
    EXTI0_Init();
    EXTI1_Init();
    EXTI2_Init();
    EXTI3_Init();
    EXTI4_Init();
    monthday=Monthday(year,month);
    while(1){
        if(a<4)
            display2(min,sec);
        elseif(a<8)
            display2(hour,min);
        elseif(a<12)
            display2(month,day);
        elseif(a<16){
            display1(year);
        }
    }
}
/*basic_TIM.c：TIM 初始化函数在其中*/
void TIM6_NVIC_config(void)
{
    NVIC_InitTypeDef NVIC_InitStruct;
    NVIC_PriorityGroupConfig(NVIC_PriorityGroup_0);
    NVIC_InitStruct.NVIC_IRQChannel=TIM6_DAC_IRQn;
    NVIC_InitStruct.NVIC_IRQChannelPreemptionPriority=0;
    NVIC_InitStruct.NVIC_IRQChannelSubPriority=3;
    NVIC_InitStruct.NVIC_IRQChannelCmd=ENABLE;
    NVIC_Init(&NVIC_InitStruct);
}
void TIM6_config(void)
{
    TIM_TimeBaseInitTypeDef TIM_TimeBaseInitStruct;
    RCC_APB1PeriphClockCmd(RCC_APB1Periph_TIM6,ENABLE);
    TIM_TimeBaseInitStruct.TIM_Prescaler=8400-1;
    TIM_TimeBaseInitStruct.TIM_Period=10000-1;
    TIM_TimeBaseInit(TIM6,&TIM_TimeBaseInitStruct);
    TIM_ClearFlag(TIM6,TIM_FLAG_Update);            //清除定时器更新中断标志位
    TIM_ITConfig(TIM6,TIM_IT_Update,ENABLE);    //开启定时器更新中断
    TIM_Cmd(TIM6,ENABLE);                           //使能定时器
}
void TIM6_Init(void)
{
    TIM6_NVIC_config();
    TIM6_config();
}
```

```
/*basic_TIM.h：对应于 basic_TIM.c 的库函数，目的是对 basic_TIM.c 中的源函数进行声明*/
#ifndef__BASIC_TIM_H
#define__BASIC_TIM_H
void TIM6_NVIC_config(void);
void TIM6_config(void);
void TIM6_Init(void);
#endif
/*在 seg.c 中添加了两个显示函数*/
void display1(uint16_t a)
{
     wela0_0;wela1_1;wela2_1;wela3_1;
     GPIO_Write(GPIOA,~LED[a/1000]);
     delay(10);
     wela0_1;wela1_0;wela2_1;wela3_1;
     GPIO_Write(GPIOA,~LED[a%1000/100]);
     delay(10);
     wela0_1;wela1_1;wela2_0;wela3_1;
     GPIO_Write(GPIOA,~LED[a%100/10]);
     delay(10);
     wela0_1;wela1_1;wela2_1;wela3_0;
     GPIO_Write(GPIOA,~LED[a%10]);
     delay(10);
}
void display2(uint16_t a,uint16_t b)
{
     wela0_0;wela1_1;wela2_1;wela3_1;
     GPIO_Write(GPIOA,~LED[a/10]);
     delay(10);
     wela0_1;wela1_0;wela2_1;wela3_1;
     GPIO_Write(GPIOA,~LED[a%10]);
     delay(10);
     wela0_1;wela1_1;wela2_0;wela3_1;
     GPIO_Write(GPIOA,~LED[b/10]);
     delay(10);
     wela0_1;wela1_1;wela2_1;wela3_0;
     GPIO_Write(GPIOA,~LED[b%10]);
     delay(10);
}
/*在中断服务程序 stm32f4xx_it.c 中完成万年历的关键算法*/
#include "stm32f4xx_it.h"
#include "main.h"
#include "calendar.h"
extern int a;
extern int min,sec,hour,year,month,day,monthday;
void TIM6_DAC_IRQHandler(void)
{
     if(TIM_GetITStatus(TIM6,TIM_IT_Update)!=RESET)
     {
```

```
            a++;if(a==16)a=0;
            sec++;
            if(sec==60){
                sec=0;
                min++;
                if(min==60){
                    min=0;
                    hour++;
                    if(hour==24){
                        hour=0;
                        day++;
                        monthday=Monthday(year,month);
                        if(day==monthday+1){
                            day=1;
                            month++;
                            monthday=Monthday(year,month);
                            if(month==13){
                                month=1;
                                year++;
                                if(year==2999)
                                year=2000;
                                monthday=Monthday(year,month);
                            }
                        }
                    }
                }
            }
            TIM_ClearITPendingBit(TIM6,TIM_IT_Update);
        }
    }
```

编译上面的代码，当编译没有警告和错误时将编译后的程序下载到开发板。启动开发板后可以看到数码管上显示的是分和秒。使用定时器实现的电子钟如图 4-4 所示。

图 4-4 使用定时器实现的电子钟

4.4 项目总结

本项目主要介绍 STM32F407 的中断系统和定时器，并使用定时器实现了电子钟。本项目的前两个任务为第三个任务做一些知识积累。通过本项目的学习，读者可以熟悉 STM32F407 的中断系统和定时器的特性，可以使用定时器实现电子钟。

4.5 动手实践

使用数码管显示数字，要求利用 TIM6 生成周期为 1 s 的定时器，并在数码管上依次显示 0～9999，数字每秒变化一次。请在下面的横线上写出程序的结构。

____

____

____

____

4.6 润物无声：诚信

“诚信者，天下之结也”出自《管子・枢言》，结是关键的意思。这句话的意思是恪守诚信是天下行为准则的关键。

管子非常重视诚信，在《管子》一书中有大量篇幅从不同角度论述了诚信。《管子・乘马》说：“非诚贾不得食于贾，非诚工不得食于工，非诚农不得食于农，非信士不得立于朝。”强调士农工商都要讲诚信，否则就无法立足于本行业。

春秋末期，老子首倡“信德”，孔子主张“民无信不立”“人而无信，不知其可也”，墨子认为“言不信者，行不果”。孟子进而提出“诚者，天之道也；思诚者，人之道也”。《左传》则指出“信，国之宝也，民之所庇也”，把诚信作为治理国家、维系民心的根本保证。

诚信关乎一个国家国民的道德素质，更关乎一个民族、一个国家的整体形象。自古以来，诚信在世界各个民族的文化传统中都具有极为重要的道德价值。大国要有大胸怀、大气度、大格局。一个在国际交往合作中坚持正确义利观、坚持以诚待人、以信为本的国家，才能赢得国际社会由衷的尊重，才能扎实深入开展各领域国际合作。

4.7 知识巩固

一、选择题

（1）NVIC 是________。

（A）嵌套向量中断控制器　　（B）外部中断控制器

（C）定时器中断控制器　　（D）异常中断控制器

（2）在配置中断时一般只使用________这三个寄存器。

（A）ISER （B）ICER （C）IP （D）ISPR

（3）ISER 是________。

（A）中断使能寄存器 （B）中断清除使能寄存器

（C）中断使能悬挂寄存器 （D）中断优先级寄存器

（4）IP 是________。

（A）中断使能寄存器 （B）中断清除使能寄存器

（C）中断使能悬挂寄存器 （D）中断优先级寄存器

（5）ICER 是________。

（A）中断使能寄存器 （B）中断清除使能寄存器

（C）中断使能悬挂寄存器 （D）中断优先级寄存器

（6）NVIC 主要确定中断的________。

（A）优先级 （B）使能 （C）失能 （D）中断优先级分组

（7）NVIC 的 IPR 的宽度为________位，原则上每个外部中断可配置的优先级为________，数值越小，优先级越________。但是基于 Cortex-M4 内核的微控制器做了精简设计，实际上只使用了________位支持优先级。

（A）8 （B）0～255 （C）高 （D）4

（8）下列说法正确的是________。

（A）抢占优先级相同，响应优先级数值小的优先级高

（B）响应优先级相同，抢占优先级数值小的优先级高

（C）抢占优先级比响应优先级高

（D）抢占优先级和响应优先级均相同，则中断向量编号小的先执行

（9）在 STM32F407 微控制器中，基本定时器（TIM6、TIM7）的中断向量共 2 个，分别为________和________。

（A）TIM6_DAC_IRQn （B）TIM7_IRQn

（C）TIM7_DAC_IRQn （D）TIM6_IRQn

（10）下面________是 32 位的定时器。

（A）TIM2 （B）TIM3 （C）TIM4 （D）TIM5

（11）TIM3 的时钟频率是________。

（A）42 MHz （B）84 MHz （C）168 MHz （D）21 MHz

（12）已知 TIM3 挂载在 APB1 上，开启 TIM3 时钟的程序代码是________。

（A）

```
RCC_AHB1PeriphClockCmd(RCC_AHB1Periph_TIM3,ENABLE);
```

（B）

```
RCC_APB1PeriphClockCmd(RCC_APB1Periph_ TIM3,ENABLE);
```

（C）

```
RCC_APB2PeriphClockCmd(RCC_APB2Periph_ TIM3,ENABLE);
```

（D）

```
RCC_AHB1PeriphClockCmd(RCC_AHB2Periph_ TIM3,ENABLE);
```

（13）基本定时器 TIM6 有________功能。

（A）基本定时　（B）输出比较　（C）输入捕获　（D）电机

（14）通用定时器 TIM3 有________功能。

（A）基本定时　（B）输出比较　（C）输入捕获　（D）电机

（15）高级定时器 TIM1 有________功能。

（A）基本定时　（B）输出比较　（C）输入捕获　（D）电机

（16）利用 TIM6 实现周期为 1 s 的定时器，已知 TIM6 的时钟频率为 84 MHz，若分频系数为 8400，则重装载寄存器的值 ARR 应该设定为________

（A）5000　（B）10000　（C）20000　（D）100000

二、简答题

（1）什么是中断？什么是异常？中断和异常的区别是什么？

（2）什么是立即抢占？

（3）请说明知识巩固图 4-1 的含义。

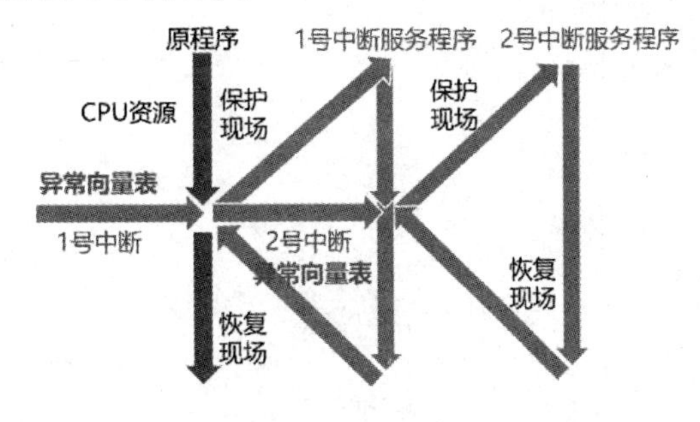

知识巩固图 4-1

（4）NVIC 的 IPR 的高 4 位是怎么表示优先级的？

（5）请说明 NVIC 结构体各个参数的含义。

```
typedef struct
{
    uint8_t NVIC_IRQChannel;
    uint8_t NVIC_IRQChannelPreemptionPriority;
    uint8_t NVIC_IRQChannelSubPriority;
    FunctionalState NVIC_IRQChannelCmd;
} NVIC_InitTypeDef;
```

（6）请将中断的优先级分组配置为 0 组，设置中断源为 TIM6，抢占优先级为 0，响应优先级为 3 并使能中断源的配置。

（7）请结合知识巩固图 4-2 说明定时器的时钟。

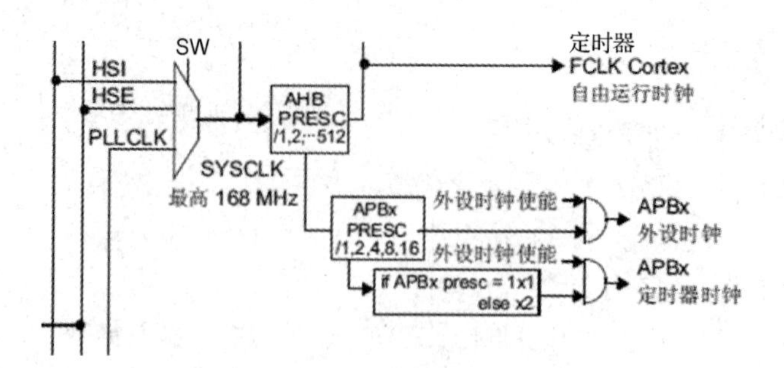

知识巩固图 4-2

（8）请说明实现周期为 0.5 s 定时器的步骤。

（9）定时器的配置函数如下，请在语句后面的横线上写出该语句的含义。

```
TIM_TimeBaseInitTypeDef   TIM_TimeBaseStructure; ______________________________
RCC_APB1PeriphClockCmd(RCC_APB1Periph_TIM6, ENABLE); ______________________________
TIM_TimeBaseStructure.TIM_Period = 5000-1; ______________________________
TIM_TimeBaseStructure.TIM_Prescaler = 8400-1; ______________________________
TIM_TimeBaseInit(TIM6, &TIM_TimeBaseStructure); ______________________________
TIM_ClearFlag(TIM6, TIM_FLAG_Update); ______________________________
TIM_ITConfig(TIM6,TIM_IT_Update,ENABLE); ______________________________
TIM_Cmd(TIM6, ENABLE); ______________________________
```

项目 5
利用外部中断为电子钟校准

项目描述：

项目 4 使用定时器实现了电子钟，本项目将通过外部中断实现电子钟的校准功能。

外部中断是微控制器实时处理外部事件的一种机制。当发生外部事件时，微控制器的中断系统将迫使 CPU 暂停正在执行的程序，转而去处理外部事件；处理完外部事件后，再返回到被暂停的原程序处并继续执行。

在没有干预的情况下，微控制器的程序是在封闭状态下自主运行的。如果在某一时刻需要响应外部事件，如按键按下，这时就会用到外部中断机制。在微控制器的某个引脚的电平发生变化（如由高电平变为低电平）时，通过捕获这个电平变化，微控制器正在执行的程序就会被暂停，转而去执行相应的中断处理程序，执行完中断处理程序后再返回到原来中断的地方继续执行程序。这个引脚上的电平变化，就申请了一个外部中断事件，而这个能申请外部中断的引脚就是外部中断的触发引脚。

STM32F407 微控制器的外部中断/事件控制器（External Interrupt/Event Controller，EXTI）管理了 23 条中断/事件线，每条中断/事件线都有一个边沿检测器，可以实现输入信号的上升沿检测和下降沿检测。EXTI 可以单独配置每条中断/事件线，既可以将其单独配置为中断或事件，也可以配置触发事件的属性。

项目内容：

任务 1：熟悉中断/事件线的特性。

任务 2：学会使用 EXTI 的结构体及标准固件库函数。

任务 3：利用外部中断实现电子钟校准的软件设计。

学习目标：

- 熟悉 EXTI 的特性；
- 能够设置 EXTI 的结构体，并能够使用标准固件库函数。
- 能够通过外部中断完成电子钟的校准。

任务 5.1 熟悉中断/事件线的特性

外部中断

中断/事件线的主要特性如下：

- 每条中断/事件线都可以被单独地触发或屏蔽；
- 每条中断/事件线都具有专用的状态位；

➲ 支持多达 23 个软件事件/中断请求；
➲ 能够检测脉冲宽度低于 APB2 时钟宽度的外部信号。

中断/事件线的结构如图 5-1 所示。

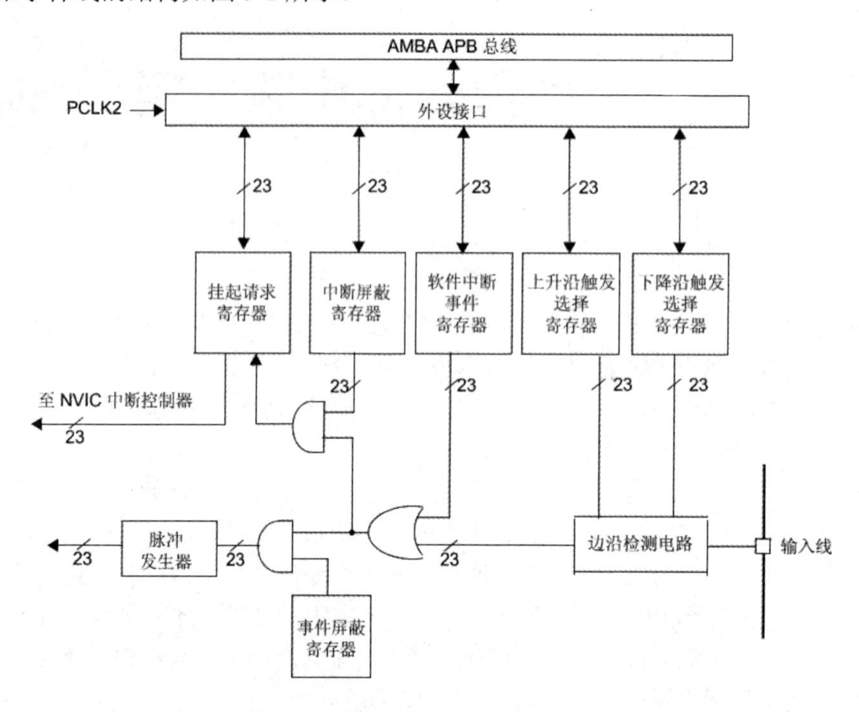

图 5-1 中断/事件线的结构（引自 ST 公司的官方参考手册）

要产生中断，必须先配置好并使能中断线，然后根据需要检测的边沿设置 2 个触发寄存器（上升沿触发寄存器或下降沿触发寄存器），同时将中断屏蔽寄存器的相应位置 1 来使能中断请求。当中断线上出现设定的信号沿时，便会产生中断请求，对应的挂起位会被置 1。将挂起寄存器的对应位置 1，可清除该中断请求。

要产生事件，必须先配置好并使能事件线，然后根据需要检测的边沿设置 2 个触发寄存器，同时将事件屏蔽寄存器的相应位置 1 来使能事件请求。当事件线上出现设定的信号沿时，便会产生事件请求，对应的挂起位会被置 1。

通过将软件中断/事件寄存器的相应位置 1，也可以产生中断/事件请求。

将 23 条中断线配置为中断源的步骤如下：

➲ 配置 23 条中断线的屏蔽位（EXTI_IMR）；
➲ 配置中断线的触发选择位（EXTI_RTSR 和 EXTI_FTSR）；
➲ 配置对应到 EXTI 的 NVIC 中断通道的使能和屏蔽位，使得 23 条中断线的中断请求可以被正确地响应。

将 23 条事件线配置为事件源的步骤如下：

➲ 配置 23 条事件线的屏蔽位（EXTI_EMR）；
➲ 配置事件线的触发选择位（EXTI_RTSR 和 EXTI_FTSR）；

将 23 条中断/事件线配置为软件中断/事件线的步骤如下：

➲ 配置 23 条中断/事件线的屏蔽位（EXTI_IMR 和 EXTI_EMR）；
➲ 在软件中断寄存器设置相应的请求位（EXTI_SWIER）。

中断线的作用是把外部信号输入到 NVIC，从而运行中断服务程序，实现中断功能，这是属于软件级的。事件线的作用是把一个脉冲信号传输给其他外设，是电路级的信号传输，这是属于硬件级的。另外，EXTI 在 APB2 总线上，在编程时需要注意这点。

中断/事件线和 GPIO 接口之间的映射如图 5-2 所示，STM32F405/07 微控制器的 140 个 GPIO 接口可以通过映射关系连接到 16 条中断/事件线。

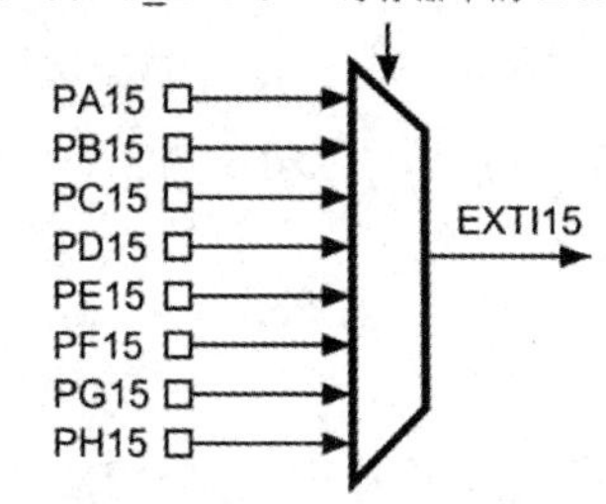

图 5-2　中断/事件线和 GPIO 接口之间的映射（引自 ST 公司的官方参考手册）

EXTI0～EXTI15 用于连接 GPIO 接口，通过编程可以将任意一个 GPIO 接口作为中断/事件线的输入。EXTI0 可以通过 SYSCFG_EXTICR1（SYSCFG 外部中断配置寄存器 1）的 EXTI0[3:0]位选择 PA0、PB0、PC0、PD0、PE0、PF0、PG0、PH0 或者 PI0。EXTI1～EXTI15 与 GPIO 接口的连接方式与 EXTI0 类似。

另外 7 条中断/事件线的连接方式如下：

- EXTI16 连接到 PVD 输出；
- EXTI17 连接到 RTC 闹钟事件；
- EXTI18 连接到 USB OTG FS 唤醒事件；
- EXTI19 连接到以太网唤醒事件；
- EXTI20 连接到 USB OTG HS（在 FS 中配置）唤醒事件；
- EXTI21 连接到 RTC 入侵和时间戳事件；

➲ EXTI22 连接到 RTC 唤醒事件。

注意：在连接中断/事件线和 GPIO 接口后，还要了解外部中断向量，包括 EXTI0_IRQn～EXTI4_IRQn、EXTI9_5_IRQn 和 EXTI15_10_IRQn，其中 EXTI0～EXTI4 分别对应外部中断向量 EXTI0_IRQn～EXTI4_IRQn，EXTI5～EXTI9 共用外部中断向量 EXTI9_5_IRQn，EXTI10～EXTI15 共用外部中断向量 EXTI15_10_IRQn。

任务 5.2 学会使用 EXTI 的结构体及标准固件库函数

STM32 系列微控制器的标准固件库函数为每个外设都建立了一个结构体（如结构体 EXTI_InitTypeDef），结构体的成员用于设置外设的工作参数。外设的初始化函数（如 EXTI_Init()）可通过这些参数设置外设的寄存器，达到配置外设的目的。结构体定义在 stm32f4xx_exti.h 文件中，初始化函数定义在 stm32f4xx_exti.c 文件中。

（1）函数 EXTI_Init()。该函数的原型是：

```
void EXTI_Init(EXTI_InitTypeDef* EXTI_InitStruct)
```

函数功能：根据参数 EXTI_InitStruct 初始化指定的中断/事件线。

参数 EXTI_InitStruct 是指向结构体 EXTI_InitTypeDef 的指针，该结构体包含了外设中断/事件线的配置信息。

结构体 EXTI_InitTypeDef 定义在文件 stm32f4xx_exti.h 中，代码如下：

```
typedef struct
{
    uint32_t EXTI_Line;                        //中断/事件线
    EXTIMode_TypeDef EXTI_Mode;                //EXTI 模式
    EXTITrigger_TypeDef EXTI_Trigger;          //触发事件
    FunctionalState EXTI_LineCmd;              //EXTI 控制
}
```

① EXTI_Line 用于选择中断/事件线，可选 EXTI0～EXTI22。EXTI_Line 的取值及含义如表 5-1 所示。

表 5-1 EXTI_Line 的取值及含义

EXTI_Line 的取值	含 义
EXTI_Line0~EXTI_Line15	EXTI0～EXTI15
EXTI_Line16	可编程电压检测器（PVD）输出
EXTI_Line17	RTC 闹钟事件
EXTI_Line18	USB OTG FS 唤醒事件
EXTI_Line19	以太网唤醒事件
EXTI_Line20	USB OTG HS（在 FS 中配置）唤醒事件
EXTI_Line21	RTC 入侵和时间戳事件
EXTI_Line22	RTC 唤醒事件

② EXTI_Mode 用于选择 EXTI 模式选择，可选中断模式（EXTI_Mode_Interrupt）或者事件模式（EXTI_Mode_Event）。EXTI_Mode 的取值及含义如表 5-2 所示。

表 5-2　EXTI_Mode 的取值及含义

EXTI_Mode 的取值	含　义
EXTI_Mode_Event	设置 EXTI 模式为事件模式
EXTI_Mode_Interrupt	设置 EXTI 模式为中断模式

③ EXTI_Trigger 用于选择 EXTI 边沿触发事件，可选上升沿触发（EXTI_Trigger_Rising）、下降沿触发（EXTI_Trigger_Falling）或者上升沿和下降沿都触发（EXTI_Trigger_Rising_Falling）。EXTI_Trigger 的取值及含义如表 5-3 所示。

表 5-3　EXTI_Trigger 的取值及含义

EXTI_Trigger 的取值	含　义
EXTI_Trigger_Falling	下降沿触发
EXTI_Trigger_Rising	上升沿触发
EXTI_Trigger_Rising_Falling	上升沿和下降沿都触发

④ EXTI_LineCmd 用于控制是否使能中断/事件线，可选使能中断/事件线（ENABLE）或禁用中断/事件线（DISABLE）。

例如，通过下面的代码可以使能 EXTI12 和 EXTI14，并采用下降沿触发。

```
EXTI_InitTypeDef EXTI_InitStructure;                        //定义结构体
EXTI_InitStructure.EXTI_Line = EXTI_Line12|EXTI_Line14;    //选择 EXTI12 和 EXTI14
EXTI_InitStructure.EXTI_Mode = EXTI_Mode_Interrupt;         //将 EXTI 模式设置为中断模式
EXTI_InitStructure.EXTI_Trigger = EXTI_Trigger_Falling;     //采用下降沿触发
EXTI_InitStructure.EXTI_LineCmd = ENABLE;                   //使能中断/事件线
EXTI_Init(&EXTI_InitStructure);                             //初始化结构体
```

（2）函数 EXTI_GetFlagStatus()。该函数的原型是：

```
FlagStatus EXTI_GetFlagStatus(uint32_t EXTI_Line)
```

函数功能：获取指定中断/事件线的标志位。

参数 EXTI_Line 用于指定中断/事件线，可选值为 EXTI_Line0～EXTI_Line22。

返回值是由 EXTI_Line 指定的中断/事件线的标志位状态，结果是 SET 或者 RESET。

例如，通过下面的代码可获取由 EXTI_Line8 指定的中断/事件线的标志位状态。

```
FlagStatus EXTIStatus;
EXTIStatus = EXTI_GetFlagStatus(EXTI_Line8);
```

（3）函数 EXTI_ClearFlag()。该函数的原型是：

```
void EXTI_ClearFlag(uint32_t EXTI_Line)
```

函数功能：清除指定中断/事件线的标志位。

参数 EXTI_Line 用于指定中断/事件线，可选值为 EXTI_Line0～EXTI_Line22。

例如，通过下面的代码可清除由 EXTI_Line2 指定的中断/事件线的标志位状态。

```
EXTI_ClearFlag(EXTI_Line2);
```

（4）函数 EXTI_GetITStatus()。该函数的原型是：

```
ITStatus EXTI_GetITStatus(uint32_t EXTI_Line)
```

函数功能：获取指定中断/事件线的挂起位，用于检测是否触发请求。

参数 EXTI_Line 用于指定中断/事件线，可选值为 EXTI_Line0～EXTI_Line22。

返回值是由 EXTI_Line 指定的中断/事件线的挂起位状态，结果是 SET 或者 RESET。

例如，通过下面的代码可获取由 EXTI_Line8 指定的中断/事件线的挂起位状态。

```
ITStatus EXTIStatus;
EXTIStatus = EXTI_GetITStatus(EXTI_Line8);
```

（5）函数 EXTI_ClearITPendingBit()。该函数的原型是：

```
void EXTI_ClearITPendingBit(uint32_t EXTI_Line)
```

函数功能：清除指定中断/事件线的挂起位。

参数 EXTI_Line 用于指定中断/事件线，可选值为 EXTI_Line0～EXTI_Line22。

例如，通过下面的代码可清除由 EXTI_Line2 指定的中断/事件线的挂起位状态。

```
EXTI_ClearITpendingBit(EXTI_Line2);
```

（6）函数 SYSCFG_EXTILineConfig()。该函数的原型是：

```
void SYSCFG_EXTILineConfig(uint8_t EXTI_PortSourceGPIOx, uint8_t EXTI_PinSourcex)
```

该函数不在 stm32f4xx_exti.h 文件中，在 stm32f4xx_syscfg.h 中，因此在配置中断时除了要把 stm32f4xx_exti.c 文件复制到 FWLIB 文件夹中，还要把 stm32f4xx_syscfg.c 复制到 FWLIB 文件夹中。这一点大家务必要注意，只要使用外部中断，就必须开启 SYSCFG 时钟。

函数功能：设置 GPIO 接口与中断/事件线的映射关系。

参数 1 是 EXTI_PortSourceGPIOx，用于选择与中断/事件线源关联的 GPIO 接口，可选值是 EXTI_PortSourceGPIOx，x 可以是 A、B、…、K。

参数 2 是 EXTI_PinSourcex，用于设置中断/事件线，可选值是 EXTI_PinSource0～EXTI_PinSource15。

例如，通过下面的代码可以建立 GPIOC4 接口与中断/事件线的映射关系。

```
SYSCFG_EXTILineConfig(EXTI_PortSourceGPIOC , EXTI_PinSource4);
```

任务 5.3 利用外部中断实现电子钟校准的软件设计

本任务在任务 4.3 的基础上，使用外部中断来校准电子钟。

5.3.1 任务要求

通过按键实现电子钟的校准，如通过按键调时、调分、调年、调月、调日。本任务的按键连接如图 5-3 所示。

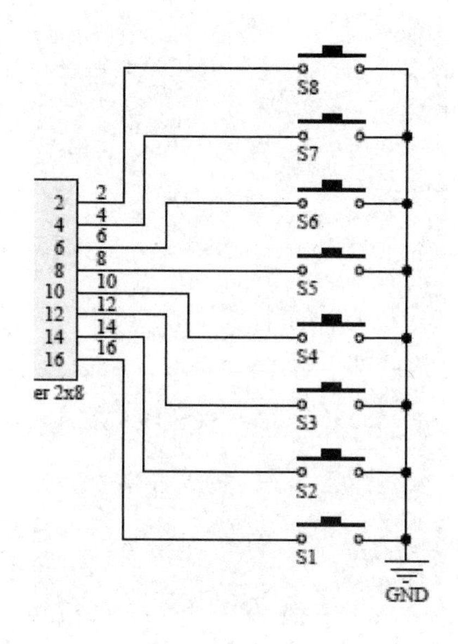

图 5-3　按键连接

5.3.2　编程要点

定时器、外部中断综合项目实验

利用外部中断进行电子钟校准的编程要点如下：

（1）开启 GPIO 接口的时钟，配置 GPIO 接口。

（2）配置 NVIC。

（3）开启 SYSCFG 时钟，配置中断/事件线，建立 GPIO 接口与中断/事件线的关联。

（4）编写中断服务程序。

本任务通过按键 S1～S5 和 GPIOC0～GPIOC4 接口实现电子钟的校准，需要分别建立 5 条中断/事件线与 GPIO 接口的关联，因此要先配置 GPIO 接口。

外部中断与定时器的不同之处是：定时器是内部中断，没有相应的外设与其对应，因此使用外部中断时需要通过编程来配置 GPIO 接口，并建立 GPIO 接口与中断/事件线的关联。

（1）开启 GPIO 接口的时钟，配置 GPIO 接口。通过下面的代码可开启 GPIO 接口的时钟：

```
RCC_AHB1PeriphClockCmd(RCC_AHB1Periph_GPIOC, ENABLE);
```

下面对接口 GPIOC0～GPIOC4 进行配置。由于按键在按下时为低电平，未按下时为高电平，因此需要将 GPIO 接口配置为上拉。

```
GPIO_InitTypeDef GPIO_InitStruct;                    //定义结构体
GPIO_InitStruct.GPIO_Pin=GPIO_Pin_0;                 //输出接口为 GPIOC0
GPIO_InitStruct.GPIO_Mode=GPIO_Mode_IN;              //输入模式
GPIO_InitStruct.GPIO_Speed=GPIO_Speed_100MHz;        //将 GPIO 接口的频率设置为 100 MHz
GPIO_InitStruct.GPIO_OType=GPIO_OType_PP;            //推挽输出模式
GPIO_InitStruct.GPIO_PuPd=GPIO_PuPd_UP;              //上拉模式
GPIO_Init(GPIOC, &GPIO_InitStruct);                  //初始化 GPIO 接口
```

（2）配置 NVIC。无论在定时器中，还是在外部中断中，都需要配置 NVIC。配置 NVIC 的代码如下：

```
NVIC_InitTypeDef NVIC_InitStruct;                          //定义结构体
NVIC_PriorityGroupConfig(NVIC_PriorityGroup_0);            //将中断优先级组配置为 0 组
NVIC_InitStruct.NVIC_IRQChannel=EXTI0_IRQn;                //中断源为 EXTI0_IRQn 中断向量
NVIC_InitStruct.NVIC_IRQChannelPreemptionPriority=0;       //抢占优先级为 0
NVIC_InitStruct.NVIC_IRQChannelSubPriority=0;              //响应优先级为 0
NVIC_InitStruct.NVIC_IRQChannelCmd=ENABLE;                 //使能 NVIC
NVIC_Init(&NVIC_InitStruct);                               //初始化 NVIC
```

（3）开启 SYSCFG 时钟，配置中断/事件线，建立 GPIO 接口与中断/事件线的关联。首先开启 SYSCFG 时钟，代码如下：

```
RCC_APB2PeriphClockCmd(RCC_APB2Periph_SYSCFG,ENABLE);
```

然后配置中断/事件线，主要是配置 EXTI 模式和触发方式，代码如下：

```
EXTI_InitTypeDef EXTI_InitStruct;                          //定义结构体
EXTI_InitStruct.EXTI_Line=EXTI_Line0;                      //配置 EXTI 外部中断/事件线为 EXTI_Line0
EXTI_InitStruct.EXTI_Mode=EXTI_Mode_Interrupt;             //配置外部中断模式
EXTI_InitStruct.EXTI_Trigger=EXTI_Trigger_Falling;         //下降沿触发
EXTI_InitStruct.EXTI_LineCmd=ENABLE;                       //使能外部中断/事件线
EXTI_Init(&EXTI_InitStruct);                               //初始化 EXTI
```

最后建立 GPIO 接口与中断/事件线的关联，代码如下：

```
SYSCFG_EXTILineConfig(EXTI_PortSourceGPIOC , EXTI_PinSource0);
```

（4）编写中断服务程序，这里的中断服务程序实现了调分，代码如下：

```
void EXTI0_IRQHandler (void)
{
    if ( EXTI_GetITStatus(EXTI_Line0)!=RESET)
    {
        min++;
        if(min==60)
            min=0;
        a=4;
        EXTI_ClearITPendingBit(EXTI_Line0);
    }
}
```

5.3.3 实例代码

```
/*main.c，主函数*/
#include "stm32f4xx.h"
#include "led.h"
#include "delay.h"
#include "key.h"
#include "seg.h"
#include "basic_TIM.h"
#include "EXTI.h"             //这是相对于定时器实现电子钟而增加的库函数
#include "calendar.h"
```

```
char led=0x01;                 //在之前 led 工程中使用，在这里没有意义
int key0;                      //在之前的按键工程中使用过，这里没有意义
int a=0;                       //控制数码管显示的变量，在中断服务程序中改变 a
//定义分、秒、时、年、月、日
int min=59,sec=57,hour=23,year=2020,month=2,day=28,monthday;
int main(void)
{
    seg_Init();                //数码管显示函数初始化
    TIM6_Init();               //定时器初始化
    EXTI0_Init();              //初始化 EXTI0，以及 GPIOC0
    EXTI1_Init();              //初始化 EXTI1，以及 GPIOC1
    EXTI2_Init();              //初始化 EXTI2，以及 GPIOC2
    EXTI3_Init();              //初始化 EXTI3，以及 GPIOC3
    EXTI4_Init();              //初始化 EXTI4，以及 GPIOC4
    monthday=Monthday(year,month);          //求每月有多少天的函数，在 calendar.c 中完成
    while(1){
        if(a<4)                             //控制数码管显示的变量，当 a<4 时显示分和秒
            display2(min,sec);
        else if(a<8)                        //控制数码管显示的变量，当 a<8 时显示时和分
            display2(hour,min);
        else if(a<12)                       //控制数码管显示的变量，当 a<12 时显示月和日
            display2(month,day);
        else if(a<16){                      //控制数码管显示的变量，当 a<16 时显示年
            display1(year);
        }
    }
}
/*EXTI.c，外部中断配置函数*/
/*GPIOC0 接口的配置，分成了 3 个函数，一个用于 GPIO 的配置，另一个用于 NVIC 的配置，还有一个用于终端/事件线的配置，最后使用 EXTI0_Init()将这 3 个函数组合到一起*/
void EXTI0_NVIC_config(void)
{
    NVIC_InitTypeDef NVIC_InitStruct;                           //定义结构体
    NVIC_PriorityGroupConfig(NVIC_PriorityGroup_0);             //将优先级分组配置为 0 组
    NVIC_InitStruct.NVIC_IRQChannel=EXTI0_IRQn;                 //EXTI0_IRQn 中断向量
    NVIC_InitStruct.NVIC_IRQChannelPreemptionPriority=0;        //抢占优先级为 0
    NVIC_InitStruct.NVIC_IRQChannelSubPriority=0;               //响应优先级为 0
    NVIC_InitStruct.NVIC_IRQChannelCmd=ENABLE;                  //使能 NVIC
    NVIC_Init(&NVIC_InitStruct);                                //初始化 NVIC
}
void EXTI0_GPIO_config(void)
{
    GPIO_InitTypeDef GPIO_InitStruct;                           //定义结构体
    RCC_AHB1PeriphClockCmd(RCC_AHB1Periph_GPIOC, ENABLE);//开启 GPIOC 接口的时钟
    GPIO_InitStruct.GPIO_Pin=GPIO_Pin_0;                   //输出接口为 GPIOC0 接口
    GPIO_InitStruct.GPIO_Mode=GPIO_Mode_IN;                //输入模式
    GPIO_InitStruct.GPIO_Speed=GPIO_Speed_100MHz;          //将 GPIO 接口的频率设置为 100 MHz
    GPIO_InitStruct.GPIO_OType=GPIO_OType_PP;              //推挽输出模式
```

```
    GPIO_InitStruct.GPIO_PuPd=GPIO_PuPd_UP;                    //上拉
    GPIO_Init(GPIOC, &GPIO_InitStruct);                        //初始化 GPIO 接口
}
void EXTI0_config(void)
{
    EXTI_InitTypeDef   EXTI_InitStruct;                        //定义结构体
    RCC_APB2PeriphClockCmd(RCC_APB2Periph_SYSCFG,ENABLE); //开启 SYSCFG 时钟
    //建立 GPIO 接口与中断/事件线关联
    SYSCFG_EXTILineConfig(EXTI_PortSourceGPIOC , EXTI_PinSource0);
    EXTI_InitStruct.EXTI_Line=EXTI_Line0;//配置中断/事件线为 EXTI_Line0
    EXTI_InitStruct.EXTI_Mode=EXTI_Mode_Interrupt;             //配置外部中断模式
    EXTI_InitStruct.EXTI_Trigger=EXTI_Trigger_Falling;         //下降沿触发
    EXTI_InitStruct.EXTI_LineCmd=ENABLE;                       //使能中断/事件线
    EXTI_Init(&EXTI_InitStruct);                               //初始化中断/事件线
}
void EXTI0_Init(void)
{
    EXTI0_NVIC_config();                   //NVIC 的配置函数
    EXTI0_GPIO_config();                   //GPIO 接口的配置函数
    EXTI0_config();                        //中断/事件线的配置函数
}
/*GPIOC1 接口的配置，把 3 个函数组合成 1 个函数*/
void EXTI1_Init(void)
{
    NVIC_InitTypeDef NVIC_InitStruct;
    GPIO_InitTypeDef GPIO_InitStruct;
    EXTI_InitTypeDef EXTI_InitStruct;
    RCC_APB2PeriphClockCmd(RCC_APB2Periph_SYSCFG,ENABLE);
    RCC_AHB1PeriphClockCmd(RCC_AHB1Periph_GPIOC, ENABLE);
    NVIC_PriorityGroupConfig(NVIC_PriorityGroup_0);
    NVIC_InitStruct.NVIC_IRQChannel=EXTI1_IRQn;
    NVIC_InitStruct.NVIC_IRQChannelPreemptionPriority=0;
    NVIC_InitStruct.NVIC_IRQChannelSubPriority=1;
    NVIC_InitStruct.NVIC_IRQChannelCmd=ENABLE;
    NVIC_Init(&NVIC_InitStruct);
    GPIO_InitStruct.GPIO_Pin=GPIO_Pin_1;
    GPIO_InitStruct.GPIO_Mode=GPIO_Mode_IN;
    GPIO_InitStruct.GPIO_Speed=GPIO_Speed_100MHz;
    GPIO_InitStruct.GPIO_OType=GPIO_OType_PP;
    GPIO_InitStruct.GPIO_PuPd=GPIO_PuPd_UP;
    GPIO_Init(GPIOC, &GPIO_InitStruct);
    SYSCFG_EXTILineConfig(EXTI_PortSourceGPIOC , EXTI_PinSource1);
    EXTI_InitStruct.EXTI_Line=EXTI_Line1;
    EXTI_InitStruct.EXTI_Mode=EXTI_Mode_Interrupt;
    EXTI_InitStruct.EXTI_Trigger=EXTI_Trigger_Falling;
    EXTI_InitStruct.EXTI_LineCmd=ENABLE;
    EXTI_Init(&EXTI_InitStruct);
}
```

```
/*GPIOC2 接口的配置，同样把 3 个函数组合成 1 个函数*/
void EXTI2_Init(void)
{
    NVIC_InitTypeDef NVIC_InitStruct;
    GPIO_InitTypeDef GPIO_InitStruct;
    EXTI_InitTypeDef EXTI_InitStruct;
    RCC_APB2PeriphClockCmd(RCC_APB2Periph_SYSCFG,ENABLE);
    RCC_AHB1PeriphClockCmd(RCC_AHB1Periph_GPIOC, ENABLE);
    NVIC_PriorityGroupConfig(NVIC_PriorityGroup_0);
    NVIC_InitStruct.NVIC_IRQChannel=EXTI2_IRQn;
    NVIC_InitStruct.NVIC_IRQChannelPreemptionPriority=0;
    NVIC_InitStruct.NVIC_IRQChannelSubPriority=2;
    NVIC_InitStruct.NVIC_IRQChannelCmd=ENABLE;
    NVIC_Init(&NVIC_InitStruct);
    GPIO_InitStruct.GPIO_Pin=GPIO_Pin_2;
    GPIO_InitStruct.GPIO_Mode=GPIO_Mode_IN;
    GPIO_InitStruct.GPIO_Speed=GPIO_Speed_100MHz;
    GPIO_InitStruct.GPIO_OType=GPIO_OType_PP;
    GPIO_InitStruct.GPIO_PuPd=GPIO_PuPd_UP;
    GPIO_Init(GPIOC, &GPIO_InitStruct);
    SYSCFG_EXTILineConfig(EXTI_PortSourceGPIOC , EXTI_PinSource2);
    EXTI_InitStruct.EXTI_Line=EXTI_Line2;
    EXTI_InitStruct.EXTI_Mode=EXTI_Mode_Interrupt;
    EXTI_InitStruct.EXTI_Trigger=EXTI_Trigger_Falling;
    EXTI_InitStruct.EXTI_LineCmd=ENABLE;
    EXTI_Init(&EXTI_InitStruct);
}
/*GPIOC3 接口的配置*/
void EXTI3_Init(void)
{
    NVIC_InitTypeDef NVIC_InitStruct;
    GPIO_InitTypeDef GPIO_InitStruct;
    EXTI_InitTypeDef EXTI_InitStruct;
    RCC_APB2PeriphClockCmd(RCC_APB2Periph_SYSCFG,ENABLE);
    RCC_AHB1PeriphClockCmd(RCC_AHB1Periph_GPIOC, ENABLE);
    NVIC_PriorityGroupConfig(NVIC_PriorityGroup_0);
    NVIC_InitStruct.NVIC_IRQChannel=EXTI3_IRQn;
    NVIC_InitStruct.NVIC_IRQChannelPreemptionPriority=0;
    NVIC_InitStruct.NVIC_IRQChannelSubPriority=3;
    NVIC_InitStruct.NVIC_IRQChannelCmd=ENABLE;
    NVIC_Init(&NVIC_InitStruct);
    GPIO_InitStruct.GPIO_Pin=GPIO_Pin_3;
    GPIO_InitStruct.GPIO_Mode=GPIO_Mode_IN;
    GPIO_InitStruct.GPIO_Speed=GPIO_Speed_100MHz;
    GPIO_InitStruct.GPIO_OType=GPIO_OType_PP;
    GPIO_InitStruct.GPIO_PuPd=GPIO_PuPd_UP;
    GPIO_Init(GPIOC, &GPIO_InitStruct);
    SYSCFG_EXTILineConfig(EXTI_PortSourceGPIOC , EXTI_PinSource3);
```

```
    EXTI_InitStruct.EXTI_Line=EXTI_Line3;
    EXTI_InitStruct.EXTI_Mode=EXTI_Mode_Interrupt;
    EXTI_InitStruct.EXTI_Trigger=EXTI_Trigger_Falling;
    EXTI_InitStruct.EXTI_LineCmd=ENABLE;
    EXTI_Init(&EXTI_InitStruct);
}
/*GPIOC4 接口的配置*/
void EXTI4_Init(void)
{
    NVIC_InitTypeDef NVIC_InitStruct;
    GPIO_InitTypeDef GPIO_InitStruct;
    EXTI_InitTypeDef EXTI_InitStruct;
    RCC_APB2PeriphClockCmd(RCC_APB2Periph_SYSCFG,ENABLE);
    RCC_AHB1PeriphClockCmd(RCC_AHB1Periph_GPIOC, ENABLE);
    NVIC_PriorityGroupConfig(NVIC_PriorityGroup_0);
    NVIC_InitStruct.NVIC_IRQChannel=EXTI4_IRQn;
    NVIC_InitStruct.NVIC_IRQChannelPreemptionPriority=0;
    NVIC_InitStruct.NVIC_IRQChannelSubPriority=4;
    NVIC_InitStruct.NVIC_IRQChannelCmd=ENABLE;
    NVIC_Init(&NVIC_InitStruct);
    GPIO_InitStruct.GPIO_Pin=GPIO_Pin_4;
    GPIO_InitStruct.GPIO_Mode=GPIO_Mode_IN;
    GPIO_InitStruct.GPIO_Speed=GPIO_Speed_100MHz;
    GPIO_InitStruct.GPIO_OType=GPIO_OType_PP;
    GPIO_InitStruct.GPIO_PuPd=GPIO_PuPd_UP;
    GPIO_Init(GPIOC, &GPIO_InitStruct);
    SYSCFG_EXTILineConfig(EXTI_PortSourceGPIOC , EXTI_PinSource4);
    EXTI_InitStruct.EXTI_Line=EXTI_Line4;
    EXTI_InitStruct.EXTI_Mode=EXTI_Mode_Interrupt;
    EXTI_InitStruct.EXTI_Trigger=EXTI_Trigger_Falling;
    EXTI_InitStruct.EXTI_LineCmd=ENABLE;
    EXTI_Init(&EXTI_InitStruct);
}
/*EXTI.h 库函数*/
#ifndef __EXTI_H
#define __EXTI_H
void EXTI0_NVIC_config(void);
void EXTI0_GPIO_config(void);
void EXTI0_config(void);
void EXTI0_Init(void);
void EXTI1_Init(void);
void EXTI2_Init(void);
void EXTI3_Init(void);
void EXTI4_Init(void);
#endif
/*中断服务程序：定时器部分的内容不变，下面只给出了中断服务程序*/
void EXTI0_IRQHandler (void)
{
```

```
    if (EXTI_GetITStatus(EXTI_Line0)!=RESET)
    {
        min++;
        if(min==60)
            min=0;
        a=4;
        EXTI_ClearITPendingBit(EXTI_Line0);
    }
}
void EXTI1_IRQHandler (void)
{
    if (EXTI_GetITStatus(EXTI_Line1)!=RESET)
    {
        hour++;
        if(hour==24)
            hour=0;
        a=4;
        EXTI_ClearITPendingBit(EXTI_Line1);
    }
}
void EXTI2_IRQHandler (void)
{
    if ( EXTI_GetITStatus(EXTI_Line2)!=RESET)
    {
        day++;
        if(day==monthday+1)
            day=1;
        a=8;
        EXTI_ClearITPendingBit(EXTI_Line2);
    }
}
void EXTI3_IRQHandler (void)
{
    if ( EXTI_GetITStatus(EXTI_Line3)!=RESET)
    {
        month++;
        if(month==13)
            month=1;
        a=8;
        EXTI_ClearITPendingBit(EXTI_Line3);
    }
}
void EXTI4_IRQHandler (void)
{
    if ( EXTI_GetITStatus(EXTI_Line4)!=RESET)
    {
        year++;
        if(year==3000)
```

```
            year=2000;
        a=12;
        EXTI_ClearITPendingBit(EXTI_Line4);
    }
}
```

5.3.3 下载验证

本任务将 GPIOC0～GPIOC4 接口连接到按键 S1～S5。编译上面的代码，当编译没有警告和错误时将编译后的程序下载到开发板。启动开发板后可以看到数码管可以显示分、秒、时、月、日、年的信息，通过按键 S1～S5 可以实现调时、调分、调年、调月、调日。利用外部中断对电子钟进行校准如图 5-4 所示。

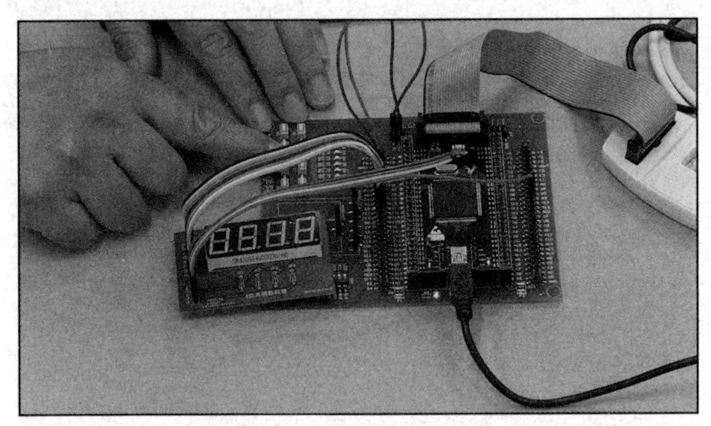

图 5-4 利用外部中断对电子钟进行校准

5.4 项目总结

本项目主要介绍中断/事件线的特性、结构体，以及标准固件库函数，利用外部中断实现了对电子钟的校准。通过本项目的学习，读者可以为外设开发做好准备。

5.5 动手实践

（1）通过外部中断和按键调整数码管显示的数字，请在下面的横线上写出关键代码。

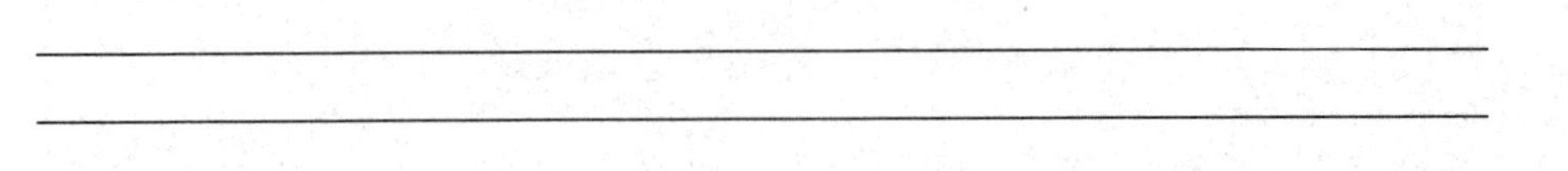

外部中断实验

（2）开发一个时钟系统，可以调时、调分、调月、调日、调年。时钟系统通过周期为 1 s 的定时器触发，通过外部中断来实现时钟系统的校准。请在下面的横线上写出程序结构。

____

____

____

____

定时器、外部中断综合项目

5.6 润物无声：知识产权

知识产权保护工作关系国家治理体系和治理能力现代化，关系高质量发展，关系人民生活幸福，关系国家对外开放大局，关系国家安全。

创新是引领发展的第一动力，保护知识产权就是保护创新。

当前，新一轮科技革命和产业变革加速推进，唯有进一步全面加强知识产权保护，才能为广大科技工作者向世界科技最前沿冲锋做好保障，为实现科技自立自强打好制度基础。随着创新的持续发展并向经济社会生活全面渗透，加强知识产权保护的意义也早已不限于科技创新领域。

当前，我国正在从知识产权引进大国向知识产权创造大国转变，知识产权工作正在从追求数量向提高质量转变。

5.7 知识巩固

一、选择题

（1）外部中断 0 的中断向量是________。

（A）EXTI0　　（B）EXTI1

（C）EXTI0_IRQn　　（D）EXTI1_IRQn

（2）EXTI 是________。

（A）嵌套向量中断控制器　　（B）外部中断/事件控制器；

（C）基本定时器　　（D）边沿触发控制器

（3）STM32F407 的外部中断/事件控制器包含多达________个用于产生事件/中断请求的边沿检测器。

（A）23　　（B）22　　（C）20　　（D）19

（4）EXTI0～EXTI15 对应________的输入中断。

（A）GPIO 接口　　（B）RTC 闹钟事件

（C）RTC 唤醒事件　　（D）以太网唤醒事件

（5）设置 GPIO 接口与中断/事件线的映射关系的库函数是________。

（A）

```
void SYSCFG_EXTILineConfig(uint8_t EXTI_PortSourceGPIOx, uint8_t EXTI_PinSourcex);
```

（B）

```
void EXTI_Init(EXTI_InitTypeDef* EXTI_InitStruct);
```

（C）

```
ITStatus EXTI_GetITStatus(uint32_t EXTI_Line);
```

（D）

```
void EXTI_ClearITPendingBit(uint32_t EXTI_Line);
```

（6）初始化中断/事件线触发方式的库函数是________。

（A）

```
void SYSCFG_EXTILineConfig(uint8_t EXTI_PortSourceGPIOx, uint8_t EXTI_PinSourcex);
```

（B）

```
void EXTI_Init(EXTI_InitTypeDef* EXTI_InitStruct);
```

（C）

```
ITStatus EXTI_GetITStatus(uint32_t EXTI_Line);
```

（D）

```
void EXTI_ClearITPendingBit(uint32_t EXTI_Line);
```

（7）判断中断/事件线是否发生中断的库函数是________。

（A）

```
void SYSCFG_EXTILineConfig(uint8_t EXTI_PortSourceGPIOx, uint8_t EXTI_PinSourcex);
```

（B）

```
void EXTI_Init(EXTI_InitTypeDef* EXTI_InitStruct);
```

（C）

```
ITStatus EXTI_GetITStatus(uint32_t EXTI_Line);
```

（D）

```
void EXTI_ClearITPendingBit(uint32_t EXTI_Line);
```

（8）清除中断/事件线上的标志位的库函数是________。

（A）

```
void SYSCFG_EXTILineConfig(uint8_t EXTI_PortSourceGPIOx, uint8_t EXTI_PinSourcex);
```

（B）

```
void EXTI_Init(EXTI_InitTypeDef* EXTI_InitStruct);
```

（C）

```
ITStatus EXTI_GetITStatus(uint32_t EXTI_Line);
```

（D）

```
void EXTI_ClearITPendingBit(uint32_t EXTI_Line);
```

（9）如果与中断/事件线关联的是 GPIOC0 接口，则配置外部中断时需要开启的时钟是________。

（A）

```
RCC_AHB1PeriphClockCmd(RCC_AHB1Periph_GPIOC,ENABLE);
```

（B）

```
RCC_AHB1PeriphClockCmd(RCC_AHB1Periph_GPIO,ENABLE);
```

（C）

```
RCC_APB2PeriphClockCmd(RCC_APB2Periph_SYSCFG,ENABLE);
```

（D）

```
RCC_APB2PeriphClockCmd(RCC_APB1Periph_SYSCFG,ENABLE);
```

（10）EXTI_Line 的取值范围不包括________。

（A）EXTI_Line0　　（B）EXTI_Line2

（C）EXTI_Line15　　（D）EXTI_Line24

（11）EXTI_Mode 的取值范围包括________。

（A）EXTI_Mode_Interrupt　　（B）EXTI_Mode_Event

（C）EXTI_Event　　（D）EXTI_ Interrupt

（12）EXTI_Trigger 的取值范围包括________。

（A）EXTI_Trigger_Rising　　（B）EXTI_Trigger_Falling;

（C）EXTI_Trigger_Rising_Falling　　（D）EXTI_Trigger _Falling_Rising

二、简答题

（1）简述 GPIO 接口与中断/事件线是如何关联的，以及中断/事件线与外部中断向量是如何对应的。

（2）什么是外部中断？

（3）请说明 EXTI 结构体中各参数的含义。

```
typedef struct
{
    uint32_t EXTI_Line; ______________________________
    EXTIMode_TypeDef EXTI_Mode; ______________________
    EXTITrigger_TypeDef EXTI_Trigger; ________________
    FunctionalState EXTI_LineCmd; ____________________
}EXTI_InitTypeDef;
```

项目 6
通过 USART 收发数据

项目描述：

通信是指人与人或人与自然之间通过某种行为或媒介进行的信息交流与传递。从广义上讲，通信的双方或多方在不违背各自意愿的情况下可以采用任意方法、任意物理媒介，将信息从一方准确安全地传输到另一方。计算机通信将计算机技术和通信技术结合在一起，可以完成计算机与外设或计算机与计算机之间的信息交换。通信的本质就是信息的交换。

串行通信（Serial Communication）是外设间非常常用的一种通信方式，因为它简单、便捷，大部分电子设备都支持串行通信（也称为串口通信），电子工程师在调试设备时也经常使用串行通信输出调试信息。

按数据传输的方式，可以把通信分为串行通信与并行通信。根据数据通信的方向，通信又可以分为全双工、半双工及单工通信，它们主要是以信道的方向来区分的。全双工通信是指在同一时刻，两个设备之间可以同时收发数据；半双工通信是指两个设备之间可以收发数据，但不能在同一时刻进行；单工通信是指在任何时刻都只能进行一个方向的通信，即一个固定为发送设备，另一个固定为接收设备。

根据通信的同步方式，又可分为同步通信与异步通信两种，这两种通信方式的区分可以根据通信过程中是否有使用时钟信号进行简单的区分。

本项目主要介绍串行通信协议、微控制器的 USART、USART 的结构体和标准固件库函数。

项目内容：

➲ 任务 1：理解串行通信协议。

➲ 任务 2：熟悉 STM32 系列微控制器的 USART。

➲ 任务 3：学会使用 USART 的结构体及标准固件库函数。

➲ 任务 4：通过 USART 收发数据的软件设计。

学习目标：

🕮 理解串行通信协议的物理层和协议层。

🕮 熟悉 STM32 系列微控制器的 USART。

🕮 掌握 USART 的结构体的设置，并能够熟练使用标准固件库函数。

🕮 通过 USART 收发数据。

任务 6.1 理解串行通信协议

串行通信系统通常可分为物理层和协议层。物理层规定了串行通信系统中具有机械、电子功能部分的特性，确保原始数据在物理媒介中的传输。协议层主要规定通信的逻辑，统一收发双方的数据打包/解包标准。

6.1.1 物理层

串行通信系统的物理层有很多标准及其变种，根据串行通信系统使用的电平标准，串行通信系统的接口可分为 TTL 接口及 RS-232 接口。

RS-232（又称 EIA RS-232）接口是常用的串行通信接口之一。RS-232 标准是由美国电子工业协会（EIA）联合贝尔实验室、调制解调器厂家及计算机终端生产厂家于 1970 年共同制定的，其全名是数据终端设备（DTE）和数据通信设备（DCE）之间串行二进制数据交换接口技术标准。在串行通信中，要求通信双方采用同一类标准的接口，从而可以很方便地连接起来进行通信。

RS-232 标准主要规定了信号的用途、通信接口以及信号的电平标准。使用 RS-232 标准的串行通信结构如图 6-1 所示。

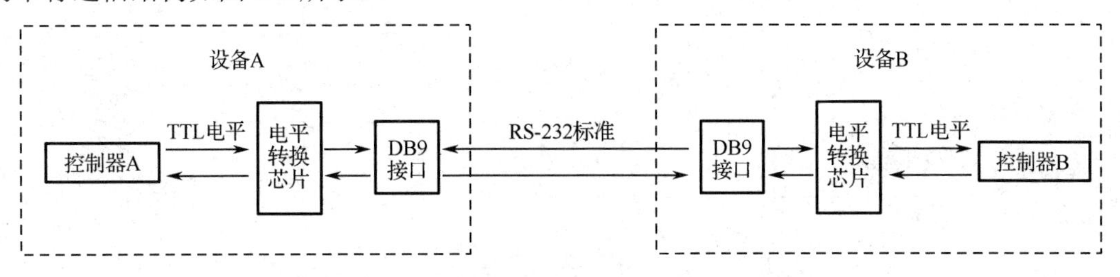

图 6-1　使用 RS-232 标准的串行通信结构

（1）DB9 接口。两个设备的 DB9 接口之间通过串口信号线连接起来，串口信号线中使用 RS-232 标准传输数据信号。由于使用 RS-232 标准的信号不能直接被控制器识别，因此这些信号会经过电平转换芯片，转换成控制器能识别的 TTL 电平信号。

老式的台式计算机中一般会有采用 RS-232 标准的 COM 口（也称 DB9 接口）。计算机中常用的串口如图 6-2 所示。目前，在工业控制领域使用的串行通信中，一般使用 RXD、TXD 和 GND 三个引脚直接传输信号。

（2）电平标准。电子电路中常使用 TTL 电平，在理想状态下，使用 5 V 表示逻辑 1，使用 0 V 表示逻辑 0；而为了增加串行通信的远距离传输能力及抗干扰能力，通常使用−15 V 表示逻辑 1，使用+15 V 表示逻辑 0。使用 RS-232 电平与 TTL 电平表示同一个信号时的对比如图 6-3 所示。

因为控制器一般使用 TTL 电平，因此在串行通信中常常会使用 MAX232 芯片对 TTL 电平和 RS-232 电平进行互相转换。RS-232 接口与 USB 接口都是串行通信接口，但无论底层信号、电平定义、机械连接方式，还是数据格式、通信协议等，两者完全不同。现在的计算机上基本上没有 DB9 接口了，取而代之的是 USB 接口。为了使用 RS-232 接口进行通信，还需要使用 USB 转串口芯片。USB 转串口芯片的连接方式如图 6-4 所示。常用的 USB 转串口芯片有 CH340、PL2303、CP2102 和 FT232。这里要注意的是，在使用 USB 转串口芯片时需要在计算机中安装驱动。

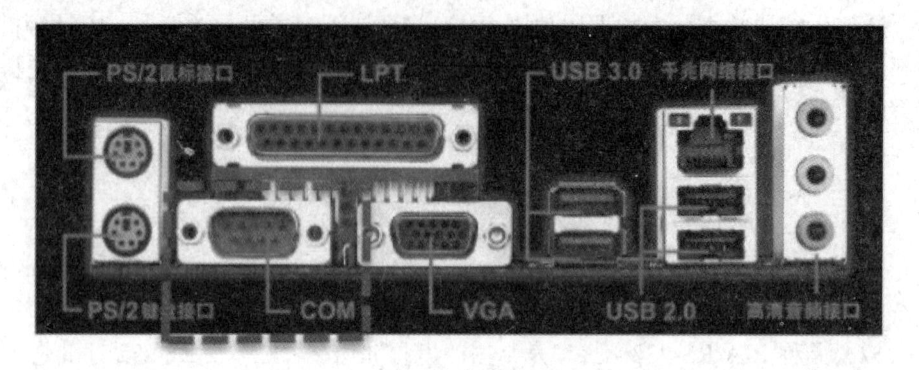

图 6-2　计算机中常用的串口

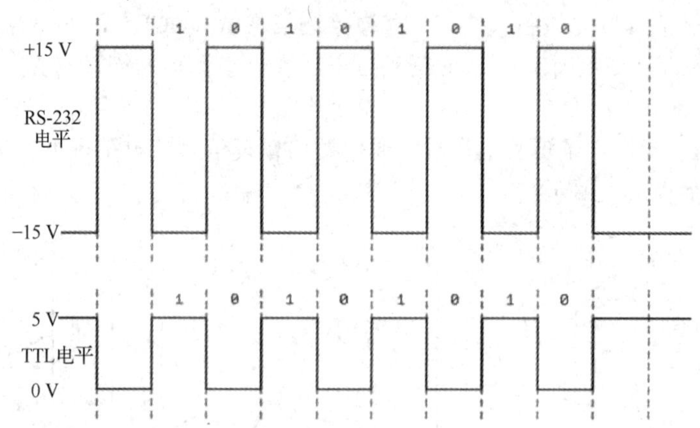

图 6-3　使用 RS-232 电平与 TTL 电平表示同一个信号时的对比

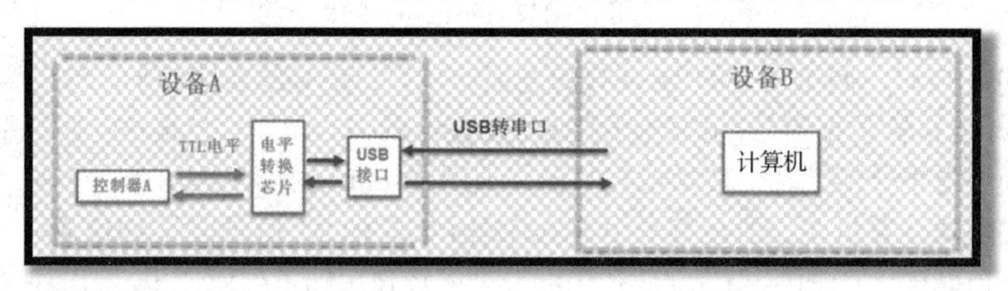

图 6-4　USB 转串口芯片的连接方式

串口通信协议

6.1.2　协议层

串行通信的数据帧由发送设备通过自身的 TXD 引脚传输到接收设备的 RXD 引脚。串行通信的协议层规定了数据帧的内容，它由起始位、有效数据、校验位和停止位组成，通信双方的数据帧格式要一致才能正常收发数据。串行通信的数据帧组成如图 6-5 所示。

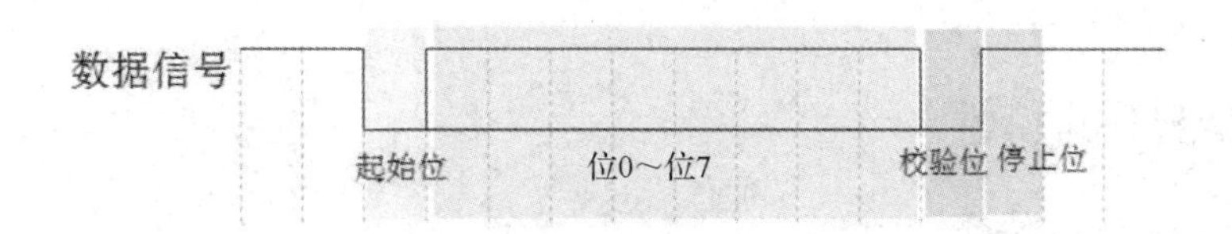

图 6-5　串行通信的数据帧组成

（1）波特率。串行通信通常是异步通信，由于没有时钟信号，所以两个设备之间需要约定好波特率，以便对信号进行解码。图 6-5 中虚线分开的每一格就表示一个码元。串行通信常用的波特率有 4800、9600、115200 等。

（2）起始位和停止位。串行通信的数据帧是以起始位开始、以停止位结束的。数据帧的起始位由一个逻辑 0 的数据位表示，而数据帧的停止位由 0.5、1、1.5 或 2 个逻辑 1 的数据位表示，只要双方约定一致即可。

6.1.3　有效数据和数据校验

数据帧起始位之后紧接着的就是要传输的主体数据，也称为有效数据。有效数据的长度通常为 5、6、7 或 8 bit。

在有效数据之后，有一个可选的校验位。由于串行通信容易受到外部的干扰，导致传输的数据出现错误，可以在传输过程加上校验位来解决这个问题。

校验方法有奇校验（odd）、偶校验（even）、0 校验（space）、1 校验（mark）以及无校验（noparity）。

奇校验要求有效数据和校验位中“1”的个数为奇数，如一个 8 bit 的有效数据 01101001，此时总共有 4 个“1”，为达到奇校验效果，校验位是“1”，最后传输的数据将是 8 bit 的有效数据加上 1 bit 的校验位，共 9 bit。

偶校验与奇校验要求刚好相反，要求数据帧和校验位中“1”的个数为偶数，如有效数据 11001010，此时数据帧“1”的个数为 4 个，所以偶校验位是“0”。

0 校验时不管有效数据的内容是什么，校验位总是“0”，1 校验时校验位总是“1”。

在无校验的情况下，数据帧中不包含校验位。

任务 6.2 熟悉 STM32 系列微控制器的 USART

STM32 的 USART

通用同步/异步收发器（Universal Synchronous Asynchronous Receiver Transmitter，USART）能够灵活地与外设进行全双工通信，满足外设对工业标准 NRZ 异步串行数据格式的要求。USART 通过小数波特率发生器（Fractional Baud Rate Generator）提供了多种波特率。

USART 既支持同步单向通信和半双工单线通信，也支持 LIN（局域互连网络）协议、智能卡协议、IrDA（红外线数据协会）SIRENDEC 规范，以及调制解调器操作（CTS/RTS），还支持多处理器通信。

通过配置多个缓冲区可使用 DMA 实现高速数据通信。

6.2.1 USART 的特性

- 支持全双工异步通信；
- 采用 NRZ 标准格式（标记/空格）；
- 可配置为 16 倍过采样或 8 倍过采样，为速度容差与时钟容差的灵活配置提供了可能；
- 采用小数波特率发生器系统；
- 数据的长度可编程（8 bit 或 9 bit）；
- 停止位可配置，支持 1 或 2 个停止位；
- 在 LIN 主模式下，具有同步停止符号发送功能；在 LIN 从模式下，具有停止符号检测功能；
- 输出的发送器时钟可用于同步通信；
- 采用 IrDA SIR 编/解码器；
- 具有智能卡仿真功能；
- 支持单线半双工通信；
- 使用 DMA（直接存储器访问）实现可配置的多缓冲区通信；
- 发送器和接收器具有单独的使能位；
- 具有 3 种传输检测标志，即接收缓冲区已满标志、发送缓冲区为空标志、传输结束标志；
- 支持奇偶校验控制，如发送奇偶校验位、检查接收数据的奇偶性；
- 具有 4 种错误检测标志，即溢出错误、噪声检测、帧错误和奇偶校验错误；
- 具有 10 个有标志位的中断源，即 CTS 变化、LIN 停止符号检测、发送数据寄存器为空、发送完成、接收数据寄存器已满、检测到线路空闲、溢出错误、帧错误、噪声错误、奇偶校验错误；
- 支持多处理器通信，如果地址不匹配，则进入静默模式；
- 通过线路空闲检测或地址标记检测可以将 USART 从静默模式唤醒；
- 支持两种接收器唤醒模式，即通过地址位（MSB，第 9 位）和线路空闲唤醒。

6.2.2 USART 的功能

1. 功能引脚

USART 接口的结构如图 6-6 所示。

通过 USART 接口进行双向通信时至少需要两个引脚，即数据接收引脚（RX）和数据发送引脚（TX）。数据接收引脚就是串行数据输入引脚，采用过采样技术可区分有效输入数据和噪声，从而有利于数据的恢复。数据发送引脚就是串行数据输出引脚，如果关闭发送器，则该引脚的模式由其 GPIO 接口的配置决定。如果使能了发送器但没有待发送的数据，则 TX 引脚处于高电平。在单线（Single-Wire）和智能卡（Smartcard）模式下，该引脚可用于发送和接收数据（在 USART 电平下，可在 SW_RX 引脚上接收数据）。

在 USART 模式下，通过 TX 引脚和 RX 引脚能够以帧的形式发送和接收数据。发送或接收数据前保持线路空闲，发送或接收的数据顺序是起始位、有效数据（8 bit 或 9 bit，最低有效位在前）、停止位（用于指示帧传输已完成，0.5 bit、1 bit、1.5 bit 或 2 bit）。

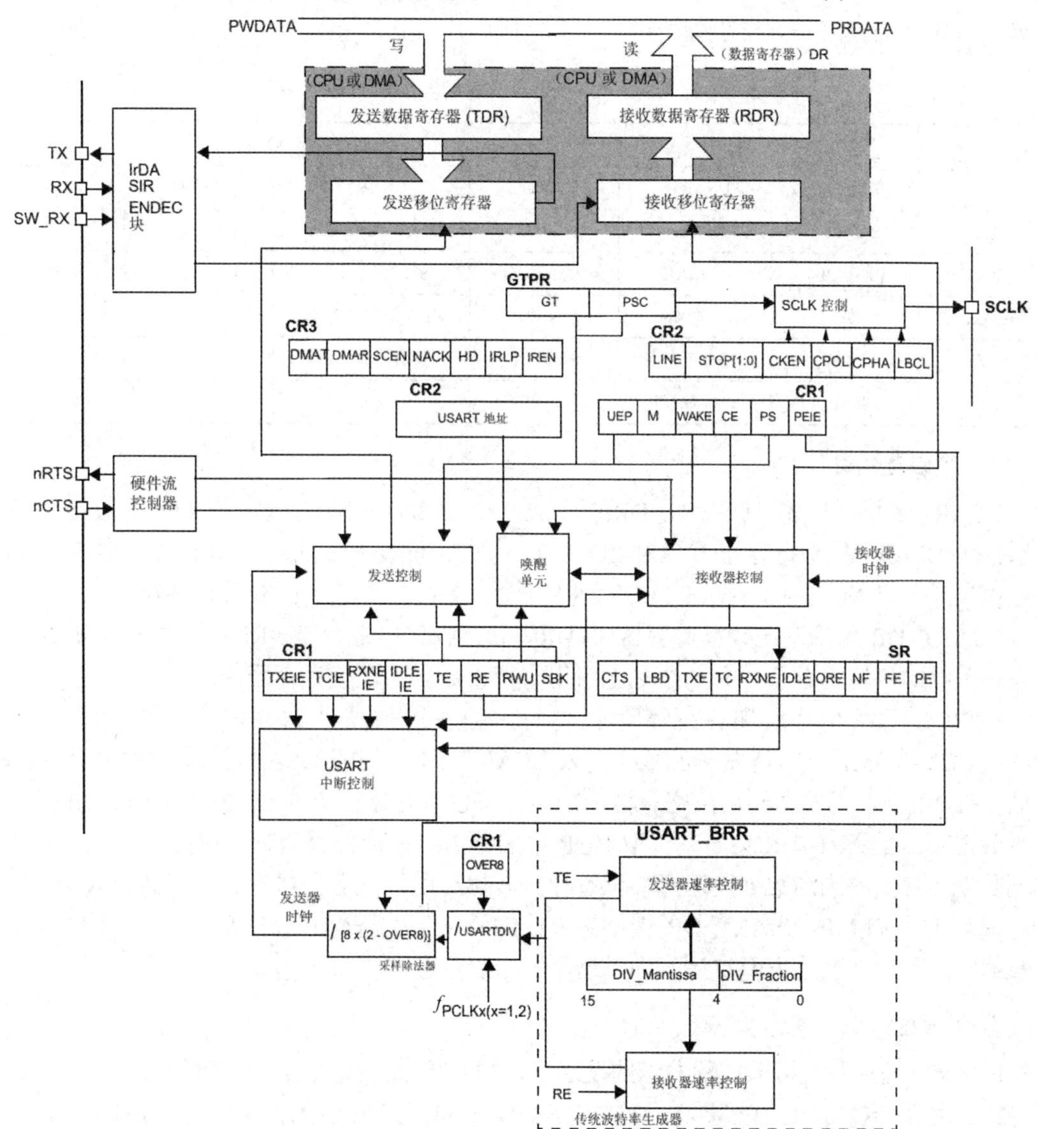

图 6-6　USART 接口的结构（引自 ST 公司的官方参考手册）

在同步模式下进行串行通信时 SCLK 引脚用于输出发送器的时钟，以便按照 SPI 主模式进行同步通信（起始位和结束位无时钟脉冲，可通过软件向最后一个数据位发送时钟脉冲）。RX 引脚可同步接收并行数据，这一点可用于控制带移位寄存器的外设（如 LCD 驱动器）。时钟相位和时钟极性可通过软件来设置。在智能卡模式下，SCLK 可向智能卡提供时钟。

在硬件流控制模式下进行串行通信时，nCTS 引脚用于在当前传输结束时阻止数据发送（高电平时）；nRTS 引脚用于指示 USART 已准备好接收数据（低电平时）。

STM32F407ZGT6 微控制器有 4 个 USART 和 2 个 UART，其中 USART1 和 USART6 的时钟来源于 APB2 总线时钟，其最大频率为 84 MHz；其他 4 个的时钟来源于 APB1 总线时钟，其最大频率为 42 MHz。UART 是通用异步收发器，因此不需要使用 SCLK、nCTS 和 nRTS 引脚。

从表 6-1 中可以看出，STM32F407ZGT6 微控制器很多串行通信引脚，这非常方便硬件设计，只需要通过编程绑定引脚即可。

表 6-1 STM32F407ZGT6 微控制器的串行通信引脚

引 脚	APB2（最高 84 MHz）		APB1（最高 42 MHz）			
	USART1	USART6	USART2	USART3	UART4	UART5
TX	PA9/PB6	PC6/PG14	PA2/PD5	PB10/PD8/PC10	PA0/PC10	PC12
RX	PA10/PB7	PC7/PG9	PA3/PD6	PB11/PD9/PC11	PA1/PC11	PD2
SCLK	PA8	PG7/PC8	PA4/PD7	PB12/PD10/PC12	—	—
nCTS	PA11	PG13/PG15	PA0/PD3	PB13/PD11	—	—
nRTS	PA12	PG8/PG12	PA1/PD4	PB14/PD12	—	—

2．数据寄存器

USART 数据寄存器（USART_DR）共 32 bit，只有低 9 bit 有效。第 8 bit 的数据是否有效取决于 USART 控制寄存器 1（USART_CR1）的 M 位设置情况，当 M 位为 0 时表示 8 bit 的数据字长，当 M 位为 1 表示 9 bit 的数据字长。我们一般使用 8 bit 数据字长。

USART_DR 包括发送数据寄存器（TDR）和接收数据寄存器（RDR），即一个是专门用于发送数据的可写寄存器，另一个是专门用于接收数据的可读寄存器。

TDR 介于系统总线和移位寄存器之间，当发送数据（如数据 TEMP）时，通过 USART_DR=TEMP 可将待发送的数据写入 USART_DR，写入 USART_DR 的数据会先自动存储在 TDR 中，再发送到移位寄存器，最后由移位寄存器将数据一位一位地发送出去。当接收数据时，USART_DR 会自动读取 RDR 中的数据。在接收数据时，首先通过 RX 引脚接收到数据并将接收到的数据发送到移位寄存器，然后由移位寄存器把数据存储到 RDR 中，这时就可通过 TEMP=USART_DR 把 USART_DR 中的数据赋值给 TEMP。在发送数据和接收数据时，程序在表达方面有所不同，这个一定要注意。

3．控制器

USART 既有专门用于控制发送的发送器、控制接收的接收器，还有唤醒单元、中断控制等。在使用 USART 之前需要先通过将 USART_CR1 的 UE 位置 1 来使能 USART，发送数据或接收数据的字长可选 8 bit 或 9 bit（由 USART_CR1 的 M 位控制）。

（1）发送器。当 USART_CR1 的发送使能（TE）位被置 1 时，可启动数据发送，移位寄存器中的数据会通过 TX 引脚输出，在同步模式下，SCLK 引脚会输出时钟信号。

一个数据帧包括三个部分：起始位、有效数据、停止位。起始位是一个位周期的低电平，位周期就是每位占用的时间；有效数据就是要发送的 8 bit 或 9 bit 的数据，数据是从最低位开始传输的；停止位是一定时间周期的高电平。通过 USART 控制寄存器 2（USART_CR2）的 STOP[1:0]位可以控制停止位的时间长短，可选 0.5 个、1 个、1.5 个和 2 个停止位。默认使用 1 个停止位，2 个停止位适用于正常 USART 模式、单线模式和调制解调器模式，0.5 个和 1.5 个停止位适用于智能卡模式。

当选择 8 位字长、使用 1 个停止位时，数据帧的发送时序如图 6-7 所示。

当发送使能位被置 1 后，发送器开始会先发送一个空闲帧（一个数据帧长度的高电平），接下来就可以向 USART_DR 写入要发送的数据。在写入最后一位数据后，需要等待 USART

状态寄存器（USART_SR）的 TC 位被置 1，表示数据传输完成。如果 USART_CR1 的 TCIE 位被置 1，将产生中断。

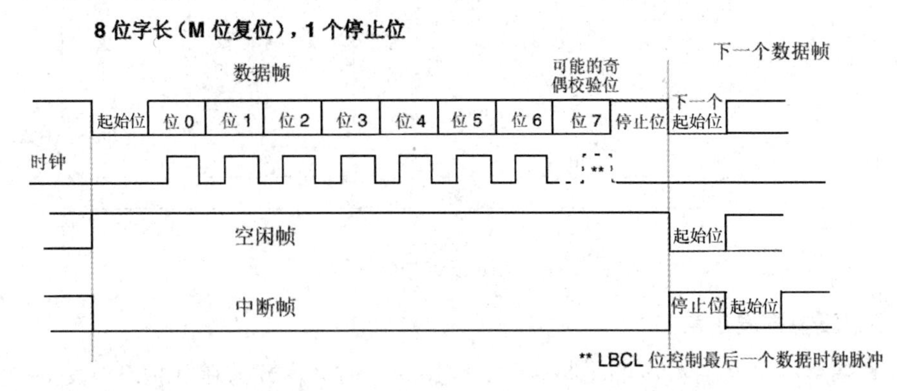

图 6-7　数据帧的发送时序（引自 ST 公司的官方参考手册）

（2）接收器。如果将 USART_CR1 的 RE 位置 1，则可以使能 USART 接收，使接收器在 RX 引脚开始检测起始位。在获得起始位后就可以根据 RX 引脚的电平状态把数据存放在移位寄存器中。接收完数据后就把移位寄存器数据发送到 RDR 中，并把 USART_SR 的 RXNE 位置 1。如果 USART_CR2 的 RXNEIE 位被置 1，则会产生中断。

为了得到一个信号的真实情况，需要用一个比该信号频率高的采样信号来进行检测，这个过程称为过采样。采样信号的频率大小决定了最后得到的信号的准确度，一般来说，频率越高得到的信号的准确度就越高，但获得高频采样信号也越困难，运算和功耗等也会有所增加，因此选择合适的采样信号即可。

接收器可配置不同的过采样倍数，以便从噪声中提取有效数据。USART_CR1 的 OVER8 位用来选择不同的过采样倍数。如果 OVER8 位被置 1，则采用 8 倍过采样，即用 8 个采样信号采样一位数据。如果 OVER8 位被清 0，则采用 16 倍过采样，即用 16 个采样信号采样一位数据。

在检测起始位时，需要使用特定序列。如果在 RX 引脚识别到该特定序列，就认为检测到了起始位。在检测起始位时，对使用 16 倍或 8 倍过采样的序列都是一样的。该特定序列为 1110X0X0X0000，其中 X 表示电平任意，1 或 0 皆可。8 倍过采样的速率更快，最高速率可达 $f_{PCLK}/8$，f_{PCLK} 为 USART 时钟频率。8 倍过采样过程如图 6-8 所示，第 4、5、6 次脉冲的值决定了该位数据的电平状态。

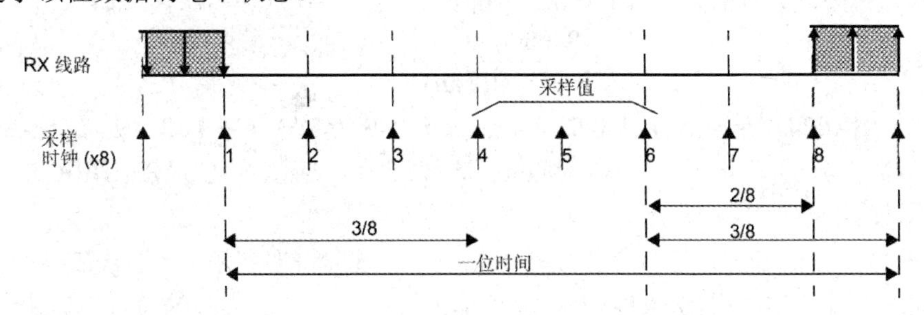

图 6-8　8 倍过采样过程

虽然 16 倍过采样的速率没有 8 倍过采样那么快，但得到的数据更加精准，其最大速率为 $f_{PCLK}/16$。16 倍过采样过程如图 6-9 所示，第 8、9、10 次脉冲的值决定了该位数据的电平状态。

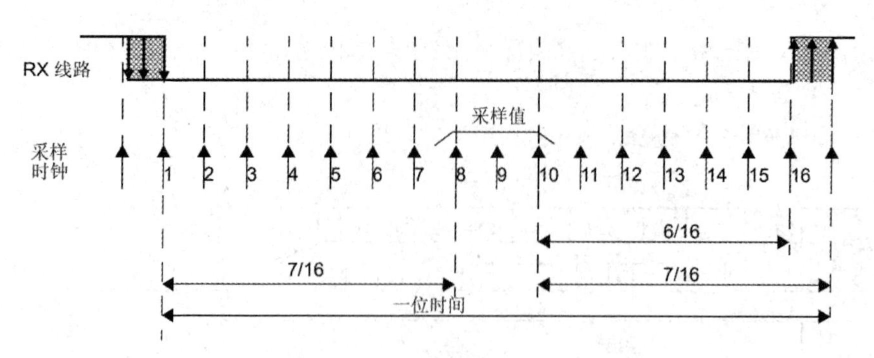

图 6-9 16 倍过采样过程

4. 小数波特率发生器

波特率指数据信号对载波的调制速率，它用单位时间内载波调制状态改变的次数来表示，单位为波特。比特率指单位时间内传输的比特数，单位 bit/s（bps）。对于 USART 来说，波特率与比特率的值相等，因此本书不区分这两个概念。波特率越大，传输速率越快。

USART 的发送器和接收器使用相同的波特率，其计算公式为：

$$波特率 = \frac{f_{\text{PLCK}}}{8 \times (2 - \text{OVER8}) \times \text{USARTDIV}}$$

式中，f_{PCLK}为USART的时钟频率；OVER8 为USART_CR1 的OVER8 位的对应值；USARTDIV 是一个存放在波特率寄存器（USART_BRR）中的一个无符号定点数，其中 DIV_Mantissa[11:0] 位定义了 USARTDIV 的整数部分，DIV_Fraction[3:0]位定义了 USARTDIV 的小数部分，DIV_Fraction[3]位只有在 OVER8 位为 0 时有效，否则该位必须清 0。

例如，当 OVER8=0、DIV_Mantissa=24 且 DIV_Fraction=10 时，USART_BRR 值为 0x18A。USARTDIV 的小数部分是 10/16=0.625，整数部分是 24，USARTDIV 的值是 24.625。

如果 OVER8=0、USARTDIV 值是 27.68，那么 DIV_Fraction=16×0.68=10.88，最接近的正整数为 11，所以 DIV_Fraction[3:0]为 0xB，DIV_Mantissa=$\lfloor 27.68 \rfloor$=27，即 0x1B。

OVER8=1 的情况与 OVER8=0 的情况类似，只是把计算用到的权值由 16 改为 8。

波特率的常用值有 2400、9600、19200、115200。下面通过实例介绍如何通过设置寄存器的值来得到波特率。

由表 6-1 可知，USART1 和 USART6 使用的是 APB2 总线时钟，其频率最高可达 84 MHz，其他 USART 或 UART 的最高频率为 42 MHz。这里以 USART1 为例进行讲解，即 f_{PCLK}=84 MHz。

当使用 16 倍过采样时，OVER8=0，为得到 115200 bps 的波特率，此时：

$$\frac{84000000}{8 \times 2 \times \text{USARTDIV}} = 115200$$

可得到 USARTDIV=45.57，因此 DIV_Fraction=0x9（$0.57 \times 16 = \lfloor 9.12 \rfloor = 9$，在 USART_BRR 中，表示小数部分的有 4 bit），DIV_Mantissa=0x2D，即应该将 USART_BRR 的值设置为 0x2D9。

在计算 DIV_Fraction 时会经常出现小数情况，经过向下取整后，会导致最终的波特率较目标值略有偏差。下面以 USART_BRR 的值为 0x2D9 为例计算实际的波特率。

由 USART_BRR 的值为 0x2D9，可得 DIV_Fraction=45、DIV_Mantissa=9，USARTDIV= 45+9/16=45.5625，所以实际的波特率为 115226 bps。这个值和目标值的误差很小，这么小的误差在正常通信的允许范围内。8 倍过采样时的计算方法和 16 倍过采样是一样的。

除了上述的功能，STM32F4 系列微控制器的 USART 还支持奇偶校验、中断控制等功能。

任务 6.3 学会使用 USART 的结构体及标准固件库函数

在 STM32 系列微控制器的标准固件库函数中，USART 的结构体是 USART_InitTypeDef，初始化函数是 USART_Init()。USART 的结构体定义在 stm32f4xx_usart.h 文件中，初始化函数定义在 stm32f4xx_usart.c 文件中。

USART 的常用库函数如下：

（1）函数 USART_Init()。该函数的原型是：

```
void USART_Init(USART_TypeDef* USARTx, USART_InitTypeDef* USART_InitStruct)
```

函数功能：根据 USART_InitStruct 的参数初始化 USARTx。

参数 1 是 USARTx，x 可以是 1、2 或 3…，用于选择 USART。

参数 2 是 USART_InitStruct，该参数是指向结构体 USART_InitTypeDef 的指针，该结构体包含了 USART 的配置信息。

结构体 USART_InitTypeDef 的代码如下：

```
typedef struct {
    uint32_t USART_BaudRate;                    //波特率
    uint16_t USART_WordLength;                  //字长
    uint16_t USART_StopBits;                    //停止位
    uint16_t USART_Parity;                      //校验位
    uint16_t USART_Mode;                        //USART 模式
    uint16_t USART_HardwareFlowControl;         //硬件流控制
} USART_InitTypeDef;
```

① USART_BaudRate 表示 USART 的波特率，一般设置为 2400、9600、19200 或 115200。例如，通过下面的代码可以将波特率的值设置为 115200。

```
USART_InitStructure.USART_BaudRate = 115200;
```

② USART_WordLength 表示有效数据的字长，可选 8 bit 或 9 bit。USART_WordLength 的取值及含义如表 6-2 所示。

表 6-2　USART_WordLength 的取值及含义

USART_WordLength 的取值	含　义
USART_WordLength_8b	有效数据的字长是 8 bit
USART_WordLength_9b	有效数据的字长是 9 bit

例如，通过下面的代码可以将有效数据的字长设置为 8 bit。

```
USART_WordLength = USART_WordLength_8b;
```

③ USART_StopBits 用于设置停止位，可选值有 0.5、1、1.5 或 2，通常选择 1。USART_StopBits 的取值及含义如表 6-3 所示。

表 6-3　USART_StopBits 的取值及含义

USART_StopBits 的取值	含　义
USART_StopBits_1	1 个停止位
USART_StopBits_0_5	0.5 个停止位
USART_StopBits_1_5	1.5 个停止位
USART_StopBits_2	2 个停止位

例如，通过下面的代码可以设置 1 个停止位。

```
USART_InitStruct.USART_StopBits=USART_StopBits_1;
```

④ USART_Parity 用于选择奇偶校验，可选值有 USART_Parity_No（无校验）、USART_Parity_Even（偶校验）、USART_Parity_Odd（奇校验）。如果有效数据的字长是 8 bit，则可以设置为无校验，相应地将 USART_Parity 设置为 USART_Parity_No，代码如下：

```
USART_InitStructure.USART_Parity = USART_Parity_No;
```

⑤ USART_Mode 用于选择 USART 模式，可选值有 USART_Mode_Rx（接收模式）和 USART_Mode_Tx（发送模式）。通常会将该参数设置为接收模式和发送模式，代码如下：

```
USART_Mode = USART_Mode_Rx | USART_Mode_Tx;
```

⑥ USART_HardwareFlowControl 用于选择硬件流控制，该参数只有在硬件流控制模式下才有效。USART_HardwareFlowControl 的取值及含义如表 6-4 所示。

表 6-4　USART_HardwareFlowControl 的取值及含义

USART_HardwareFlowControl 的取值	含　义
USART_HardwareFlowControl_None	硬件流控制失能
USART_HardwareFlowControl_RTS	发送请求 RTS 使能
USART_HardwareFlowControl_CTS	清除发送 CTS 使能
USART_HardwareFlowControl_RTS_CTS	RTS 和 CTS 使能

通常选择不使能硬件流控制，代码如下：

```
USART_HardwareFlowControl = USART_HardwareFlowControl_None;
```

设置好结构体的参数后还要通过函数 USART_Init()来完成 USART 的初始化。例如，对于 USART1，其初始化代码如下：

```
USART_InitTypeDef   USART_InitStruct;                        //定义结构体
USART_InitStruct.USART_BaudRate=115200;                      //波特率为 115200 bps
USART_InitStruct.USART_WordLength=USART_WordLength_8b;  //有效数据的字长为 8 bit
USART_InitStruct.USART_StopBits=USART_StopBits_1;         //1 个停止位
USART_InitStruct.USART_Parity=USART_Parity_No;            //无校验
USART_InitStruct.USART_Mode=USART_Mode_Rx|USART_Mode_Tx ;//配置为发送模式和接收模式
//不使能硬件流控制
USART_InitStruct.USART_HardwareFlowControl=USART_HardwareFlowControl_None;
USART_Init( USART1, &USART_InitStruct);                     //初始化结构体
```

（2）函数 USART_Cmd()。该函数的原型是：

```
void USART_Cmd(USART_TypeDef* USARTx, FunctionalState NewState)
```

函数功能：使能或者失能 USART。

参数 1 是 USARTx，x 可以是 1、2 或 3…，用于选择 USART。

参数 2 是 NewState，表示 USARTx 的新状态，该参数的取值为 ENABLE 或 DISABLE。

例如，通过下面的代码可以使能 USART1。

```
USART_Cmd(USART1, ENABLE);
```

通过下面的代码可以失能 USART1。

```
USART_Cmd(USART1, DISABLE);
```

（3）函数 USART_ITConfig()。该函数的原型是：

```
void USART_ITConfig(USART_TypeDef* USARTx, uint16_t USART_IT,
                    FunctionalState NewState)
```

函数功能：使能或者失能指定的 USART 中断。

参数 1 是 USARTx，x 可以是 1、2 或 3…，用于选择 USART。

参数 2 是 USART_IT，表示待使能或者失能的 USART 中断，该参数的取值及含义如表 6-5 所示。

参数 3 是 NewState，表示 USARTx 中断的状态。

表 6-5　USART_IT 的取值及含义

USART_IT 的取值	含　义
USART_IT_PE	奇偶错误中断
USART_IT_TXE	发送中断
USART_IT_TC	传输完成中断
USART_IT_RXNE	接收中断
USART_IT_ORE_RX	如果设置了 RXNEIE 位，则产生中断
USART_IT_IDLE	空闲总线中断
USART_IT_LBD	LIN 中断检测中断
USART_IT_CTS	CTS 中断
USART_IT_ERR	错误中断
USART_IT_ORE_ER	打开 EIE 情况下的溢出中断标志位
USART_IT_NE	噪声错误中断
USART_IT_FE	帧错误中断

例如，通过下面的代码可以使能 USART1 的发送中断。

```
USART_ITConfig(USART1, USART_IT_TXE ,ENABLE);
```

通过下面的代码可以使能 USART1 的接收中断。

```
USART_ITConfig(USART1,USART_IT_RXNE,ENABLE);
```

（4）函数 USART_SendData()。该函数的原型是：

```
void USART_SendData(USART_TypeDef* USARTx, uint16_t Data)
```

函数功能：通过 USARTx 发送单个数据。

参数 1 是 USARTx，x 可以是 1、2 或 3…，用于选择 USART。

参数 2 是 Data，表示待发送的数据。

例如，通过下面的代码可以通过 USART1 发送 0x26。

```
USART_SendData(USART1, 0x26);
```

（5）函数 USART_ReceiveData()。该函数的原型是：

```
uint16_t USART_ReceiveData(USART_TypeDef* USARTx)
```

函数功能：返回 USARTx 接收到的数据。

参数是 USARTx，x 可以是 1、2 或 3…，用于选择 USART。

例如，通过下面的代码可获得 USART2 接收到的数据，并将其存入 RxData 中。

```
uint16_t RxData;
RxData = USART_ReceiveData(USART2);
```

（6）函数 USART_GetFlagStatus()。该函数的原型是：

```
FlagStatus USART_GetFlagStatus(USART_TypeDef* USARTx，uint32_t USART_FLAG)
```

函数功能：获得指定 USART 的标志位状态。

参数 1 是 USARTx，x 可以是 1、2 或 3…，用于选择 USART。

参数 2 是 USART_FLAG，表示指定 USART 的标志位，该参数的取值及含义如表 6-6 所示。

表 6-6 USART_FLAG 的取值及含义

USART_FLAG 的取值	含　义
USART_FLAG_CTS	CTS 标志位
USART_FLAG_LBD	LIN 中断检测标志位
USART_FLAG_TXE	发送数据寄存器空标志位
USART_FLAG_TC	发送完成标志位
USART_FLAG_RXNE	接收数据寄存器非空标志位
USART_FLAG_IDLE	空闲总线标志位
USART_FLAG_ORE	溢出错误标志位
USART_FLAG_NE	噪声错误标志位
USART_FLAG_FE	帧错误标志位
USART_FLAG_PE	奇偶错误标志位

例如，通过下面的代码可获得 USART1 的发送标志位。

```
Status= USART_GetFlagStatus(USART1，USART_FLAG_TXE);
```

（7）函数 USART_ClearFlag()。该函数的原型是：

```
void USART_ClearFlag(USART_TypeDef* USARTx，uint32_t USART_FLAG)
```

函数功能：清除 USARTx 的标志位。
参数 1 是 USARTx，x 可以是 1、2 或 3…，用于选择 USART。
参数 2 是 USART_FLAG，表示待清除的 USART 标志位。
例如，通过下面的代码可以清除 USART1 的溢出错误标志位。

```
USART_ClearFlag(USART1，USART_FLAG_ORG);
```

（8）函数 USART_GetITStatus()。该函数的原型是：

```
ITStatus USART_GetITStatus(USART_TypeDef* USARTx，uint32_t USART_IT)
```

函数功能：检查指定的 USART 中断是否发生。
参数 1 是 USARTx，x 可以是 1、2 或 3…，用于选择 USART。
参数 2 是 USART_IT，表示待检查的 USART 中断。
例如，通过以下代码可以获得 USART1 的发送中断标志位。

```
Status= USART_GetITStatus(USART1，USART_IT_TXE);
```

（9）函数 USART_ClearITPendingBit()。该函数的原型是：

```
void USART_ClearITPendingBit(USART_TypeDef* USARTx，uint32_t USART_IT)
```

函数功能：清除 USARTx 的中断标志位。
参数 1 是 USARTx，x 可以是 1、2 或 3…，用于选择 USART。
参数 2 是 USART_IT，表示待清除的 USART 中断标志位。
例如，通过下面的代码可以清除 USART1 的发送数据中断标志位。

```
USART_ClearITPendingBit(USART1，USART_IT_TXE);
```

任务 6.4 通过 USART 收发数据

6.4.1 任务要求

使用微控制器的串口与 PC 进行通信，实现数据的发送和接收，并完成控制任务。

（1）发送一个数据（字符）。

（2）通过中断接收数据，并把数据发送出去（中断时接收数据，再将接收到的数据发送出去）。

（3）判断接收到的数据是不是 a，如果是，则点亮一盏 LED（控制灯亮）。

USART 编程要点

6.4.2 编程要点

（1）开启 RX 和 TX 引脚的 GPIO 接口时钟，初始化 GPIO 接口，并将 GPIO 接口复用到 USART。

（2）开启 USART 的时钟，配置 USART 参数，初始化 USART，并使能 USART 接收中断（如果使用串口中断就配置中断控制器，使能 USART 接收中断，否则无须使能 USART 接收中断），使能 USART。

（3）配置中断控制器。

（4）通过 USART 接收中断服务程序实现数据的接收和发送（如果使用串口中断就用 USART 接收中断服务程序，否则不用）。

6.4.3 硬件连接

我们使用 USB 转串口来实现微控制器与 PC 的通信，通过 USART1 接收发送数据。图 6-10 所示为 USB 转串口芯片。

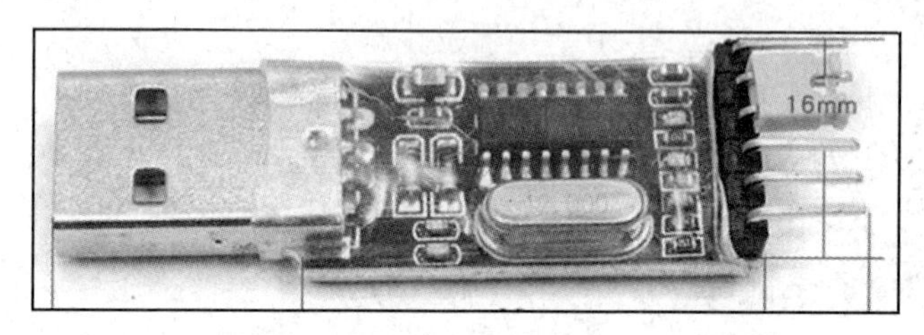

图 6-10 USB 转串口芯片

本节选择 USART1 的 RX 引脚为 PA10，TX 引脚为 PA9。在进行串行通信时，RX 引脚要连接 TX 引脚，TX 引脚要连接 RX 引脚，因此串口上的 RX 引脚连接 PA9 引脚，TX 引脚连接 PA10 引脚，之后就可以进行软件编程了。USB 转串口的硬件连接如图 6-11 所示。

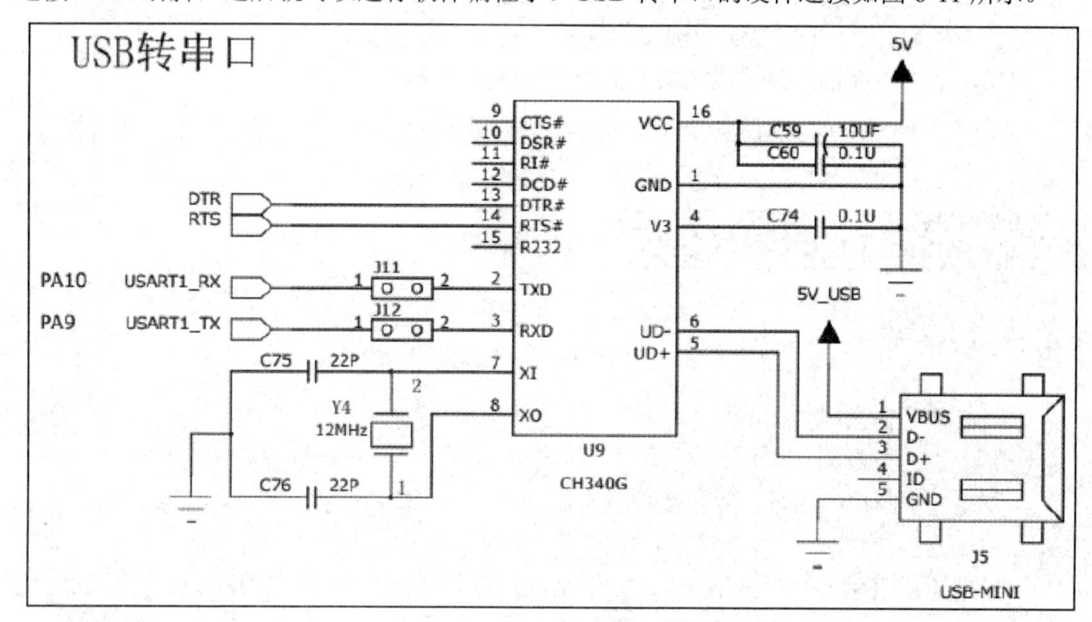

图 6-11 USB 转串口的硬件连接

从图 6-11 中可以看出，USB 转串口芯片的型号是 CH340G，在使用这个 USB 转串口芯片时，需要安装 CH340G 的驱动。

6.4.4　软件编程

USART 的编程实验

（1）开启 RX 和 TX 引脚的 GPIO 接口时钟，初始化 GPIO 接口，并将 GPIO 接口复用到 USART 上。

开启 GPIO 接口时钟，我们使用的是 USART1 的 PA9 和 PA10，因此要开启 GPIOA 的时钟：

```
RCC_AHB1PeriphClockCmd(RCC_AHB1Periph_GPIOA,ENABLE);
```

初始化 GPIO 接口的代码如下：

```
GPIO_InitTypeDef GPIO_InitStruct;                          //定义结构体
GPIO_InitStructure.GPIO_OType = GPIO_OType_PP;             //推挽输出模式
GPIO_InitStructure.GPIO_PuPd = GPIO_PuPd_UP;               //上拉
GPIO_InitStructure.GPIO_Speed=GPIO_Speed_50MHz;            //将 GPIO 接口的频率设置为 50 MHz
GPIO_InitStructure.GPIO_Mode = GPIO_Mode_AF;               //模式为复用
GPIO_InitStructure.GPIO_Pin = GPIO_Pin_10| GPIO_Pin_9;     //GPIO 接口的引脚为 A9 和 A10
GPIO_Init(GPIOA, &GPIO_InitStructure);                     //初始化 GPIO 接口
```

将 GPIO 接口复用到 USART1 上的代码如下：

```
GPIO_PinAFConfig(GPIOA, GPIO_PinSource10, GPIO_AF_USART1);
GPIO_PinAFConfig(GPIOA, GPIO_PinSource9, GPIO_AF_USART1);
```

（2）开启 USART 的时钟，配置 USART 参数，初始化 USART，并使能 USART 接收中断（如果使用串口中断就配置中断控制器，使能 USART 接收中断，否则无须使能 USART 接收中断），使能 USART。

在开启 USART 的时钟时，由于 USART1 和 USART6 挂载在 APB2 上，因此需要通过下面的代码来开启 USART1 的时钟：

```
RCC_APB2PeriphClockCmd(RCC_APB2Periph_USART1, ENABLE);
```

配置 USART 参数、初始化 USART 的代码如下：

```
USART_InitTypeDef   USART_InitStruct;                  //定义结构体
    USART_InitStruct.USART_BaudRate=115200;            //将波特率设置为 115200 bps
    USART_InitStruct.USART_WordLength=USART_WordLength_8b;   //有效数据的字长为 8 bit
    USART_InitStruct.USART_StopBits=USART_StopBits_1;        //1 个停止位
    USART_InitStruct.USART_Parity=USART_Parity_No ;          //无校验
    //配置为接收模式和发送模式
    USART_InitStruct.USART_Mode=USART_Mode_Rx|USART_Mode_Tx;
    //不使能硬件流控制
    USART_InitStruct.USART_HardwareFlowControl=USART_HardwareFlowControl_None;
    USART_Init( USART1, &USART_InitStruct);                  //初始化结构体
```

使能 USART 接收中断、使能 USART 的代码如下：

```
USART_ITConfig( USART1,   USART_IT_RXNE,   ENABLE);          //使能 USART 接收中断
    USART_Cmd(USART1, ENABLE);                               //使能 USART
```

（3）配置中断控制器，代码如下：

```
NVIC_InitTypeDef NVIC_InitStruct;                                  //定义结构体
NVIC_PriorityGroupConfig(NVIC_PriorityGroup_0);                    //将优先级分组配置为 0 组
NVIC_InitStruct.NVIC_IRQChannel=USART1_IRQn;                       //中断源为 USART1 的中断
NVIC_InitStruct.NVIC_IRQChannelPreemptionPriority=0;               //抢占优先级为 0
NVIC_InitStruct.NVIC_IRQChannelSubPriority=3;                      //响应优先级为 3
NVIC_InitStruct.NVIC_IRQChannelCmd=ENABLE;                         //使能中断源
NVIC_Init(&NVIC_InitStruct);                                       //初始化 NVIC 结构体
```

（4）在 USART 的接收中断服务程序中实现数据的接收和发送（如果使用串口中断就用接收中断服务程序，否则就不用），代码如下：

```
void USART1_IRQHandler (void)
{
    uint8_t temp;                                                  //定义一个变量 temp
    if(USART_GetITStatus(USART1,USART_IT_RXNE)!=RESET){            //如果检测到接收中断
        temp=USART_ReceiveData(USART1);                            //从 USART1 接收数据
        usart_sendbyte(USART1,temp);                               //把接收到的数据发送出去
    }
    USART_ClearITPendingBit(USART1,USART_IT_RXNE);                 //清除接收中断标志位
}
```

6.4.5 实例代码

```
/*main.c，主函数*/
#include "stm32f4xx.h"
#include "led.h"
#include "delay.h"
#include "key.h"
#include "seg.h"
#include "basic_TIM.h"
#include "EXTI.h"
#include "calendar.h"
#include "usart.h"
char led=0x00;                    //点亮 LED 时使用 led 变量
int key0;                         //在之前的按键工程中使用过，这里没有意义
int a=0;                          //在之前的定时器工程中使用过，这里没有意义
int min=59,sec=57,hour=23,year=2020,month=2,day=28,monthday;  //在之前的定时器工程中使用过，这
里没有意义
uint8_t temp;                     //定义一个变量 temp，用于存储接收到的数据
int main(void)
{
    led_Init();                   //初始化 LED 连接 GPIO 接口
    USART1_Init();                //USART1 的初始化
    GPIO_Write(GPIOA,0xff);                   //为 GPIOA 赋值 0xff，熄灭 LED
    usart_sendbyte( USART1,   'a');           //通过 USART1 发送字符 a
    usart_sendbyte( USART1,   0x55);          //通过 USART1 发送数据 0x55
```

```
    while(1){
        GPIO_Write(GPIOA,~led);          //为 GPIOA 赋值 0xff，熄灭 LED
        if(temp=='a')                    //如果接收到的数据为 a
        led=0x01;                        //为 led 赋值 0x01，点亮 LED
    }
}
/*USART.c，串口配置函数*/
/*USART1 的配置，包括 3 个函数，一个函数用于 GPIO 的配置，另一个函数用于 NVIC 的配置，还有一个函数用于 USART 的配置，通过函数 USART1_Init()将这 3 个函数组合到一起*/
void usart_GPIO_config(void)
{
    GPIO_InitTypeDef GPIO_InitStruct;                             //定义结构体
    RCC_AHB1PeriphClockCmd(RCC_AHB1Periph_GPIOA, ENABLE);         //开启时钟
    GPIO_InitStructure.GPIO_OType = GPIO_OType_PP;                //推挽输出模式
    GPIO_InitStructure.GPIO_PuPd = GPIO_PuPd_UP;                  //上拉
    GPIO_InitStructure.GPIO_Speed=GPIO_Speed_50MHz;  //将 GPIO 接口的频率设置为 50 MHz
    GPIO_InitStructure.GPIO_Mode = GPIO_Mode_AF;     //模式为复用
    //GPIO 接口的引脚为 A9 和 A10
    GPIO_InitStructure.GPIO_Pin = GPIO_Pin_10| GPIO_Pin_9;
    GPIO_Init(GPIOA, &GPIO_InitStructure);           //初始化
    GPIO_PinAFConfig(GPIOA, GPIO_PinSource9, GPIO_AF_USART1);//复用 PA9 为 USART1
    GPIO_PinAFConfig(GPIOA, GPIO_PinSource10, GPIO_AF_USART1);//复用 PA10 为 USART1
}
//开启中断，配置 NVIC
void usart_NVIC_config(void)
{
    NVIC_InitTypeDef NVIC_InitStruct;                        //定义结构体
    NVIC_PriorityGroupConfig(NVIC_PriorityGroup_0);          //将优先级分组配置为 0 组
    NVIC_InitStruct.NVIC_IRQChannel=USART1_IRQn;             //中断源为 USART1 的中断
    NVIC_InitStruct.NVIC_IRQChannelPreemptionPriority=0;     //抢占优先级为 0
    NVIC_InitStruct.NVIC_IRQChannelSubPriority=3;            //响应优先级为 3
    NVIC_InitStruct.NVIC_IRQChannelCmd=ENABLE;               //使能中断源
    NVIC_Init(&NVIC_InitStruct);                             //初始化 NVIC 结构体
}
void usart_config(void)
{
    USART_InitTypeDef   USART_InitStruct;                    //定义结构体
    USART_InitStruct.USART_BaudRate=115200;                  //将波特率设置为 115200 bps
    USART_InitStruct.USART_WordLength=USART_WordLength_8b;//有效数据的字长为 8 bit
    USART_InitStruct.USART_StopBits=USART_StopBits_1;        //1 个停止位
    USART_InitStruct.USART_Parity=USART_Parity_No ;          //无校验
    //配置为接收模式和发送模式
    USART_InitStruct.USART_Mode=USART_Mode_Rx|USART_Mode_Tx;
    //不使能硬件流控制
    USART_InitStruct.USART_HardwareFlowControl=USART_HardwareFlowControl_None;
    USART_Init( USART1, &USART_InitStruct);                  //初始化结构体
    USART_ITConfig( USART1,  USART_IT_RXNE,  ENABLE);        //使能 USART 接收中断
    USART_Cmd(USART1, ENABLE);                               //使能 USART
```

```
}
void USART1_Init(void)                                          //USART 配置函数
{
    usart_GPIO_config();
    usart_NVIC_config();
    usart_config();
}
void usart_sendbyte(USART_TypeDef* USARTx, uint8_t Data)        //发送 1 B 的数据
{
    USART_SendData(USARTx, Data);  //使用发送 16 bit 数据的函数发送 8 bit 的数据
    //如果发送寄存器为空就退出
    while(USART_GetFlagStatus( USARTx,   USART_FLAG_TXE)==RESET);
}
/*USART.h 库函数*/
#ifndef __USART_H
#define __USART_H
#include "stm32f4xx.h"
void usart_GPIO_config(void);              //USART 的 GPIO 接口配置函数
void usart_NVIC_config(void);              //中断控制 NVIC 配置函数
void usart_config(void);                   //USART 配置函数
void USART1_Init(void);                    //将 3 个函数组合在一起，形成 USART1 的初始化函数
void usart_sendbyte(USART_TypeDef* USARTx, uint8_t Data);   //发送 1 B 数据的函数
#endif
/*在接收中断服务程序中完成数据的接收和发送*/
void USART1_IRQHandler (void)
{
    uint8_t temp;                                     //定义一个变量 temp
    if(USART_GetITStatus(USART1,USART_IT_RXNE)!=RESET){  //如果检测到接收中断
        temp=USART_ReceiveData(USART1);               //从 USART1 接收数据
        usart_sendbyte(USART1,temp);                  //把接收到的数据发送出去
    }
    USART_ClearITPendingBit(USART1,USART_IT_RXNE);              //清除接收中断标志位
}
```

6.4.6 下载验证

编译上面的代码，当编译没有警告和错误时将编译后的程序下载到开发板。

微控制器与 PC 之间通信需要串口助手，如图 6-12 所示。串口助手的左侧可以选择端口，就是 USB 转串口与 PC 连接后的端口号，还可以设置波特率、校验位、数据位和停止位，这里设置的波特率是 115200 bps，无校验位，数据位是 8 bit，1 个停止位。左侧的下面还有一些设置，读者可以试试这些设置。串口助手右侧上面显示的是微控制器发给 PC 的内容，下面显示的是 PC 要发给微控制器的内容，由用户自行输入。

（1）发送数据（字符）。这里发送了 2 个字符，即 a 和 0x55，0x55 对应的字符为 U，结果如图 6-13 所示。

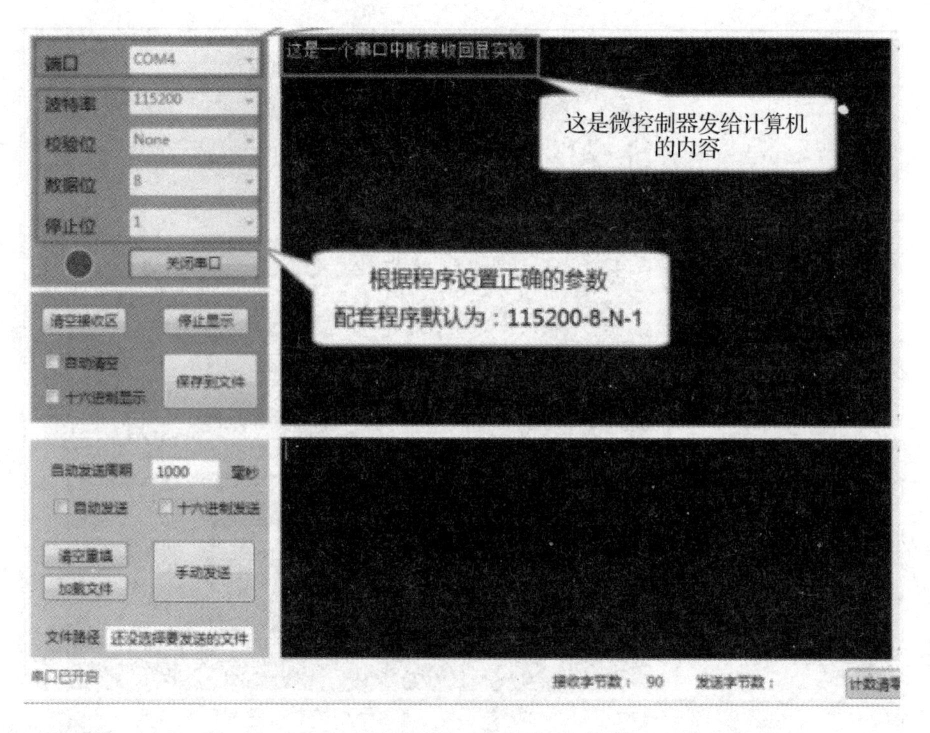

图 6-12　串口助手

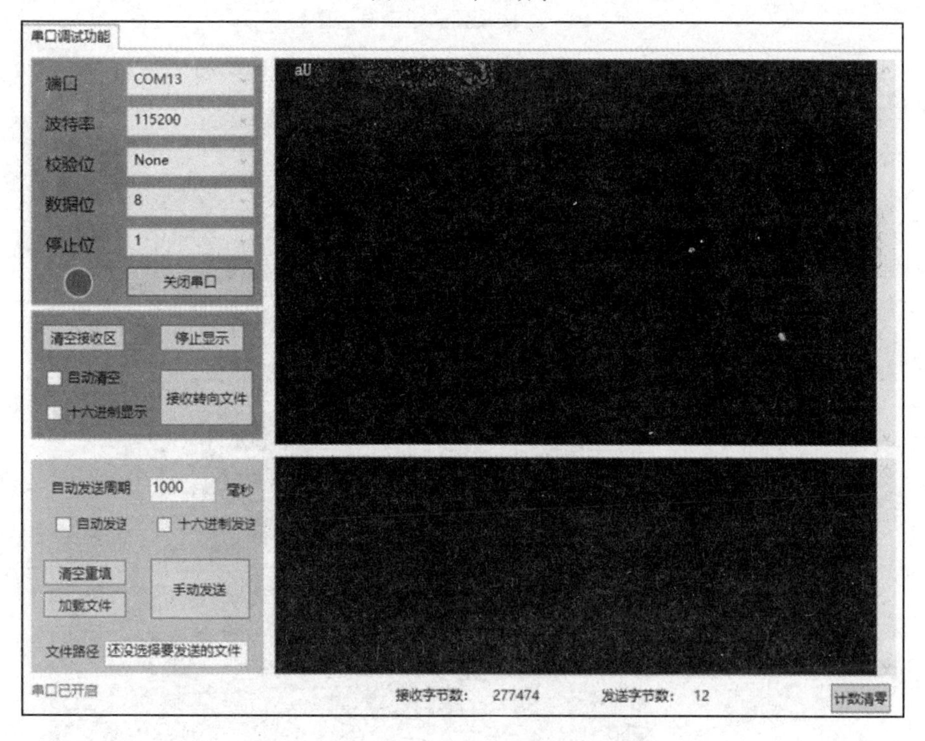

图 6-13　发送了 2 个字符

（2）在接收中断服务程序中接收数据，并把接收到的数据发送出去。这里使用串口助手模仿 PC 向微控制器发送数据，发送 1 后，串口助手显示微控制器接收到了 1，结果如图 6-14 所示。

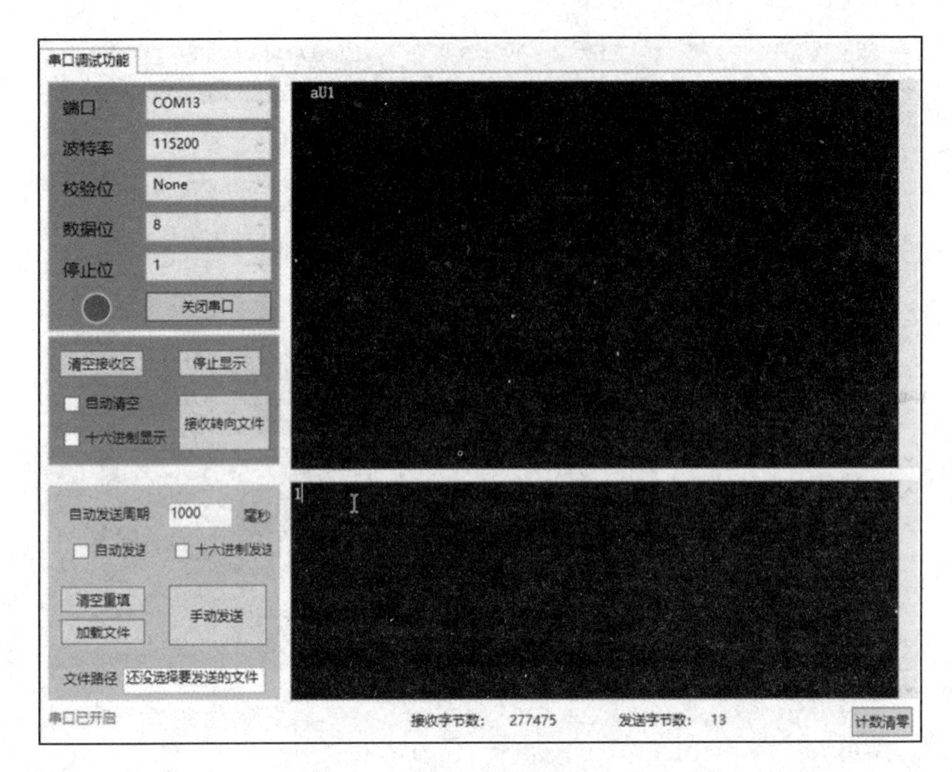

图 6-14　将接收到的数据发送出去

（3）判断接收到的数据是不是 a，如果是，则点亮 LED（控制灯亮）。通过 PC 发送 a，从串口助手发现微控制器接收到了 a，此时目标板上的 LED 被点亮，如图 6-15 所示。

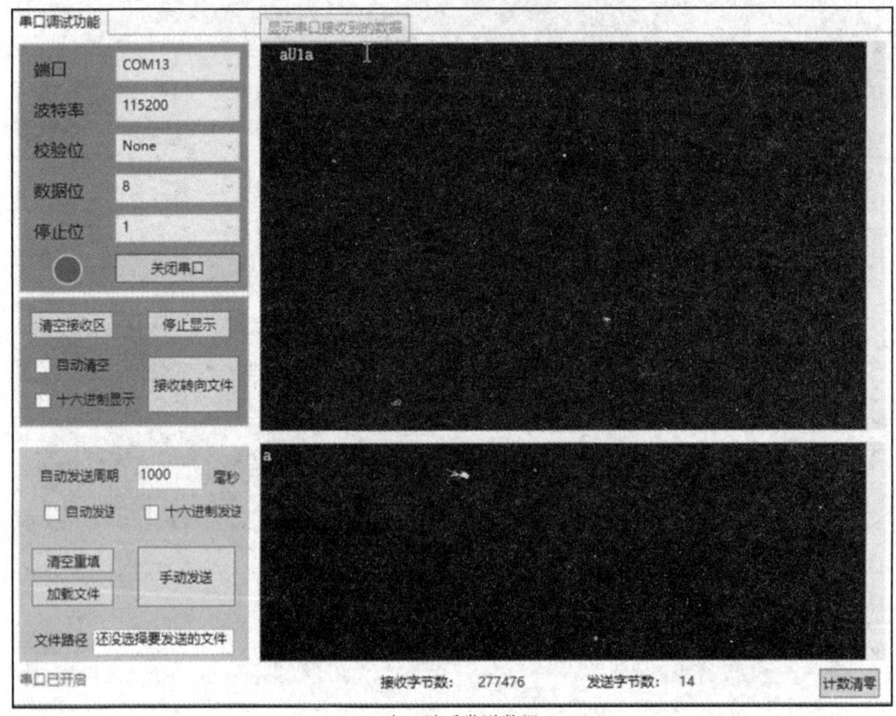

（a）串口助手发送数据 a

图 6-15　接收到数据 a 并点亮 LED

（b）点亮 LED

图 6-15　接收到数据 a 并点亮 LED（续）

6.5 项目总结

本项目主要介绍串行通信的基本知识，以及 USART 的特性、功能、结构体和标准固件库函数，并通过 USART 实现了数据的收发。

6.6 动手实践

请使用 USART 收发数据，完成以下三个任务：

（1）通过串口助手发送一个数据；

（2）在接收中断服务程序中接收数据，并把接收到的数据发送出去；

（3）判断接收到的数据是不是 b，如果是则点亮 LED。

请在下面的横线上写出关键代码。

____

____

____

____

6.7 润物无声：华为 5G 通信

作为 5G 的领导者，华为率先推出了业界标杆——5G 多模芯片解决方案巴龙 5000，成为全球首个提供端到端产品和解决方案的公司。

2019 年是 5G 元年，也是华为在 5G 领域的巨大推进的一年。目前，华为 Mate 20X 5G 手机、5G CPE Pro 已经获得了中国 5G 终端电信设备进网许可证，并推出了 5G MiFi、5G 车载模组、5G 电视等多种形态的 5G 终端，加速了 5G 规模商用。

当前，千行百业正在拥抱 5G，华为的模块化、全系列产品解决方案，为运营商构建了绿色、融合、极简的 5G 商用网络。

6.8 知识巩固

一、选择题

（1）串口通信是________。

（A）同步收发　（B）异步收发　（C）串行通信　（D）并行通信

（2）异步通信规定了哪些位？________

（A）起始位　（B）有效数据　（C）校验位　（D）停止位

（3）串行通信是将数据字节________。

（A）分成一位一位的形式在一条传输线上逐位传输

（B）将数据字节的各位用多条数据线同时进行传输

（C）先同时传输，再一位一位地传输

（D）先一位一位地传输，再同时传输

（4）通信分为________。

（A）全双工通信　（B）半双工通信　（C）单工通信　（D）双工

（5）同步通信与异步通信的区别在于________。

（A）同步通信要建立发送方时钟对接收方时钟的直接控制，使双方达到完全同步

（B）异步通信要建立发送方时钟对接收方时钟的直接控制，使双方达到完全同步

（C）同步通信就是同时

（D）异步通信就是不同时

（6）比特率是指________。

（A）每秒传输的二进制位数　（B）表示每秒传输的码元个数

（C）每秒传输的十进制位数　（D）每秒传输的十六进制位数

（7）波特率是指________。

（A）每秒传输的二进制位数　（B）表示每秒传输的码元个数

（C）每秒传输的十进制位数　（D）每秒传输的十六进制位数

（8）串行通信协议物理层标准包括________。

（A）RS-232 标准　（B）USB 转串口

（C）串口到串口　（D）DB9 接口

（9）串行通信规定了数据帧的内容，包括________。

（A）起始位　（B）有效数据　（C）校验位　（D）停止位

（10）当微控制器与 PC 通信时，硬件连接需要注意的是________。

（A）RX 与 RX 引脚连接　（B）TX 与 TX 引脚连接

（C）RX 与 TX 引脚连接　（D）RX 与 TX 引脚都接地

（11）STM32 的串口引脚中 TX 是________，RX 是________。

（A）数据发送引脚　（B）数据接收引脚

（12）串口的硬件连接可以是下面的哪个？________

（A）PA10 接 USB 转串口的 TX 引脚，PA9 接 USB 转串口的 RX 引脚

（B）PA10 接 USB 转串口的 RX 引脚，PA9 接 USB 转串口的 TX 引脚

（C）PB 7 接 USB 转串口的 TX 引脚，PB 6 接 USB 转串口的 RX 引脚

（D）PB 7 接 USB 转串口的 RX 引脚，PB 6 接 USB 转串口的 TX 引脚

（13）我们最常用的电平转换芯片一般有________。

（A）CH340　　（B）PL2303　　（C）CP2102　　（D）FT232

二、简答题

（1）什么是计算机通信？

（2）请分别说明串行通信和并行通信的含义及其特点，并说明它们的区别是什么。

（3）简述全双工、半双工及单工通信。

（4）简述同步通信与异步通信的区别。

（5）简述比特率和波特率的关系及不同。

（6）RS-232 电平标准是什么？

（7）在 USB 转串行通信中，当设备和计算机连接时，必须用到什么设备？

（8）请说明 STM32 系列微控制器 USART 和 UART 的区别。

（9）STM32 系列微控制器的 USART 和 UART 分别挂载在哪个时钟总线上？

（10）如果 GPIO 接口使用的是 PA9 和 PA10，如果要进行串口编程，则需要开启什么时钟？

（11）请说明 USART 结构体中的各个成员的含义。

```
typedef struct{
    uint32_t  USART_BaudRate; ________________________________
    uint16_t  USART_WordLength; ______________________________
    uint16_t  USART_StopBits; ________________________________
    uint16_t  USART_Parity; __________________________________
    uint16_t  USART_Mode; ____________________________________
    uint16_t  USART_HardwareFlowControl; _____________________
} USART_InitTypeDef;
```

项目 7 使用 SPI 总线操作外设

项目描述：

在微控制器开发中往往需要拓展系统的功能，如使用 A/D 转换、数据存储等。要想实现这些功能，只需要将特定的芯片通过总线形式与微控制器连接即可。串行外设接口（Serial Peripheral Interface，SPI）就是一种当前比较流行的总线形式，是一种高速、全双工、同步通信总线。SPI 总线的连接比较简单，只需要四根线即可完成数据的读写。通过 SPI 总线连接设备如图 7-1 所示。

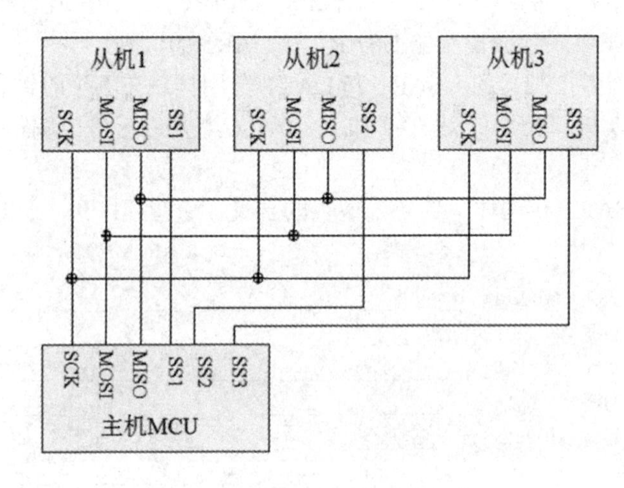

图 7-1　通过 SPI 总线连接设备

本项目主要介绍 SPI 协议、STM32 系列微控制器的 SPI，以及 SPI 的结构体和标准固件库函数，并利用 MAX7219 实现 8 位数码管的显示功能。

项目内容：

➲ 任务 1：理解 SPI 协议。

➲ 任务 2：熟悉 STM32 系列微控制器的 SPI。

➲ 任务 3：学会使用 SPI 的结构体及标准固件库函数。

➲ 任务 4：利用 MAX7219 实现 8 位数码管的显示功能。

学习目标：

🕮 理解 SPI 协议。

🕮 熟悉 STM32 系列微控制器的 SPI。

🕮 掌握 SPI 的结构体，并熟悉标准固件库函数。

🕮 利用 MAX7219 实现 8 位数码管的显示功能。

任务 7.1 理解 SPI 协议

SPI 协议

SPI 协议可分为物理层和协议层。

7.1.1　物理层

SPI 通信需要使用 4 个引脚，分别是 SCK、MOSI、MISO 和 SS（NSS、CS，以下用 NSS 表示），NSS 引脚是片选引脚，用于选择从机。

（1）当有多个从机与主机相连时，从机的 SCK、MOSI 及 MISO 引脚同时并联到主机的 SCK、MOSI 及 MISO 引脚，无论有多少个从机，都共同使用这 3 个引脚。每个从机都有一个独立的 NSS 引脚，从机的 NSS 引脚分别连接到主机的 NSS 引脚，即有多少个从机，主机就需要多少片选引脚。I2C 协议是通过设备地址来寻址、选中总线上的某个设备并与其进行通信的；而 SPI 协议中没有设备地址，它使用 NSS 引脚来寻址，当主机要选择从机时，把该从机的 NSS 引脚设置为低电平，该从机即被选中，即片选有效，接着主机开始与被选中的从机进行通信。SPI 通信以 NSS 引脚被置为低电平作为起始信号，以 NSS 引脚被置为高电平作为停止信号。

（2）SCK（SerialClock）：产生时钟信号，用于通信数据的同步。时钟信号由主机产生，决定了通信的速率，不同的设备支持的最高时钟频率不一样，如 STM32 系列微控制器的 SPI 时钟频率最大为 $f_{PCLK}/2$。当两个设备通信时，通信速率受限于低速设备。

（3）MOSI（Master Output Slave Input）：主机输出/从机输入引脚，主机的数据从该引脚输出，从机从该引脚读入主机发送的数据，该引脚的数据传输方向为主机到从机。

（4）MISO（Master Input Slave Output）：主机输入/从机输出引脚，主机从该引脚读入数据，从机的数据由该引脚输出到主机，该引脚上的数据传输方向为从机到主机。

单个主机/单个从机的应用如图 7-2 所示。

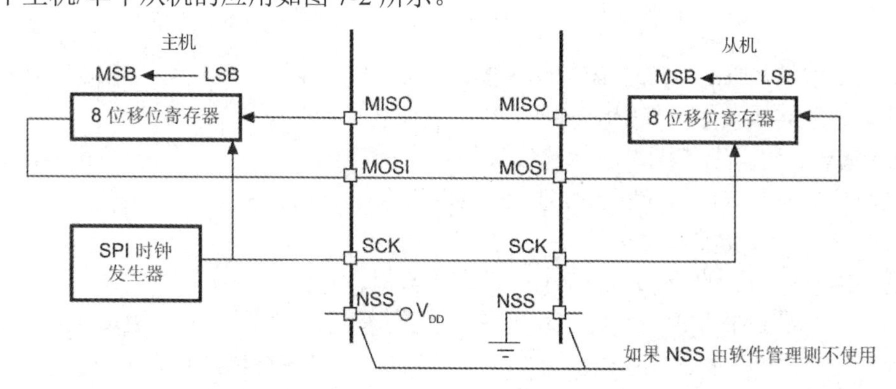

图 7-2　单个主机/单个从机应用（引自 ST 公司的官方参考手册）

7.1.2　协议层

SPI 协议定义了通信的起始位和停止位、数据有效位、时钟同步等。在进行 SPI 通信时，通信双方不仅要约定速率，还要约定时钟的相位（CPHA）和极性（CPOL）。

时钟有两种极性，即从 0 变为 1 和从 1 变为 0。在任何一个相位里，是采用上升沿触发还是下降沿触发，在通信时是可选的，可以通过编程来选择任何一种模式，这里暂时忽略极性，先来看相位。

当 CPHA=0 时，通信是由片选信号的下降沿触发的，即主机首先把片选信号（NSS 引脚）由高拉到低，表示一次通信开始了。这时从机和主机就把自己要发送给对方的数据放在 MOSI 和 MISO 引脚上，当时钟发生跳变时，在时钟的第一个沿（上升沿或下降沿，根据时钟的极性来确定）到来时就会通知对方，从机和主机会检测各自的输入引脚，并采集第一位数据。注意，在采集数据时有半个周期的相位差，前半个周期先将数据准备好，再去中间位置采集数据；到了时钟信号的第二个沿，主机和从机驱动各自的输出引脚，把第一位数据换成第二位数据，到了时钟信号的第三个沿，再采集第二位数据。CHPA=0 时的 SPI 时序如图 7-3 所示。

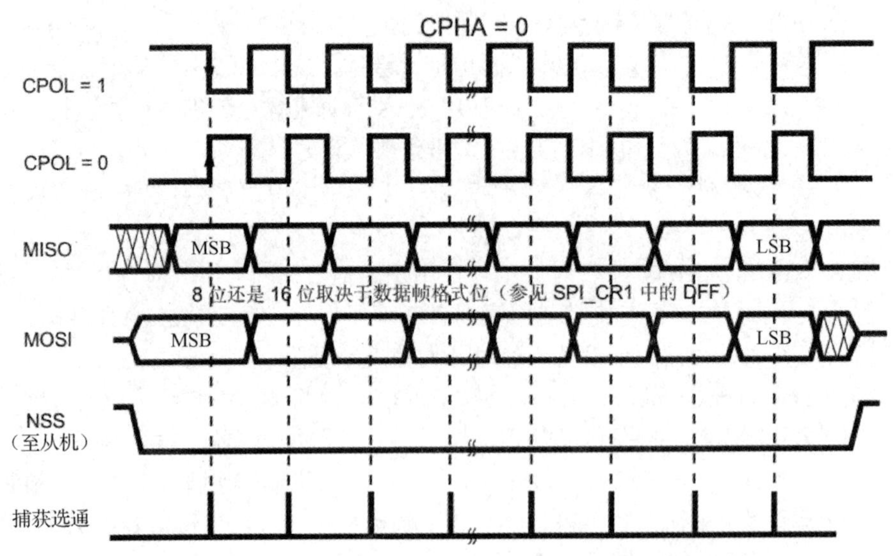

图 7-3 CPHA=0 时的 SPI 时序（引自 ST 公司的官方参考手册）

总结一下就是，通信由片选信号的下降沿触发，时钟信号的奇数沿用来通知对方去采集数据，时钟信号的偶数沿用来驱动输出引脚，以便切换到下一位数据。

当 CPHA=1 时，通信不是由片选信号的下降沿触发的，当片选信号的下降沿到来时通信并没有响应，但整个通信必须在片选信号为低电平时进行。

那么通信是由谁发起的呢?

通信是由时钟信号的第一个沿（上升沿或下降沿，根据时钟的极性来确定）触发的，时钟信号的第一个沿到来时通知主机和从机，把数据更新到输出引脚，各自驱动 MOSI 和 MISO 两个引脚，在时钟信号的第二个沿到来时去采集数据，在时钟信号的第三个沿到来时切换到下一位数据。

CPHA=1 时的通信模式不同于 CPHA=0 时的通信模式。在 CPHA=1 时，通信由时钟信号的下降沿触发，与片选信号的下降沿无关，只要片选信号为低电平就可以通信；在时钟信号的奇数沿到来时驱动主机和从机准备数据，在时钟信号的偶数沿到来时驱动主机和从机去采集数据，如此周而复始地循环。

CHPA=1 时的 SPI 时序如图 7-4 所示。

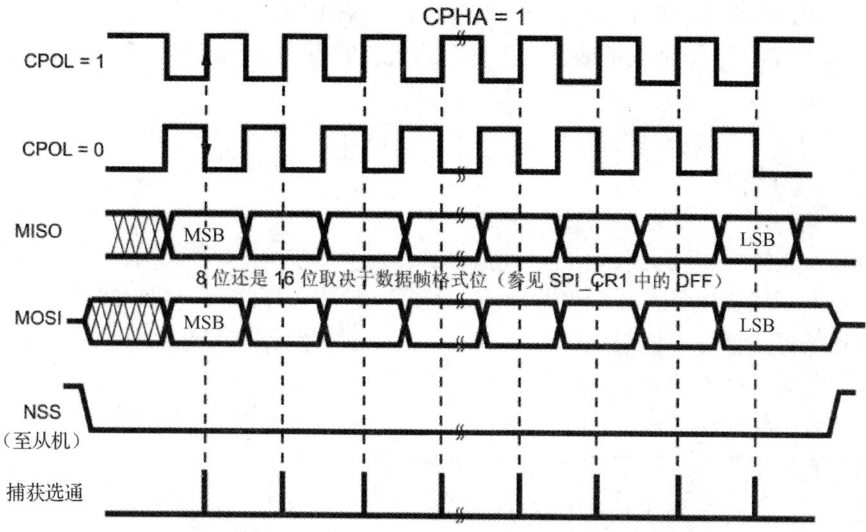

图 7-4 CPHA=1 时的 SPI 时序（引自 ST 公司的官方参考手册）

是在时钟信号的偶数沿到来时采集数据还是在奇数沿到来时采集数据，以及 LSB 和 MSB 谁先发、谁后发，都是可以设置的。在 CHPA=1 时，不会因为片选信号的下降沿而触发通信，那么就可以一直将片选信号设置为低电平，发送完一个字节的数据后再发送下一个字节的数据。但这在 CHPA=0 时是不可行的。了解时钟信号的相位和极性后，我们会发现 SPI 通信是很灵活的，但在编程时一定要设置好各个参数，否则 SPI 的通信很难实现。

根据 CPOL 和 CPHA 的不同状态，SPI 可分成 4 种模式，如表 7-1 所示。主机与从机需要工作在相同的模式下才可以正常通信。

表 7-1 SPI 的 4 种模式

SPI 模式	CPOL	CPHA	空闲时 SCK 时钟	采 样 时 刻
0	0	0	低电平	奇数沿到来时
1	0	1	低电平	偶数沿到来时
2	1	0	高电平	奇数沿到来时
3	1	1	高电平	偶数沿到来时

任务 7.2 熟悉 STM32 系列微控制器的 SPI

STM32 的 SPI

STM32 系列微控制器的 SPI 既可以支持 SPI 协议，也可以支持 I2S 协议。在默认情况下，支持的是 SPI 协议，可通过软件设置为 I2S 协议。

串行外设接口（SPI）可与外部器件进行半双工或全双工的同步串行通信。SPI 可以配置为主模式，在这种情况下，可为外部从机提供通信时钟（SCK）。SPI 还能在多主模式下工作。

SPI 可用于多种场合，包括基于双线的单工同步串行通信（其中一条线可作为双向数据线），或使用 CRC 校验实现可靠通信。

I2S 也是同步串行通信，可满足四种不同音频标准的要求，包括 I2S Philips 标准、MSB 对齐标准、LSB 对齐标准和 PCM 标准。I2S 可在全双工模式（使用 4 个引脚）或半双工模式（使用 3 个引脚）下作为从机或主机工作。当 I2S 配置为主模式时，可以向外部从机提供通信时钟。

7.2.1 SPI 的特性

- 可基于 3 条线实现全双工同步串行通信；
- 可基于双线实现单工同步串行通信，其中一条线可作为双向数据线；
- 数据帧可设置为 8 位或 16 位；
- 可设置为主模式或从模式；
- 支持多主模式通信；
- 具有 8 种主模式波特率预分频器（最大值为 $f_{PCLK}/2$）；
- 可设置从模式频率（最大值为 $f_{PCLK}/2$）；
- 对于主模式和从模式，都可实现更快的通信；
- 对于主模式和从模式，都可通过硬件或软件进行 NSS 管理，动态切换主/从模式；
- 时钟信号的极性和相位可编程设置；
- 数据顺序可编程设置，既可先发送或接收 MSB，也可先发送或接收 LSB；
- 具有可触发中断的专用发送和接收标志位；
- 具有 SPI 总线忙状态标志位；
- 支持 SPI TI 模式；
- 通过 CRC 校验可实现可靠通信，既可在发送模式下将 CRC 校验值作为最后一个字节发送，也可以根据接收到的最后一个字节自动进行 CRC 校验；
- 具有可触发中断的主模式故障、上溢和 CRC 错误等标志位；
- 支持 1 字节数据发送和接收缓冲（具有 DMA 功能），可发送和接收请求。

7.2.2 SPI 的功能

SPI 的结构如图 7-5 所示。

STM32 系列微控制器有多个 SPI，SPI 通信信号引出到了不同的 GPIO 接口，使用时必须配置对应的引脚。SPI 对应的引脚如表 7-2 所示。

表 7-2 SPI 对应的引脚

引　脚	SPI					
	SPI1	SPI2	SPI3	SPI4	SPI5	SPI6
MOSI	PA7/PB5	PB15/PC3/PI3	PB5/PC12/PD6	PE6/PE14	PF9/PF11	PG14
MISO	PA6/PB4	PB14/PC2/PI2	PB4/PC11	PE5/PE13	PF8/PH7	PG12
SCK	PA5/PB3	PB10/PB13/PD3	PB3/PC10	PE2/PE12	PF7/PH6	PG13
NSS	PA4/PA15	PB9/PB12/PI0	PA4/PA15	PE4/PE11	PF6/PH5	PG8

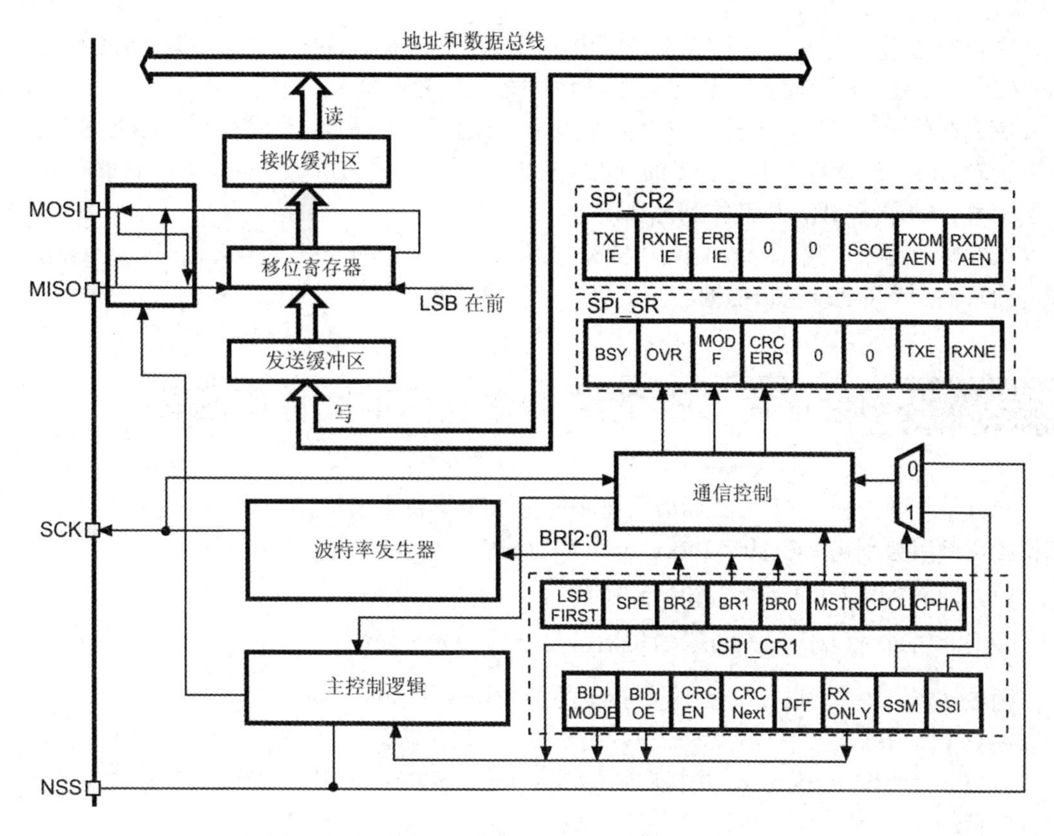

图 7-5　SPI 的结构（引自 ST 公司的官方参考手册）

SPI1、SPI4、SPI5、SPI6 是 APB2 上的设备，最高通信速率达 42 Mbps；SPI2、SPI3 是 APB1 上的设备，最高通信速率为 21 Mbps。

SCK 引脚的时钟信号是由波特率发生器根据控制寄存器 1（SPI_CR1）中的 BR[2:0]位控制的，BR[2:0]位是 PCLK 的分频因子，对 PLCK 进行分频的结果就是 SCK 引脚的时钟信号。PCLK 的分配结果如表 7-3 所示，f_{PCLK} 是 PCLK 的频率。

表 7-3　PCLK 的分频结果

BR[2:0]	分 频 结 果	BR[2:0]	分 频 结 果
000	$f_{PCLK}/2$	100	$f_{PCLK}/32$
001	$f_{PCLK}/4$	101	$f_{PCLK}/64$
010	$f_{PCLK}/8$	110	$f_{PCLK}/128$
011	$f_{PCLK}/16$	111	$f_{PCLK}/256$

MOSI 引脚和 MISO 引脚连接在数据移位寄存器上，数据移位寄存器的内容来自接收缓冲区、发送缓冲区或者 MISO 引脚和 MOSI 引脚。当向外发送数据时，数据移位寄存器的数据来自发送缓冲区，把数据一位一位地通过数据线发送出去；当从外部接收数据时，数据移位寄存器把接收到的数据一位一位地存储到接收缓冲区中。通过写 SPI 的数据寄存器（SPI_DR）把数据填充到发送缓冲区中，通过读 SPI_DR 可以获取接收缓冲区中的数据。数据帧的长度可以通过控制寄存器 1（SPI_CR1）的 DFF 位配置成 8 bit 或 16 bit；通过控制寄存器 1（SPI_CR1）的 LSBFIRST 位可选择先发送或接收 MSB 还是 LSB。

主控制逻辑负责协调整个 SPI，主控制逻辑的工作模式可由控制寄存器（SPI_CR1 和 SPI_CR2）配置，常用的控制参数包括 SPI 模式、波特率、LSB 先行、主/从模式、单/双向模式等。在外设工作时，主控制逻辑会根据外设的工作状态修改状态寄存器（SPI_SR），只需要读取 SPI_SR 就可以了解 SPI 的状态。除此之外，主控制逻辑还可以根据要求产生 SPI 中断信号、DMA 请求，以及控制片选信号。

在实际应用中，我们一般不使用 STM32 系列微控制器的 NSS 信号，而是使用 GPIO 接口，由软件控制 GPIO 接口的输出，从而产生通信的起始信号和停止信号。

任务 7.3 学会使用 SPI 的结构体及标准固件库函数

跟其他外设一样，STM32 标准固件库也为 SPI 提供了结构体及其初始化函数，结构体和初始化函数分别定义在 stm32f4xx_spi.h 和 stm32f4xx_spi.c 中。

（1）函数 SPI_Init()。该函数的原型是：

```
void SPI_Init(SPI_TypeDef* SPIx, SPI_InitTypeDef* SPI_InitStruct)
```

函数功能：根据 SPI_InitStruct 中指定的参数初始化 SPIx。

参数 1 是 SPIx，x 可以是 1、2…，用于选择 SPI。

参数 2 是 SPI_InitStruct，是指向结构 SPI_InitTypeDef 的指针，该结构体包含了 SPI 的配置信息。

```
typedef struct
{
    uint16_t SPI_Direction;             //设置 SPI 的单双向模式
    uint16_t SPI_Mode;                  //设置 SPI 的主/从机模式
    uint16_t SPI_DataSize;              //设置 SPI 的数据帧长度，可选 8 bit 或 16 bit
    uint16_t SPI_CPOL;                  //设置时钟极性，可选高/低电平
    uint16_t SPI_CPHA;                  //设置时钟相位，可选奇/偶数边沿采样
    uint16_t SPI_NSS;                   //设置 NSS 引脚由 SPI 硬件控制还是由软件控制
    uint16_t SPI_BaudRatePrescaler;     //设置时钟分频因子，fPCLK/分频数=fSCK
    uint16_t SPI_FirstBit;              //设置 MSB 或 LSB 先行
    uint16_t SPI_CRCPolynomial;         //设置 CRC 校验的多项式
}SPI_InitTypeDef;
```

① SPI_Direction：用于设置 SPI 为单向或双向模式，可选值包括 SPI_Direction_2Lines_FullDuplex（双线全双工）、SPI_Direction_2Lines_RxOnly（双线只接收）、SPI_Direction_1Line_Rx（单线只接收）、SPI_Direction_1Line_Tx（单线只发送）。SPI_Direction 的取值及含义如表 7-4 所示。

表 7-4 SPI_Direction 的取值及含义

SPI_ Direction 的取值	含　义
SPI_Direction_2Lines_FullDuplex	SPI 设置为双线双向全双工
SPI_Direction_2Lines_RxOnly	SPI 设置为双线单向接收

续表

SPI_ Direction 的取值	含　义
SPI_Direction_1Line_Rx	SPI 设置为单线只接收
SPI_Direction_1Line_Tx	SPI 设置为单线只发送

② SPI_Mode：用于设置 SPI 工作模式，可选值包括 SPI_Mode_Master（主机模式）和 SPI_Mode_Slave（从机模式）。两种模式的最大区别是 SCK 的时序，SCK 的时序是由主机决定的。若 SPI 被配置为从机模式，则 SPI 可以接收外部的 SCK。本书使用的是主机模式。SPI_Mode 的取值及含义如表 7-5 所示。

表 7-5　SPI_Mode 的取值及含义

SPI_Mode 的取值	含　义
SPI_Mode_Master	设置为主 SPI
SPI_Mode_Slave	设置为从 SPI

③ SPI_DataSize：用于配置数据帧的大小，可选值包括 SPI_DataSize_8b（8 bit）和 SPI_DataSize_16b（16 bit）。SPI_DataSize 的取值及含义如表 7-6 所示。

表 7-6　SPI_DataSize 的取值及含义

SPI_DataSize 的取值	含　义
SPI_DataSize_16b	SPI 发送接收 16 位帧结构
SPI_DataSize_8b	SPI 发送接收 8 位帧结构

④ SPI_CPOL：用于配置 SPI 的时钟极性 CPOL，可选值包括 SPI_CPOL_High（高电平）和 SPI_CPOL_Low（低电平）。SPI_CPOL 的取值及含义如表 7-7 所示。

表 7-7　SPI_CPOL 的取值及含义

SPI_CPOL 的取值	含　义
SPI_CPOL_High	时钟悬空高
SPI_CPOL_Low	时钟悬空低

⑤ SPI_CPHA：用于配置时钟相位 CPHA，可选值包括 SPI_CPHA_1Edge（在奇数沿到来时采集数据）和 SPI_CPHA_2Edge（在偶数沿到来时采集数据）。SPI_CPHA 的取值及含义如表 7-8 所示。

表 7-8　SPI_CPHA 的取值及含义

SPI_CPHA 的取值	含　义
SPI_CPHA_2Edge	在偶数沿到来时采集数据
SPI_CPHA_1Edge	在奇数沿到来时采集数据

⑥ SPI_NSS：用于配置 NSS 引脚的使用模式，可选值包括 SPI_NSS_Hard（硬件模式，这时 SPI 片选信号由 SPI 硬件自动产生）和 SPI_NSS_Soft（软件模式，这时片选信号由外部引脚控制，实际中软件模式应用比较多）。SPI_NSS 的取值及含义如表 7-9 所示。

表 7-9 SPI_NSS 的取值及含义

SPI_NSS 的取值	含 义
SPI_NSS_Hard	硬件模式
SPI_NSS_Soft	软件模式

⑦ SPI_BaudRatePrescaler：用于设置波特率，PLCK 分频后的时钟即 SPI 的 SCK。SPI_BaudRatePrescaler 的取值及含义如表 7-10 所示。

表 7-10 SPI_BaudRatePrescaler 的取值及含义

SPI_BaudRatePrescaler 的取值	含 义
SPI_BaudRatePrescaler2	预分频因子为 2
SPI_BaudRatePrescaler4	预分频因子为 4
SPI_BaudRatePrescaler8	预分频因子为 8
SPI_BaudRatePrescaler16	预分频因子为 16
SPI_BaudRatePrescaler32	预分频因子为 32
SPI_BaudRatePrescaler64	预分频因子为 64
SPI_BaudRatePrescaler128	预分频因子为 128
SPI_BaudRatePrescaler256	预分频因子为 256

例如，通过下面的代码可以将预分频因子设置为 32。

```
SPI_InitStruct.SPI_BaudRatePrescaler=SPI_BaudRatePrescaler_32;
```

⑧ SPI_FirstBit：用于设置数据传输是从 MSB 开始还是从 LSB 开始，可选值包括 SPI_FirstBit_MSB（MSB 先行）和 SPI_FirstBit_LSB（LSB 先行）。SPI_FirstBit 的取值及含义如表 7-11 所示。

表 7-11 SPI_FirstBit 的取值及含义

SPI_FirstBit 的取值	含 义
SPI_FirstBit_MSB	数据传输从 MSB 开始
SPI_FirstBit_LSB	数据传输从 LSB 开始

例如，通过下面的代码可以设置为 MSB 先行。

```
SPI_InitStruct.SPI_FirstBit=SPI_FirstBit_MSB;
```

⑨ SPI_CRCPolynomial：CRC 校验中的多项式，若使用 CRC 校验，就使用该参数，用来计算 CRC 校验值。

配置完结构体的成员后，调用函数 SPI_Init()即可把这些参数写入相关的寄存器，实现 SPI 初始化。代码如下：

```
/*初始化 SPI1*/
SPI_InitTypeDef SPI_InitStructure;                                    //定义结构体
SPI_InitStructure.SPI_Direction = SPI_Direction_2Lines_FullDuplex;//双线全双工
SPI_InitStructure.SPI_Mode = SPI_Mode_Master;                         //主模式
```

```
SPI_InitStructure.SPI_DatSize = SPI_DatSize_16b;                    //16 bit 的数据帧
SPI_InitStructure.SPI_CPOL = SPI_CPOL_Low;                          //极性为 0，即开始为低电平
SPI_InitStructure.SPI_CPHA = SPI_CPHA_2Edge;                        //CPHA 选择第 2 个沿
SPI_InitStructure.SPI_NSS = SPI_NSS_Soft;                           //NSS 的模式为软件模式
SPI_InitStructure.SPI_BaudRatePrescaler =SPI_BaudRatePrescaler_128;  //128 分频
SPI_InitStructure.SPI_FirstBit = SPI_FirstBit_MSB;                  //MSB 先行
SPI_InitStructure.SPI_CRCPolynomial = 7;                             //校验位为 7
SPI_Init(SPI1, &SPI_InitStructure);                                  //初始化结构体
```

（2）函数 SPI_Cmd()。该函数的原型是：

```
void SPI_Cmd(SPI_TypeDef* SPIx, FunctionalState NewState)
```

函数功能：使能或失能指定的 SPI。

参数 1 是 SPIx，x 可以是 1、2…，用来选择 SPI。

参数 2 是 NewState，表示 SPIx 的新状态，可选值是 ENABLE 和 DISABLE。

例如，通过下面的代码可以使能 SPI1。

```
SPI_Cmd(SPI1, ENABLE);
```

（3）函数 SPI_I2S_ITConfig()。该函数的原型是：

```
void SPI_I2S_ITConfig(SPI_TypeDef* SPIx, uint8_t SPI_I2S_IT, FunctionalState NewState)
```

函数功能：使能或失能指定的 SPI 或 I2S 中断。

参数 1 是 SPIx，x 可以是 1、2…，用来选择 SPI。

参数 2 是 SPI_I2S_IT 为待使能或者失能的 SPI 或 I2S 中断，常用值包括 SPI_I2S_IT_TXE（发送缓存空）、SPI_I2S_IT_RXNE（接收缓存非空）和 SPI_I2S_IT_ERR（错误）。

参数 3 是 NewState：表示 SPIx 中断的新状态，可选值包括 ENABLE 和 DISABLE。

（4）函数 SPI_I2S_SendData()。该函数的原型是：

```
void SPI_I2S_SendData(SPI_TypeDef* SPIx, uint16_t Data)
```

函数功能：通过外设 SPIx 发送一个数据。

参数 1 是 SPIx，x 可以是 1、2…，用来选择 SPI。

参数 2 是 Data，表示待发送的数据。

例如，下面的代码可以通过 SPI1 发送 0x55.

```
SPI_I2S_SendData(SPI1,0x55);
```

（5）函数 SPI_I2S_ReceiveData()。该函数的原型是：

```
uint16_t SPI_I2S_ReceiveData(SPI_TypeDef* SPIx)
```

函数功能：接收 SPIx 的数据。

参数是 SPIx，x 可以是 1、2…，用来选择 SPI。

例如，下面的代码可以把 SPI1 接收到的数据存入 temp 中。

```
temp=SPI_I2S_ ReceiveData (SPI1);
```

（6）函数 SPI_I2S_GetFlagStatus()。该函数的原型是：

```
FlagStatus SPI_I2S_GetFlagStatus(SPI_TypeDef* SPIx, uint16_t SPI_I2S_FLAG)
```

函数功能：检查指定的 SPI 标志位是否设置。

参数 1 是 SPIx，x 可以是 1、2…，用来选择 SPI。

参数 2 是 SPI_FLAG，表示 SPI 标志位，可选值包括 SPI_I2S_FLAG_TXE（发送缓存空标志位）和 SPI_I2S_FLAG_RXNE（接收缓存非空标志位）。

例如：

```
while(SPI_I2S_GetFlagStatus(SPI1,SPI_I2S_FLAG_TXE)==RESET);        //等待发送缓存为空；
while(SPI_I2S_GetFlagStatus(SPI1,SPI_I2S_FLAG_RXNE)==RESET);       //等待接收缓存非空。
```

（7）函数 SPI_I2S_ClearFlag()。该函数的原型是：

```
void SPI_I2S_ClearFlag(SPI_TypeDef* SPIx, uint16_t SPI_I2S_FLAG)
```

函数功能：清除 SPIx 的标志位。

参数 1 是 SPIx，x 可以是 1、2…，用来选择 SPI。

参数 2 是 SPI_FLAG，表示待清除的 SPI 标志位。

（8）函数 SPI_I2S_GetITStatus()。该函数的原型是：

```
ITStatus SPI_I2S_GetITStatus(SPI_TypeDef* SPIx, uint8_t SPI_I2S_IT)
```

函数功能：检查指定的 SPI 中断是否发生。

参数 1 是 SPIx，x 可以是 1、2…，用来选择 SPI。

参数 2 是 SPI_IT，表示待检查的 SPI 中断。

任务 7.4 利用 MAX7219 实现 8 位数码管的显示功能

7.4.1 编程任务

SPI 编程实例

利用 MAX7219 驱动数码管并显示数字“12345678”；编写函数 display()来显示任意一个数字（编写函数由读者自行完成）。

7.4.2 硬件设计

在前文中，我们通过 GPIO 接口点亮了 LED 和实现了数码管的显示。但微处理器中的 GPIO 接口数量并不是无限的，因此在使用点阵屏、多位数码管时，如果使用 GPIO 接口就会捉襟见肘。这时，就需要一个外设来扩展 GPIO 接口，如用于非高速应用的 MAX7219 芯片就是一个较好的选择。利用 MAX7219 可以控制 64 个输出端，正好可以控制 8 位数码管（8 段）或 8×8 点阵。利用 MAX7219 驱动 8 位数码管的电路原理图如图 7-6 所示。

MAX7219 的实物图如图 7-7 所示。

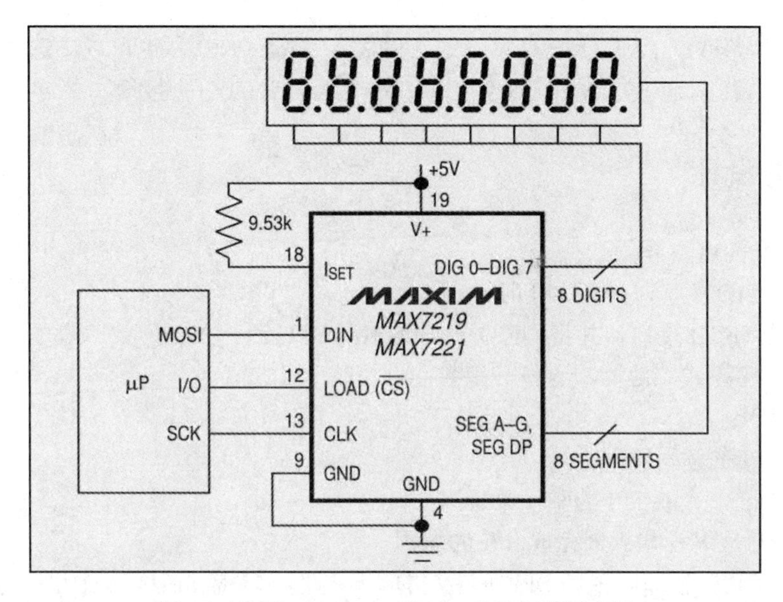

图 7-6　利用 MAX7219 驱动 8 位数码管原理图

图 7-7　MAX7219 的实物图

MAX7219 的引脚如表 7-12 所示。

表 7-12　MAX7219 的引脚

引　脚　号	名　　称	功　　能
1	DIN	数据输入引脚，在时钟信号上升沿到来时将数据载入内部的 16 bit 寄存器
2、3、5～8、10、11	DIG0～DIG7	数据驱动线路，将 8 位数码管的共阴极置为低电平。关闭时，MAX7219 的这些引脚输出高电平，MAX7221 的这些引脚呈现高阻抗
4、9	GND	4 引脚和 9 引脚必须同时接地
12	LOAD	载入数据。连续 16 bit 的数据在 LOAD 引脚的上升沿到来时被锁定
13	CLK	最大工作频率为 10 MHz。在时钟信号上升沿到来时，将数据载入内部的 16 bit 移位寄存器；在下降沿到来时，数据从 DOUT 引脚输出
14～17、20～23	SEGA～SEGG、DP	7 段和小数点驱动，为数码管提供电流。当某个段的驱动关闭时，MAX7219 的对应引脚为低电平，MAX7221 的对应引脚呈现高阻抗
18	SET	通过一个电阻连接到 V_{DD}，可提高端电流
19	V+	正极电压输入，+5 V
24	DOUT	串行数据输出接口，从 DIN 引脚输入的数据在 16.5 个时钟周期后在此引脚有效。当使用多个 MAX7219/MAX7221 时，该引脚可用于扩展

MAX7219 与微控制器的通信使用 SPI，MAX7219 使用的引脚少、通信速率高（可达 5 Mbps），因而应用广泛。STM32 系列微控制器的 SPI 对应的引脚如表 7-2 所示，这里选择

SPI1 的 PA7（MOSI）、PA6（MISO）、PA5（SCK）、PA4（NSS，也可以不选择 NSS 作为硬件模式，后面再详细论述），V+引脚连接 5 V 的电压，GND 引脚接地。

7.4.3 软件设计

SPI 的编程要点如下：

- 开启 GPIO 接口时钟和 SPI 时钟；
- 初始化 GPIO 接口，并将 GPIO 接口复用到 SPI 上；
- 配置 SPI 模式、地址、速率等参数；
- 使能 SPI；
- 编写 SPI 的读写函数；
- 编写程序，完成 SPI 的驱动。

下面我们对应编程要点来完成 SPI 的编程。

（1）开启 GPIO 接口时钟和 SPI 时钟。本节选择的 SPI 是 SPI1，4 个引脚分别是 PA5、PA6、PA7、PA4，因此要开启 GPIOA 接口时钟和 SPI1 时钟，而 SPI1 挂载在 APB2 上，因此要开启 APB2 时钟。代码如下：

```
RCC_AHBPeriphClockCmd(RCC_AHBPeriph_GPIOA,ENABLE);          //开启 GPIOA 接口时钟
RCC_APB2PeriphClockCmd(RCC_APB2Periph_SPI1,ENABLE);         //开启 SPI 时钟
```

（2）初始化 GPIO 接口，并将 GPIO 接口复用到 SPI 上。GPIO 接口包括 SPI 复用接口和 $\overline{CS}$ 接口，其中 $\overline{CS}$ 接口不选择 NSS 的硬件配置，因此其配置与 LED 的 GPIO 接口配置相同，SPI 复用接口的配置类似于 USART 的复用接口配置。

$\overline{CS}$ 接口的配置代码如下：

```
GPIO_InitTypeDef   GPIO_InitStructure;                        //定义结构体
GPIO_InitStructure.GPIO_Pin = GPIO_Pin_4;                     //选择 GPIO_Pin_4
GPIO_InitStructure.GPIO_Speed = GPIO_Speed_2MHz;              //将 GPIO 接口的频率设置为 2 MHz
GPIO_InitStructure.GPIO_Mode = GPIO_Mode_OUT;                 //输出模式
GPIO_InitStructure.GPIO_OType = GPIO_OType_PP;                //推挽输出模式
GPIO_InitStructure.GPIO_PuPd = GPIO_PuPd_NOPULL;              //悬空模式
GPIO_Init(GPIOA, &GPIO_InitStructure);                        //初始化结构体
```

SPI 复用接口的配置代码如下：

```
GPIO_InitTypeDef   GPIO_InitStructure;                              //定义结构体
GPIO_PinAFConfig(GPIOA,GPIO_PinSource5,GPIO_AF_SPI1);              //将 PA5 复用为 SPI1
GPIO_PinAFConfig(GPIOA,GPIO_PinSource6,GPIO_AF_SPI1);              //将 PA6 复用为 SPI1
GPIO_PinAFConfig(GPIOA,GPIO_PinSource7,GPIO_AF_SPI1);              //将 PA7 复用为 SPI1
//选择 GPIO_Pin_5～7
GPIO_InitStructure.GPIO_Pin = GPIO_Pin_5|GPIO_Pin_6|GPIO_Pin_7;
GPIO_InitStructure.GPIO_Speed = GPIO_Speed_2MHz;                    //将 GPIO 接口的频率设置为 2 MHz
GPIO_InitStructure.GPIO_Mode = GPIO_Mode_AF;                        //复用模式
GPIO_InitStructure.GPIO_OType = GPIO_OType_PP;                      //推挽输出模式
GPIO_InitStructure.GPIO_PuPd = GPIO_PuPd_DOWN;                      //下拉模式
GPIO_Init(GPIOA, &GPIO_InitStructure);                              //初始化结构体
```

（3）配置 SPI 的模式、地址、速率等参数。这里的配置一定要结合外设的通信方式来设置，我们看一下 MAX7219 的具体设置。MAX7219 是一个 SPI 总线驱动的器件，其工作时序如图 7-8 所示。

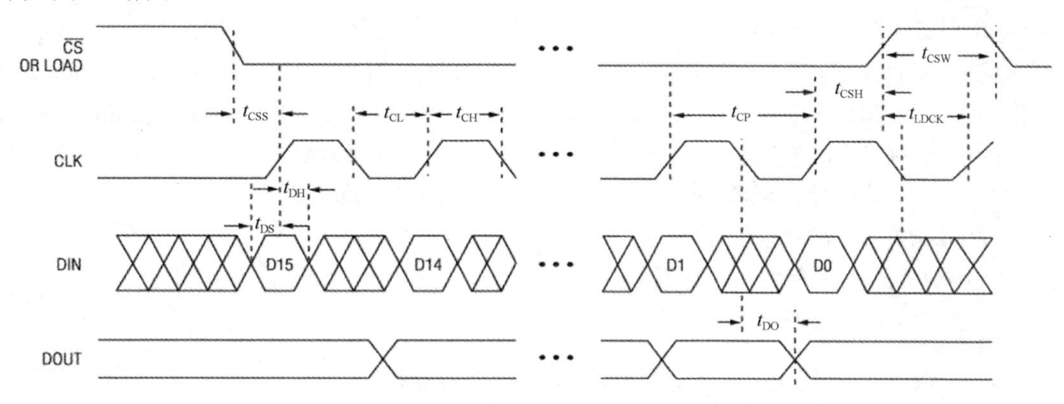

图 7-8　MAX7219 的工作时序

从图 7-8 可以看出，MAX7219 工作时，$\overline{CS}$ 需要全程低电平，SCK 的初始状态为低电平，所以 CPOL=0；在送入被显示数据时，SCK 需要工作于上升沿，所以 CPHA 为 0，即 SPI 工作于 SPI0 模式。其实，考虑另一种情况，时钟信号是循环往复的，若由于某种原因，SCK 的初始状态为高电平（CPOL=1），那么时钟信号的第 1 个沿就是下降沿，第 2 个沿是上升沿，因此需要将 CPHA 设置成 1，即 SPI3，也可以使器件正常工作。

通过 MAX7219 数据手册可得到 MAX7219 的命令寄存器，如表 7-13 所示。

表 7-13　MAX7219 的功能寄存器

寄　存　器	地　址					HEX CODE
	D15～D12	D11	D10	D9	D8	
No-OP	X	0	0	0	0	0xX0
Digit 0	X	0	0	0	1	0xX1
Digit 1	X	0	0	1	0	0xX2
Digit 2	X	0	0	1	1	0xX3
Digit 3	X	0	1	0	0	0xX4
Digit 4	X	0	1	0	1	0xX5
Digit 5	X	0	1	1	0	0xX6
Digit 6	X	0	1	1	1	0xX7
Digit 7	X	1	0	0	0	0xX8
DecodeMode	X	1	0	0	1	0xX9
Intensity	X	1	0	1	0	0xXA
Scan Limit	X	1	0	1	1	0xXB
Shutdown	X	1	1	0	0	0xXC
DisplayTest	X	1	1	1	1	0xXF

表 7-13 中的 X 部分可以任意取值，为方便本书将其写成 0（如将 0xX1 写成 0x01）。寄

存器 0x01～0x08 为数位寄存器，在 MAX7219 中这 8 个数位寄存器的编号是 0～7，恰好可以表示 MAX7219 所能控制的 8 位数码管。0x09 寄存器为 DecodeMode 寄存器，当 0x09 寄存器为 1 时，向数位寄存器写入 0～9，即可显示 0～9。当 0x09 寄存器为 0 时，开发者可以按需要点亮某个数位上的数码管的各个笔画。0x0A 寄存器中的数字用于确定数码管的亮度，亮度等级共分 1、3、5、7、…、31，共 16 级。0x0B 寄存器中的数字为 0～7，可确定 MAX7219 的扫描范围。当 MAX7219 连接的是 4 位数码管时，扫描范围确定为 3 即可。若将数码管关闭，则会向 0x0C 寄存器中送入 0；若将数码管打开，则会向 0x0C 寄存器中送入 1。在数码管工作时可以测试其是否正常（是否丢失笔画），测试的方法是让数码管的所有笔画都闪烁，这就需要向 0x0F 寄存器送入 1，测试结束后再送入 0。

MAX7219 的操作命令是寄存器编号与数据整合而成的一个 32 位整型数字，如表 7-14 所示。

表 7-14 MAX7219 的寄存器命令

MAX7219 寄存器命令	命令解释
0x0C01	打开 MAX7219 的输出
0x0F01	进入测试方式
0x0F00	关闭测试方式
0x0901	设置为 DecodeMode 模式
0x0A0F	设置亮度为 15/32
0x0107	第 1 个数码管显示 7
0x0205	第 2 个数码管显示 5
0x0303	第 3 个数码管显示 3
0x0401	第 4 个数码管显示 1

在使用 MAX7219 时，只需要先初始化 SPI，再将 $\overline{CS}$ 引脚置为高电平，最后通过读写 SPI 总线的方法发送 MAX7219 寄存器命令即可。

```
SPI_InitTypeDef SPI_InitStruct;                              //定义 SPI 的结构体
SPI_InitStruct.SPI_Direction=SPI_Direction_2Lines_FullDuplex;        //配置双线全双工
SPI_InitStruct.SPI_Mode=SPI_Mode_Master;                     //主/从模式选择
SPI_InitStruct.SPI_DataSize=SPI_DataSize_16b;                //传输数据宽度
SPI_InitStruct.SPI_CPOL=SPI_CPOL_Low;                        //CPOL 的极性为低电平
SPI_InitStruct.SPI_CPHA=SPI_CPHA_1Edge;                      //CPHA 的第一个沿
SPI_InitStruct.SPI_NSS=SPI_NSS_Soft;                         //NSS 使用软件模式
//预分配因子为 32，APB2 时钟频率为 84 MHz，分频以后小于 10 MHz，满足器件要求
SPI_InitStruct.SPI_BaudRatePrescaler=SPI_BaudRatePrescaler_32;
SPI_InitStruct.SPI_FirstBit=SPI_FirstBit_MSB;                //MSB 先行
SPI_InitStruct.SPI_CRCPolynomial=7;                          //校验位
SPI_Init(SPI1,&SPI_InitStruct);                              //初始化结构体
```

（4）使能 SPI。代码如下：

```
SPI_Cmd(SPI1, ENABLE);
```

（5）编写 SPI 的读写函数。初始化 SPI 后，就可以收发数据了。从图 7-8 可知，只要主

机向从机发送（写入）数据，就可以同时接收到从机的数据，所以关键在于 SPI 的读写函数：

```
SPI_I2S_SendData(SPI1, data);
```

该函数将 uint16_t 类型的 data 参数送入 SPI，为了保证发送成功，需要检测 SPI 的发送状态，发送数据的代码如下：

```
while (SPI_I2S_GetFlagStatus(SPI1, SPI_I2S_FLAG_TXE) == RESET);
SPI_I2S_SendData(SPI1, data);
```

即等待 SPI 空闲时再发送数据。接收数据的代码如下：

```
while (SPI_I2S_GetFlagStatus(SPI1, SPI_I2S_FLAG_RXNE) == RESET);
revdata=SPI_I2S_ReceiveData(SPI1);
```

即在接收接口空闲时接收 SPI 上的数据。

考虑到 MAX7219 在工作时，$\overline{CS}$ 引脚要工作在低电平状态，因此以上代码要配合 $\overline{CS}$ 引脚的电平，方法是：在收发数据前，先将 $\overline{CS}$ 引脚的电平拉低，确保其工作在低电平状态，可以在 $\overline{CS}$ 引脚电平拉低后延迟一段时间 t，t 的值可以参考 MAX7219 的数据手册；完成数据的收发后，再将 $\overline{CS}$ 引脚的电平拉高，以便进行下一次操作。代码如下：

```
CS_LOW;                                                    //将 CS 引脚的电平拉低
delay(1);                                                  //延时
while(SPI_I2S_GetFlagStatus( SPI1,   SPI_I2S_FLAG_TXE)==RESET);        //等待 SPI 空闲
SPI_I2S_SendData( SPI1,   data);                           //发送数据
while(SPI_I2S_GetFlagStatus( SPI1,   SPI_I2S_FLAG_RXNE)==RESET);       //等待 SPI 空闲
SPI_I2S_ReceiveData( SPI1);                                //接收数据
CS_HIGH;                                                   //将 CS 引脚的电平拉高
delay(100);                                                //延时
```

（6）编写程序，完成 SPI 的驱动。代码如下：

```
void max7219_Init(void)                                    //MAX7219 的初始化函数
{
     spi_Init();                                           //SPI 的配置函数
     CS_HIGH;                                              //将 CS 引脚的电平拉高
     write_7219(0x0f01);                                   //显示测试开
     write_7219(0x0f00);                                   //显示测试关
     write_7219(0x0c01);                                   //设置显示模式
     write_7219(0x09ff);                                   //设置 BCD 编码
     write_7219(0x0a01);                                   //设置亮度为最低
     write_7219(0x0b07);                                   //设置 8 位数码管都显示
}
```

7.4.4　实例代码

SPI 编程实验

SysTick 系统定时器

Systick 编程实验

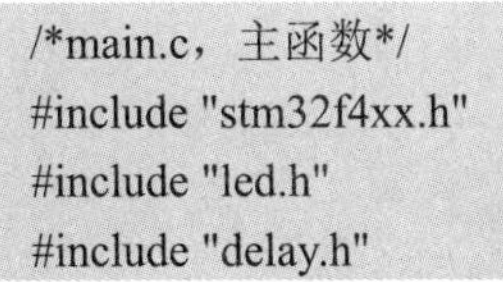

```
/*main.c，主函数*/
#include "stm32f4xx.h"
#include "led.h"
#include "delay.h"
```

```
#include "key.h"
#include "seg.h"
#include "basic_TIM.h"
#include "EXTI.h"
#include "calendar.h"
#include "usart.h"
#include "systick.h"
#include "max7219.h"

char led=0x00;                          //前面工程的 led，这里没有使用
int key0;                               //前面工程的变量，这里没有使用
int a=0;                                //前面工程的变量，这里没有使用
int min=59,sec=57,hour=23,year=2020,month=2,day=28,monthday;    //前面工程的变量，这里没有使用

int main(void)
{
    max7219_Init();                     //MAX7219 的初始化函数
    while(1){
        write_7219(0x0101);             //在第 1 位数码管上显示 1
        write_7219(0x0202);             //在第 2 位数码管上显示 2
        write_7219(0x0303);             //在第 3 位数码管上显示 3
        write_7219(0x0404);             //在第 4 位数码管上显示 4
        write_7219(0x0505);             //在第 5 位数码管上显示 5
        write_7219(0x0606);             //在第 6 位数码管上显示 6
        write_7219(0x0707);             //在第 7 位数码管上显示 7
        write_7219(0x0808);             //在第 8 位数码管上显示 8
    }
}
/*max7219.c，MAX7219 的配置函数，其中包括 SPI 的 GPIO 接口的配置函数、SPI 的参数配置函数，
以及 MAX7219 的参数配置函数。max7219.c 需要新建并保存在 HARDWARE 文件夹中*/
#include "stm32f4xx.h"
#include "max7219.h"
#include "delay.h"
//先对 PA4 进行配置，再对 PA5、PA6、PA7 进行配置，并映射到 SPI 上
void spi_GPIO_config(void)                          //GPIO 接口的配置
{
    GPIO_InitTypeDef GPIO_InitStruct;               //定义结构体
    RCC_AHB1PeriphClockCmd(RCC_AHB1Periph_GPIOA, ENABLE);            //开启时钟
    GPIO_InitStruct.GPIO_Pin=GPIO_Pin_4;                    //打开 GPIO_Pin_4
    GPIO_InitStruct.GPIO_Mode=GPIO_Mode_OUT;                //输出模式
    //将 GPIO 接口的频率设置为 2 MHz，MAX7219 要求频率最高不超过 10 MHz
    GPIO_InitStruct.GPIO_Speed=GPIO_Speed_2MHz;
    GPIO_InitStruct.GPIO_OType=GPIO_OType_PP;               //推挽输出模式
    GPIO_InitStruct.GPIO_PuPd=GPIO_PuPd_NOPULL;             //悬空模式
    GPIO_Init(GPIOA, &GPIO_InitStruct);                     //初始化结构体
    GPIO_InitStruct.GPIO_Pin=GPIO_Pin_5|GPIO_Pin_6|GPIO_Pin_7;              // GPIO_Pin_5～7
    GPIO_InitStruct.GPIO_Mode=GPIO_Mode_AF;                 //复用模式
    GPIO_InitStruct.GPIO_Speed=GPIO_Speed_2MHz;             //将 GPIO 接口的频率设置为 2 MHz
```

```
    GPIO_InitStruct.GPIO_OType=GPIO_OType_PP;              //推挽输出
    GPIO_InitStruct.GPIO_PuPd=GPIO_PuPd_DOWN;              //下拉
    GPIO_Init(GPIOA, &GPIO_InitStruct);                    //初始化结构体
    GPIO_PinAFConfig(GPIOA,GPIO_PinSource5,GPIO_AF_SPI1);          //复用到 SPI1
    GPIO_PinAFConfig(GPIOA,GPIO_PinSource6,GPIO_AF_SPI1);          //复用到 SPI1
    GPIO_PinAFConfig(GPIOA,GPIO_PinSource7,GPIO_AF_SPI1);          //复用到 SPI1
}
void spi_config(void)                                              //SPI 参数的配置
{
    SPI_InitTypeDef SPI_InitStruct;                                //初始化结构体
    RCC_APB2PeriphClockCmd(RCC_APB2Periph_SPI1, ENABLE);           //打开 SPI1 的时钟
    SPI_InitStruct.SPI_Direction=SPI_Direction_2Lines_FullDuplex;  //双线全双工
    SPI_InitStruct.SPI_Mode=SPI_Mode_Master;                       //主/从模式选择
    SPI_InitStruct.SPI_DataSize=SPI_DataSize_16b;                  //数据宽度为 16 bit
    SPI_InitStruct.SPI_CPOL=SPI_CPOL_Low;                          //极性 CPOL 为低电平
    SPI_InitStruct.SPI_CPHA=SPI_CPHA_1Edge;                        //CPHA 为第 1 个沿
    SPI_InitStruct.SPI_NSS=SPI_NSS_Soft;                           //NSS 的软件模式
    SPI_InitStruct.SPI_BaudRatePrescaler=SPI_BaudRatePrescaler_32; //分频
    SPI_InitStruct.SPI_FirstBit=SPI_FirstBit_MSB;                  //MSB 先行
    SPI_InitStruct.SPI_CRCPolynomial=7;                            //校验
    SPI_Init( SPI1, & SPI_InitStruct);                             //初始化结构体
    SPI_Cmd( SPI1, ENABLE);                                        //使能 SPI1
}
void spi_Init(void)                    //SPI 的初始化函数，包含 GPIO 的配置和 SPI 的配置
{
    spi_GPIO_config();
    spi_config();
}

int write_7219(uint16_t data)                                      //写数据函数，最关键
{
    CS_LOW;                                                        //将 CS 引脚的电平拉低
    delay(1);                                                      //延时
    while(SPI_I2S_GetFlagStatus( SPI1,  SPI_I2S_FLAG_TXE)==RESET);  //等待 SPI1 空闲
    SPI_I2S_SendData( SPI1,  data);                                //发送数据
    while(SPI_I2S_GetFlagStatus( SPI1,  SPI_I2S_FLAG_RXNE)==RESET); //等待 SPI1 接收空闲
    SPI_I2S_ReceiveData( SPI1);                                    //接收数据
    CS_HIGH;                                                       //将 CS 引脚的电平拉高
    delay(100);                                                    //延时
    return 0;                                                      //返回值为 0
}
void max7219_Init(void)                                        //MAX7219 的初始化函数
{
    spi_Init();                            //SPI 的初始化函数
    CS_HIGH;                               //将 CS 引脚的电平拉高
    write_7219(0x0f01);                    //显示测试开
    write_7219(0x0f00);                    //显示测试关
    write_7219(0x0c01);                    //设置显示模式
```

```
        write_7219(0x09ff);                      //设置 BCD 编码
        write_7219(0x0a01);                      //设置亮度为最低
        write_7219(0x0b07);                      //设置 8 位数码管都显示
    }
    /*max7219.h，库函数，也需要新建并保存在 HARDWARE 文件夹中，在 main.c 中使用 include 包含该
库函数*/
    #ifndef __MAX7219_H
    #define __MAX7219_H
    #define CS_LOW GPIO_ResetBits(GPIOA,GPIO_Pin_4)            //宏定义
    #define CS_HIGH GPIO_SetBits(GPIOA,GPIO_Pin_4)             //宏定义
    void spi_GPIO_config(void);                  //函数声明
    void spi_config(void);                       //函数声明
    void spi_Init(void);                         //函数声明
    int write_7219(uint16_t data);               //函数声明
    void max7219_Init(void);                     //函数声明
    #endif
```

7.4.5 下载验证

编译上面的代码，当编译没有警告和错误时将编译后的程序下载到开发板。重启开发板后，数码管显示的数字如图 7-9 所示。

图 7-9 数码管显示的数字

对显示函数进行改进，代码如下：

```
void display(uint8_t add, uint8_t data)    //在 add 处显示 data
{
    uint16_t temp;                          //定义一个临时变量 temp
    temp=add<<8|data;                       //把 add 和 data 变成一个 16 bit 的数据
    write_7219(temp);                       //使用函数 write_7219()写入数据
}
```

主函数就可以改为：

```
int main(void)
{
```

```
    max7219_Init();                                          //初始化
    while(1)
    {
        display(1,1);
        display(2,2);
        display(3,3);
        display(4,4);
        display(5,5);
        display(6,6);
        display(7,0);
        display(8,1);                                        //显示 10654321
    }
}
```

重新编译改进函数后的代码，当编译没有警告和错误时将编译后的程序下载到开发板。重启开发板后，数码管的显示数字如图 7-10 所示。

图 7-10　改进显示函数后数码管的显示结果

7.5 项目总结

本项目主要介绍了 SPI 协议，以及 STM32 系列微控制器的 SPI 特性、功能、结构体和标准固件库函数，并利用 MAX7219 实现了 8 位数码管的显示功能。

7.6 动手实践

（1）编程：请使用 PA4、PA5、PA6、PA7 引脚作为 SPI 的 NSS、SCK、MISO、MOSI 引脚，完成 MAX7219 的驱动，在 8 位数码管上显示数字 12345678。请在下面的横线上写出关键代码。

____

____

____

____

（2）编程：请使用 PA4、PA5、PA6、PA7 引脚作为 SPI 的 NSS、SCK、MISO、MOSI 引脚，完成 MAX7219 的驱动，在 8 位数码管上显示时间，格式为“20××.××.××”。请在下面的横线上写出关键代码。

____

____

____

____

7.7 润物无声：6G 争夺战已然打响

在 6G 时代，我国面临着比 5G 时代更加激烈的竞争。

2020 年 10 月，美国电信行业解决方案联盟牵头组建 6G“联盟”，主要任务是建立 6G 战略路线图、推动 6G 相关政策及预算、6G 技术和服务的全球推广等。目前，高通、苹果、三星、诺基亚等几十家信息通信巨头已加入该联盟，然而中国企业却被排除在外。自 6G“联盟”成立至今，美国联合“盟友”对中国通信行业的遏制持续升级。

专家认为，6G 将会在 2030 年前后实现规模化商用，未来 3～5 年将是 6G 技术研发的关键窗口期。建立全球统一的技术标准，有利于 6G 技术尽快在全球落地，造福全球民众。美国单方面制裁中国通信企业，建立排他性的“小圈子”，与这一目标背道而驰。

7.8 知识巩固

一、选择题

（1）SPI 是一种________的通信总线。

（A）高速的　（B）全双工　（C）同步　（D）异步

（2）SPI 的四根线分别是________。

（A）MISO　（B）MOSI　（C）CS　（D）SCK

（3）SPI 通信的时钟极性为低电平，采样时刻为第 2 个时钟边沿的 CPOL 和 CPHA 的取值是________。

（A）0，0　（B）0，1　（C）1，0　（D）1，1

（4）SPI 的通信过程可以由________触发。

（A）NSS 的下降沿　（B）NSS 的上升沿

（C）SCK 的下降沿　（D）SCK 的上升沿

（5）STM32 系列微控制器的 SPI 支持________协议。

（A）SPI　（B）I2S　（C）I2C　（D）USART

（6）表示双线全双工的代码是________。

（A）SPI_Direction_2Lines_FullDuplex　（B）SPI_Direction_2Lines_RxOnly

（C）SPI_Direction_1Line_Rx　（D）SPI_Direction_1Line_Tx

（7）SPI 通信的数据帧大小可以设置为________。

（A）4 bit（SPI_DataSize_4b）　（B）8 bit（SPI_DataSize_8b）

（C）16 bit（SPI_DataSize_16b）　（D）32 bit（SPI_DataSize_32b）

（8）PA5、PA6、PA7 引脚可分别复用为 SPI1 的________引脚。

（A）SCK、MISO、MOSI　（B）MISO、MOSI、SCK

（C）NSS、MISO、MOSI　（D）MISO、MOSI、NSS

（9）表示主出从入（主机输出、从机输入）的数据线是________。

（A）MISO　（B）MOSI　（C）NSS　（D）SCK

（10）表示主入从出（主机输入、从机输出）的数据线是________。

（A）MISO　（B）MOSI　（C）NSS　（D）SCK

（11）SPI 的时钟线的是________。

（A）MISO　（B）MOSI　（C）NSS　（D）SCK

（12）SPI 的片选线的是________。

（A）MISO　（B）MOSI　（C）NSS　（D）SCK

（13）SPI1、SPI4、SPI5、SPI6 是 APB2 上的设备，最高通信速率为________。

（A）21 Mbps　（B）42 Mbps　（C）84 Mbps　（D）168 Mbps

（14）SPI2、SPI3 是 APB1 上的设备，最高通信速率为________。

（A）21 Mbps　（B）42 Mbps　（C）84 Mbps　（D）168 Mbps

（15）SPI_CPOL 是来配置 SPI 时钟极性 CPOL 的，它的取值有________。

（A）SPI_CPOL_High，表示高电平　（B）CPOL_High，表示高电平

（C）SPI_CPOL_Low，表示低电平　（D）CPOL_Low，表示低电平

（16）SPI_CPHA 用于配置时钟相位 CPHA，包括 SPI_CPHA_1Edge 和 SPI_CPHA_2Edge，它们的含义是________。

（A）在 SCK 的奇数沿采集数据　（B）在 SCK 的偶数沿采集数据

（C）在 SCK 的第 1 个沿采集数据　（D）在 SCK 的第 2 个沿采集数据

（17）SPI_NSS 用于配置 NSS 引脚的使用模式，硬件模式（SPI_NSS_Hard）是由________控制的，这时 SPI 的片选信号由 SPI 硬件自动产生；软件模式（SPI_NSS_Soft）是由________控制的，实际中软件模式应用得比较多。

（A）外部引脚　（B）软件　（C）内部定时　（D）微控制器

（18）SPI_BaudRatePrescaler 用于配置预分频因子，分频后的时钟就是 SCK，则 SPI_BaudRatePrescaler_32 的含义是________。

（A）设置为 PCLK 的 16 分频　（B）设置为 PCLK 的 32 分频

（C）设置为 PCLK 的 64 分频　（D）设置为 PCLK 的 128 分频

（19）write_7219(0x0f01)的含义是________。

（A）显示测试打开　（B）显示测试关闭

（C）扫描打开　（D）亮度控制

（20）write_7219(0x0b07)的含义是________。

（A）扫描范围是 1～8 位数码管　（B）扫描范围是 0～7 位数码管

（C）扫描范围是 1～b 位数码管　（D）扫描范围是 7～b 位数码管

项目 8
使用定时器生成 PWM 信号

项目描述：

本项目将介绍 PWM 的原理、STM32 系列微控制器的定时器、使用定时器生成 PWM 信号的原理、定时器的结构体及标准固件库函数。

项目内容：

- 任务 1：理解使用定时器生成 PWM 信号的原理。
- 任务 2：熟悉 STM32 系列微控制器的定时器。
- 任务 3：学会使用定时器的结构体及标准固件库函数。
- 任务 4：使用定时器生成 PWM 信号的软件设计。

学习目标：

- 熟悉 PWM 的功能。
- 理解定时器生成 PWM 信号原理。
- 掌握 STM32 系列微控制器的定时器的结构。
- 学会定时器的结构体和标准固件库函数的使用。
- 能够使用定时器生成 PWM 信号。

PWM 原理

任务 8.1 理解使用定时器生成 PWM 信号的原理

脉冲宽度调制（Pulse Width Modulation，PWM）在嵌入式系统中得到了广泛的应用。当数字信号在 0 和 1 之间跳变时，就会形成方波。当我们对这些方波进行调制时，就可以产生一些周期信号。不同的方波时间间隔会形成不同的频率，方波可以调整的参数包括频率，以及在一个时钟周期里高电平和低电平的时间长短。PWM 信号的频率与占空比调整如图 8-1 所示，频率可以通过 Period 来调整，而高电平和低电平可以通过 TON 和 TOFF 来调整，这就是 PWM 的两个重要参数——频率和占空比。

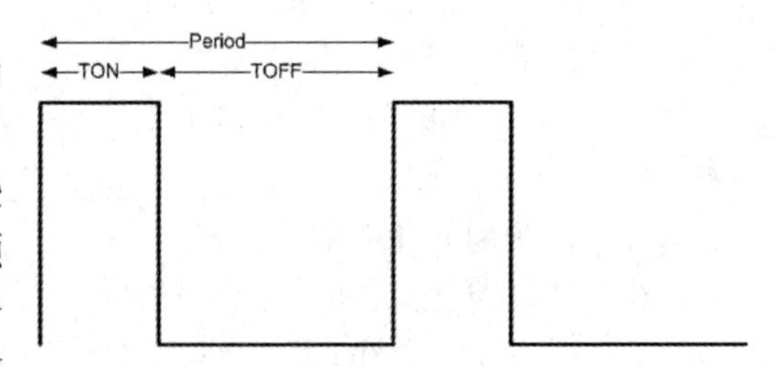

Period = TON + TOFF

Frequency = 1 / Period

Duty Cycle = $\frac{TON}{TON + TOFF} \times 100$

图 8-1　PWM 信号的频率与占空比调整

占空比是指高电平时间与周期时间的比值，

即高电平的方波占整个波形的比例，而脉冲宽度就是高电平方波的持续时间。

相同频率、不同占空比的 PWM 信号如图 8-2 所示，占空比分别为 10%、30%、50%、90%。

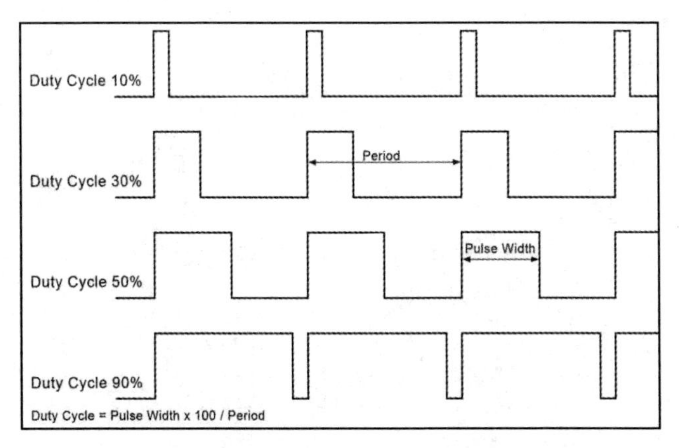

图 8-2　相同频率、不同占空比的 PWM 信号

PWM 的应用非常广泛。当调整一个周期内高电平时间的长短时，就会使整个信号的平均电压值发生连续的变化，这时 PWM 可以通过时间的特性，也就是周期频率和占空比实现时序上的控制，也可以通过幅度上的调整来实现对模拟电压的控制。使用 PWM 信号进行 A/D 转换的电路原理图如图 8-3 所示，该电路由一个滤波电路和一个电压跟随器组成，当 PWM 信号输入该电路时，可实现 A/D 转换。

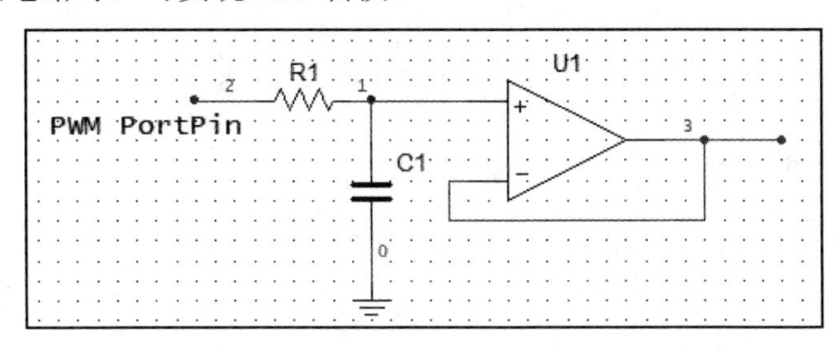

图 8-3　使用 PWM 信号进行 A/D 转换的电路原理图

还有一类很重要的应用，就是在智能车中，会使用直流伺服电机控制智能车，我们可以通过一对反向的 PWM 信号来控制直流伺服电机的正转和反转，如图 8-4 所示。

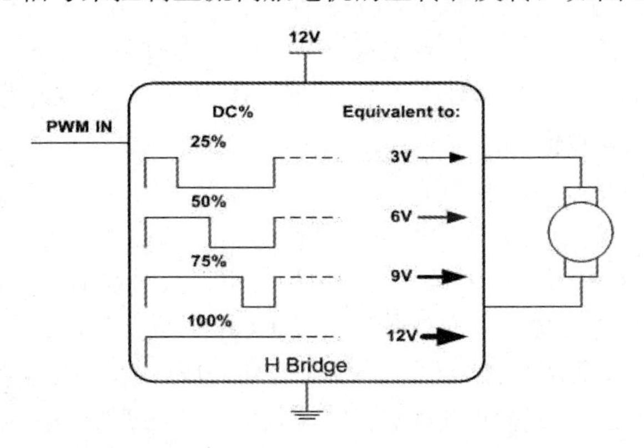

图 8-4　使用一对反向的 PWM 信号控制直流伺服电机的正/反转

通过 PWM 信号驱动扬声器的电路原理图如图 8-5 所示，该电路是一个简单的晶体管驱动电路，用于驱动扬声器发声，通过产生不同频率的声音可得到电子音乐。

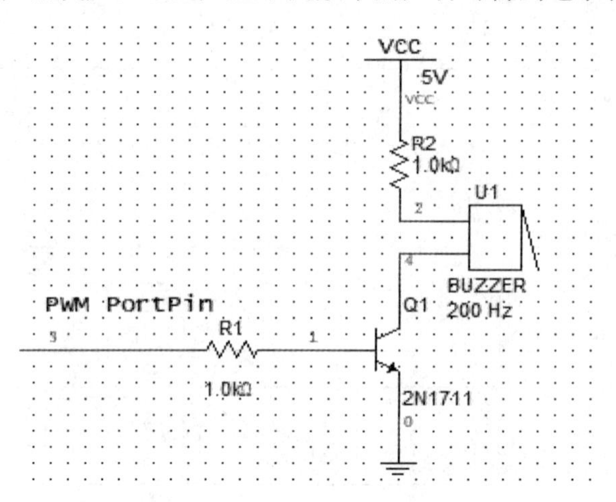

图 8-5　通过 PWM 信号驱动扬声器

在图 8-6 所示的电路原理图中，通过 PWM 信号可以控制一个灯，使灯的亮度可以连续调节。

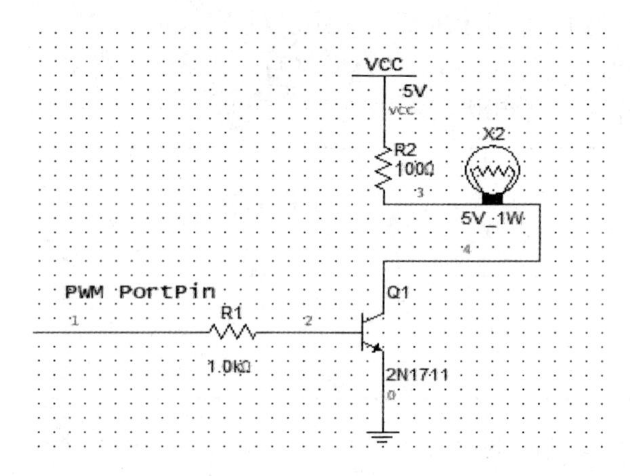

图 8-6　使用 PWM 信号调节灯的亮度

下面我们来介绍使用定时器生成 PWM 信号的原理，如图 8-7 所示。定时的本质就是对固定的时间间隔进行计数，使用定时器生成 PWM 信号的原理和定时非常相似。我们在一个固定频率下进行累加的计数，就需要一个计数寄存器（CNT）来保存当前的计数值。在一个固定的时钟频率下，让计数值不断地累加或累减，就需要一个寄存器来控制计数值到达多少时归零，这就构成了这个信号的周期，这个寄存器就是重装载寄存器（ARR）。PWM 与定时器的不同之处在于，PWM 需要在定时器的基础上增加一个寄存器，即比较寄存器（CCR），当计数值达到 CCR 的设定值时，引脚上的输出信号就发生一次翻转。例如，在计时开始时，引脚上的信号由原来的 0 变为 1，而计数值达到 CCR 的设定值时，就发生翻转，引脚上的信号由 1 变为 0，计到周期那个计数值时，一个周期完成，计数器的值归零，周而复始，我们就得到了固定频率、固定占空比的脉冲宽度调制信号，这就是使用定时器生成 PWM 信号的原理。

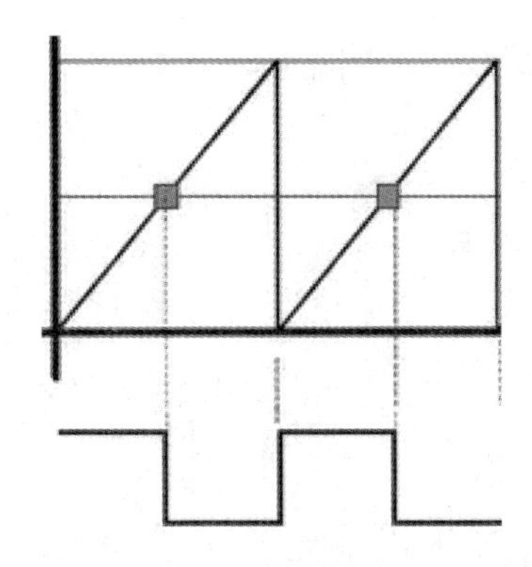

图 8-7　使用定时器生成 PWM 信号的原理

下面我们就来看看在使用定时器生成 PWM 信号时，频率与占空比是如何计算的。

假定我们选用 TIM3，由于 TIM3 挂载在 APB1 上，因此 TIM3 的时钟频率是 84 MHz。

如果将 TIM_Prescaler（预分频器）设定 84 分频，也就是 84 MHz 的频率要进行 84 分频，得到的结果 1 MHz 的频率。我们将 ARR 设定为 1000，也就是计数器按照 1 MHz 共计 1000 个数，那么生成的 PWM 信号频率就是 1 MHz/1000=1 kHz。这就是计算频率的方法。

若设定 CCR 的值为 500，那么占空比就是 CCR/ARR，也就是 50%。通过改变 CCR 的值可以调整 PWM 信号的占空比。

任务 8.2 熟悉 STM32 系列微控制器的定时器

通用定时器包括 TIM2～TIM5、TIM9～TIM14。

8.2.1　TIM2～TIM5 的主要特性

TIM2～TIM5 主要特性如下：

- 具有 16 bit（TIM3 和 TIM4）或 32 bit（TIM2 和 TIM5）的递增、递减和递增/递减自动重载计数器。
- 具有 16 bit 的可编程预分频器，用于对计数器时钟频率进行分频，分频系数是 1～65536 之间整数。
- 具有 4 个独立通道，可用于输入捕获、输出比较、PWM 信号生成（边沿对齐模式和中心对齐模式）、单脉冲模式输出。
- 使用外部信号控制定时器，并且可实现多个定时器互连的同步电路。
- 发生如下事件时可产生中断或 DMA 请求：
  - 更新事件，如计数器上溢/下溢、计数器初始化（通过软件或内部/外部触发）；
  - 触发事件（计数器启动、停止、初始化或通过内部/外部触发计数）；
  - 输入捕获；
  - 输出比较。
- 支持用于定位的增量（正交）编码器和霍尔传感器电路。
- 外部时钟或逐周期电流管理可触发输入。

通用定时器 TIM2～TIM5 的结构如图 8-8 所示。

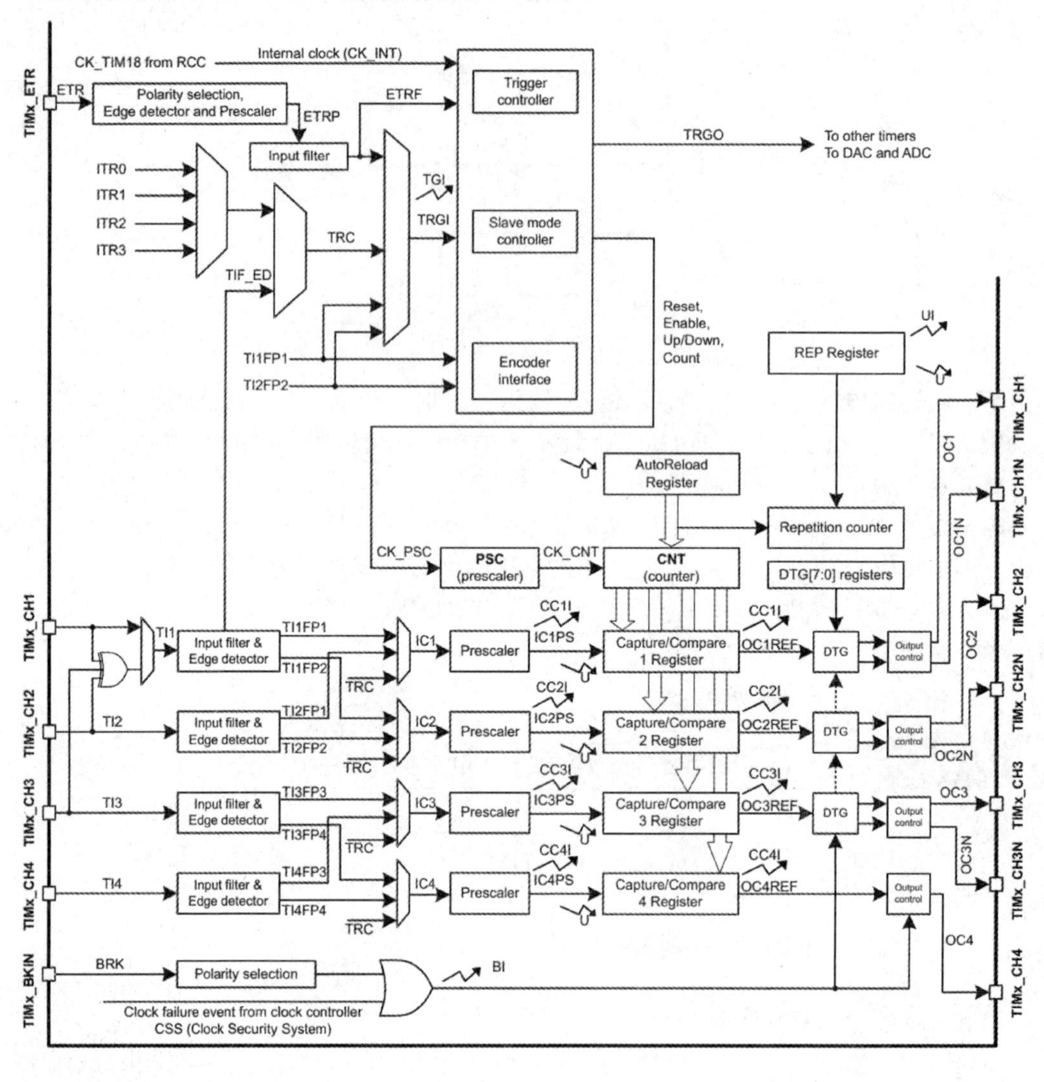

图 8-8　通用定时器 TIM2～TIM5 的结构（引自 ST 公司的官方参考手册）

8.2.2　TIM9～TIM14 的主要特性

TIM9～TIM14 的主要特性如下：

- 具有 16 bit 的自动重载递增计数器（属于中等容量器件）。
- 具有 16 bit 的可编程预分频器，用于对计数器时钟频率进行分频，分频系数是 1～65536 之间的整数。
- 具有 2 个独立通道，可用于输入捕获、输出比较、PWM 信号生成（边沿对齐模式）、单脉冲模式输出。

➲ 使用外部信号控制定时器，并且可实现多个定时器互连的同步电路。
➲ 发生如下事件时可产生中断或 DMA 请求：
- 更新事件，如计数器上溢/下溢、计数器初始化（通过软件或内部/外部触发）；
- 触发事件（计数器启动、停止、初始化或通过内部/外部触发计数）；
- 输入捕获；
- 输出比较。

通用定时器 TIM9～TIM14 的结构如图 8-9 所示，图中 Reg 表示在发生更新事件时，根据控制位传输到活动寄存器的预装载寄存器；表示事件；表示中断和 DMA 输出。

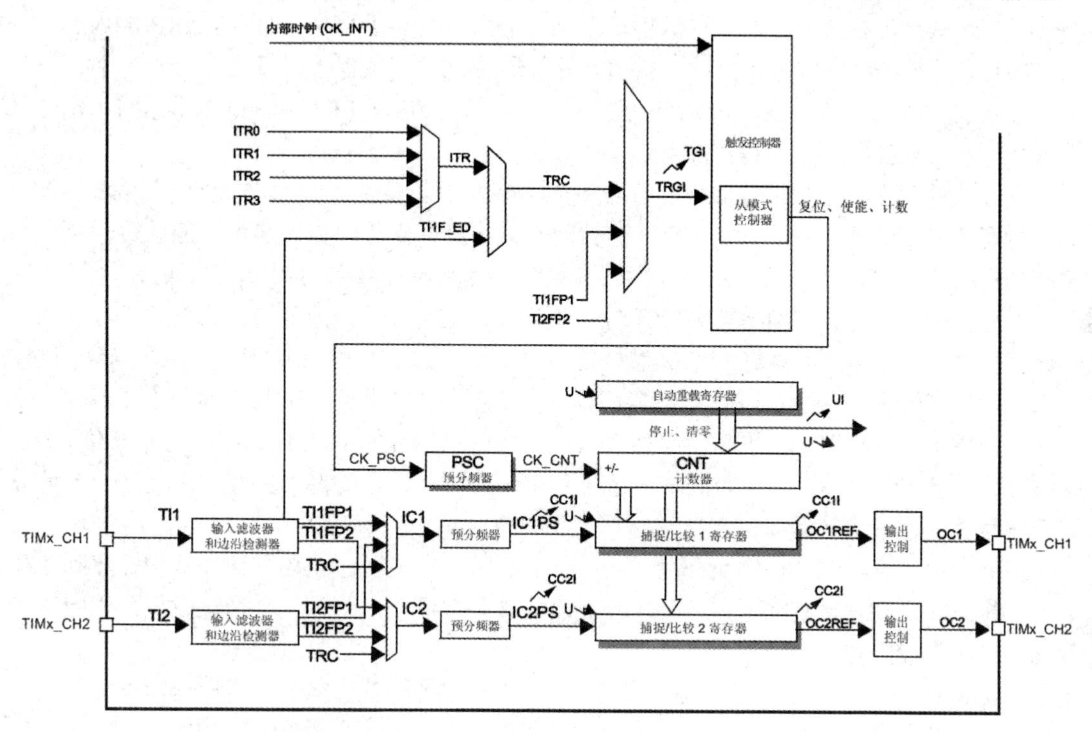

图 8-9　通用定时器 TIM9～TIM14 的结构（引自 ST 公司的官方参考手册）

8.2.3　通用定时器的功能

1. 时基单元

详见 4.3.1 节。

2. 计数器模式

（1）递增计数模式。在递增计数模式下，计数器从 0 计数到自动重载值（TIMx_ARR 的内容），然后重新从 0 开始计数并产生计数器上溢事件。

在每次发生计数器上溢时会产生更新事件，或将 TIMx_EGR 中的 UG 位置 1（通过软件或使用从模式控制器也可以产生更新事件）。

通过软件将 TIMx_CR1 中的 UDIS 位置 1 可禁止更新事件，这在向预装载寄存器写入新值时可避免更新影子寄存器。在 UDIS 位被清 0 前不会产生任何更新事件，但计数器和预分频器计数器都会重新从 0 开始计数（而预分频比保持不变）。

此外，如果 TIMx_CR1 中的 URS 位（更新请求选择）已被置 1，则在将 UG 位置 1 时会产生更新事件，但不会将 UIF 标志位置 1（因此不会发送任何中断或 DMA 请求）。这样一来，如果在发生捕获事件时将计数器清 0，则不会同时产生更新中断和捕获中断。

在发生更新事件时，将更新所有寄存器，并将更新标志位（TIMx_SR 中的 UIF 位）置 1（取决于 URS 位）。例如：

➲ 使用预装载值（TIMx_ARR）更新自动重载影子寄存器；

➲ 将在预分频器的缓冲区中使用 TIMx_PSC 的内容重新装载预装载值。

（2）递减计数模式。在递减计数模式下，计数器从自动重载值（TIMx_ARR 的内容）开始递减计数到 0，然后重新从自动重载值开始计数并产生计数器下溢事件。

在每次发生计数器下溢时，会产生更新事件，或将 TIMx_EGR 中的 UG 位置 1（通过软件或使用从模式控制器也可以产生更新事件）。

通过软件将 TIMx_CR1 中的 UDIS 位置 1 可禁止更新事件，这在向预装载寄存器写入新值时可避免更新影子寄存器。在 UDIS 位被清 0 前不会产生任何更新事件，但计数器会从当前自动重载值开始计数，预分频器计数器会重新从 0 开始计数（而预分频比保持不变）。

此外，如果 TIMx_CR1 中的 URS 位（更新请求选择位）已被置 1，则在将 UG 位置 1 时会产生更新事件，但不会将 UIF 标志位置 1（因此不会发送任何中断或 DMA 请求）。这样一来，如果在发生捕获事件时将计数器清 0，则不会同时产生更新中断和捕获中断。

在发生更新事件时，将更新所有寄存器，并将更新标志位（TIMx_SR 中的 UIF 位）置 1（取决于 URS 位）。注意，自动重载寄存器会在计数器重载之前得到更新，因此下一个计数周期就是我们所希望的新周期长度。

（3）中心对齐模式（递增/递减计数）。在中心对齐模式下，计数器从 0 开始计数到自动重载值（TIMx_ARR 的内容）减 1，并产生计数器上溢事件；然后从自动重载值开始向下计数到 1 并产生计数器下溢事件，之后从 0 开始重新计数。

当 TIMx_CR1 中的 CMS[1:0]位不为 00 时，中心对齐模式有效。在将通道配置为输出模式时，其输出比较中断标志位将在以下模式中被置 1，即计数器递减计数（中心对齐模式 1，CMS[1:0]位为 01）、计数器递增计数（中心对齐模式 2，CMS[1:0]位为 10），以及计数器递增/递减计数（中心对齐模式 3，CMS[1:0]位为 11）。

在中心对齐模式下，无法写入方向位（TIMx_CR1 中的 DIR 位），由硬件更新并指示当前计数器方向。

在每次发生计数器上溢和下溢时，都会产生更新事件，或将 TIMx_EGR 中的 UG 位置 1（通过软件或使用从模式控制器也可以产生更新事件）。在这种情况下，计数器以及预分频器计数器将重新从 0 开始计数。

通过软件将 TIMx_CR1 中的 UDIS 位置 1 时可禁止更新事件，这在向预装载寄存器写入新值时可避免更新影子寄存器。在 UDIS 位被清 0 前不会产生任何更新事件，但计数器仍会根据当前自动重载值进行递增计数和递减计数。

此外，如果 TIMx_CR1 中的 URS 位（更新请求选择位）已被置 1，则在将 UG 位置 1 时会产生更新事件，但不会将 UIF 位置 1（因此不会产生任何中断或 DMA 请求）。这样一来，如果在发生捕获事件时将计数器清 0，将不会同时产生更新中断和捕获中断。

在发生更新事件时，将更新所有寄存器，并将更新标志位（TIMx_SR 中的 UIF 位）置 1

（取决于 URS 位）。注意，如果更新操作是由计数器上溢事件触发的，则自动重载寄存器会在重载计数器前被更新，因此下一个计数周期就是我们所希望的新的周期长度（计数器被重载新的值）。

3．时钟选择

TIM2～TIM5 的计数器时钟可由下列时钟源提供：

- 内部时钟（CK_INT）。
- 外部时钟模式 1：外部输入引脚（TIx）。
- 外部时钟模式 2：外部触发输入（ETR），仅适用于 TIM2、TIM3 和 TIM4。
- 内部触发输入（ITRx）：使用一个定时器作为另一个定时器的预分频器，如可以将定时器 1 配置为定时器 2 的预分频器。

TIM9～TIM14 的计数器时钟可由下列时钟源提供：

- 内部时钟（CK_INT）。
- 外部时钟模式 1（针对 TIM9 和 TIM12）：外部输入引脚（TIx）。
- 内部触发输入（ITRx，针对 TIM9 和 TIM12）：连接来自其他计数器的触发输出。

4．捕获/比较通道

每个捕获/比较通道都是由 1 个捕获/比较寄存器（包括 1 个影子寄存器）、1 个捕获输入阶段（数字滤波、多路复用和预分频器）和 1 个输出阶段（比较器和输出控制）构建而成的。

图 8-10 所示为捕获/比较通道 1 的输入阶段结构，输入阶段先对相应的 TIx 输入进行采样，生成一个滤波后的信号 TIxF；再由带有极性选择功能的边沿检测器生成一个信号（TIxFPx），该信号可作为从模式控制器的触发输入，也可用于捕获命令。信号 TIxFPx 先进行预分频（ICxPS），再进入捕获寄存器。

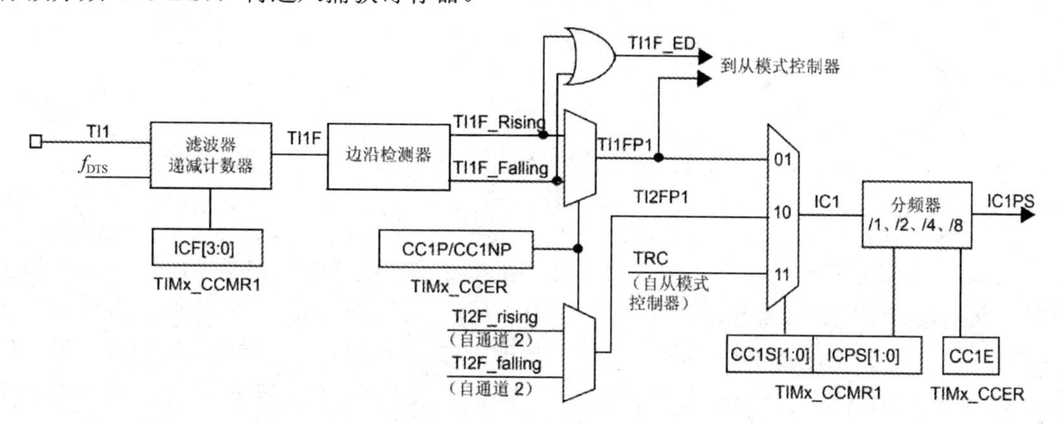

图 8-10　捕获/比较通道 1 的输入阶段结构（引自 ST 公司的官方参考手册）

捕获/比较通道 1 的主电路如图 8-11 所示。

捕获/比较通道 1 的输出阶段结构如图 8-12 所示，输出阶段将生成一个中间波形作为基准 OCxREF（高电平有效），输出阶段的末端决定最终输出信号的极性。

捕获/比较模块由 1 个预装载寄存器和 1 个影子寄存器组成，始终可通过读写操作访问预装载寄存器。在捕获模式下，捕获实际发生在影子寄存器中，然后将影子寄存器的内容复制到预装载寄存器中。在比较模式下，先将预装载寄存器的内容复制到影子寄存器中，再对影子寄存器的内容与计数器进行比较。

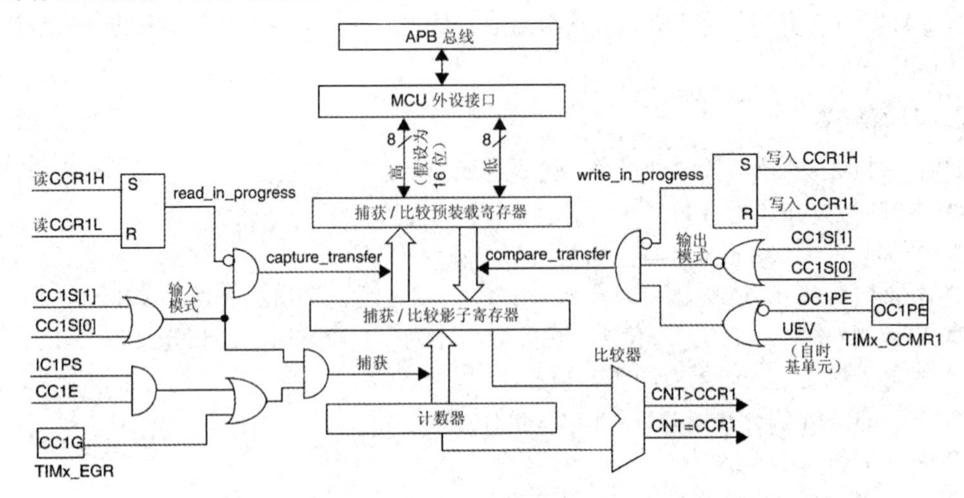

图 8-11 捕获/比较通道 1 的主电路（引自 ST 公司的官方参考手册）

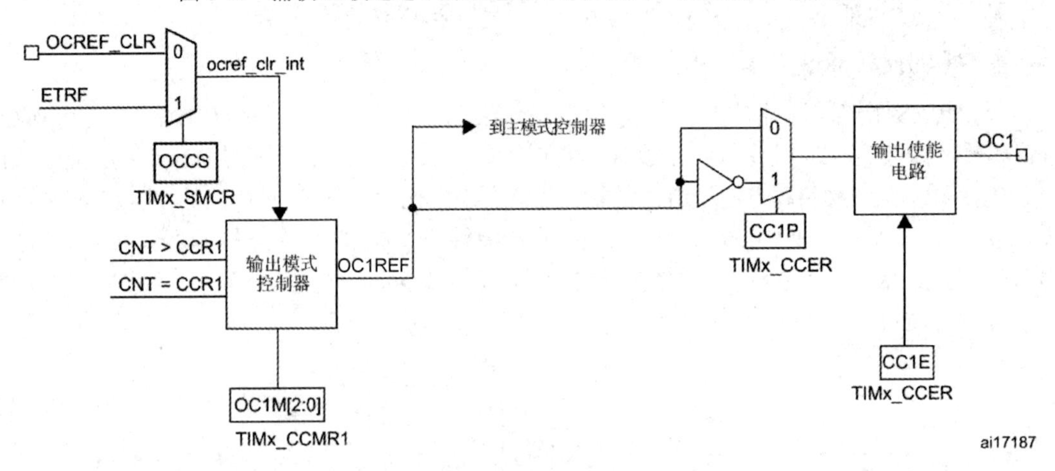

图 8-12 捕获/比较通道 1 的输出阶段结构（引自 ST 公司的官方参考手册）

5. 输入捕获模式

在输入捕获模式下，当在相应的 ICx 信号上检测到跳变沿时，将使用捕获/比较寄存器（TIMx_CCRx）来锁存计数器的值。当发生捕获事件时，会将 TIMx_SR 中相应的 CCxIF 标志位置 1，并发送中断或 DMA 请求（如果已使能）。如果在发生捕获事件时，CCxIF 标志位已被置 1，则会将 TIMx_SR 中相应的重复捕获标志位（CCxOF 位）置 1。通过软件向 CCxIF 写入 0 或者读取存储在 TIMx_CCRx 中的已捕获数据可以将 CCxIF 清 0。向 CCxOF 写入 0 可将其清 0。

例如，在 TI1 输入出现上升沿时可将计数器的值捕获到 TIMx_CCR1 中。具体步骤如下：

（1）选择有效输入。TIMx_CCR1 必须连接到 TI1 输入，因此要向 TIMx_CCMR1 中的 CC1S[1:0]位写入 01。只要 CC1S[1:0]位不等于 00，就可以将通道配置为输入模式，并且使 TIMx_CCR1 处于只读状态。

（2）根据连接到定时器的信号，对所需的输入滤波时间进行编程（如果输入为 TIx 的输入之一，则对 TIMx_CCMRx 中的 ICxF 位进行编程）。假设信号有变化，则输入信号最多在

5 个内部时钟周期内发生抖动，因此必须使滤波时间大于 5 个内部时钟周期。在检测到 8 个具有新电平的连续采样（以 f_{DTS} 频率采样）后，可以确认 TI1 上的跳变沿，然后向 TIMx_CCMR1 中的 IC1F[3:0]位写入 0011。

（3）通过向 TIMx_CCER 中的 CC1P 位和 CC1NP 位写入 0，可选择 TI1 通道的有效转换边沿。

（4）对输入预分频器进行编程。如果在希望每次有效转换时都执行捕获操作，则需要禁止预分频器（向 TIMx_CCMR1 中的 IC1PSC[1:0]位写入 00）。

（5）通过将 TIMx_CCER 中的 CC1E 位置 1，可允许将计数器的值捕获到捕获寄存器中。

（6）如果需要，可通过将 TIMx_DIER 中的 CC1IE 位置 1 来使能相关中断请求，或者通过将该寄存器中的 CC1DE 位置 1 来使能 DMA 请求。

在发生输入捕获时：

- 当发生有效跳变沿时，TIMx_CCR1 会获取计数器的值。
- 将 CC1IF 位（中断标志位）置 1，如果至少发生了两次连续捕获，但 CC1IF 位未被清 0，则 CC1OF 位（捕获溢出标志位）会被置 1。
- 根据 CC1IE 位产生中断。
- 根据 CC1DE 位产生 DMA 请求。

如果要处理重复捕获，则建议在读出捕获溢出标志之前读取数据。这样就不会在读取捕获溢出标志之后与读取数据之前丢失可能出现的重复捕获信息。

注意：通过软件将 TIMx_EGR 中相应的 CCxG 位置 1 可产生 IC 中断和/或 DMA 请求。

6. PWM 输入模式

PWM 输入模式是输入捕获模式的一个特例，其实现步骤与输入捕获模式基本相同，仅存在以下不同之处：

- 两个 ICx 信号被映射到同一个 Tix 的输入。
- 两个 ICx 信号在边沿处有效，但极性相反。
- 选择两个 TIxFP 信号之一作为触发输入，并将从模式控制器配置为复位模式。

例如，可通过以下步骤对应用于 TI1 的 PWM 信号周期（位于 TIMx_CCR1 中）和占空比（位于 TIMx_CCR2 中）进行测量（取决于 CK_INT 频率和预分频器的值）：

（1）选择 TIMx_CCR1 的有效输入，向 TIMx_CCMR1 中的 CC1S[1:0]位写入 01（选择 TI1）。

（2）选择 TI1FP1 的有效极性（用于 TIMx_CCR1 中的捕获和计数器清 0），向 CC1P 位和 CC1NP 位写入 0（上升沿有效）。

（3）选择 TIMx_CCR2 的有效输入，向 TIMx_CCMR1 寄存器中的 CC2S[1:0]位写入 10（选择 TI1）。

（4）选择 TI1FP2 的有效极性（用于 TIMx_CCR2 中的捕获），向 CC2P 位和 CC2NP 位写入 1（下降沿有效）。

（5）选择有效触发输入，向 TIMx_SMCR 中的 TS[2:0]位写入 101（选择 TI1FP1）。

（6）将从模式控制器配置为复位模式，向 TIMx_SMCR 中的 SMS[2:0]位写入 100。

（7）使能捕获，向 TIMx_CCER 中的 CC1E 位和 CC2E 位写入 1。

PWM 输入模式的时序如图 8-13 所示。

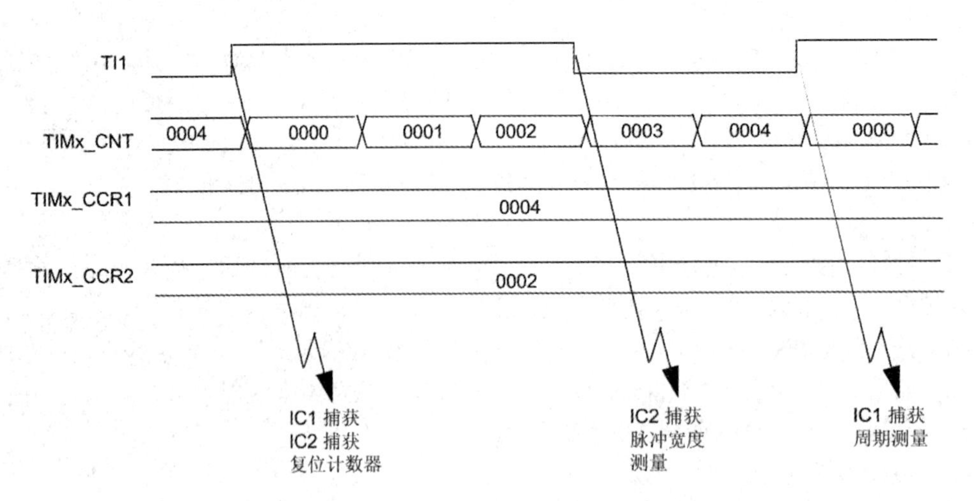

图 8-13 PWM 输入模式的时序（引自 ST 公司的官方参考手册）

7. 强制输出模式

在输出模式（TIMx_CCMRx 中的 CCxS[1:0]位为 00）下，可直接通过编程将每个输出比较信号（OCxREF 和 OCx）强制设置为有效电平或无效电平，而无须考虑输出比较寄存器和计数器之间的比较结果。

要将输出比较信号（OCXREF/OCx）强制设置为有效电平，只需向相应 TIMx_CCMRx 中的 OCxM[2:0]位写入 101 即可，OCxREF 进而被强制设置为高电平（OCxREF 始终为高电平有效），同时 OCx 可获取 CCxP 极性的相反值。

例如，当 CCxP=0（OCx 高电平有效）时，OCx 将被强制设置为高电平。

通过向 TIMx_CCMRx 寄中的 OCxM[2:0]位写入 100，可将 OCxREF 信号强制设置为低电平。无论如何，TIMx_CCRx 影子寄存器与计数器之间的比较仍会执行，而且允许将标志位置 1，因此可发送相应的中断和 DMA 请求。

8. 输出比较模式

输出比较功能用于控制输出波形或指示已经过某一时间段。当捕获/比较寄存器与计数器之间相匹配时，在输出比较模式下：

- 将为相应的输出引脚分配一个可编程值，该值由输出比较模式（TIMx_CCMRx 中的 OCxM 位）和输出极性（TIMx_CCER 中的 CCxP 位）定义。当捕获/比较寄存器与计数器之间相匹配时，输出引脚既可保持其电平（OCXM=000），也可设置为有效电平（OCXM=001）、无效电平（OCXM=010）或进行翻转（OCxM=011）。
- 将中断状态寄存器中的标志位（TIMx_SR 中的 CCxIF 位）置 1。
- 如果相应的中断使能位（TIMx_DIER 中的 CCXIE 位）被置 1，则会产生中断。
- 如果相应的 DMA 使能位（TIMx_DIER 中的 CCxDE 位、TIMx_CR2 中的 CCDS 位，用来选择 DMA 请求）被置 1，则会发送 DMA 请求。

使用 TIMx_CCMRx 中的 OCxPE 位，可将 TIMx_CCRx 配置为带或不带预装载寄存器。

在输出比较模式下，更新事件对 OCxREF 和 OCx 的输出毫无影响，同步的精度可以达到计数器的一个计数周期。输出比较模式也可用于输出单脉冲（在单脉冲模式下）。

输出比较的步骤：

（1）选择计数器时钟（如内部时钟、外部时钟、预分频器分频）。

（2）在 TIMx_ARR 和 TIMx_CCRx 中写入所需的数据。

（3）如果要产生中断和/或 DMA 请求，则需要将 CCxIE 位和/或 CCxDE 位置 1。

（4）选择输出模式。例如，当 CNT 与 CCRx 匹配、未使用预装载 CCRx、OCx 使能且为高电平有效时，必须向 OCxM[2:0]写入 011、向 OCxPE 写入 0、向 CCxP 写入 0、向 CCxE 写入 1，以便翻转 OCx 的输出。

（5）通过将 TIMx_CR1 中的 CEN 位置 1 来使能计数器。

可以随时通过软件更新 TIMx_CCRx，以控制输出波形，其前提是未使能预装载寄存器（OCxPE=0，否则仅当发生下一个更新事件时，才会更新 TIMx_CCRx）。

输出比较模式的时序如图 8-14 所示。

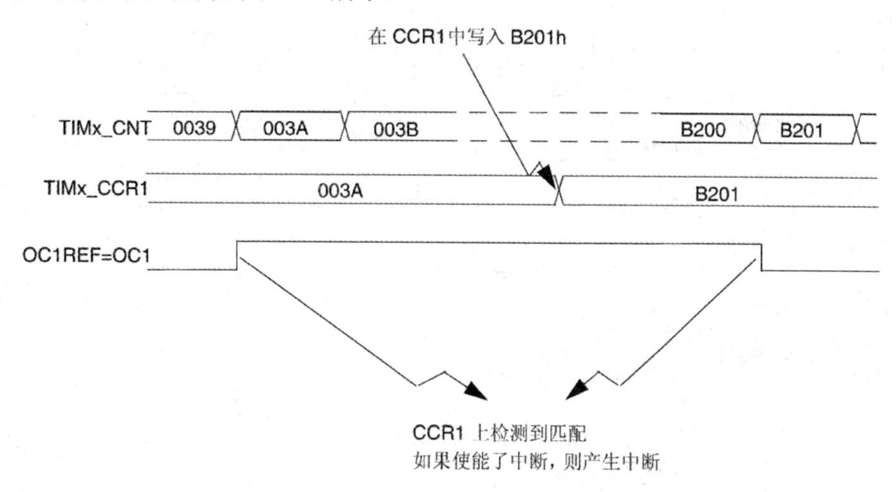

图 8-14　输出比较模式的时序（引自 ST 公司的官方参考手册）

9．PWM 模式

脉冲宽度调制（PWM）模式可以生成一个信号，该信号的频率由 TIMx_ARR 决定，其占空比则由 TIMx_CCRx 决定。

通过向 TIMx_CCMRx 中的 OCxM[2:0]位写入 110（PWM 模式 1）或 111（PWM 模式 2），可以独立选择各通道（每个 OCx 输出对应一个 PWM）的 PWM 模式。必须通过将 TIMx_CCMRx 中的 OCxPE 位置 1 来使能相应的预装载寄存器，再通过将 TIMx_CR1 中的 ARPE 位置 1 来使能自动重载预装载寄存器（Auto-Reload Preload Register）。

由于只有在发生更新事件时预装载寄存器才会传输到影子寄存器，因此在启动计数器之前，必须通过将 TIMx_EGR 中的 UG 位置 1 来初始化所有的寄存器。

OCx 的极性可使用 TIMx_CCER 的 CCxP 位来编程，既可以设为高电平有效，也可以设为低电平有效。通过将 TIMx_CCER 中的 CCxE 位置 1 可以使能 OCx 的输出。

在 PWM 模式 1 或 2 下，TIMx_CNT 始终与 TIMx_CCRx 进行比较，以确定是 TIMx_CCRx ≤TIMx_CNT，还是 TIMx_CNT≤TIMx_CCRx（取决于计数器计数方向）。不过，为了与 ETRF 相符（在下一个 PWM 周期之前，ETR 信号上的一个外部事件能够清除 OCxREF），OCREF 信号仅在以下情况下变为有效状态：

- 比较结果发生改变；
- 输出比较模式（由 TIMx_CCMRx 中的 OCxM 位确定）从“冻结”配置（不进行比

较，OCxM[2:0]=000）切换为其他 PWM 模式（OCxM[2:0]=110 或 111）。

在定时器运行期间，可以通过软件强制输出 PWM 信号，根据 TIMx_CR1 中的 CMS 位，定时器能够产生边沿对齐模式或中心对齐模式的 PWM 信号。

（1）边沿对齐模式。

① 递增计数配置。当 TIMx_CR1 中的 DIR 位为 0 时执行递增计数。这里以 PWM 模式 1 为例进行介绍，只要 TIMx_CNT<TIMx_CCRx，PWM 的参考信号 OCxREF 便为高电平，否则为低电平。如果 TIMx_CCRx 中的比较值大于 TIMx_ARR 中的自动重载值，则 OCxREF 保持为 1。如果比较值为 0，则 OCxREF 保持为 0。

边沿对齐模式的 PWM 信号如图 8-15 所示，这里假设自动重载值为 8。

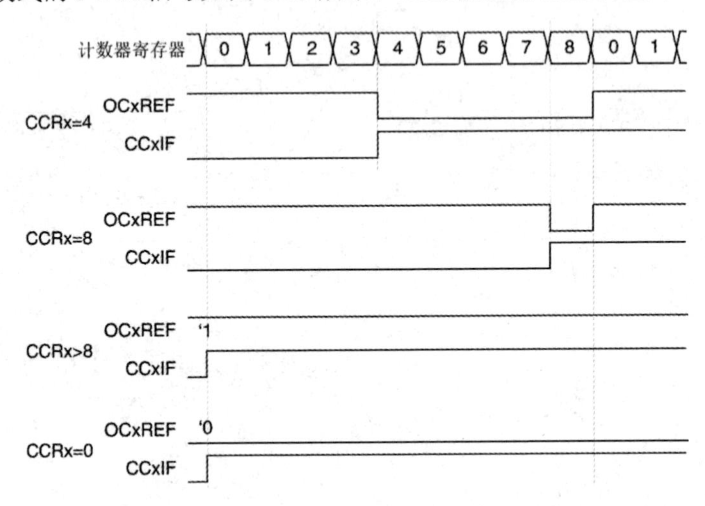

图 8-15　边沿对齐模式的 PWM 信号（引自 ST 公司的官方参考手册）

② 递减计数配置。当 TIMx_CR1 中的 DIR 位为 1 时执行递减计数。在 PWM 模式 1 下，只要 TIMx_CNT>TIMx_CCRx，参考信号 OCxREF 就为低电平，否则为高电平。如果 TIMx_CCRx 中的比较值大于 TIMx_ARR 中的自动重载值，则 OCxREF 保持为高电平 1，在此模式下不可能产生占空比为 0%的 PWM 信号。

（2）中心对齐模式。当 TIMx_CR1 中的 CMS[1:0]位不为 00 时（其余所有配置对 OCxREF/OCx 信号具有相同的作用），中心对齐模式生效。根据 CMS 位的配置，可以在计数器递增计数、递减计数或同时递增和递减计数时将比较标志置 1。TIMx_CR1 中的方向位（DIR 位）由硬件更新，不得通过软件更改。

中心对齐模式的 PWM 信号如图 8-16 所示，这里假设自动重载值为 8，采用 PWM 模式 1，根据 TIMx_CR1 中 CMS=01 选择的中心对齐模式 1，当计数器递减计数时，比较标志位置 1。

使用中心对齐模式的建议如下：

- 在启动中心对齐模式时将使用当前的递增/递减计数配置，这意味着计数器将根据写入 TIMx_CR1 中 DIR 位的值进行递增或递减计数。此外，不得同时通过软件修改 DIR 位和 CMS 位。
- 不建议在运行中心对齐模式时对计数器执行写操作，否则将发生意想不到的结果。尤其是当写入计数器中的值大于自动重载值（TIMx_CNT>TIMx_ARR）时，计数方向不会更新。例如，若计数器之前是递增计数的，则继续递增计数。如果向计数器写入 0 或 TIMx_ARR 的值，则计数方向会更新，但不产生更新事件。

- 使用中心对齐模式最为保险的方法是在启动计数器前通过软件生成更新事件（将 TIMx_EGR 中的 UG 位置 1），并且不要在计数器运行过程中对其执行写操作。

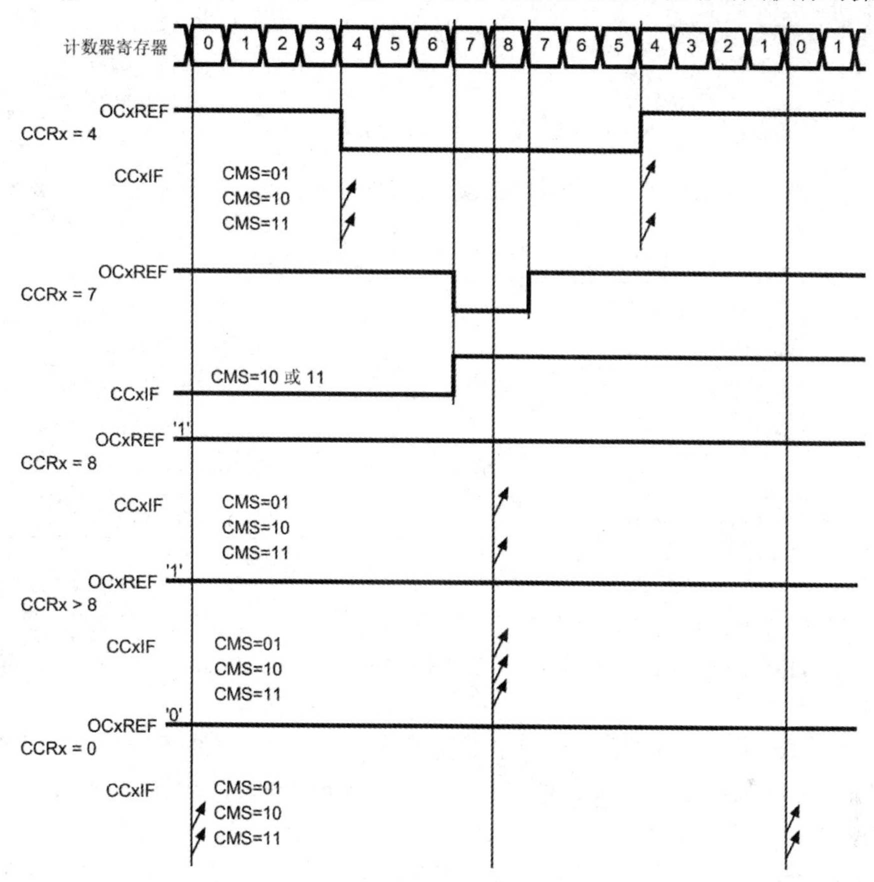

图 8-16　中心对齐模式的 PWM 信号（引自 ST 公司的官方参考手册）

任务 8.3 学会使用定时器的结构体和标准固件库函数

我们在 4.3.2 节已经学习了与定时器相关的结构体与标准固件库函数，如 TIM_TimeBaseInitTypeDef 结构体、TIM_TimeBaseInit()函数等，这些结构体和标准固件库函数同样对通用定时器适用，本任务介绍一些基本定时器未涉及的结构体和库函数。

1．输出比较结构体 TIM_OCInitTypeDef

输出比较结构体 TIM_OCInitTypeDef 用于输出比较模式，与 TIM_OCxInit()函数配合使用可以初始化指定的定时器输出通道。通用定时器有 4 个定时器输出通道，使用时都必须单独设置。

定时器比较输出结构体 TIM_OCInitTypeDef 的代码如下：

```
typedef struct {
```

```
    uint16_t TIM_OCMode;                    //比较输出模式
    uint16_t TIM_OutputState;               //使能比较输出
    uint16_t TIM_OutputNState;              //使能比较互补输出
    uint32_t TIM_Pulse;                     //脉冲宽度
    uint16_t TIM_OCPolarity;                //输出极性
    uint16_t TIM_OCNPolarity;               //互补输出极性
    uint16_t TIM_OCIdleState;               //空闲状态下的比较输出状态
    uint16_t TIM_OCNIdleState;              //空闲状态下的比较互补输出状态
} TIM_OCInitTypeDef;
```

（1）TIM_OCMode：用于选择比较输出模式，TIM_OCMode 的取值及含义如表 8-1 所示。

表 8-1　TIM_OCMode 的取值及含义

TIM_OCMode 的取值	含　义
TIM_OCMode_Timing	TIM 输出比较时间模式
TIM_OCMode_Active	TIM 输出比较主动模式
TIM_OCMode_Inactive	TIM 输出比较非主动模式
TIM_OCMode_Toggle	TIM 输出比较触发模式
TIM_OCMode_PWM1	TIM 脉冲宽度调制模式 1
TIM_OCMode_PWM2	TIM 脉冲宽度调制模式 2

（2）TIM_OutputState：用于使能比较输出，决定最终的输出比较信号 OCx 是否通过外部引脚输出。TIM_OutputState 的可选值为 TIM_OutputState_Enable 和 TIM_OutputState_Disable。

（3）TIM_OutputNState：用于使能比较互补输出，决定 OCx 的互补信号 OCxN 是否通过外部引脚输出。TIM_OutputNState 的可选值为 TIM_OutputNState_Enable 和 TIM_OutputNState_Disable。

（4）TIM_Pulse：用于设置比较输出的脉冲宽度，实际上是通过设置 TIM_CCR 来决定脉冲宽度的。TIM_Pulse 的可选值是 0～65535 之间的整数。

（5）TIM_OCPolarity：用于设置比较输出的极性，可选 OCx 为高电平有效或低电平有效。TIM_OCPolarity 决定了定时器通道有效电平，可选值为 TIM_OCPolarity_High 和 TIM_OCPolarity_Low。

（6）TIM_OCNPolarity：用于设置比较互补输出的极性，可选 OCxN 为高电平有效或低电平有效。TIM_OCNPolarity 的可选值为 TIM_OCNPolarity_High 和 TIM_OCNPolarity_Low。

（7）TIM_OCIdleState：用于设置空闲状态时通道输出的电平，可选输出 1 或输出 0，即在空闲状态（BDTR_MOE 位为 0）时，经过死区时间后定时器通道输出高电平或低电平。TIM_OCIdleState 的可选值为 TIM_OCIdleState_Set 和 TIM_OCIdleState_Reset。

（8）TIM_OCNIdleState：用于设置空闲状态时互补通道输出的电平，可选输出 1 或输出 0，即在空闲状态（BDTR_MOE 位为 0）时，经过死区时间后定时器互补通道输出高电平或低电平，设定值必须与 TIM_OCIdleState 相反。TIM_OCNIdleState 的可选值为 TIM_OCNIdleState_Set 和 TIM_OCNIdleState_Reset。

例如：

```
TIM_OCInitTypeDef  TIM_OCInitStruct;                              //定义结构体
TIM_OCInitStruct.TIM_OCMode = TIM_OCMode_PWM1;                    //配置为 PWM 模式 1
TIM_OCInitStruct.TIM_OutputState = TIM_OutputState_Enable;        //比较输出使能
//配置占空比为 400/2000=20%（2000 是由时基结构体中的 ARR 赋值的）
TIM_OCInitStruct.TIM_Pulse = 400-1;
//当定时器计数值小于 CCR1_Val 时为高电平
TIM_OCInitStruct.TIM_OCPolarity = TIM_OCPolarity_High;
```

2．常用的标准固件库函数

（1）初始化输出通道的库函数。函数原型如下：

```
void TIM_OC1Init(TIM_TypeDef* TIMx, TIM_OCInitTypeDef* TIM_OCInitStruct)
void TIM_OC2Init(TIM_TypeDef* TIMx, TIM_OCInitTypeDef* TIM_OCInitStruct)
void TIM_OC3Init(TIM_TypeDef* TIMx, TIM_OCInitTypeDef* TIM_OCInitStruct)
void TIM_OC4Init(TIM_TypeDef* TIMx, TIM_OCInitTypeDef* TIM_OCInitStruct)
```

上面 4 个函数的功能相同，区别在于初始化不同的输出通道。

功能：根据 TIM_OCInitStruct 指定的参数初始化 TIMx。

参数 1 是 TIMx：x 可以是 2、3 或 4，用于选择 TIM。

参数 2 是 TIM_OCInitStruct，该参数是指向结构体 TIM_OCInitTypeDef 的指针，该结构体包含了 TIMx 的时基配置信息。

在设置好结构体的成员后，可以通过上面的函数初始化输出通道 1～4。例如，通过下面的代码可以完成输出通道 4 的初始化。

```
TIM_OC4Init(TIM3, &TIM_OCInitStruct);
```

（2）配置重载寄存器的库函数。函数原型如下：

```
void TIM_OC1PreloadConfig(TIM_TypeDef* TIMx, uint16_t TIM_OCPreload)
void TIM_OC2PreloadConfig(TIM_TypeDef* TIMx, uint16_t TIM_OCPreload)
void TIM_OC3PreloadConfig(TIM_TypeDef* TIMx, uint16_t TIM_OCPreload)
void TIM_OC4PreloadConfig(TIM_TypeDef* TIMx, uint16_t TIM_OCPreload)
```

上面 4 个函数的功能相同，区别在于配置不同输出通道的重载寄存器。

功能：使能输出通道 1～4 的重载寄存器。

参数 1 是 TIMx：x 可以是 2、3 或 4，用于选择 TIM。

参数 2 是 TIM_OCPreload，用于使能重载寄存器，该参数的可选值为 TIM_OCPreload_Enable 和 TIM_OCPreload_Disable。

例如，通过下面的代码可以使能输出通道 1 的重载寄存器。

```
TIM_OC1PreloadConfig(TIM3, TIM_OCPreload_Enable);
```

（3）配置比较寄存器的库函数。函数原型如下：

```
void TIM_SetCompare1(TIM_TypeDef* TIMx, uint32_t Compare1),
void TIM_SetCompare2(TIM_TypeDef* TIMx, uint32_t Compare2),
void TIM_SetCompare3(TIM_TypeDef* TIMx, uint32_t Compare3),
void TIM_SetCompare4(TIM_TypeDef* TIMx, uint32_t Compare4)。
```

上面 4 个函数的功能相同，区别在于配置不同输出通道的比较寄存器。

功能：配置输出通道 1～4 的比较寄存器。

参数 1 是 TIMx：x 可以是 2、3 或 4，用于选择 TIM。

参数 2 分别 Compare1、Compare2、Compare3 或 Compare4，分别是输出通道 1～4 的比较寄存器的值。通过该参数可以计算占空比，例如，Compare1 除以 TIM_ARR 的值可得到占空比。

例如，通过下面的代码可以配置输出通道 1 的比较寄存器。

```
Compare1=2000;
TIM_SetCompare1(TIM3, Compare1);
```

任务 8.4 使用定时器生成 PWM 信号的软件设计

8.4.1 任务描述

（1）使用 TIM3 的 4 个通道输出 PWM 信号。

（2）4 个通道的 PWM 信号的频率都是 500 Hz。

（3）4 个通道的 PWM 信号的占空比分别为 20%、40%、60%、80%，并使用示波器显示出来。

（4）第 1 个通道的占空比可以循环变化，当连接 LED 时，能够从灯的亮灭看出占空比的变化。

8.4.2 编程要点

定时器输出 PWM 信号编程要点

使用定时器生成 PWM 信号的编程要点如下：

- 开启 GPIO 时钟、定时器时钟；
- 配置输出通道的引脚，复用引脚功能映射；
- 配置定时器；
- 配置输出通道，使能 PWM。

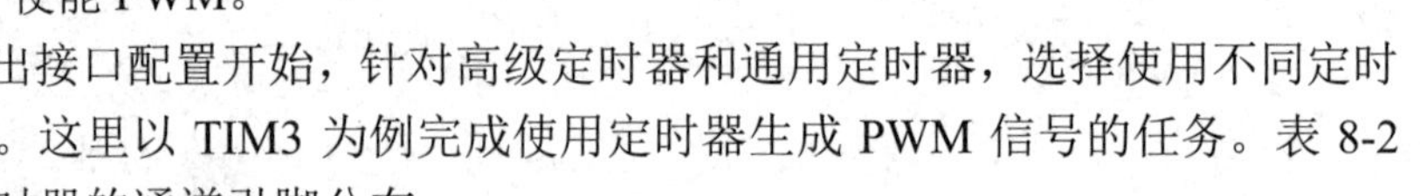

我们先从 PWM 输出接口配置开始，针对高级定时器和通用定时器，选择使用不同定时器的不同通道进行配置。这里以 TIM3 为例完成使用定时器生成 PWM 信号的任务。表 8-2 是高级定时器和通用定时器的通道引脚分布。

表 8-2 高级定时器和通用定时器的通道引脚分布

通道	高级定时器		通用定时器									
	TIM1	TIM8	TIM2	TIM5	TIM3	TIM4	TIM9	TIM10	TIM11	TIM12	TIM13	TIM14
CH1	PA8/PE9	PC6	PA0/PA5	PA0	PA6/PC6/PB4	PD12/PB6	PE5/PA2	PF6/PB8	PF7/PB9	PB14	PF8/PA6	PF9/PA7
CH1N	PA7/PE8/PB13	PA5/PA7	—	—	—	—	—	—	—	—	—	—
CH2	PE11/PA9	PC7	PA1/PB3	PA1	PA7/PC7/PB5	PD13/PB7	PE6/PA3	—	—	PB15	—	—

续表

通道	高级定时器		通用定时器									
	TIM1	TIM8	TIM2	TIM5	TIM3	TIM4	TIM9	TIM10	TIM11	TIM12	TIM13	TIM14
CH2N	PB0/PE10/PB14	PB0/PB14	—	—	—	—	—	—	—	—	—	—
CH3	PE13/PA10	PC8	PA2/PB10	PA2	PB0/PC8	PD14/PB8	—	—	—	—	—	—
CH3N	PB1/PE12/PB15	PB1/PB15	—	—	—	—	—	—	—	—	—	—
CH4	PE14/PA11	PC9	PA3/PB11	PA3	PB1/PC9	PD15/PB9	—	—	—	—	—	—
ETR	PE7/PA12	PA0/PI3	PA0/PA5/PA15	—	PD2	PE0	—	—	—	—	—	—
BKIN	PA6/PE15/PB12	PA6/PI4	—	—	—	—	—	—	—	—	—	—

下面使用 TIM3 的 4 个通道，分别对应引脚 PA6、PA7、PB0、PB1，因此需要配置 GPIOA 接口和 GPIOB 接口。

（1）开启 GPIOA 接口和 GPIOB 接口的时钟，代码如下：

```
RCC_AHB1PeriphClockCmd(RCC_AHB1Periph_GPIOA,ENABLE);
RCC_AHB1PeriphClockCmd(RCC_AHB1Periph_GPIOB,ENABLE);
```

（2）首先配置引脚 PA6、PA7，代码如下：

```
GPIO_InitStructure.GPIO_Pin = GPIO_Pin_6|GPIO_Pin_7;
GPIO_InitStructure.GPIO_Mode = GPIO_Mode_AF;            //复用模式
GPIO_InitStructure.GPIO_OType = GPIO_OType_PP;          //推挽输出模式
GPIO_InitStructure.GPIO_Speed = GPIO_Speed_100MHz;      //输出最大频率
GPIO_InitStructure.GPIO_PuPd = GPIO_PuPd_NOPULL;        //悬空模式
GPIO_Init(GPIOA,&GPIO_InitStructure);                   //初始化函数
```

然后配置引脚 PB0、PB1，代码如下：

```
GPIO_InitStructure.GPIO_Pin = GPIO_Pin_0|GPIO_Pin_1;    //选择接口
GPIO_InitStructure.GPIO_Mode = GPIO_Mode_AF;            //复用模式
GPIO_InitStructure.GPIO_OType = GPIO_OType_PP;          //推挽输出接口
GPIO_InitStructure.GPIO_Speed = GPIO_Speed_100MHz;      //输出最大频率
GPIO_InitStructure.GPIO_PuPd = GPIO_PuPd_NOPULL;        //悬空模式
GPIO_Init(GPIOB,&GPIO_InitStructure);                   //初始化函数
```

在配置 PA6、PA7、PB0、PB1 的过程中，我们将 GPIO 接口的模式配置成了复用模式。当配置复用模式后，GPIO 接口一定要进行复用引脚功能映射，使用的库函数是：

```
void GPIO_PinAFConfig(GPIO_TypeDef* GPIOx, uint16_t GPIO_PinSource, uint8_t GPIO_AF)
```

上面的函数有三个参数，GPIOx 用于选择 GPIO 接口；GPIO_PinSource 表示要选择 GPIO 接口的引脚；GPIO_AF 的取值包括 GPIO_AF_RTC_50Hz、GPIO_AF_TIM14、GPIO_AF_MCO、GPIO_AF_TAMPER、GPIO_AF_SWJ、GPIO_AF_TRACE、GPIO_AF_TIM1、GPIO_AF_TIM2、GPIO_AF_TIM3、GPIO_AF_TIM4、GPIO_AF_TIM5、GPIO_AF_TIM8、GPIO_AF_I2C1、GPIO_AF_I2C2、GPIO_AF_I2C3、GPIO_AF_SPI1、GPIO_AF_SPI2、

GPIO_AF_TIM13、GPIO_AF_SPI3、GPIO_AF_TIM14、GPIO_AF_USART1、GPIO_AF_USART2、GPIO_AF_USART3、GPIO_AF_UART4、GPIO_AF_UART5、GPIO_AF_USART6、GPIO_AF_CAN1、GPIO_AF_CAN2、GPIO_AF_OTG_FS、GPIO_AF_OTG_HS、GPIO_AF_ETH、GPIO_AF_OTG_HS_FS、GPIO_AF_SDIO、GPIO_AF_DCMI、GPIO_AF_EVENTOUT、GPIO_AF_FSMC。

由于使用的是 TIM3 的 GPIO 接口，因此要把 GPIO 接口的复用模式配置成 GPIO_AF_TIM3。通过下面的代码可以完成复用引脚功能映射。

```
GPIO_PinAFConfig(GPIOA, GPIO_PinSource6, GPIO_AF_TIM3);
GPIO_PinAFConfig(GPIOA, GPIO_PinSource7, GPIO_AF_TIM3);
GPIO_PinAFConfig(GPIOB, GPIO_PinSource0, GPIO_AF_TIM3);
GPIO_PinAFConfig(GPIOB, GPIO_PinSource1, GPIO_AF_TIM3);
```

（3）配置定时器。根据 STM32 系列微控制器的时钟框图可知，TIM3 挂载在 APB1 上，因此要开启 APB1 时钟，代码如下：

```
RCC_APB1PeriphClockCmd(RCC_APB1Periph_TIM3, ENABLE);
```

在配置时基结构体之前，先了解一下本任务的要求，即使用定时器生成 PWM 信号。假设要产生频率为 500 Hz、占空比为 50%的 PWM 信号，可以按照如下方式进行配置：

通用控制定时器的时钟源是 TIM3CLK，其频率为 84 MHz（42 MHz×2）；将 TIM_Prescaler 设置为 84－1（84 分频），计数器的计数频率为 84 MHz/（TIM_Prescaler+1）=1 MHz。由于要产生频率为 500 Hz 的 PWM 信号，因此要求 1 MHz/（TIM_Period+1）=500 Hz，可得到 TIM_Period=2000—1，也就是说，定时器从 0 计数到 1999 就是 PWM 信号的一个周期。

在时基结构体中还有一个参数 TIM_CounterMode，它的取值有 5 种（如表 8-3 所示），前两个就是边沿对齐模式中的向上计数模式或向下计数模式，后三个是中心对齐模式下的三个取值。这里选择边沿对齐模式中的向上计数模式。

表 8-3　TIM_CounterMode 的取值及含义

TIM_CounterMode 的取值	含　义
TIM_CounterMode_Up	TIM 向上计数模式
TIM_CounterMode_Down	TIM 向下计数模式
TIM_CounterMode_CenterAligned1	TIM 中心对齐模式 1 计数模式
TIM_CounterMode_CenterAligned2	TIM 中心对齐模式 2 计数模式
TIM_CounterMode_CenterAligned3	TIM 中心对齐模式 3 计数模式

TIM_ClockDivision 用于设置时钟分割，它的取值有三个，我们就直接取第一个，即不设置分割。TIM_RepetitionCounter 用于设置是否重复计数，在高级定时器里才有效，在通用定时器中无须设置。

定时器的配置代码如下：

```
TIM_TimeBaseInitTypeDef TIM_TimeBaseInitStruct;                  //定义时基结构体
RCC_APB1PeriphClockCmd(RCC_APB1Periph_TIM3, ENABLE);             //开启定时器时钟
TIM_TimeBaseInitStruct.TIM_Prescaler=84-1;                       //分频系数为 84
TIM_TimeBaseInitStruct.TIM_CounterMode=TIM_CounterMode_Up;       //向上计数模式
```

```
TIM_TimeBaseInitStruct.TIM_Period=2000-1;                    //TIM_ARR 的值为 2000
TIM_TimeBaseInitStruct.TIM_ClockDivision=TIM_CKD_DIV1;       //不设置分割
TIM_TimeBaseInit( TIM3, &TIM_TimeBaseInitStruct);            //初始化 TIM3 的时基结构体
```

（4）配置输出通道，使能 PWM。定义结构体，代码如下：

```
TIM_OCInitTypeDef TIM_OCInitStruct;
```

在 PWM1 模式中，对于递增计数模式，只要 TIMx_CNT<TIMx_CCR1，输出通道 1 就处于有效状态，否则处于无效状态；对于递减计数模式，只要 TIMx_CNT>TIMx_CCR1，输出通道 1 就处于无效状态（OC1REF=0），否则处于有效状态（OC1REF=1）。在 PWM2 模式下，对于递增计数模式，只要 TIMx_CNT<TIMx_CCR1，输出通道 1 就处于无效状态，否则为有效状态；对于递减计数模式，只要 TIMx_CNT>TIMx_CCR1，输出通道 1 就处于有效状态，否则处于无效状态。

选择 PWM1 模式的代码如下：

```
TIM_OCInitStruct.TIM_OCMode=TIM_OCMode_PWM1;
```

使能输出通道的代码如下：

```
TIM_OCInitStruct.TIM_OutputState=TIM_OutputState_Enable;
```

将输出通道比较寄存器的值设为 400，由于 TIM_ARR 为 2000，因此占空比为 20%，代码如下：

```
TIM_OCInitStruct.TIM_Pulse=400-1;//20%的占空比
```

将输出极性设为高电平的代码如下：

```
TIM_OCInitStruct.TIM_OCPolarity=TIM_OCPolarity_High;
```

将输出通道空闲时置高的代码如下：

```
TIM_OCInitStruct.TIM_OCIdleState=TIM_OCNIdleState_Set;
```

初始化输出通道 1 的代码如下：

```
TIM_OC1Init( TIM3, &TIM_OCInitStruct);
```

至此，前面的参数就会被初始化为输出通道 1 的参数。设置其他占空比的代码如下：

```
TIM_OCInitStruct.TIM_Pulse=800-1;              //40%的占空比
TIM_OC2Init( TIM3, &TIM_OCInitStruct);
TIM_OCInitStruct.TIM_Pulse=1200-1;             //60%的占空比
TIM_OC3Init( TIM3, &TIM_OCInitStruct);
TIM_OCInitStruct.TIM_Pulse=1600-1;             //80%的占空比
TIM_OC4Init( TIM3, &TIM_OCInitStruct);
```

使能 4 个通道的重载寄存器，代码如下：

```
TIM_OC1PreloadConfig( TIM3, TIM_OCPreload_Enable);
TIM_OC2PreloadConfig( TIM3, TIM_OCPreload_Enable);
TIM_OC3PreloadConfig( TIM3, TIM_OCPreload_Enable);
TIM_OC4PreloadConfig( TIM3, TIM_OCPreload_Enable);
```

使能定时器，代码如下：

```
TIM_Cmd( TIM3, ENABLE);
```

定时器输出 PWM 信号编程实验

8.4.3 实例代码

```
/*main.c，主函数*/
#include "stm32f4xx.h"
#include "led.h"
#include "delay.h"
#include "key.h"
#include "seg.h"
#include "basic_TIM.h"
#include "calendar.h"
#include "pwm.h"
char led=0x00;
int key0;
int a=0;
int min=59, sec=57, hour=23, year=2020, month=2, day=28, monthday;
int Compare1=1000-1;
int main(void)
{
    TIM3_PWM_config(); //该函数在 pwm.c 中，包括 GPIO 接口、定时器、输出通道的配置函数
    while(1){
        TIM_SetCompare1( TIM3,  Compare1);              //占空比为 50%
        delay(5000);
        Compare1-=200;              //TIM3 输出通道 1 的比较寄存器的值每次递减 200
        if(Compare1==0-1)           //当比较寄存器的值减到 0 时，再从 2000-1 开始递减
        Compare1=2000-1;
    }
}
//pwm.c：GPIO、定时器、输出通道的配置函数都在该文件中
//定时器的输出通道的引脚配置，使用引脚 PA6、PA7、PB0、PB1
void TIM3_GPIO_config(void)
{
    GPIO_InitTypeDef GPIO_InitStruct;
    RCC_AHB1PeriphClockCmd(RCC_AHB1Periph_GPIOA, ENABLE);
    GPIO_InitStruct.GPIO_Pin=GPIO_Pin_6|GPIO_Pin_7;
    GPIO_InitStruct.GPIO_Mode=GPIO_Mode_AF;
    GPIO_InitStruct.GPIO_Speed=GPIO_Speed_100MHz;
    GPIO_InitStruct.GPIO_OType=GPIO_OType_PP;
    GPIO_InitStruct.GPIO_PuPd=GPIO_PuPd_NOPULL;
    GPIO_Init(GPIOA, &GPIO_InitStruct);
    RCC_AHB1PeriphClockCmd(RCC_AHB1Periph_GPIOB, ENABLE);
    GPIO_InitStruct.GPIO_Pin=GPIO_Pin_0|GPIO_Pin_1;
    GPIO_InitStruct.GPIO_Mode=GPIO_Mode_AF;
    GPIO_InitStruct.GPIO_Speed=GPIO_Speed_100MHz;
    GPIO_InitStruct.GPIO_OType=GPIO_OType_PP;
```

```
    GPIO_InitStruct.GPIO_PuPd=GPIO_PuPd_NOPULL;
    GPIO_Init(GPIOB, &GPIO_InitStruct);
    GPIO_PinAFConfig(GPIOA, GPIO_PinSource6,GPIO_AF_TIM3 );
    GPIO_PinAFConfig(GPIOA, GPIO_PinSource7,GPIO_AF_TIM3);
    GPIO_PinAFConfig(GPIOB, GPIO_PinSource0,GPIO_AF_TIM3 );
    GPIO_PinAFConfig(GPIOB, GPIO_PinSource1,GPIO_AF_TIM3);
}
//定时器的配置函数，PWM 信号的频率为 500 Hz，84 MHz/84=1000000 Hz，1000000/2000=500 Hz
//4 个输出通道的 PWM 信号频率都是 500 Hz
void TIM3_config(void)
{
    TIM_TimeBaseInitTypeDef TIM_TimeBaseInitStruct;
    RCC_APB1PeriphClockCmd(RCC_APB1Periph_TIM3, ENABLE);
    TIM_TimeBaseInitStruct.TIM_Prescaler=84-1;
    TIM_TimeBaseInitStruct.TIM_CounterMode=TIM_CounterMode_Up;
    TIM_TimeBaseInitStruct.TIM_Period=2000-1;
    TIM_TimeBaseInitStruct.TIM_ClockDivision=TIM_CKD_DIV1;
    TIM_TimeBaseInit( TIM3, &TIM_TimeBaseInitStruct);
}
//配置输出通道
void TIM3_OUT_config(void)
{
    TIM_OCInitTypeDef TIM_OCInitStruct;
    TIM_OCInitStruct.TIM_OCMode=TIM_OCMode_PWM1;
    TIM_OCInitStruct.TIM_OutputState=TIM_OutputState_Enable;
    TIM_OCInitStruct.TIM_Pulse=400-1;            //20%的占空比
    TIM_OCInitStruct.TIM_OCPolarity=TIM_OCPolarity_High;
    TIM_OCInitStruct.TIM_OCIdleState=TIM_OCNIdleState_Set;
    TIM_OC1Init( TIM3, &TIM_OCInitStruct);
    TIM_OCInitStruct.TIM_Pulse=800-1;            //40%的占空比
    TIM_OC2Init( TIM3, &TIM_OCInitStruct);
    TIM_OCInitStruct.TIM_Pulse=1200-1;           //60%的占空比
    TIM_OC3Init( TIM3, &TIM_OCInitStruct);
    TIM_OCInitStruct.TIM_Pulse=1600-1;           //80%的占空比
    TIM_OC4Init( TIM3, &TIM_OCInitStruct);
    TIM_OC1PreloadConfig( TIM3,   TIM_OCPreload_Enable);
    TIM_OC2PreloadConfig( TIM3,   TIM_OCPreload_Enable);
    TIM_OC3PreloadConfig( TIM3,   TIM_OCPreload_Enable);
    TIM_OC4PreloadConfig( TIM3,   TIM_OCPreload_Enable);
    TIM_Cmd( TIM3, ENABLE);
}
//PWM 的初始化函数
void TIM3_PWM_config(void)
{
    TIM3_GPIO_config();
    TIM3_config();
    TIM3_OUT_config();
}
```

```
//pwm.h：对应于 pwm.c 的库函数，目的是对 pwm.c 中的源函数进行声明
#ifndef __PWM_H
#define __PWM_H
    void TIM3_GPIO_config(void);
    void TIM3_config(void);
    void TIM3_OUT_config(void);
    void TIM3_PWM_config(void);
#endif
```

8.4.4 下载验证

在本任务中，将 GPIOA6、GPIOA7、GPIOB0、GPIOB1 接口连接到开发板的 LED。编译上面的代码，当编译没有警告和错误时将编译后的程序下载到开发板。重启开发板后，4 个 LED 均被点亮，但亮度不同。如果把任意一个输出通道（这里选择 TIM3 的第 1 个输出通道）和 PA6 引脚连接到示波器上，就可以看到 PWM 信号的变化。使用定时器生成 PWM 信号如图 8-17 和图 8-18 所示，图中蓝色部分（上面的波形）是占空比为 60%的 PWM 信号，紫色部分（下面的波形）是 PA6 引脚输出 PWM 信号。

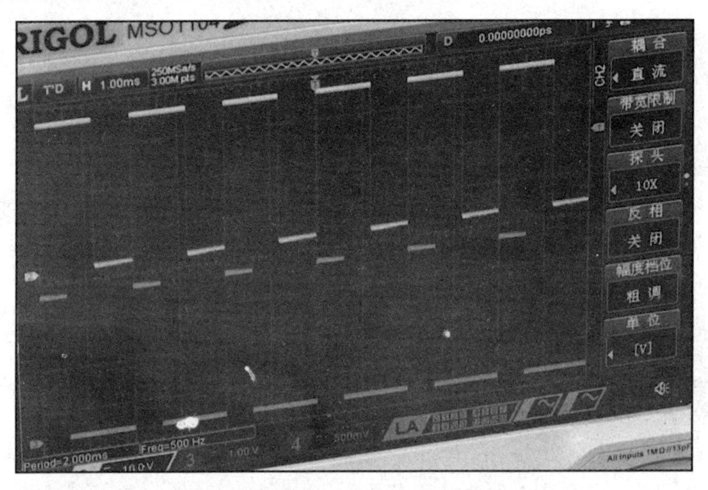

图 8-17 使用定时器生成 PWM 的波形（一）

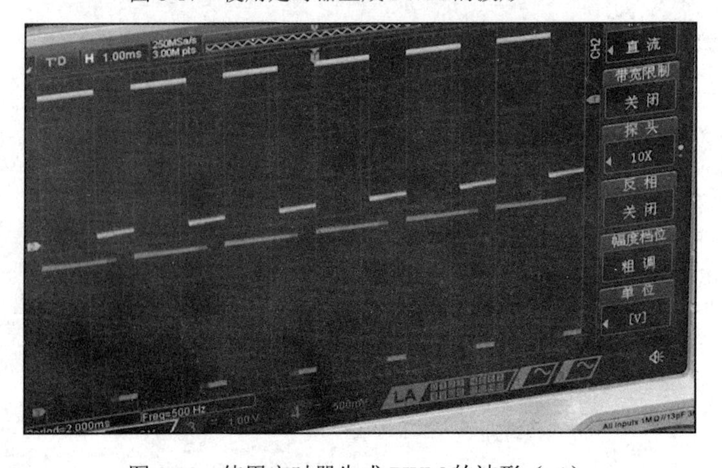

图 8-18 使用定时器生成 PWM 的波形（二）

8.5 项目总结

本项目主要介绍如何使用定时器生成 PWM 信号，主要内容包括 PWM 的基础知识、STM32 微控制器的定时器及其结构体和标准固件库函数。通过本项目的学习，读者可以掌握定时器的开发，使用定时器生成 PWM 信号。

定时器输出 PWM 信号编程实例

8.6 项目拓展

项目可以进行拓展，通过上面的方法，定时器生成的 PWM 能够产生音调，最后完成弹奏一首乐曲。

8.7 动手实践

使用 TIM3 的 4 个输出通道生成 PWM 信号，4 个输出通道的 PWM 信号的频率都是 500 Hz，占空比分别为 20%、40%、60%、80%，并通过示波器显示 4 个输出通道的 PWM 信号。要求第 1 个输出通道生成的 PWM 信号的占空比可循环变化，当连接 LED 时能够从 LED 的亮灭来了解出占空比的变化。请在下面的横线上写出关键代码。

____

____

____

____

8.8 润物无声：精益求精

劳动者的素质对一个国家、一个民族发展至关重要。不论是传统制造业还是新兴产业，工业经济还是数字经济，工匠始终是产业发展的重要力量，工匠精神始终是创新创业的重要精神源泉。

时代发展，需要大国工匠；迈向新征程，需要大力弘扬工匠精神。

“执着专注、精益求精、一丝不苟、追求卓越。”2020 年 11 月 24 日，在全国劳动模范和先进工作者表彰大会上，习近平总书记高度概括了工匠精神的深刻内涵，强调劳模精神、劳动精神、工匠精神是以爱国主义为核心的民族精神和以改革创新为核心的时代精神的生动体现，是鼓舞全党全国各族人民风雨无阻、勇敢前进的强大精神动力。

8.9 知识巩固

一、选择题

（1）PWM 指的是________。

（A）机器人　　（B）计算机集成系统　　（C）脉宽调制　　（D）可编程控制器

（2）使用定时器生成 PWM 信号时使用的寄存器有________。

（A）TIM_ARR （B）TIM_CCR （C）TIM_CNT （D）TIM_PSC

（3）若使用 TIM3，分频为 84，PWM 信号的频率为 500 Hz，则 TIM_ARR 为________。

（A）1000 （B）2000 （C）500 （D）250

（4）若使用 TIM3，分频为 84，TIM_ARR=1000，占空比为 50%，则 TIM_CCR 为________。

（A）1000 （B）2000 （C）500 （D）250

（5）占空比是指________。

（A）高电平持续的时间 （B）高电平时间与周期时间的比值

（C）低电平持续的时间 （D）低电平时间与周期时间的比值

（6）脉冲宽度是指________。

（A）高电平持续的时间 （B）高电平时间与周期时间的比值

（C）低电平持续的时间 （D）低电平时间与周期时间的比值

（7）语句 GPIO_InitStructure.GPIO_Mode = GPIO_Mode_AF 的含义是________。

（A）配置 GPIO 的模式为复用模式 （B）配置 GPIO 的模式为输出模式

（C）配置 GPIO 的模式为输入模式 （D）配置 GPIO 的模式为模拟模式

（8）下面哪个定时器有输出比较功能？________

（A）基本定时器 （B）通用定时器 （C）高级定时器 （D）系统定时器

（9）语句 GPIO_PinAFConfig(GPIOA, GPIO_PinSource7, GPIO_AF_TIM3)的含义是________。

（A）把 PA7 重映射到 TIM3 的复用功能上

（B）把 PA6 重映射到 TIM3 的复用功能上

（C）把 PB0 重映射到 TIM3 的复用功能上

（D）把 PB1 重映射到 TIM3 的复用功能上

（10）定时器 TIM6 的中断向量是________。

（A）TIM6_DAC_IRQn （B）TIM6_IRQn

（C）TIM_DAC_IRQn （D）TIM_IRQn

二、简答题

（1）若要使用挂载在 APB1 上的 TIM3 生成频率为 1 kHz、占空比为 50%的 PWM 信号，则 TIM_ARR 和 TIM_CCR 应怎么设置？请说明理由。

（2）简述使用定时器生成 PWM 信号的原理。

（3）若要使用挂载在 APB1 上的 TIM3 生成频率为 500 Hz、占空比为 25%的 PWM 信号，则 TIM_ARR 和 TIM_CCR 应怎么设置？请说明理由。

（4）在 PWM 的输出配置中，请说明各个配置的含义。

```
TIM_OCInitTypeDef TIM_OCInitStructure; ____________________
TIM_OCInitStruct.TIM_OCMode = TIM_OCMode_PWM1; ____________________
TIM_OCInitStruct.TIM_OutputState = TIM_OutputState_Enable; ____________________
TIM_OCInitStruct.TIM_Pulse = 1000-1; ____________________
TIM_OCInitStruct.TIM_OCPolarity = TIM_OCPolarity_High; ____________________
```

项目 9
使用 I2C 总线驱动 OLED

项目描述：

在嵌入式系统开发中，常用的串行总线有 I2C 总线、SPI 总线、ONE-WIRE 总线。随着技术的发展，在传统串行总线的基础上，工控企业提出了一些现场总线协议。关于这些现场总线，有些在物理层使用的也是传统的串行总线，区别是传输层与网络层的不同。因此，只要掌握传统的串行总线，就能应对现有的现场总线技术。

项目内容：

任务 1：理解 I2C 总线协议。

任务 2：熟悉 STM32 系列微控制器的 I2C 总线。

任务 3：学会使用 I2C 总线的结构体及标准固件库函数。

任务 4：使用 I2C 总线驱动 OLED 的软件设计。

学习目标：

- 理解 I2C 总线协议。
- 熟悉 STM32 系列微控制器的 I2C 总线，能够根据具体项目配置 I2C 总线。
- 学会使用 I2C 总线的结构体和标准固件库函数，为驱动 OLED 做好准备。
- 使用 I2C 总线驱动 OLED。

I2C 协议

任务 9.1 理解 I2C 总线协议

I2C（Inter Integrated Circuit）总线是 PHILIPS 公司推出的一种高性能串行总线。I2C 总线具有支持多主机系统所需的总线裁决功能和同步高低速器件的功能，由于它的引脚少、硬件实现简单、可扩展性强，不需要 USART、CAN 等的外部收发设备，现在被广泛地应用于系统内多个集成电路（IC）间的通信。

9.1.1 I2C 总线的物理层

I2C 总线是一个支持多设备的总线。这里的“总线”，是指多个设备共用的信号线。I2C 总线只有两条双向信号线，即 SDA 和 SCL。I2C 总线通信系统如图 9-1 所示。

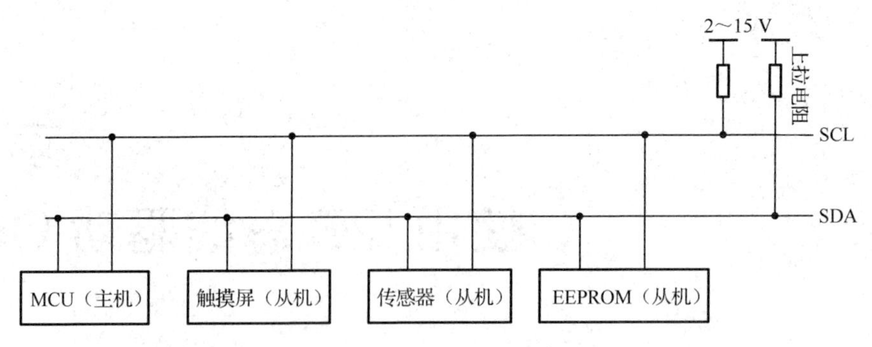

图 9-1 I2C 总线通信系统

从图 9-1 可以看出，I2C 总线的两条双向信号线上可以挂载多个主机（图中给出了一个主机），主机通常是微控制器；还可以挂载很多从机，从机可以是 SRAM 或 E2PROM，也可以是 ADC 或 DAC，还可以是日历时钟或者其他的 I2C 总线外设。

I2C 总线只有两条双向信号线，主机与从机是如何通信的呢？从图 9-1 可以看出，I2C 总线通过上拉电阻接电源。当 I2C 总线设备空闲时，会输出高阻态；当所有的设备都空闲时，会输出高阻态，由上拉电阻把总线上拉成高电平。也就是说，当 I2C 总线空闲时，两条双向信号线均为高电平。当连在 I2C 总线上的任何一个设备输出低电平时，都会使 I2C 总线的信号变为低电平。

当 I2C 总线通信时，每个连接在 I2C 总线上的设备都有唯一的地址，主机可以利用这些地址来访问不同的设备。

主机与从机之间的数据传输可以由主机发送数据到从机，这时主机即发送器，从机即接收器。在多主机系统中，可能几个主机会同时启动通信。为了避免混乱，I2C 总线要通过总线仲裁，以决定由哪个主机控制 I2C 总线。在微控制器应用系统的串行总线扩展中，我们经常遇到的是以微控制器为主机，其他设备作为从机的单主机情况。

I2C 总线通信具有三种传输模式，标准模式（传输速率为 100 kbps）、快速模式（传输速率为 400 kbps）、高速模式（传输速率高达 3.4 Mbps）。目前大多 I2C 总线设备尚不支持高速模式。

连接到 I2C 总线上的设备数量受到了 I2C 总线最大电容（400 pF）的限制。I2C 总线和设备的连接示意图如图 9-2 所示。

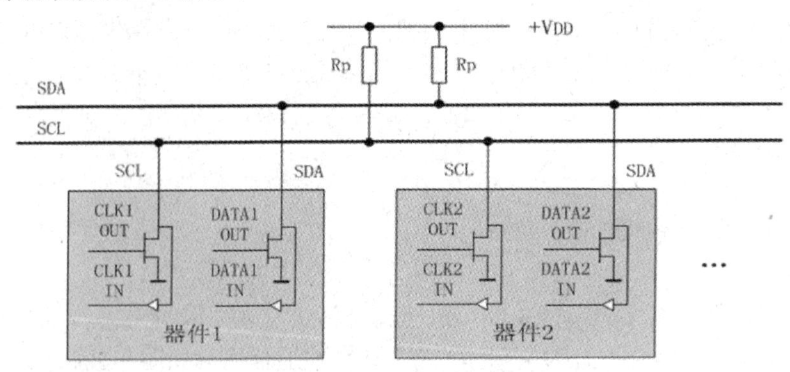

图 9-2 I2C 总线和设备的连接示意图

9.1.2　I2C 总线的协议层

I2C 总线协议定义了通信的起始信号、停止信号、数据有效性、响应、仲裁、时钟同步和地址广播等内容。

1. 起始和停止信号

I2C 总线协议规定，数据的传输必须以一个起始信号作为开始条件，以一个停止信号作为结束条件。起始信号和停止信号是由主机产生的，这意味着从机不可以主动发起通信，所有的通信都是由主机发起的，主机可以发出询问指令，然后等待从机的通信。

起始信号和停止信号的产生条件：在 I2C 总线处于空闲状态时，SCL 和 SDA 都保持着高电平状态；当 SCL 为高电平且 SDA 由高电平变为低电平时，将产生一个起始信号；当 SCL 为高而 SDA 由低电平变为高电平时，将产生一个停止信号。起始信号和停止信号的产生如图 9-3 所示。

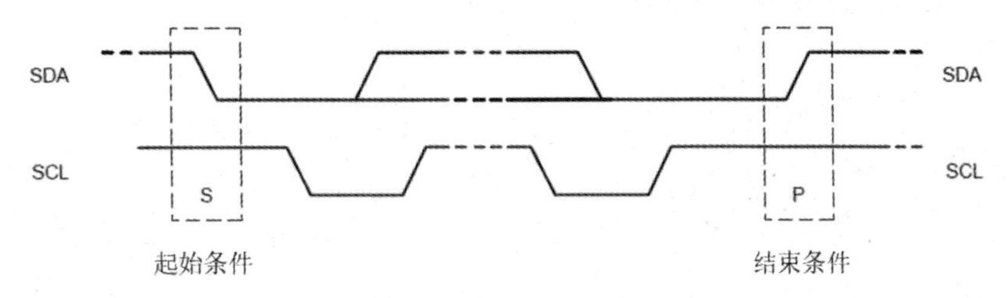

图 9-3　起始信号和停止信号的产生

2. 数据的有效性

在 I2C 总线上传输的每一位数据都会有一个时钟脉冲与其相对应（或同步控制），即在 SCL 串行时钟的配合下，在 SDA 上逐位地串行传输每一位数据。进行数据传输时，在 SCL 呈现高电平期间，SDA 上的电平必须保持稳定，低电平表示数据 0，高电平表示数据 1。只有在 SCL 为低电平期间，才允许 SDA 上的电平改变状态。数据的有效性如图 9-4 所示。

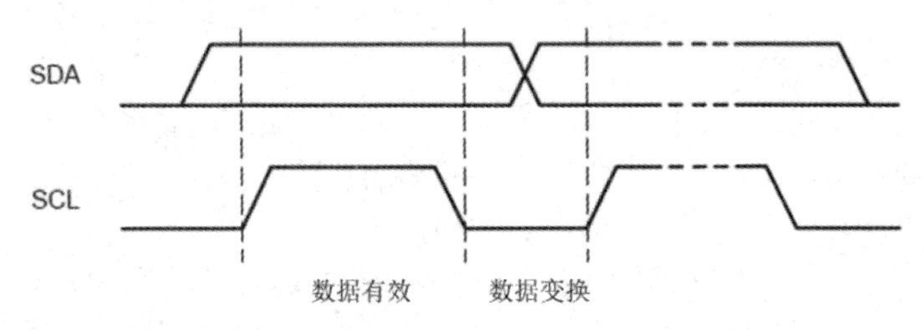

图 9-4　数据的有效性

3. 数据的寻址方式

I2C 总线通常在起始信号后的第 1 个字节决定主机选择哪一个从机。第 1 个字节的高 7 bit 表示从机地址，最低位（LSB）表示数据的传输方向，LSB 为 0 表示主机向从机发送数据，LSB 为 1 表示主机从从机读取数据，即高读低写。当主机发送一个地址后，I2C 总线上的每个设备都将高 7 bit 表示的地址和自己的地址进行比较，如果一致，则该从机被主机寻址，该从机是从发送器还是从接收器取决于 LSB。起始信号后的第 1 个字节如图 9-5 所示。

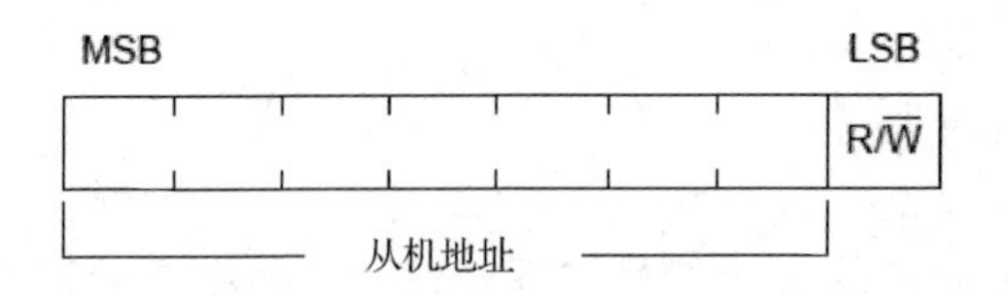

图 9-5 起始信号后的第 1 个字节

从机地址是由一个固定部分和一个可编程部分构成的。在 I2C 总线上，往往会有几个相同的从机，从机地址的可编程部分表示的最大值即 I2C 总线可以挂载相同从机的最大数量。从机地址的可编程部分由该从机的引脚决定，例如某从机的地址的固定部分有 4 bit，可编程部分有 3 bit，则在 I2C 总线上最多可以挂接 8 个相同的从机。

4．响应

I2C 总线在传输数据时必须带响应，响应的时钟脉冲由主机产生。在响应期间，发送器释放 SDA 线，即 SDA 为高电平；接收器必须将 SDA 拉低，即低电平，并使 SDA 在响应期间保持稳定的低电平。I2C 总线的响应如图 9-6 所示，当然必须考虑建立和保持时间。

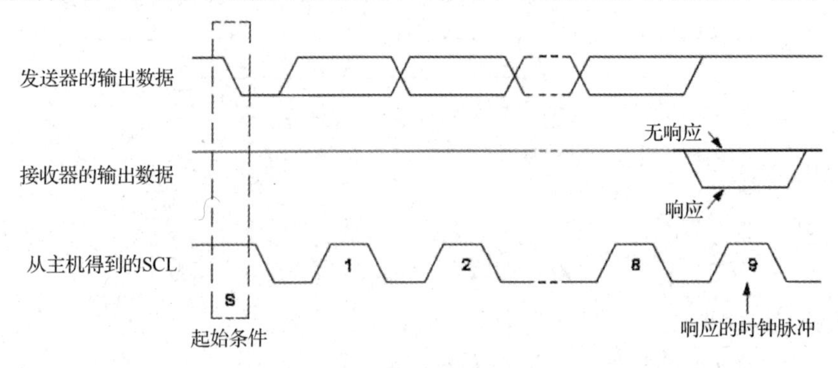

图 9-6 I2C 总线的响应

通常被寻址的从机在接收到每个字节后，除了用 CBUS 地址开头的报文，还必须产生一个响应。当从机不能响应从机地址时，如它正在执行一些实时函数而不能接收或发送数据，从机必须使 SDA 保持高电平，主机将产生一个停止信号来终止传输或者产生重复起始信号开始新的传输。

如果从机响应了从机地址，但在传输了一段时间后不能接收更多的数据，则主机必须再一次终止传输。这种情况用从机在第 1 个字节后没有产生响应来表示，从机使 SDA 保持高电平，主机将产生一个停止信号或重复起始信号。

如果主机是接收器，则主机在从机不产生时钟的最后一个字节后不产生响应，向从机通知数据结束，从机必须释放 SDA，允许主机产生一个停止信号或重复起始信号。

5．数据传输

I2C 总线的数据传输有以下类型：

（1）主机写数据到从机：主发送器将数据发送给从接收器，传输方向不会改变，如图 9-7 所示。

（2）主机从从机中读数据：在第 1 个字节后主机立即读从机，如图 9-8 所示，在第 1 次响应时主发送器变成主接收器，从接收器变成从发送器，第 1 次响应由从机产生，之前发送了一个不响应信号 $\overline{A}$，主机产生停止信号。

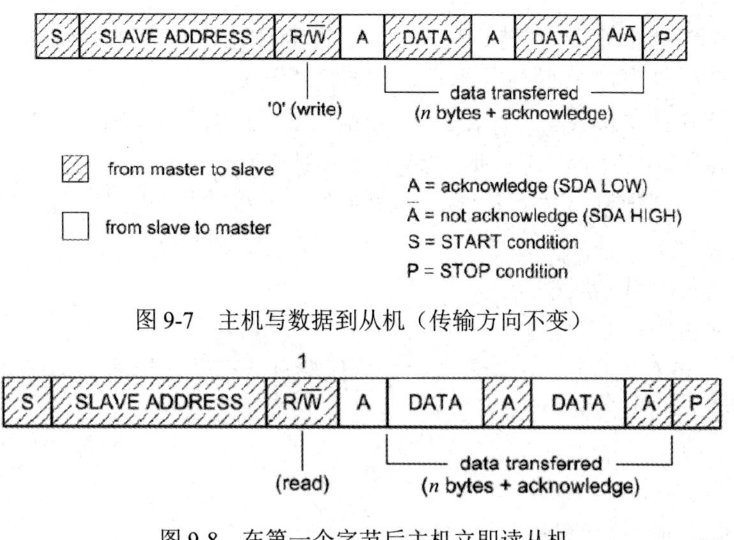

图 9-7　主机写数据到从机（传输方向不变）

图 9-8　在第一个字节后主机立即读从机

（3）写数据与读数据的复合格式：如图 9-9 所示，传输改变方向时起始信号和从机地址都会被重复，但 R/ $\overline{\text{W}}$ 位取反。在主接收器发送一个重复起始信号前应该发送了一个不响应信号 $\overline{\text{A}}$。

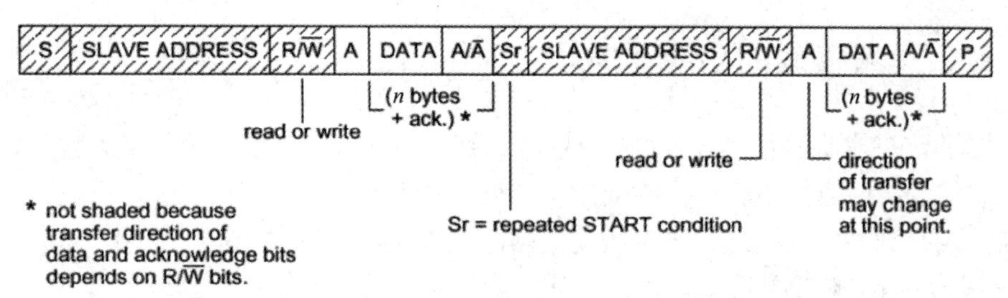

图 9-9　写数据与读数据的复合格式

任务 9.2 熟悉 STM32 系列微控制器的 I2C 总线

STM32 的 I2C

I2C 总线接口常作为微控制器和外设之间的串行通信接口，具有多主模式功能，可以控制 I2C 总线的序列、协议、仲裁和时序，支持标准模式和快速模式，与 SMBus2.0 兼容。

9.2.1　I2C 总线接口的特性

STM32F4 系列微控制器内部集成了 I2C 总线接口。I2C 总线接口的特性如下：

- 具有并行总线/I2C 总线协议的转换器；
- 具有多主模式功能，同一接口既可用于主模式也可用于从模式；
- I2C 总线的主模式特性包括时钟生成、起始信号和停止信号的生成；
- I2C 总线的从模式特性包括可编程的 I2C 总线地址检测、双寻址模式（可对 2 个从地址应答）、停止信号检测；
- 支持 7 bit/10 bit 寻址，以及广播呼叫的生成和检测；

- 支持不同的通信速率，如标准模式（高达 100 kbps）和快速模式（高达 400 kbps）；
- 状态标志包括发送/接收模式标志、字节传输结束标志、I2C 总线忙碌标志；
- 错误标志包括主模式下的仲裁丢失情况、地址/数据传输完成后的应答失败、检测误放的起始位和停止位、禁止时钟延长后出现的上溢/下溢；
- 具有 2 个中断向量，一个中断由成功的地址/数据字节传输事件触发，另一个中断由错误状态触发；
- 具有可选的时钟延展；
- 带 DMA 功能的 1 B 缓冲；
- 可配置的 PEC（数据帧错误校验）生成或验证，在发送模式下可将 PEC 作为最后一个字节进行传输，针对最后接收字节进行 PEC 错误校验；
- 与 SMBus2.0 兼容；
- 25 ms 的时钟低电平延时；
- 10 ms 的主机累计时钟低电平延时；
- 25 ms 的从机累计时钟低电平延时；
- 具有 ACK 控制的硬件 PEC 生成/验证；
- 支持地址解析（ARP）。

9.2.2 I2C 总线接口的功能

除了接收和发送数据的功能，I2C 总线接口还可以将串行格式转换为并行格式，反之亦然。I2C 总线的中断可以由软件使能或禁止。I2C 总线接口通过数据引脚（SDA）和时钟引脚（SCL）连接到 I2C 总线，可作为从发送器、从接收器、主发送器、主接收器。

在默认情况下，I2C 总线接口工作在从模式，在生成起始信号后会自动由从模式切换为主模式，并在出现仲裁丢失或生成停止信号时由主模式切换为从模式，从而实现多主模式功能。

I2C 总线的通信流程是：在主模式下，I2C 总线接口会启动数据传输并生成 SCK 信号，数据传输始终是在出现起始信号后开始、在出现停止信号后结束的，起始信号和停止信号均在主模式下由软件生成。

在从模式下，I2C 总线接口能够识别其自身地址（7 bit 或 10 bit）以及广播呼叫地址，广播呼叫地址检测可由软件使能或禁止。

数据和地址均以 8 bit 的字节传输，MSB 在前。起始位后紧随地址字节（7 bit 的地址占据 1 B；10 bit 位的地址占据 2 B），地址始终是在主模式下传输的。

在传输 8 个时钟脉冲后，接收器必须在第 9 个时钟脉冲向发送器发送一个应答位，如图 9-10 所示。

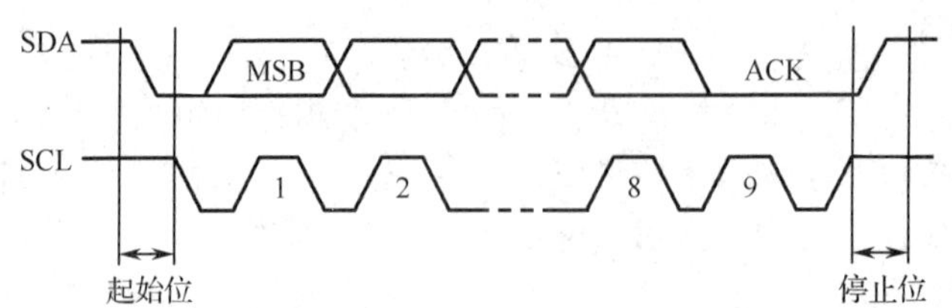

图 9-10　I2C 总线的应答位

STM32F407 微控制器的 I2C 总线接口结构如图 9-11 所示。

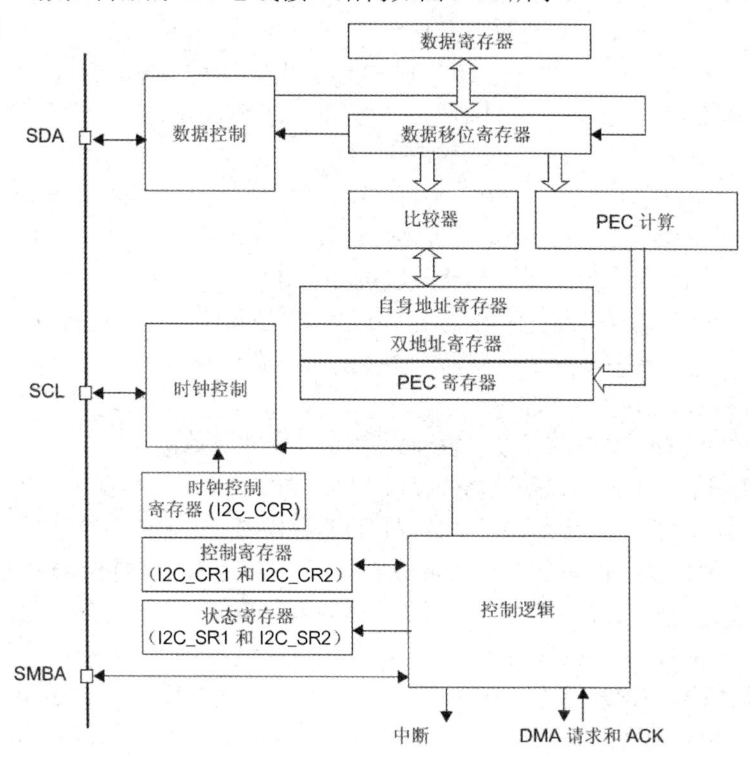

图 9-11　STM32F407 微控制器的 I2C 总线接口结构（引自 ST 公司的官方参考手册）

（1）通信引脚。STM32F407 微控制器有 3 个 I2C 总线接口，这三个接口的通信信号引出到了不同的 GPIO 接口引脚上，在使用时必须配置这些引脚。表 9-1 给出了 I2C 总线接口对应的引脚。

表 9-1　I2C 总线接口对应的引脚

引　　脚	I2C 总线接口		
	I2C1	I2C2	I2C3
SCL	PB6/PB10	PF1/PB10	PA8
SDA	PB7/PB9	PF0/PB11	PC9

（2）时钟控制逻辑。SCL 的时钟信号由 I2C 总线接口根据时钟控制寄存器（I2C_CCR）控制，控制的参数主要是时钟频率。配置 I2C_CCR 可修改与通信速率相关的参数。

在快速模式下，I2C 总线接口可以选择 SCL 的时钟信号占空比，可选 $T_{LOW}/T_{HIGH}=2$（低电平时间和高电平时间之比）或 $T_{LOW}/T_{HIGH}=16/9$ 模式。I2C 总线在 SCL 为高电平时对 SDA 的数据进行采样，在 SCL 为低电平时，SDA 准备下一个数据，修改 SCL 的高低电平时间之比可影响数据采样。但前面两种占空比差别并不大，若非要求非常严格，这里任意选择一种占空比。

I2C_CCR 中还有一个 12 位的配置因子（CCR），该配置因子与 I2C 总线的输入时钟共同作用，产生了 SCL 的时钟信号。STM32 系列微控制器的 I2C 总线挂载在 APB1 上，使用 APB1 的时钟源 PCLK1，SCL 的输出时钟信号如下：

在标准模式下，T_{HIGH}和T_{LOW}都等于CCR×T_{PCLK1}，T_{PCLK1}是PCLK1的时钟周期。

在快速模式下，需要分为两种情况讨论。当$T_{LOW}/T_{HIGH}=2$时，$T_{HIGH}=CCR\times T_{PCLK1}$，$T_{LOW}=2\times CCR\times T_{PCLK1}$；当$T_{LOW}/T_{HIGH}=16/9$时，$T_{HIGH}=9\times CCR\times T_{PCLK1}$，$T_{LOW}=16\times CCR\times T_{PCLK1}$。

例如，当PCLK1的频率为42 MHz，要想配置400 kbps的数据传输速率，则CCR的计算如下：

PCLK的时钟周期T_{PCLK1}=1/42000000 s，SCL的时钟周期T_{SCL}=1/400000 s，SCL的时钟信号高电平时间$T_{HIGH}=T_{SCL}/3$，SCL的时钟信号低电平时间$T_{LOW}=2\times T_{SCL}/3$，因此$CCR=T_{HIGH}/T_{PCLK1}=35$。CCR正好为整数，因此可以直接在I2C_CCR中将CCR设置为35，从而使SCL的时钟频率为400 kHz。这里要注意的是，CCR是无法被设置为小数的，如果计算出来的CCR是小数，则需要先取整后再设置，这会使SCL的时钟频率与目标频率稍微不同，但不会对I2C总线的通信造成影响。

（3）数据控制逻辑。I2C总线接口的SDA引脚连接在数据移位寄存器上，数据移位寄存器的数据来源及数据目的地可以是数据寄存器（I2C_DR）、地址寄存器（I2C_OAR）、PEC寄存器和SDA引脚。当向外发送数据时，数据移位寄存器以I2C_DR为数据源，把数据一位一位地通过SDA引脚发送出去；当接收外部数据时，数据移位寄存器把SDA引脚的数据一位一位地存储到I2C_DR中。若使能了数据校验，接收到的数据会经过奇偶校验计算，计算结果存储在PEC寄存器中。在从机模式下，当I2C总线接收到设备地址信号时，数据移位寄存器会对接收到的地址与STM32系列微控制器的I2C_OAR值进行比较，以便响应主机的寻址。STM32系列微控制器自身的I2C总线地址可通过自身地址寄存器进行修改。STM32系列微控制器可以同时使用两个I2C总线地址，这两个地址分别存储在I2C_OAR1和I2C_OAR2中。

（4）控制逻辑。控制逻辑负责协调整个I2C总线的工作，通过I2C_CR1和I2C_CR2（控制寄存器）可以修改控制逻辑的工作模式。在外设工作时，控制逻辑会根据外设的工作状态修改I2C_SR1和I2C_SR2（状态寄存器），只要读取状态寄存器的相关位就可以了解I2C总线的工作状态。除此之外，控制逻辑还可以根据要求产生I2C总线的中断信号、DMA请求，以及I2C总线的各种通信信号（如起始信号、停止信号、响应等）。

9.2.3 I2C 总线的通信过程

使用I2C总线进行通信时，在不同的通信阶段，通过读取I2C_SR1和I2C_SR2的位，可以了解通信的状态。

（1）主发送器的通信过程，如图9-12所示。

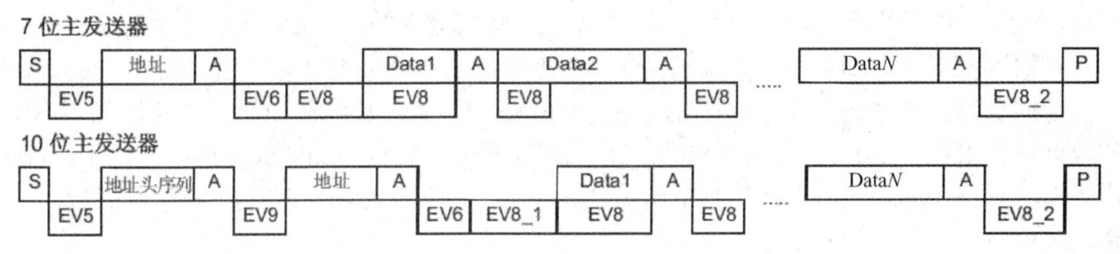

图9-12　主发送器的通信过程（引自ST公司的官方参考手册）

主发送器作为I2C总线的主机，向从机发送数据的过程如下（更详细的信息请参考ST公司的官方参考手册）：

① 主发送器控制产生起始信号（S），之后产生事件 EV5，并将 I2C_SR1 中的 SB 位置 1，表示起始信号已经发送。

② 发送从机地址并等待应答信号，若有从机应答，则产生事件 EV6、EV8，这时 I2C_SR1 中的 ADDR 位、TXE 位会被置 1，ADDR 位为 1 表示从机地址已经发送，TXE 位为 1 表示 I2C_DR 为空。

③ 当前两步正常时，首先将 ADDR 位清 0 后向 I2C_DR 写入要发送的数据，这时 TXE 位会被清 0，表示数据寄存器非空；然后 I2C 总线通过 SDA 引脚将数据一位一位地发送出去，此时会产生 EV8 事件，即 TXE 位被置 1。重复这个过程，就可以发送多个字节的数据了。

④ 发送完数据后，主控制器将产生一个停止信号（P），这时会产生事件 EV2，TXE 位和 BTF 位会被置 1，表示通信结束。

如果使能了 I2C 总线的中断，在产生上面的事件时，就会产生 I2C 总线的中断信号并进入中断服务程序，在中断服务程序中可以通过检查寄存器来了解发生的是哪一个事件。

（2）主接收器的通信过程，如图 9-13 所示。

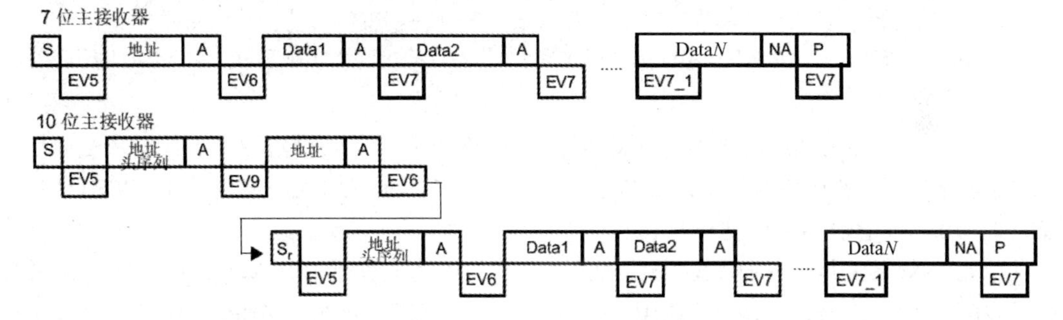

图 9-13　主接收器的通信过程（引自 ST 公司的官方参考手册）

主接收器作为 I2C 总线的主机，从从机接收数据的过程如下（更详细的信息请参考 ST 公司的官方参考手册）：

① 和主发送器的通信过程①相同。

② 发送从机地址并等待应答信号，若有从机应答，则产生事件 EV6，这时 I2C_SR1 中的 ADDR 位被置 1，表示地址已经发送。

③ 从机接收到从机地址后，开始向主机发送数据。当主机接收到这些数据后，会产生事件 EV7，此时 RXNE 位被置 1，表示接收数据寄存器非空，在读取该寄存器的数据后可将该寄存器清空，以便接收下一次数据。此时可以控制 I2C 总线发送应答信号（ACK）或非应答信号（NACK），若应答则重复以上步骤继续接收数据；若不应答，则停止接收数据。

④ 发送非应答信号后会产生停止信号（P），结束通信过程。

在主接收器的通信过程中，有的事件不只是标志上面提到的状态位，还可能同时标志主机的状态位，在读取这些标志位后还需要将其清除，相对比较复杂。使用 STM32 系列微控制器的标准固件库函数可以直接检测这些事件的复合标志，从而降低编程难度。

任务 9.3 学会使用 I2C 总线的结构体及标准固件库函数

跟其他外设一样，STM32 系列微控制器的标准固件库也提供了 I2C 总线结构体及初始化函数，结构体和库函数分别定义在 stm32f4xx_i2c.h 和 stm32f4xx_i2c.c 中。

（1）函数 I2C_Init()。该函数的原型如下：

```
void I2C_Init(I2C_TypeDef* I2Cx, I2C_InitTypeDef* I2C_InitStruct)
```

函数功能：根据 I2C_InitStruct 中指定的参数初始化 I2Cx。

参数 1 是 I2Cx，x 可以是 1 或者 2…，用来选择 I2C 总线。

参数 2 是 I2C_InitStruct，是指向结构 I2C_InitTypeDef 的指针，该结构体包含了 I2C 总线的配置信息。

I2C 总线的结构体如下：

```
typedef struct {
    uint32_t I2C_ClockSpeed;            //设置 SCL 的时钟频率，此值要低于 400 kbps
    uint16_t I2C_Mode;                  //指定工作模式，可选 I2C 总线模式、SMBus 设备或主控模式
    uint16_t I2C_DutyCycle;             //指定时钟占空比
    uint16_t I2C_OwnAddress1;           //指定自身的 I2C 总线地址
    uint16_t I2C_Ack;                   //使能或关闭响应（一般都要使能）
    uint16_t I2C_AcknowledgedAddress;       //指定从机地址的长度，可为 7 bit 及 10 bit
} I2C_InitTypeDef;
```

① I2C_ClockSpeed：用于设置 I2C 总线的传输速率。在调用初始化函数时，初始化函数会根据输入的参数计算时钟的配置因子，并将配置因子写入 I2C_CCR 中的 CCR[11:0]。I2C_ClockSpeed 的值不能超过 400 kbps。

② I2C_Mode：用于选择 I2C 总线的工作模式，可选值包括 I2C_Mode_I2C（I2C 总线模式）、I2C_Mode_SMBusDevice（SMBus 设备模式）和 I2C_Mode_SMBusHost（SMBus 主控模式）。I2C_Mode 的取值及含义如表 9-2 所示。

表 9-2　I2C_Mode 的取值及含义

I2C_Mode 的取值	含　义
I2C_Mode_I2C	设置 I2C 总线为 I2C 总线模式
I2C_Mode_SMBusDevice	设置 I2C 总线为 SMBus 设备模式
I2C_Mode_SMBusHost	设置 I2C 总线为 SMBus 主控模式

③ I2C_DutyCycle：用于设置 I2C 总线 SCL 的时钟信号占空比，可选值包括 I2C_DutyCycle_2 和 I2C_DutyCycle_16_9，这种占空比区别不大，一般应用的要求都不会如此严格，可任意选一种占空比。I2C_DutyCycle 的取值及含义如表 9-3 所示。

表 9-3　I2C_DutyCycle 的取值及含义

I2C_DutyCycle 的取值	含　义
I2C_DutyCycle_16_9	I2C 总线快速模式，$T_{LOW} / T_{HIGH} = 16/9$
I2C_DutyCycle_2	I2C 总线快速模式，$T_{LOW} / T_{HIGH} = 2$

④ I2C_OwnAddress1：用于设置 I2C 总线的自身地址，每一个连接到 I2C 总线上的设备都要有一个地址，主机也不例外。I2C 总线的自身地址长度可设置为 7 bit 或 10 bit（由 I2C_AcknowledgeAddress 决定），只要该地址在 I2C 总线上是唯一的即可。STM32 系列微控

制器的 I2C 总线可同时使用两个地址，即同时对两个地址做出响应，I2C_OwnAddress1 在默认情况下使用的是 I2C_OAR1 存储的地址；若需要使用 I2C_OAR2 存储的地址，则可以通过函数 I2C_OwnAddress2Config()来进行配置。注意：I2C_OAR2 不支持 10 bit 的地址。

⑤ I2C_Ack：用于设置 I2C 总线的应答，可设置为使能应答和失能应答，通常设置为 I2C_Ack_Enable，这也是绝大多数遵循 I2C 总线协议设备的通信要求，设置为 I2C_Ack_Disable 往往会导致通信错误。I2C_Ack 的取值及含义如表 9-4 所示。

表 9-4　I2C_Ack 的取值及含义

I2C_Ack 的取值	含　义
I2C_Ack_Enable	使能应答（ACK）
I2C_Ack_Disable	失能应答（ACK）

⑥ I2C_AcknowledgeAddress：用于设置 I2C 总线发送的从机地址长度是 7 bit 还是 10 bit，这需要根据实际连接到 I2C 总线上的地址选择，该参数的配置会影响 I2C_OwnAddress1，只有将该参数设置为 I2C_AcknowledgeAddress_10bit，I2C_OwnAddress1 才支持 10 bit 的地址。I2C_AcknowledgeAddress 的取值及含义如表 9-5 所示。

表 9-5　I2C_AcknowledgeAddress 的取值及含义

I2C_AcknowledgeAddres 的取值	含　义
I2C_AcknowledgeAddress_7bit	应答 7 位地址
I2C_AcknowledgeAddress_10bit	应答 10 位地址

配置完前面的参数后，调用库函数 I2C_Init()即可把结构体的配置信息写入相关的寄存器中。例如：

```
I2C_InitTypeDef I2C_InitStruct;                              //定义一个结构体
I2C_InitStruct.I2C_ClockSpeed=400000;                        //传输速率为 400 kbps
I2C_InitStruct.I2C_Mode=I2C_Mode_I2C;                        /设置为 I2C 总线模式
I2C_InitStruct.I2C_DutyCycle=I2C_DutyCycle_2;                //设置占空比 I2C_DutyCycle_2
I2C_InitStruct.I2C_OwnAddress1=0x00;                         //设置自身地址为 0x00
I2C_InitStruct.I2C_Ack=I2C_Ack_Enable;                       //设置使能应答
I2C_InitStruct.I2C_AcknowledgedAddress=I2C_AcknowledgedAddress_7bit;    //设置 7 bit 的地址
I2C_Init( I2C2, &I2C_InitStruct);                            //初始化结构体
```

（2）函数 I2C_Cmd()。该函数的原型如下：

```
void I2C_Cmd(I2C_TypeDef* I2Cx, FunctionalState NewState)
```

函数功能：使能或者失能 I2C 总线。

参数 1 是 I2Cx，x 可以是 1 或者 2…，用来选择 I2C 总线。

参数 2 是 NewState，表示 I2C 总线的新状态，该参数的可选值为 ENABLE 或者 DISABLE。

例如，通过下面的代码可以使能 I2C2。

```
I2C_Cmd(I2C2, ENABLE);
```

（3）函数 I2C_GenerateSTART()。该函数的原型如下：

```
void I2C_GenerateSTART(I2C_TypeDef* I2Cx, FunctionalState NewState)
```

函数功能：产生 I2C 总线的起始信号。

参数 1 是 I2Cx，x 可以是 1 或者 2…，用来选择 I2C 总线。

参数 2 是 NewState，表示 I2CSTART 的新状态，该参数的可选值为 ENABLE 或者 DISABLE。

例如，通过下面的代码可以产生起始信号。

```
I2C_GenerateSTART(I2C1, ENABLE);
```

（4）函数 I2C_GenerateSTOP()。该函数的原型如下：

```
void I2C_GenerateSTOP(I2C_TypeDef* I2Cx, FunctionalState NewState)
```

函数功能：产生 I2C 总线的停止信号。

参数 1 是 I2Cx，x 可以是 1 或者 2…，用来选择 I2C 总线。

参数 2 是 NewState，表示 I2CSTOP 总线的新状态，该参数的可选值为 ENABLE 或者 DISABLE。

例如，通过下面的代码可以产生停止信号。

```
I2C_GenerateSTOP(I2C2, ENABLE);
```

（5）函数 I2C_AcknowledgeConfig()。该函数的原型如下：

```
void I2C_AcknowledgeConfig(I2C_TypeDef* I2Cx, FunctionalState NewState)
```

函数功能：使能或者失能指定 I2C 总线的应答功能。

参数 1 是 I2Cx，x 可以是 1 或者 2…，用来选择 I2C 总线。

参数 2 是 NewState，表示 I2C 应答的新状态，该参数的可选值为 ENABLE 或者 DISABLE。

例如，通过下面的代码可以使能 I2C1 的应答功能。

```
I2C_AcknowledgeConfig(I2C1, ENABLE);
```

（6）函数 I2C_ITConfig()。该函数的原型如下：

```
void I2C_ITConfig(I2C_TypeDef* I2Cx, uint16_t I2C_IT, FunctionalState NewState)
```

函数功能：使能或者失能指定 I2C 总线的中断。

参数 1 是 I2Cx，x 可以是 1 或者 2…，用来选择 I2C 总线。

参数 2 是 I2C_IT，表示待使能或者失能的 I2C 总线中断。

参数 3 是 NewState，表示 I2C 中断的新状态，该参数的可选值为 ENABLE 或者 DISABLE。

例如，通过下面的代码可以使能中断 I2C_IT_BUF 和 I2C_IT_EVT。

```
I2C_ITConfig(I2C2, I2C_IT_BUF | I2C_IT_EVT, ENABLE);
```

I2C_IT 的取值及含义如表 9-6 所示。

表 9-6　I2C_IT 的取值及含义

I2C_IT 的取值	含　义
I2C_IT_BUF	缓存中断屏蔽
I2C_IT_EVT	事件中断屏蔽
I2C_IT_ERR	错误中断屏蔽

（7）函数 I2C_SendData()。该函数的原型如下：

```
void I2C_SendData(I2C_TypeDef* I2Cx, uint8_t Data)
```

函数功能：通过 I2Cx 发送数据。

参数 1 是 I2Cx，x 可以是 1 或者 2…，用来选择 I2C 总线。

参数 2 是 Data，表示待发送的数据。

例如，通过下面的代码可以发送 0x5D。

```
I2C_SendData(I2C2, 0x5D);
```

（8）函数 I2C_ReceiveData()。该函数的原型如下：

```
uint8_t I2C_ReceiveData(I2C_TypeDef* I2Cx)
```

函数功能：通过 I2Cx 接收数据。

参数是 I2Cx，x 可以是 1 或者 2…，用来选择 I2C 总线。

例如，通过下面的代码可以接收数据并将接收到的数据保存在 ReceivedData 中。

```
uint8_t ReceivedData;
ReceivedData = I2C_ReceiveData(I2C2);
```

（9）函数 I2C_Send7bitAddress()。该函数的原型如下：

```
void I2C_Send7bitAddress(I2C_TypeDef* I2Cx, uint8_t Address, uint8_t I2C_Direction)
```

函数功能：向指定 I2C 总线的从机发送 7 bit 的从机地址。

参数 1 是 I2Cx，x 可以是 1 或者 2…，用来选择 I2C 总线。

参数 2 是 Address，表示待发送的从机地址。

参数 3 是 I2C_Direction，用于设置 I2C 总线设备是发送端还是接收端，即发送方向还是接收方向，该参数的可选值是 I2C_Direction_Transmitter（发送方向）和 I2C_Direction_Receiver（接收方向）。

例如，通过下面的代码可以在 I2C1 中发送 7 bit 的从机地址 0xa8。

```
I2C_Send7bitAddress(I2C1, 0xA8,I2C_Direction_Transmitter);
```

（10）函数 I2C_ReadRegister()。该函数的原型如下：

```
uint16_t I2C_ReadRegister(I2C_TypeDef* I2Cx, uint8_t I2C_Register)
```

函数功能：读取指定 I2C 总线的寄存器。

参数 1 是 I2Cx，x 可以是 1 或者 2…，用来选择 I2C 总线。

参数 2 是 I2C_Register，表示待读取的 I2C 寄存器。I2C_Register 的取值及含义如表 9-7 所示。

表 9-7　I2C_Register 的取值及含义

I2C_Register 的取值	含　义
I2C_Register_CR1	I2C_CR1
I2C_Register_CR2	I2C_CR2
I2C_Register_OAR1	I2C_OAR1

续表

I2C_Register 的取值	含　义
I2C_Register_OAR2	I2C_OAR2
I2C_Register_DR	I2C_DR
I2C_Register_SR1	I2C_SR1
I2C_Register_SR2	I2C_SR2
I2C_Register_CCR	I2C_ CCR
I2C_Register_TRISE	I2C_TRISE

例如，通过下面的代码可以读取 I2C2 的 I2C_CR1。

```
RegisterValue = I2C_ReadRegister(I2C2, I2C_Register_CR1);
```

（11）函数 I2C_GetFlagStatus()。该函数的原型如下：

```
FlagStatus I2C_GetFlagStatus(I2C_TypeDef* I2Cx, uint32_t I2C_FLAG)
```

函数功能：获取指定 I2C 总线的标志位。

参数 1 是 I2Cx，x 可以是 1 或者 2…，用来选择 I2C 总线。

参数 2 是 I2C_FLAG，表示待获取 I2C 总线标志位，I2C_FLAG 的取值及含义如表 9-8 所示。

表 9-8　I2C_FLAG 的取值及含义

I2C_FLAG 的取值	含　义
I2C_FLAG_DUALF	双标志位（从模式）
I2C_FLAG_SMBHOST	SMBus 主报头（从模式）
I2C_FLAG_SMBDEFAULT	SMBus 默认报头（从模式）
I2C_FLAG_GENCALL	广播报头标志位（从模式）
I2C_FLAG_TRA	发送/接收标志位
I2C_FLAG_BUSY	总线忙标志位
I2C_FLAG_MSL	主/从标志位
I2C_FLAG_SMBALERT	SMBus 报警标志位
I2C_FLAG_TIMEOUT	超时或者 Tlow 错误标志位
I2C_FLAG_PECERR	接收 PEC 错误标志位
I2C_FLAG_OVR	溢出/不足标志位（从模式）
I2C_FLAG_AF	应答错误标志位
I2C_FLAG_ARLO	仲裁丢失标志位（主模式）
I2C_FLAG_BERR	总线错误标志位
I2C_FLAG_TXE	数据寄存器空标志位（发送端）
I2C_FLAG_RXNE	数据寄存器非空标志位（接收端）
I2C_FLAG_STOPF	停止探测标志位（从模式）
I2C_FLAG_ADD10	10 bit 的报头发送（主模式）

续表

I2C_FLAG 的取值	含　义
I2C_FLAG_BTF	字传输完成标志位
I2C_FLAG_ADDR	地址发送标志位（主模式）ADSL，地址匹配标志位（从模式）ENDAD
I2C_FLAG_SB	起始位标志位（主模式）

例如，通过下面的代码可获取 I2C_FLAG_AF。

```
Status = I2C_GetFlagStatus(I2C2, I2C_FLAG_AF);
```

（12）函数 I2C_ClearFlag()。该函数的原型如下：

```
void I2C_ClearFlag(I2C_TypeDef* I2Cx, uint32_t I2C_FLAG)
```

函数功能：清除 I2C 的标志位。
参数 1 是 I2Cx，x 可以是 1 或者 2…，用来选择 I2C 总线。
参数 2 是 I2C_FLAG，表示待清除的 I2C 总线标志位。
例如，通过下面的代码可以清除停止探测标志位（从模式）。

```
I2C_ClearFlag(I2C2, I2C_FLAG_STOPF);
```

（13）函数 I2C_GetITStatus()。该函数的原型如下：

```
ITStatus I2C_GetITStatus(I2C_TypeDef* I2Cx, uint32_t I2C_IT)
```

函数功能：检查指定的 I2C 总线是否发生中断。
参数 1 是 I2Cx，x 可以是 1 或者 2…，用来选择 I2C 总线。
参数 2 是 I2C_IT，表示待检查的 I2C 总线中断。I2C_IT 的取值及含义如表 9-9 所示。

表 9-9　I2C_IT 的取值及含义

I2C_IT 的取值	含　义
I2C_IT_SMBALERT	SMBus 报警标志位
I2C_IT_TIMEOUT	超时或者 Tlow 错误标志位
I2C_IT_PECERR	接收 PEC 错误标志位
I2C_IT_OVR	溢出/不足标志位（从模式）
I2C_IT_AF	应答错误标志位
I2C_IT_ARLO	仲裁丢失标志位（主模式）
I2C_IT_BERR	总线错误标志位
I2C_IT_STOPF	停止探测标志位（从模式）
I2C_IT_ADD10	10 位报头发送（主模式）
I2C_IT_BTF	字传输完成标志位
I2C_IT_ADDR	地址发送标志位（主模式）ADSL，地址匹配标志位（从模式）ENDAD
I2C_IT_SB	起始位标志位（主模式）

例如，通过下面的代码可以检查 I2C_IT_OVR 的标志位。

```
Status = I2C_GetITStatus(I2C1, I2C_IT_OVR);
```

（14）函数 I2C_ClearITPendingBit()。该函数的原型如下：

```
void I2C_ClearITPendingBit(I2C_TypeDef* I2Cx, uint32_t I2C_IT)
```

函数功能：清除 I2C 总线的中断标志位。

参数 1 是 I2Cx，x 可以是 1 或者 2…，用来选择 I2C 总线。

参数 2 是 I2C_IT，表示待检查的 I2C 总线中断。

例如，通过下面的代码可以清除超时或 Tlow 错误标志位。

```
I2C_ClearITPendingBit(I2C2, I2C_IT_TIMEOUT);
```

任务 9.4 使用 I2C 总线驱动 OLED 的软件设计

9.4.1 编程任务

本任务使用 STM32F407 微控制器驱动 OLED，并显示数字、字符、汉字。

有机发光显示器（Organic Light Emitting Display，OLED）采用非常薄的有机材料涂层和玻璃基板制成，当有电流通过时，有机材料会发光。OLED 的屏幕可视角度大，优点是分辨率高、自发光、不需要背光源、对比度高、厚度薄、视角广、反应速度快、温度范围广、制造及制程简单，缺点是价格高、难以实现大型化。OLED 的硬件连接和外观如图 9-14 所示。

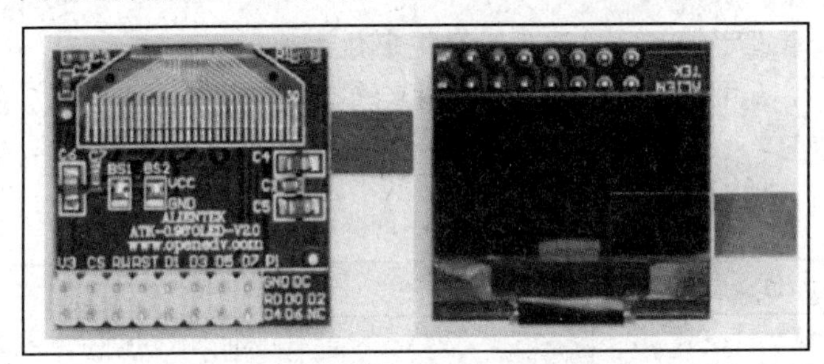

图 9-14 OLED 的硬件连接和外观

本书开发板使用的是 0.96 寸的 OLED，其分辨率是 128×64，即 128 列×64 行。由于 OLED 不能一次控制一个点阵，只能控制 8 个点阵，而且是在垂直方向上扫描控制的。OLED 的点阵如图 9-15 所示，因此垂直方向的坐标可选为 0～7（8×8=64），水平方向的可选坐标为 0～127。

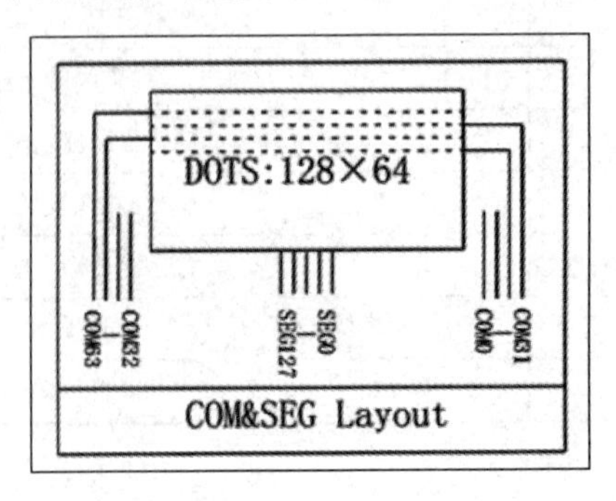

图 9-15 OLED 的点阵

9.4.2 编程要点

I2C 的编程要点

使用 I2C 总线驱动 OLED 是一个典型的主发送从接收的 I2C 总线通信实例，其编程要点如下：

（1）开启 GPIO 接口和 I2C 总线的时钟。

（2）初始化 GPIO 接口的引脚，需要注意的是，I2C 总线一般要把相应的 GPIO 接口配置成开漏输出模式。

（3）配置 I2C 总线的结构体，初始化并使能 I2C 总线，使能或者失能指定的 I2C 总线应答功能。

（4）主机向从机发送数据。

9.4.3 硬件设计

本任务可以使用 STM32F407 微控制器的任何一个 I2C 总线接口，这里使用 I2C2，对应的引脚是 PB10 和 PB11。本书使用的开发板上有一个连接 OLED 的 4 针排针插座，可以直接插上 OLED，把右边拨码开关的 SCL 拨到 B10，把右边拨码开关的 SDA 拨到 B11。OLED 的硬件连接如图 9-16 所示。

图 9-16 OLED 的硬件连接

9.4.4 软件设计

我们把上述的编程要点重新捋一下，通过三步实现软件设计。

（1）GPIO 接口的配置。开启 GPIO 接口的时钟，配置 GPIO 的结构体。注意：Mode 为 AF，OType 为 OD，PuPd 为 UP，将 GPIO 接口的引脚复用到 I2C2。代码如下：

```
void I2C_GPIO_config(void)
{
```

```
    GPIO_InitTypeDef GPIO_InitStruct;                              //初始化结构体
    RCC_AHB1PeriphClockCmd(RCC_AHB1Periph_GPIOB, ENABLE);//开启 GPIO 接口时钟
    GPIO_InitStruct.GPIO_Pin=GPIO_Pin_10|GPIO_Pin_11;              //打开 GPIO_Pin
    GPIO_InitStruct.GPIO_Mode=GPIO_Mode_AF;                        //复用模式
    GPIO_InitStruct.GPIO_Speed=GPIO_Speed_2MHz;          //将 GPIO 接口的频率设置为 2 MHz
    GPIO_InitStruct.GPIO_OType=GPIO_OType_OD;            //OD 模式
    GPIO_InitStruct.GPIO_PuPd=GPIO_PuPd_UP;              //上拉
    GPIO_Init(GPIOB, &GPIO_InitStruct);                  //初始化结构体
    GPIO_PinAFConfig(GPIOB, GPIO_PinSource10, GPIO_AF_I2C2);//映射为 I2C2 复用
    GPIO_PinAFConfig(GPIOB, GPIO_PinSource11, GPIO_AF_I2C2);//映射为 I2C2 复用
}
```

（2）I2C 总线的配置。开启 I2C2 的时钟，配置并初始化 I2C 总线的结构体，使能 I2C 总线。代码如下：

```
void I2C_config(void)
{
    I2C_InitTypeDef I2C_InitStruct;                        //定义一个结构体
    RCC_APB1PeriphClockCmd( RCC_APB1Periph_I2C2, ENABLE);  //开启 I2C2 的时钟
    I2C_InitStruct.I2C_ClockSpeed=400000;                  //设置传输速率为 400 kbps
    I2C_InitStruct.I2C_Mode=I2C_Mode_I2C;                  //设置 I2C 总线为 I2C 总线模式
    I2C_InitStruct.I2C_DutyCycle=I2C_DutyCycle_2;          //设置占空比为 I2C_DutyCycle_2
    I2C_InitStruct.I2C_OwnAddress1=0x00;                   //设置 I2C 总线自身地址为 0x00
    I2C_InitStruct.I2C_Ack=I2C_Ack_Enable;                 //使能响应功能
    //设置响应地址为 7 位
    I2C_InitStruct.I2C_AcknowledgedAddress=I2C_AcknowledgedAddress_7bit;
    I2C_Init( I2C2, &I2C_InitStruct);                      //初始化结构体
    I2C_Cmd(I2C2, ENABLE);                                 //使能 I2C2
    I2C_AcknowledgeConfig(I2C2, ENABLE);                   //使能 I2C2 的应答
}
//向给地址 addr 写 data
static void I2C_WriteByte(unsigned char addr, unsigned char data)
{
    while(I2C_GetFlagStatus(I2C2, I2C_FLAG_BUSY ) != RESET);         //等待 I2C 总线空闲
    I2C_GenerateSTART(I2C2, ENABLE);                                 //发送起始信号
    while(!I2C_CheckEvent(I2C2, I2C_EVENT_MASTER_MODE_SELECT));//EV5，选择主模式
    I2C_Send7bitAddress(I2C2, 0x78, I2C_Direction_Transmitter );     //发送从机地址
    //检测 EV6 和 EV8 事件
    while(!I2C_CheckEvent(I2C2, I2C_EVENT_MASTER_TRANSMITTER_MODE_SELECTED));
    while(!I2C_CheckEvent(I2C2, I2C_EVENT_MASTER_BYTE_TRANSMITTING));
    I2C_SendData(I2C2, addr);                              //发送寄存器地址
    //检测 EV8 事件
    while(!I2C_CheckEvent(I2C2, I2C_EVENT_MASTER_BYTE_TRANSMITTING));
    I2C_SendData(I2C2, data);                              //发送数据
    //检测 EV8_2 事件
    while (!I2C_CheckEvent(I2C2, I2C_EVENT_MASTER_BYTE_TRANSMITTED));
    I2C_GenerateSTOP(I2C2, ENABLE);                        //关闭 I2C2
}
```

```
//补充：
//EV5 事件：I2C_EVENT_MASTER_MODE_SELECT
//EV6 事件：I2C_EVENT_MASTER_TRANSMITTER_MODE_SELECTED
//              I2C_EVENT_MASTER_RECEIVER_MODE_SELECTED
//EV8 事件：I2C_EVENT_MASTER_BYTE_TRANSMITTING
//EV8_2 事件：I2C_EVENT_MASTER_BYTE_TRANSMITTED
//OLED 的初始化函数
void I2C_Oled_Init(void)
{
        I2C_GPIO_config();                          //GPIO 接口的配置
        I2C_config();                               //I2C 总线的配置
}
```

（3）OLED 的初始化。代码如下：

```
void WriteCmd(unsigned char I2C_Command)            //写命令函数
{
    I2C_WriteByte(0x00, I2C_Command);               //向 OLED 写命令的地址为 0x00
}
void WriteDat(unsigned char I2C_Data)               //写数据的函数
{
    I2C_WriteByte(0x40, I2C_Data);                  //向 OLED 写数据的地址为 0x40
}
//下面这几个函数可以在 OLED 的文件中找到
void OLED_Init(void)
{
    Delay_ms(100); //这里的延时很重要
    WriteCmd(0xAE); //display off
    WriteCmd(0x20); //Set Memory Addressing Mode
    WriteCmd(0x10); //00, Horizontal Addressing Mode;
                    //01, Vertical Addressing Mode;
                    //10, Page Addressing Mode (RESET);
                    //11, Invalid
    WriteCmd(0xb0); //Set Page Start Address for Page Addressing Mode,0-7
    WriteCmd(0xc8); //Set COM Output Scan Direction
    WriteCmd(0x00); //set low column address
    WriteCmd(0x10); //set high column address
    WriteCmd(0x40); //set start line address
    WriteCmd(0x81); //set contrast control register
    WriteCmd(0xff); //亮度调节 0x00~0xff
    WriteCmd(0xa1); //set segment re-map 0 to 127
    WriteCmd(0xa6); //set normal display
    WriteCmd(0xa8); //set multiplex ratio(1 to 64)
    WriteCmd(0x3F); //
    WriteCmd(0xa4); //0xa4,Output follows RAM content;
                    //0xa5,Output ignores RAM content
    WriteCmd(0xd3); //set display offset
    WriteCmd(0x00); //not offset
    WriteCmd(0xd5); //set display clock divide ratio/oscillator frequency
```

```
        WriteCmd(0xf0); //set divide ratio
        WriteCmd(0xd9); //set pre-charge period
        WriteCmd(0x22); //
        WriteCmd(0xda); //set com pins hardware configuration
        WriteCmd(0x12);
        WriteCmd(0xdb); //set vcomh
        WriteCmd(0x20); //0x20,0.77xVcc
        WriteCmd(0x8d); //set DC-DC enable
        WriteCmd(0x14); //
        WriteCmd(0xaf); //turn on oled panel
}
void OLED_SetPos(unsigned char x, unsigned char y) //设置起始点坐标
{
        WriteCmd(0xb0+y);
        WriteCmd(((x&0xf0)>>4)|0x10);
        WriteCmd((x&0x0f)|0x01);
}
void OLED_Fill(unsigned char fill_Data)//全屏填充
{
        unsigned char m,n;
        for(m=0;m<8;m++)
        {
                WriteCmd(0xb0+m);       //page0-page1
                WriteCmd(0x00);         //low column start address
                WriteCmd(0x10);         //high column start address
                for(n=0;n<128;n++)
                {
                        WriteDat(fill_Data);
                }
        }
}
void OLED_CLS(void)                     //清屏
{
        OLED_Fill(0x00);
}
void OLED_ON(void)
{
        WriteCmd(0X8D);                 //设置电荷泵
        WriteCmd(0X14);                 //开启电荷泵
        WriteCmd(0XAF);                 //OLED 唤醒
}
void OLED_OFF(void)
{
        WriteCmd(0X8D);                 //设置电荷泵
        WriteCmd(0X10);                 //关闭电荷泵
        WriteCmd(0XAE);                 //OLED 休眠
}
```

```
void OLED_ShowChar(char x,char y,char chr,char Char_Size)          //显示字符
{
    unsigned char c=0,i=0;
    c=chr-' ';
    if(x>128-1)
    {
        x=0;
        y=y+2;
    }
    if(Char_Size ==16)
    {
        OLED_SetPos(x, y);
        for(i=0;i<8;i++)
        {
            WriteDat( F8X16[c*16+i]);
        }
        OLED_SetPos(x,y+1);
        for(i=0;i<8;i++)
        {
            WriteDat(F8X16[c*16+i+8]);
        }
    }
}

uint32_t oled_pow(uint8_t m,uint8_t n)          //m^n 函数
{
    uint32_t result=1;
    while(n--)result*=m;
    return result;
}
//显示 2 个数字
//x,y:起点坐标
//len :数字的位数
//size:字体大小
//mode:模式。0 表示填充模式，1 表示叠加模式
//num:数值(0~4294967295);
void OLED_ShowNum(uint8_t x,uint8_t y,uint32_t num,uint8_t len,uint8_t size)
{
    uint8_t t,temp;
    uint8_t enshow=0;
    for(t=0;t<len;t++)
    {
        temp=(num/oled_pow(10,len-t-1))%10;
        if(enshow==0&&t<(len-1))
        {
            if(temp==0)
            {
                OLED_ShowChar(x+(size/2)*t,y,' ',16);
```

```
                        continue;
                    }
                    else
                    {
                        enshow=1;
                    }
                }
             OLED_ShowChar(x+(size/2)*t,y,temp+'0',16);
        }
    }
    //显示 num 的 len 个字节的十六进制值
    //x,y:起点坐标
    //len:字节个数
    //size:字体大小
    //num:数值(0~4294967295);
    void OLED_ShowHex(uint8_t x,uint8_t y,uint32_t num,uint8_t len,uint8_t size)
    {
        uint8_t t;
        uint8_t buf[8];
        if(len>4)
        {
            return;
        }
        for(t=0;t<(len<<1);t++)
        {
            buf[t]=(uint8_t)(0x0F&(num>>(28-(t*4))));
        }
        for(t=0;t<(len<<1);t++)
        {
            if(buf[t]>9)
            {
                buf[t]=buf[t]-0x0A+'A';
            }
            else
            {
                buf[t]=buf[t]+'0';
            }
        }
        for(t=0;t<(len<<1);t++)
        {
            OLED_ShowChar(x+(size/2)*t,y,buf[t],16);
        }
    }
    //显示一个字符串
    void OLED_ShowString(uint8_t x,uint8_t y,uint8_t *chr)
    {
        unsigned char j=0;
        while (chr[j]!='\0')
```

```
        {
            OLED_ShowChar(x,y,chr[j],16);
            x+=8;
            if(x>120){x=0;y+=2;}
                j++;
        }
}
//显示汉字
void OLED_ShowCHinese(uint8_t x,uint8_t y,uint8_t no)
{
    uint8_t t,adder=0;
    OLED_SetPos(x,y);
    for(t=0;t<16;t++)
    {
        WriteDat(Hzk[2*no][t]);
        adder+=1;
    }
    OLED_SetPos(x,y+1);
    for(t=0;t<16;t++)
    {
        WriteDat(Hzk[2*no+1][t]);
        adder+=1;
    }
}
//显示 BMP 格式的图片，分辨率为 128×64，起始点坐标为(x,y)，x 的范围为 0～127，
//y 为页，其范围为 0～7
void OLED_DrawBMP(unsigned char x0, unsigned char y0,unsigned char x1,
                        unsigned char y1,unsigned char BMP[])
{
    unsigned int j=0;
    unsigned char x,y;

    if(y1%8==0) y=y1/8;
    else y=y1/8+1;
    for(y=y0;y<y1;y++)
    {
        OLED_SetPos(x0,y);
        for(x=x0;x<x1;x++)
        {
            WriteDat(BMP[j++]);
        }
    }
}
```

9.4.5　实例代码

I2C 的编程实验

```
//新建 I2C.C，将 I2C.h 复制到 HARDWARE 文件夹中
//main.c，主函数
```

```
#include "stm32f4xx.h"
#include "led.h"
#include "delay.h"
#include "key.h"
#include "seg.h"
#include "basic_TIM.h"
#include "EXTI.h"
#include "calendar.h"
#include "usart.h"
#include "systick.h"
#include "max7219.h"
#include "pwm.h"
#include "I2C.h"

char led=0x00;              //在这里没有用
int key0;                   //在这里没有用
int a=0;                    //在这里没有用
int min=59,sec=57,hour=23,year=2020,month=2,day=28,monthday; //在这里没有用
int Compare1=1000-1;        //在这里没有用
int main(void)
{
    I2C_Oled_Init();        //针对 OLED 的 I2C 总线初始化
    OLED_Init();            //OLED 初始化
    OLED_CLS();             //清屏
    while(1){
        OLED_ShowString(0,0,"ADC");//显示字符串“ADC”
        OLED_ShowCHinese(27,0,0);//显示汉字“编”
        OLED_ShowCHinese(45,0,1);//显示汉字“程”
        OLED_ShowCHinese(63,0,2);//显示汉字“实”
        OLED_ShowCHinese(81,0,3);//显示汉字“验”
        OLED_ShowNum(0,2,134,3,20);//显示数字“134”
    }
}

//I2C.c：I2C 总线、GPIO 接口、OLED 的配置函数*/
#include "stm32f4xx.h"
#include "systick.h"
#define I2C_TIMEOUT ((unsigned int)0x1000)
#define I2C_LONG_TIMEOUT ((unsigned int)(10 * I2C_TIMEOUT))
//定义了一个显示数字的数组
const unsigned char F8X16[]=
{
    0x00, 0x00, 0x00, 0x00, 0x00, 0x00, 0x00, 0x00, 0x00, 0x00, 0x00,
    0x00, 0x00, 0x00, 0x00, 0x00, //0
    0x00, 0x00, 0x00, 0xF8, 0x00, 0x00, 0x00, 0x00, 0x00, 0x00, 0x00,
    0x33, 0x30, 0x00, 0x00, 0x00, //! 1
    0x00, 0x10, 0x0C, 0x06, 0x10, 0x0C, 0x06, 0x00, 0x00, 0x00, 0x00,
```

```
0x00, 0x00, 0x00, 0x00, 0x00, //" 2
0x40, 0xC0, 0x78, 0x40, 0xC0, 0x78, 0x40, 0x00, 0x04, 0x3F, 0x04,
0x04, 0x3F, 0x04, 0x04, 0x00, //# 3
0x00, 0x70, 0x88, 0xFC, 0x08, 0x30, 0x00, 0x00, 0x00, 0x18, 0x20,
0xFF, 0x21, 0x1E, 0x00, 0x00, //$ 4
0xF0, 0x08, 0xF0, 0x00, 0xE0, 0x18, 0x00, 0x00, 0x00, 0x21, 0x1C,
0x03, 0x1E, 0x21, 0x1E, 0x00, //% 5
0x00, 0xF0, 0x08, 0x88, 0x70, 0x00, 0x00, 0x00, 0x1E, 0x21, 0x23,
0x24, 0x19, 0x27, 0x21, 0x10, //& 6
0x10, 0x16, 0x0E, 0x00, 0x00, 0x00, 0x00, 0x00, 0x00, 0x00, 0x00,
0x00, 0x00, 0x00, 0x00, 0x00, //' 7
0x00, 0x00, 0x00, 0xE0, 0x18, 0x04, 0x02, 0x00, 0x00, 0x00, 0x00,
0x07, 0x18, 0x20, 0x40, 0x00, //( 8
0x00, 0x02, 0x04, 0x18, 0xE0, 0x00, 0x00, 0x00, 0x00, 0x40, 0x20,
0x18, 0x07, 0x00, 0x00, 0x00, //) 9
0x40, 0x40, 0x80, 0xF0, 0x80, 0x40, 0x40, 0x00, 0x02, 0x02, 0x01,
0x0F, 0x01, 0x02, 0x02, 0x00, //*10
0x00, 0x00, 0x00, 0xF0, 0x00, 0x00, 0x00, 0x00, 0x01, 0x01, 0x01,
0x1F, 0x01, 0x01, 0x01, 0x00, //+ 11
0x00, 0x00, 0x00, 0x00, 0x00, 0x00, 0x00, 0x00, 0x80, 0xB0, 0x70,
0x00, 0x00, 0x00, 0x00, 0x00, //,    12
0x00, 0x00, 0x00, 0x00, 0x00, 0x00, 0x00, 0x00, 0x00, 0x01, 0x01,
0x01, 0x01, 0x01, 0x01, 0x01, // 13
0x00, 0x00, 0x00, 0x00, 0x00, 0x00, 0x00, 0x00, 0x00, 0x30, 0x30,
0x00, 0x00, 0x00, 0x00, 0x00, //. 14
0x00, 0x00, 0x00, 0x00, 0x80, 0x60, 0x18, 0x04, 0x00, 0x60, 0x18,
0x06, 0x01, 0x00, 0x00, 0x00, ///15
0x00, 0xE0, 0x10, 0x08, 0x08, 0x10, 0xE0, 0x00, 0x00, 0x0F, 0x10,
0x20, 0x20, 0x10, 0x0F, 0x00, //0 16
0x00, 0x10, 0x10, 0xF8, 0x00, 0x00, 0x00, 0x00, 0x00, 0x20, 0x20,
0x3F, 0x20, 0x20, 0x00, 0x00, //1 17
0x00, 0x70, 0x08, 0x08, 0x08, 0x88, 0x70, 0x00, 0x00, 0x30, 0x28,
0x24, 0x22, 0x21, 0x30, 0x00, //2 18
0x00, 0x30, 0x08, 0x88, 0x88, 0x48, 0x30, 0x00, 0x00, 0x18, 0x20,
0x20, 0x20, 0x11, 0x0E, 0x00, //3 19
0x00, 0x00, 0xC0, 0x20, 0x10, 0xF8, 0x00, 0x00, 0x00, 0x07, 0x04,
0x24, 0x24, 0x3F, 0x24, 0x00, //4 20
0x00, 0xF8, 0x08, 0x88, 0x88, 0x08, 0x08, 0x00, 0x00, 0x19, 0x21,
0x20, 0x20, 0x11, 0x0E, 0x00, //5 21
0x00, 0xE0, 0x10, 0x88, 0x88, 0x18, 0x00, 0x00, 0x00, 0x0F, 0x11,
0x20, 0x20, 0x11, 0x0E, 0x00, //6 22
0x00, 0x38, 0x08, 0x08, 0xC8, 0x38, 0x08, 0x00, 0x00, 0x00, 0x00,
0x3F, 0x00, 0x00, 0x00, 0x00, //7 23
0x00, 0x70, 0x88, 0x08, 0x08, 0x88, 0x70, 0x00, 0x00, 0x1C, 0x22,
0x21, 0x21, 0x22, 0x1C, 0x00, //8 24
0x00, 0xE0, 0x10, 0x08, 0x08, 0x10, 0xE0, 0x00, 0x00, 0x00, 0x31,
0x22, 0x22, 0x11, 0x0F, 0x00, //9 25
```

```
0x00, 0x00, 0x00, 0xC0, 0xC0, 0x00, 0x00, 0x00, 0x00, 0x00, 0x00,
0x30, 0x30, 0x00, 0x00, 0x00, //: 26
0x00, 0x00, 0x00, 0x80, 0x00, 0x00, 0x00, 0x00, 0x00, 0x00, 0x80,
0x60, 0x00, 0x00, 0x00, 0x00, //; 27
0x00, 0x00, 0x80, 0x40, 0x20, 0x10, 0x08, 0x00, 0x00, 0x01, 0x02,
0x04, 0x08, 0x10, 0x20, 0x00, //< 28
0x40, 0x40, 0x40, 0x40, 0x40, 0x40, 0x40, 0x00, 0x04, 0x04, 0x04,
0x04, 0x04, 0x04, 0x04, 0x00, //= 29
0x00, 0x08, 0x10, 0x20, 0x40, 0x80, 0x00, 0x00, 0x00, 0x20, 0x10,
0x08, 0x04, 0x02, 0x01, 0x00, //> 30
0x00, 0x70, 0x48, 0x08, 0x08, 0x08, 0xF0, 0x00, 0x00, 0x00, 0x00,
0x30, 0x36, 0x01, 0x00, 0x00, //? 31
0xC0, 0x30, 0xC8, 0x28, 0xE8, 0x10, 0xE0, 0x00, 0x07, 0x18, 0x27,
0x24, 0x23, 0x14, 0x0B, 0x00, //@ 32
0x00, 0x00, 0xC0, 0x38, 0xE0, 0x00, 0x00, 0x00, 0x20, 0x3C, 0x23,
0x02, 0x02, 0x27, 0x38, 0x20, //A 33
0x08, 0xF8, 0x88, 0x88, 0x88, 0x70, 0x00, 0x00, 0x20, 0x3F, 0x20,
0x20, 0x20, 0x11, 0x0E, 0x00, //B 34
0xC0, 0x30, 0x08, 0x08, 0x08, 0x08, 0x38, 0x00, 0x07, 0x18, 0x20,
0x20, 0x20, 0x10, 0x08, 0x00, //C 35
0x08, 0xF8, 0x08, 0x08, 0x08, 0x10, 0xE0, 0x00, 0x20, 0x3F, 0x20,
0x20, 0x20, 0x10, 0x0F, 0x00, //D 36
0x08, 0xF8, 0x88, 0x88, 0xE8, 0x08, 0x10, 0x00, 0x20, 0x3F, 0x20,
0x20, 0x23, 0x20, 0x18, 0x00, //E 37
0x08, 0xF8, 0x88, 0x88, 0xE8, 0x08, 0x10, 0x00, 0x20, 0x3F, 0x20,
0x00, 0x03, 0x00, 0x00, 0x00, //F 38
0xC0, 0x30, 0x08, 0x08, 0x08, 0x38, 0x00, 0x00, 0x07, 0x18, 0x20,
0x20, 0x22, 0x1E, 0x02, 0x00, //G 39
0x08, 0xF8, 0x08, 0x00, 0x00, 0x08, 0xF8, 0x08, 0x20, 0x3F, 0x21,
0x01, 0x01, 0x21, 0x3F, 0x20, //H 40
0x00, 0x08, 0x08, 0xF8, 0x08, 0x08, 0x00, 0x00, 0x00, 0x20, 0x20,
0x3F, 0x20, 0x20, 0x00, 0x00, //I 41
0x00, 0x00, 0x08, 0x08, 0xF8, 0x08, 0x08, 0x00, 0xC0, 0x80, 0x80,
0x80, 0x7F, 0x00, 0x00, 0x00, //J 42
0x08, 0xF8, 0x88, 0xC0, 0x28, 0x18, 0x08, 0x00, 0x20, 0x3F, 0x20,
0x01, 0x26, 0x38, 0x20, 0x00, //K 43
0x08, 0xF8, 0x08, 0x00, 0x00, 0x00, 0x00, 0x00, 0x20, 0x3F, 0x20,
0x20, 0x20, 0x20, 0x30, 0x00, //L 44
0x08, 0xF8, 0xF8, 0x00, 0xF8, 0xF8, 0x08, 0x00, 0x20, 0x3F, 0x00,
0x3F, 0x00, 0x3F, 0x20, 0x00, //M 45
0x08, 0xF8, 0x30, 0xC0, 0x00, 0x08, 0xF8, 0x08, 0x20, 0x3F, 0x20,
0x00, 0x07, 0x18, 0x3F, 0x00, //N 46
0xE0, 0x10, 0x08, 0x08, 0x08, 0x10, 0xE0, 0x00, 0x0F, 0x10, 0x20,
0x20, 0x20, 0x10, 0x0F, 0x00, //O 47
0x08, 0xF8, 0x08, 0x08, 0x08, 0x08, 0xF0, 0x00, 0x20, 0x3F, 0x21,
0x01, 0x01, 0x01, 0x00, 0x00, //P 48
0xE0, 0x10, 0x08, 0x08, 0x08, 0x10, 0xE0, 0x00, 0x0F, 0x18, 0x24,
```

```
0x24, 0x38, 0x50, 0x4F, 0x00, //Q 49
0x08, 0xF8, 0x88, 0x88, 0x88, 0x88, 0x70, 0x00, 0x20, 0x3F, 0x20,
0x00, 0x03, 0x0C, 0x30, 0x20, //R 50
0x00, 0x70, 0x88, 0x08, 0x08, 0x08, 0x38, 0x00, 0x00, 0x38, 0x20,
0x21, 0x21, 0x22, 0x1C, 0x00, //S 51
0x18, 0x08, 0x08, 0xF8, 0x08, 0x08, 0x18, 0x00, 0x00, 0x00, 0x20,
0x3F, 0x20, 0x00, 0x00, 0x00, //T 52
0x08, 0xF8, 0x08, 0x00, 0x00, 0x08, 0xF8, 0x08, 0x00, 0x1F, 0x20,
0x20, 0x20, 0x20, 0x1F, 0x00, //U 53
0x08, 0x78, 0x88, 0x00, 0x00, 0xC8, 0x38, 0x08, 0x00, 0x00, 0x07,
0x38, 0x0E, 0x01, 0x00, 0x00, //V 54
0xF8, 0x08, 0x00, 0xF8, 0x00, 0x08, 0xF8, 0x00, 0x03, 0x3C, 0x07,
0x00, 0x07, 0x3C, 0x03, 0x00, //W 55
0x08, 0x18, 0x68, 0x80, 0x80, 0x68, 0x18, 0x08, 0x20, 0x30, 0x2C,
0x03, 0x03, 0x2C, 0x30, 0x20, //X 56
0x08, 0x38, 0xC8, 0x00, 0xC8, 0x38, 0x08, 0x00, 0x00, 0x00, 0x20,
0x3F, 0x20, 0x00, 0x00, 0x00, //Y 57
0x10, 0x08, 0x08, 0x08, 0xC8, 0x38, 0x08, 0x00, 0x20, 0x38, 0x26,
0x21, 0x20, 0x20, 0x18, 0x00, //Z 58
0x00, 0x00, 0x00, 0xFE, 0x02, 0x02, 0x02, 0x00, 0x00, 0x00, 0x00,
0x7F, 0x40, 0x40, 0x40, 0x00, //[ 59
0x00, 0x0C, 0x30, 0xC0, 0x00, 0x00, 0x00, 0x00, 0x00, 0x00, 0x00,
0x01, 0x06, 0x38, 0xC0, 0x00, //\ 60
0x00, 0x02, 0x02, 0x02, 0xFE, 0x00, 0x00, 0x00, 0x00, 0x40, 0x40,
0x40, 0x7F, 0x00, 0x00, 0x00, //] 61
0x00, 0x00, 0x04, 0x02, 0x02, 0x02, 0x04, 0x00, 0x00, 0x00, 0x00,
0x00, 0x00, 0x00, 0x00, 0x00, //^ 62
0x00, 0x00, 0x00, 0x00, 0x00, 0x00, 0x00, 0x00, 0x80, 0x80, 0x80,
0x80, 0x80, 0x80, 0x80, 0x80, //_ 63
0x00, 0x02, 0x02, 0x04, 0x00, 0x00, 0x00, 0x00, 0x00, 0x00, 0x00,
0x00, 0x00, 0x00, 0x00, 0x00, //` 64
0x00, 0x00, 0x80, 0x80, 0x80, 0x80, 0x00, 0x00, 0x00, 0x19, 0x24,
0x22, 0x22, 0x22, 0x3F, 0x20, //a 65
0x08, 0xF8, 0x00, 0x80, 0x80, 0x00, 0x00, 0x00, 0x00, 0x3F, 0x11,
0x20, 0x20, 0x11, 0x0E, 0x00, //b 66
0x00, 0x00, 0x00, 0x80, 0x80, 0x80, 0x00, 0x00, 0x00, 0x0E, 0x11,
0x20, 0x20, 0x20, 0x11, 0x00, //c 67
0x00, 0x00, 0x00, 0x80, 0x80, 0x88, 0xF8, 0x00, 0x00, 0x0E, 0x11,
0x20, 0x20, 0x10, 0x3F, 0x20, //d 68
0x00, 0x00, 0x80, 0x80, 0x80, 0x80, 0x00, 0x00, 0x00, 0x1F, 0x22,
0x22, 0x22, 0x22, 0x13, 0x00, //e 69
0x00, 0x80, 0x80, 0xF0, 0x88, 0x88, 0x88, 0x18, 0x00, 0x20, 0x20,
0x3F, 0x20, 0x20, 0x00, 0x00, //f 70
0x00, 0x00, 0x80, 0x80, 0x80, 0x80, 0x80, 0x00, 0x00, 0x6B, 0x94,
0x94, 0x94, 0x93, 0x60, 0x00, //g 71
0x08, 0xF8, 0x00, 0x80, 0x80, 0x80, 0x00, 0x00, 0x20, 0x3F, 0x21,
0x00, 0x00, 0x20, 0x3F, 0x20, //h 72
```

```
    0x00, 0x80, 0x98, 0x98, 0x00, 0x00, 0x00, 0x00, 0x00, 0x20, 0x20,
    0x3F, 0x20, 0x20, 0x00, 0x00, //i 73
    0x00, 0x00, 0x00, 0x80, 0x98, 0x98, 0x00, 0x00, 0x00, 0xC0, 0x80,
    0x80, 0x80, 0x7F, 0x00, 0x00, //j 74
    0x08, 0xF8, 0x00, 0x00, 0x80, 0x80, 0x80, 0x00, 0x20, 0x3F, 0x24,
    0x02, 0x2D, 0x30, 0x20, 0x00, //k 75
    0x00, 0x08, 0x08, 0xF8, 0x00, 0x00, 0x00, 0x00, 0x00, 0x20, 0x20,
    0x3F, 0x20, 0x20, 0x00, 0x00, //l 76
    0x80, 0x80, 0x80, 0x80, 0x80, 0x80, 0x80, 0x00, 0x20, 0x3F, 0x20,
    0x00, 0x3F, 0x20, 0x00, 0x3F, //m 77
    0x80, 0x80, 0x00, 0x80, 0x80, 0x80, 0x00, 0x00, 0x20, 0x3F, 0x21,
    0x00, 0x00, 0x20, 0x3F, 0x20, //n 78
    0x00, 0x00, 0x80, 0x80, 0x80, 0x80, 0x00, 0x00, 0x00, 0x1F, 0x20,
    0x20, 0x20, 0x20, 0x1F, 0x00, //o 79
    0x80, 0x80, 0x00, 0x80, 0x80, 0x00, 0x00, 0x00, 0x80, 0xFF, 0xA1,
    0x20, 0x20, 0x11, 0x0E, 0x00, //p 80
    0x00, 0x00, 0x00, 0x80, 0x80, 0x80, 0x80, 0x00, 0x00, 0x0E, 0x11,
    0x20, 0x20, 0xA0, 0xFF, 0x80, //q 81
    0x80, 0x80, 0x80, 0x00, 0x80, 0x80, 0x80, 0x00, 0x20, 0x20, 0x3F,
    0x21, 0x20, 0x00, 0x01, 0x00, //r 82
    0x00, 0x00, 0x80, 0x80, 0x80, 0x80, 0x80, 0x00, 0x00, 0x33, 0x24,
    0x24, 0x24, 0x24, 0x19, 0x00, //s 83
    0x00, 0x80, 0x80, 0xE0, 0x80, 0x80, 0x00, 0x00, 0x00, 0x00, 0x00,
    0x1F, 0x20, 0x20, 0x00, 0x00, //t 84
    0x80, 0x80, 0x00, 0x00, 0x00, 0x80, 0x80, 0x00, 0x00, 0x1F, 0x20,
    0x20, 0x20, 0x10, 0x3F, 0x20, //u 85
    0x80, 0x80, 0x80, 0x00, 0x00, 0x80, 0x80, 0x80, 0x00, 0x01, 0x0E,
    0x30, 0x08, 0x06, 0x01, 0x00, //v 86
    0x80, 0x80, 0x00, 0x80, 0x00, 0x80, 0x80, 0x80, 0x0F, 0x30, 0x0C,
    0x03, 0x0C, 0x30, 0x0F, 0x00, //w 87
    0x00, 0x80, 0x80, 0x00, 0x80, 0x80, 0x80, 0x00, 0x00, 0x20, 0x31,
    0x2E, 0x0E, 0x31, 0x20, 0x00, //x 88
    0x80, 0x80, 0x80, 0x00, 0x00, 0x80, 0x80, 0x80, 0x80, 0x81, 0x8E,
    0x70, 0x18, 0x06, 0x01, 0x00, //y 89
    0x00, 0x80, 0x80, 0x80, 0x80, 0x80, 0x80, 0x00, 0x00, 0x21, 0x30,
    0x2C, 0x22, 0x21, 0x30, 0x00, //z 90
    0x00, 0x00, 0x00, 0x00, 0x80, 0x7C, 0x02, 0x02, 0x00, 0x00, 0x00,
    0x00, 0x00, 0x3F, 0x40, 0x40, //{ 91
    0x00, 0x00, 0x00, 0x00, 0xFF, 0x00, 0x00, 0x00, 0x00, 0x00, 0x00,
    0x00, 0xFF, 0x00, 0x00, 0x00, //| 92
    0x00, 0x02, 0x02, 0x7C, 0x80, 0x00, 0x00, 0x00, 0x00, 0x40, 0x40,
    0x3F, 0x00, 0x00, 0x00, 0x00, //} 93
    0x00, 0x06, 0x01, 0x01, 0x02, 0x02, 0x04, 0x04, 0x00, 0x00, 0x00,
    0x00, 0x00, 0x00, 0x00, 0x00, //~ 94
};
//定义了一个显示汉字的数组，这个地方的汉字需要使用字模工具得到
char Hzk[][32]={
```

字模工具

```
	{0x20,0x30,0xAC,0x63,0x30,0x00,0xFC,0x24,0x25,0x26,0x24,0x24,0x24,
	0x3C,0x00,0x00},
	{0x22,0x67,0x22,0x12,0x52,0x38,0x07,0xFF,0x09,0x7F,0x09,0x3F,0x89,
	0xFF,0x00,0x00},/* “编”, 0*/
	{0x24,0x24,0xA4,0xFE,0x23,0x22,0x00,0x3E,0x22,0x22,0x22,0x22,0x22,
	0x3E,0x00,0x00},
	{0x08,0x06,0x01,0xFF,0x01,0x06,0x40,0x49,0x49,0x49,0x7F,0x49,0x49,
	0x49,0x41,0x00},/* “程”, 1*/
	{0x10,0x0C,0x04,0x84,0x14,0x64,0x05,0x06,0xF4,0x04,0x04,0x04,0x04,
	0x14,0x0C,0x00},
	{0x04,0x84,0x84,0x44,0x47,0x24,0x14,0x0C,0x07,0x0C,0x14,0x24,0x44,
	0x84,0x04,0x00},/* “实”, 2*/
	{0x02,0xFA,0x82,0x82,0xFE,0x80,0x40,0x20,0x50,0x4C,0x43,0x4C,0x50,
	0x20,0x40,0x00},
	{0x08,0x18,0x48,0x84,0x44,0x3F,0x40,0x44,0x58,0x41,0x4E,0x60,0x58,
	0x47,0x40,0x00},/* “验”, 3*/
};
//GPIO 接口的配置函数
void I2C_GPIO_config(void)
{
	GPIO_InitTypeDef GPIO_InitStruct;
	RCC_AHB1PeriphClockCmd(RCC_AHB1Periph_GPIOB, ENABLE);
	GPIO_InitStruct.GPIO_Pin=GPIO_Pin_10|GPIO_Pin_11;
	GPIO_InitStruct.GPIO_Mode=GPIO_Mode_AF;
	GPIO_InitStruct.GPIO_Speed=GPIO_Speed_2MHz;
	GPIO_InitStruct.GPIO_OType=GPIO_OType_OD;
	GPIO_InitStruct.GPIO_PuPd=GPIO_PuPd_UP;
	GPIO_Init(GPIOB, &GPIO_InitStruct);
	GPIO_PinAFConfig(GPIOB, GPIO_PinSource10, GPIO_AF_I2C2);
	GPIO_PinAFConfig(GPIOB, GPIO_PinSource11, GPIO_AF_I2C2);
}
//I2C 总线的配置函数
void I2C_config(void)
{
	I2C_InitTypeDef I2C_InitStruct;
	RCC_APB1PeriphClockCmd( RCC_APB1Periph_I2C2, ENABLE);
	I2C_InitStruct.I2C_ClockSpeed=400000;
	I2C_InitStruct.I2C_Mode=I2C_Mode_I2C;
	I2C_InitStruct.I2C_DutyCycle=I2C_DutyCycle_2;
	I2C_InitStruct.I2C_OwnAddress1=0x00;
	I2C_InitStruct.I2C_Ack=I2C_Ack_Enable;
	I2C_InitStruct.I2C_AcknowledgedAddress=I2C_AcknowledgedAddress_7bit;
	I2C_Cmd(I2C2, ENABLE);
	I2C_Init( I2C2, &I2C_InitStruct);
	I2C_AcknowledgeConfig(I2C2, ENABLE);
}
//I2C 总线的初始化函数
```

```
void I2C_Oled_Init(void)
{
    I2C_GPIO_config();
    I2C_config();
}
//向 addr 地址写入 data 数据
static void I2C_WriteByte(unsigned char addr, unsigned char data)
{
    while(I2C_GetFlagStatus(I2C2, I2C_FLAG_BUSY ) != RESET);
    I2C_GenerateSTART(I2C2, ENABLE);          //发送起始信号
    while(!I2C_CheckEvent(I2C2, I2C_EVENT_MASTER_MODE_SELECT));//EV5，选择主模式
    //Send address for write
    I2C_Send7bitAddress(I2C2, 0x78, I2C_Direction_Transmitter );//发送从机地址
    //Test on EV6 and EV8 clear it
    while(!I2C_CheckEvent(I2C2, I2C_EVENT_MASTER_TRANSMITTER_MODE_SELECTED));
    while(!I2C_CheckEvent(I2C2, I2C_EVENT_MASTER_BYTE_TRANSMITTING));
    //Write data register address
    I2C_SendData(I2C2, addr);
    //Test on EV8 and clear it
    while(!I2C_CheckEvent(I2C2, I2C_EVENT_MASTER_BYTE_TRANSMITTING));
    //Write data
    I2C_SendData(I2C2, data);                 //发送数据
    //Test on EV8_2 and clear it
    while (!I2C_CheckEvent(I2C2, I2C_EVENT_MASTER_BYTE_TRANSMITTED));
    I2C_GenerateSTOP(I2C2, ENABLE);           //关闭 I2C1
}
//写命令的函数
void WriteCmd(unsigned char I2C_Command)      //写命令
{
    I2C_WriteByte(0x00, I2C_Command);
}
//写数据的函数
void WriteDat(unsigned char I2C_Data)         //写数据
{
    I2C_WriteByte(0x40, I2C_Data);
}
//OLED 的初始化函数
void OLED_Init(void)
{
    Delay_ms(100);                            //这里的延时很重要

     WriteCmd(0xAE); //display off
    WriteCmd(0x20); //Set Memory Addressing Mode
    WriteCmd(0x10); //00,Horizontal Addressing Mode;
                    //01,Vertical Addressing Mode;
                    //10,Page Addressing Mode (RESET);
                    //11,Invalid
```

```
    WriteCmd(0xb0); //Set Page Start Address for Page Addressing Mode,0-7
    WriteCmd(0xc8); //Set COM Output Scan Direction
    WriteCmd(0x00); //set low column address
    WriteCmd(0x10); //set high column address
    WriteCmd(0x40); //set start line address
    WriteCmd(0x81); //set contrast control register
    WriteCmd(0xff); //亮度调节，范围是 0x00~0xff
    WriteCmd(0xa1); //set segment re-map 0 to 127
    WriteCmd(0xa6); //set normal display
    WriteCmd(0xa8); //set multiplex ratio(1 to 64)
    WriteCmd(0x3F);
    WriteCmd(0xa4); //0xa4,Output follows RAM content;
                    //0xa5,Output ignores RAM content
    WriteCmd(0xd3); //set display offset
    WriteCmd(0x00); //not offset
    WriteCmd(0xd5); //set display clock divide ratio/oscillator frequency
    WriteCmd(0xf0); //set divide ratio
    WriteCmd(0xd9); //set pre-charge period
    WriteCmd(0x22);
    WriteCmd(0xda); //set com pins hardware configuration
    WriteCmd(0x12);
    WriteCmd(0xdb); //set vcomh
    WriteCmd(0x20); //0x20,0.77xVcc
    WriteCmd(0x8d); //set DC-DC enable
    WriteCmd(0x14);
    WriteCmd(0xaf); //turn on oled panel
}
void OLED_SetPos(unsigned char x, unsigned char y)      //设置起始点的坐标
{
    WriteCmd(0xb0+y);
    WriteCmd(((x&0xf0)>>4)|0x10);
    WriteCmd((x&0x0f)|0x01);
}
void OLED_Fill(unsigned char fill_Data)                 //全屏填充
{
    unsigned char m,n;
    for(m=0;m<8;m++)
    {
        WriteCmd(0xb0+m); //page0-page1
        WriteCmd(0x00); //low column start address
        WriteCmd(0x10); //high column start address
        for(n=0;n<128;n++)
        {
            WriteDat(fill_Data);
        }
    }
}
```

```
void OLED_CLS(void)                //清屏
{
    OLED_Fill(0x00);
}
void OLED_ON(void)
{
    WriteCmd(0X8D);                //设置电荷泵
    WriteCmd(0X14);                //开启电荷泵
    WriteCmd(0XAF);                //OLED 唤醒
}
void OLED_OFF(void)
{
    WriteCmd(0X8D);                //设置电荷泵
    WriteCmd(0X10);                //关闭电荷泵
    WriteCmd(0XAE);                //OLED 休眠
}
//写字符的函数
void OLED_ShowChar(char x,char y,char chr,char Char_Size)
{
    unsigned char c=0, i=0;
    c=chr-' ';
    if(x>128-1)
    {
        x=0;
        y=y+2;
    }
    if(Char_Size ==16)
    {
        OLED_SetPos(x, y);
        for(i=0;i<8;i++)
        {
            WriteDat( F8X16[c*16+i]);
        }
        OLED_SetPos(x,y+1);
        for(i=0;i<8;i++)
        {
            WriteDat(F8X16[c*16+i+8]);
        }
    }
}
//m^n 函数
uint32_t oled_pow(uint8_t m,uint8_t n)
{
    uint32_t result=1;
    while(n--)result*=m;
    return result;
}
```

```
//显示 2 个数字
//x,y:起点坐标
//len:数字的位数
//size:字体大小
//mode:模式。0 表示填充模式，1 表示叠加模式
//num:数值(0~4294967295);
void OLED_ShowNum(uint8_t x,uint8_t y,uint32_t num,uint8_t len,uint8_t size)
{
    uint8_t t,temp;
    uint8_t enshow=0;
    for(t=0;t<len;t++)
    {
        temp=(num/oled_pow(10, len-t-1))%10;
        if(enshow==0&&t<(len-1))
        {
            if(temp==0)
            {
                OLED_ShowChar(x+(size/2)*t,y,' ',16);
                continue;
            }
            else
            {
                enshow=1;
            }

        }
         OLED_ShowChar(x+(size/2)*t,y,temp+'0',16);
    }
}
//显示 num 的 len 个字节的十六进制值
//x,y:起点坐标
//len:字节个数
//size:字体大小
//num:数值(0~4294967295);
void OLED_ShowHex(uint8_t x,uint8_t y,uint32_t num,uint8_t len,uint8_t size)
{
    uint8_t t;
    uint8_t buf[8];
    if(len>4)
    {
        return;
    }
    for(t=0;t<(len<<1);t++)
    {
        buf[t]=(uint8_t)(0x0F&(num>>(28-(t*4))));
    }
    for(t=0;t<(len<<1);t++)
```

```
    {
        if(buf[t]>9)
        {
            buf[t]=buf[t]-0x0A+'A';
        }
        else
        {
            buf[t]=buf[t]+'0';
        }
    }
    for(t=0;t<(len<<1);t++)
    {
        OLED_ShowChar(x+(size/2)*t,y,buf[t],16);
    }
}
//显示一个字符串
void OLED_ShowString(uint8_t x,uint8_t y,uint8_t *chr)
{
    unsigned char j=0;
    while (chr[j]!='\0')
    {
        OLED_ShowChar(x,y,chr[j],16);
        x+=8;
        if(x>120){x=0;y+=2;}
            j++;
    }
}
//显示汉字
void OLED_ShowCHinese(uint8_t x,uint8_t y,uint8_t no)
{
    uint8_t t,adder=0;
    OLED_SetPos(x,y);
    for(t=0;t<16;t++)
    {
        WriteDat(Hzk[2*no][t]);
        adder+=1;
    }
    OLED_SetPos(x,y+1);
    for(t=0;t<16;t++)
    {
        WriteDat(Hzk[2*no+1][t]);
        adder+=1;
    }
}
//显示 BMP 格式的图片，分辨率为 128×64，起始点坐标为(x,y)，x 的范围是 0～127，
//y 为页，其范围是 0～7
void OLED_DrawBMP(unsigned char x0, unsigned char y0,unsigned char x1,
                  unsigned char y1,unsigned char BMP[])
```

```
{
    unsigned int j=0;
    unsigned char x,y;

    if(y1%8==0) y=y1/8;
    else y=y1/8+1;
    for(y=y0;y<y1;y++)
    {
        OLED_SetPos(x0,y);
        for(x=x0;x<x1;x++)
        {
            WriteDat(BMP[j++]);
        }
    }
}

//I2C.h 库函数，包含 I2C.c 中的函数声明
#ifndef __I2C_H
#define __I2C_H
void I2C_GPIO_config(void);
void I2C_config(void);
void I2C_Oled_Init(void);
static void I2C_WriteByte(unsigned char regaddr, unsigned char iic_data);
void WriteCmd(unsigned char I2C_Command);
void WriteDat(unsigned char I2C_Data);
void OLED_Init(void);
void OLED_SetPos(unsigned char x, unsigned char y) ;
void OLED_Fill(unsigned char fill_Data);
void OLED_CLS(void);
void OLED_ON(void);
void OLED_OFF(void);
//void OLED_ShowCN(unsigned char x, unsigned char y, unsigned char N);
//void OLED_DrawBMP(unsigned char x0,unsigned char y0,unsigned char x1,
//unsigned char y1,unsigned char BMP[]);
void OLED_ShowChar(char x,char y,char chr,char Char_Size);
uint32_t oled_pow(uint8_t m,uint8_t n);
void OLED_ShowNum(uint8_t x,uint8_t y,uint32_t num,uint8_t len,uint8_t size);
void OLED_ShowHex(uint8_t x,uint8_t y,uint32_t num,uint8_t len,uint8_t size);
void OLED_ShowString(uint8_t x,uint8_t y,uint8_t *chr);
void OLED_ShowCHinese(uint8_t x,uint8_t y,uint8_t no);
void OLED_DrawBMP(unsigned char x0, unsigned char y0,unsigned char x1,
                  unsigned char y1,unsigned char BMP[]);
#endif
```

9.4.6 下载验证

编译上面的代码，当编译没有警告和错误时将编译后的程序下载到开发板。重启开发板后，可以看到 OLED 显示的内容，如图 9-17 所示。

图 9-17 OLED 显示的内容

9.5 项目总结

本项目主要介绍 I2C 总线协议、STM32 系列微控制器的 I2C 总线及其结构体和标准固件库函数，并使用 I2C 总线驱动 OLED，在 OLED 上显示数字、字符和汉字。

9.6 动手实践

（1）请使用 I2C 总线驱动 OLED，并显示两只老虎的图案。请在下面的横线上写出关键代码。

____
____
____
____

（2）请使用 I2C 总线驱动 OLED，并显示“2023 年 4 月 20 日　8：00”。请在下面的横线上写出关键代码。

____
____
____
____

9.7 润物无声：柔性 OLED

美国研究人员在最新一期的《科学进展》杂志上撰文指出，他们使用定制的打印机，打印出了首块柔性 OLED，这种由 3D 打印制成的显示屏，无须以往昂贵的微加工设备。

OLED 使用有机材料涂层将电转换为光，其使用范围广泛，既可用作电视屏和显示器等大型设备，也可用作智能手机等手持电子设备，因其重量轻、节能、轻薄柔韧、视角宽、对比度高而广受欢迎。

他们的研究团队此前曾尝试使用 3D 打印机打印 OLED，但无法实现发光层均匀一致。在最新研究中，他们另辟蹊径，结合两种不同的打印模式来打印 6 个设备层，最终打印出了首块完全由 3D 打印机制造的柔性 OLED。其中，电极、互连、绝缘和封装层均采用挤压印制获得，活性层采用相同的 3D 打印机在室温下喷涂印刷而成。显示器原型边长约 3.8 cm，有 64 个像素，每个像素都能正常工作。

该研究团队的成员、明尼苏达大学机械工程博士毕业生苏芮涛（音译）说，新的 3D 打印显示屏很柔韧，可封装在其他材料内，这使它可以广泛应用于多个领域。实验表明，该显示屏历经 2000 次弯曲仍保持稳定，这表明全 3D 打印 OLED 或可用于柔性电子设备和可穿戴设备内。

9.8 知识巩固

一、选择题

（1）常用的串行总线有________。

（A）I2C　（B）SPI　（C）RS232　（D）UART

（E）USB

（2）I2C 总线是________公司推出的一种串行总线，是具备多主机系统所需的总线裁决和高/低速器件同步功能的高性能串行总线。

（A）PHLIPS　（B）飞思卡尔　（C）摩托罗拉　（D）诺基亚

（3）I2C 总线的信号线有________。

（A）SCL （B）SDA （C）CS （D）MOSI

（4）由于 I2C 总线通过上拉电阻连接正电源，因此当总线空闲时，两根线均为________。

（A）高电平 （B）低电平 （C）高阻态 （D）三态

（5）I2C 总线在标准模式下的传输速率为________。

（A）400 kbps （B）100 kbps （C）3.4 Mbps （D）1 kbps

（6）I2C 总线在快速模式下的传输速率为________。

（A）400 kbps （B）100 kbps （C）3.4 Mbps （D）1 kbps

（7）I2C 总线在高速模式下的传输速率为________。

（A）400 kbps （B）100 kbps （C）3.4 Mbps （D）1 kbps

（8）I2C 总线的起始信号是________。

（A）在 SCL 为高电平期间，SDA 由高电平变为低电平

（B）在 SCL 为高电平期间，SDA 由低电平变为高电平

（C）SCL 为高电平

（D）SCL 为低电平

（9）I2C 总线的停止信号是________。

（A）在 SCL 为高电平期间，SDA 由高电平变为低电平

（B）在 SCL 为高电平期间，SDA 由低电平变为高电平

（C）SCL 为高电平

（D）SCL 为低电平

（10）在使用 I2C 总线进行数据传输时，在 SCL 为高电平期间，SDL 上的数据必须保持________。

（A）稳定 （B）变化 （C）从 0 变到 1 （D）从 1 变到 0

（11）在使用 I2C 总线进行数据传输时，只有在 SCL 为低电平期间，SDL 电平才允许________。

（A）稳定 （B）变化 （C）从 0 变到 1 （D）从 1 变到 0

（12）I2C 总线的数据和地址传输都带响应，响应包括应答（ACK）和非应答（NACK）两种信号，其中 ACK 是________。

（A）高电平 （B）低电平 （C）高阻态 （D）从 0 变到 1

（13）I2C 总线的数据和地址传输都带响应，响应包括应答（ACK）和非应答（NACK）两种信号，其中 NACK 是________。

（A）高电平 （B）低电平 （C）高阻态 （D）从 0 变到 1

（14）STM32F407 微控制器有________个 I2C 总线接口，可用作通信的主机或从机。

（A）1 （B）2 （C）3 （D）4

（15）STM32F407 微控制器支持的 I2C 总线模式为________。

（A）快速模式，传输速率为 400 kbps （B）标准模式，传输速率为 100 kbps

（C）高速模式，传输速率为 3.4 Mbps （D）标准模式，传输速率为 1 kbps

（16）当 STM32F407 微控制器的 I2C 总线中产生 EV5 事件时，表明________。

（A）起始信号已经被发送 （B）从机应答

（C）主机应答 （D）停止发送数据

（17）当 STM32F407 微控制器的 I2C 总线中产生 EV8 事件时，表明________。

（A）起始信号已经被发送　　　　　　　（B）发送数据后，从机应答

（C）接收数据后主机应答　　　　　　　（D）停止发送数据

二、简答题

（1）请根据知识巩固图 9-1 简述主机向从机写数据的过程。

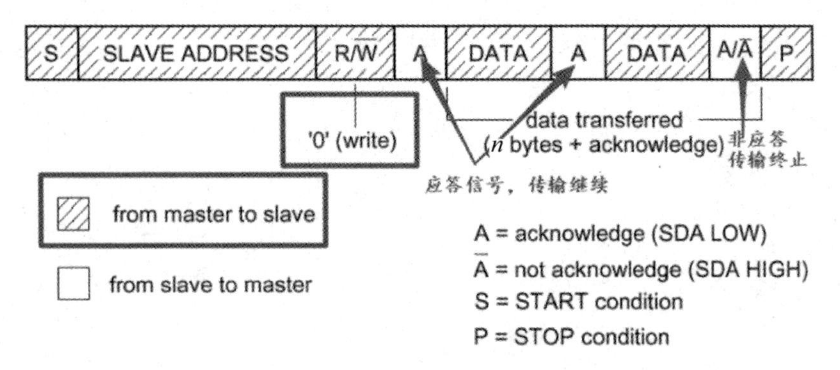

知识巩固图 9-1

（2）请根据知识巩固图 9-2 简述主机从从机中读取数据的过程。

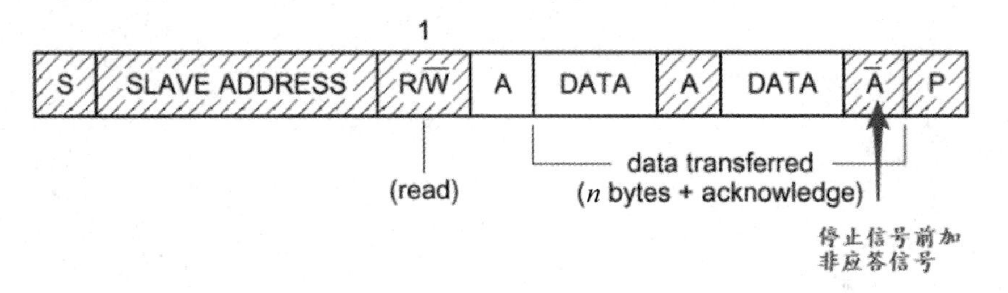

知识巩固图 9-2

（3）请根据知识巩固图 9-3 简述写数据与读数据的复合格式。

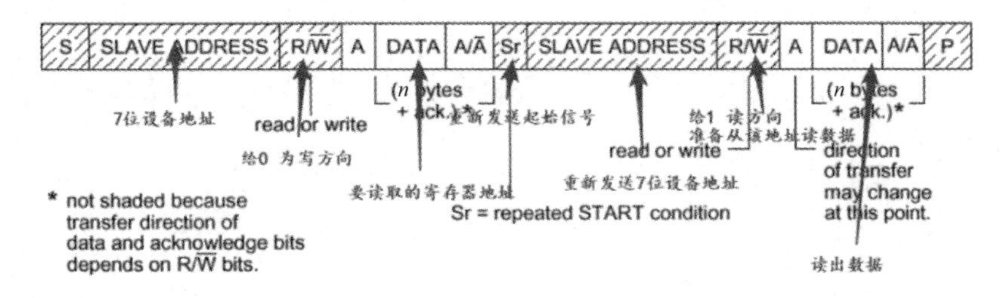

知识巩固图 9-3

（4）请根据知识巩固图 9-3 简述主发送器的通信过程。

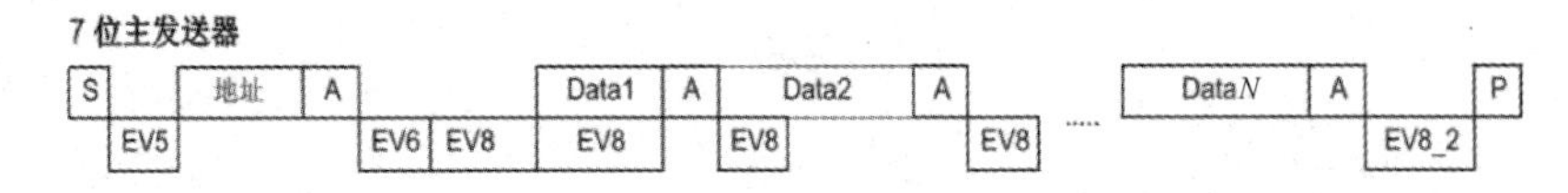

知识巩固图 9-4

（5）请说明 I2C 总线结构体的各个参数的含义。

```
typedef struct
{
    uint32_t I2C_ClockSpeed; ______________________________
    uint16_t I2C_Mode; ______________________________
    uint16_t I2C_DutyCycle; ______________________________
    uint16_t I2C_OwnAddress1; ______________________________
    uint16_t I2C_Ack; ______________________________
    uint16_t I2C_AcknowledgedAddress; ______________________________
}I2C_InitTypeDef;
```

项目 10
通过 ADC 采集光敏传感器输出电压值

项目描述：

在使用微控制器进行自动控制时，首先需要获取物理量，然后才能实现自动控制，这就涉及数据转换器的概念。数据转换器一般分为两种：ADC（Analog-to-Digital Converter）和 DAC（Digital-to-Analog Converter）。

物理世界中的物理信号通常都是模拟的，如房间内的温度，它就是一个连续变化的模拟信号，不会产生跳变。微控制器是一个离散的数字系统，它处理的是数字信号。在自动控制系统中，首先需要通过传感器把物理世界中的物理信号变成模拟电信号，然后通过 ADC 把模拟电信号转换成数字电信号，最后送给微控制器进行处理。

通过 DAC 构成的数/模转换系统，可以把数字量转换成模拟量。例如，智能鱼缸中的温度控制器，设定的温度是 24℃，当鱼缸温度超过 24℃时就不再加热，低于 24℃时就加热，微控制器就需要在不停测量鱼缸温度的基础上进行自动控制。

可以将 ADC、DAC 看成嵌入式系统与物理世界发生关联的桥梁。

项目内容：

任务 1：熟悉 STM32 系列微控制器的 ADC。

任务 2：学会使用 ADC 的结构体及标准固件库函数。

任务 3：通过 ADC 单通道采集光敏传感器的输出电压。

学习目标：

- 熟悉 STM32 系列微控制器的 ADC。
- 学会使用 ADC 的结构体及标准固件库函数。
- 通过 STM32 系列微控制器的 ADC 采集光敏传感器输出的电压值。

ADC

任务 10.1 熟悉 STM32 系列微控制器的 ADC

如何才能实现 A/D 转换呢？我们可以从一个极端例子入手，如 1 位数据的输出。1 位 ADC 的实现如图 10-1，其中 U_{in} 为输入电压，U_{ref} 为参考电压，当 $U_{in}>U_{ref}$ 时，$U_{out}=1$，即输出高电平；反之，当 $U_{in}<U_{ref}$ 时，$U_{out}=0$，即输出低电平。这就是 1 位 A/D 转换电路，当给定一个参考电压时，输入电压比参考电压高就是高电平，反之就是低电平。我们可以用比较器这个思路来实现多位 ADC。

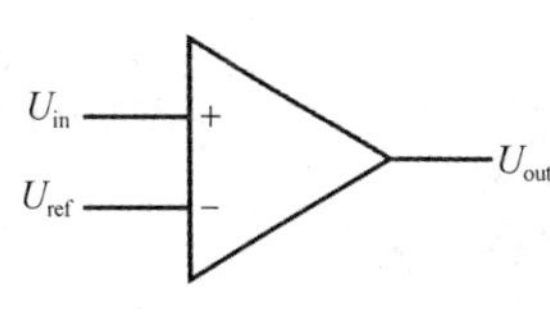

图 10-1　1 位 ADC 的实现

下面我们看看2位ADC的实现。2位ADC的输出结果为00、01、10、11，这时我们就需要把输入分成4挡，因此至少需要3个比较器来判断输入电压。使用3个比较器判断输入电压的原理如图10-2所示，把输入电压同时连接到3个比较器的比较端，而这3个比较器分别用3个不同的参考电压作为阈值，因此可以判断输入电压的4个区间，而这4个区间就对应着00～11，于是我们就得到了4个输出结果。

例如，如果一个电压值处于Rank2这个挡位，则3个比较器从上往下的输出值应该依次为011。也就是说，输入电压比下面2个比较器的参考电压高，仅小于最上面的那个比较器的参考电压，因此3个比较器的输出是011，而我们需要的2 bit信息是00～11的编码，所以还需要一个编码器来实现比较器输出到最终编码的转换。

2位ADC的实现如图10-3所示，通过编码器（encoder）即可生成对应的2 bit的数字信号。按照这个思路，我们可以做一个分辨率更高的ADC，称为FlashADC，即用比较器直接比较输入电压即可。要做一个10位的ADC，需要多少个比较器呢？我们可以算一下，一个2位ADC使用了3个比较器，也就是说2位ADC需要4个挡位，因此需要3个比较器将输入电压分成4个挡位。10位ADC需要多少个挡位呢？2^{10}=1024，需要1024个挡位，因此需要1023个比较器。把1023个比较器放到一起，这个电路很庞大，因此这个方法并不可取。但采用这种方法的ADC是速度最快的ADC。

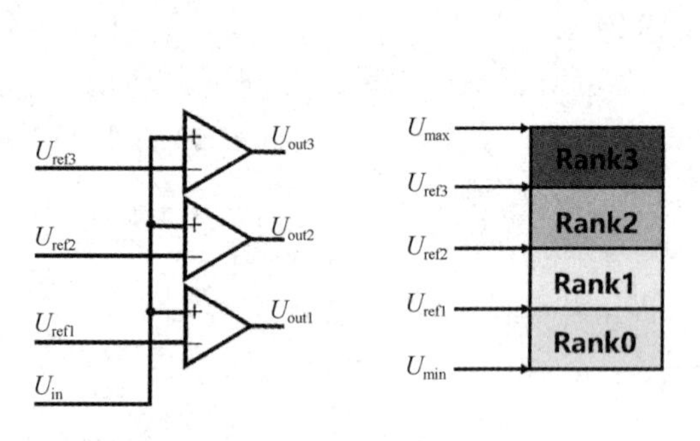

图10-2 使用3个比较器判断输入电压的原理

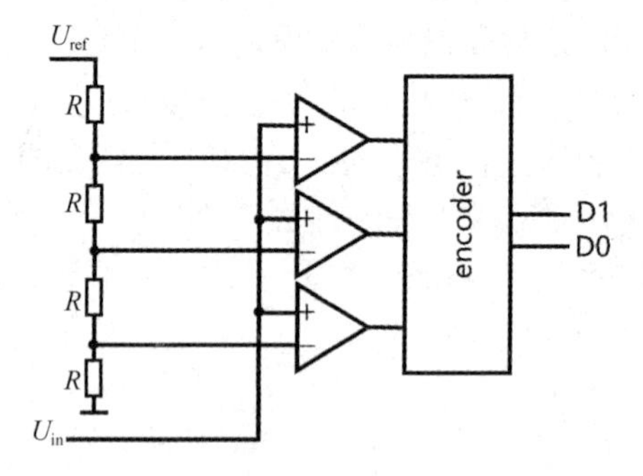

图10-3 2位ADC的实现

为了能够实现A/D转换功能，人们想出了各种巧妙的方法来设计电路。例如，逐次逼近型ADC，其原理如图10-4所示。

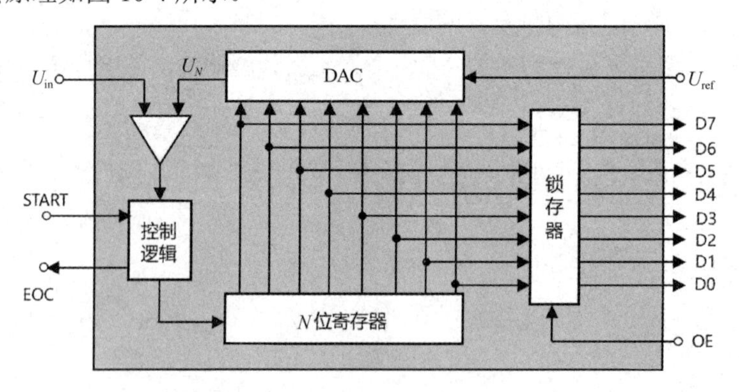

图10-4 逐次逼近型ADC的原理

逐次逼近型ADC的原理是：首先让输入电压U_{in}与参考电压的一半（$U_{ref}/2$）进行比较，如果$U_{in}>U_{ref}/2$，则输出1，否则输出0，这时最高位为1，其余位为0；其次，如果最高为

1，则比较 U_{in} 和 $U_{ref}/2+U_{ref}/4$，如果 $U_{in}>U_{ref}/2+U_{ref}/4$，则令次高位为 1，否则为 0；如果最高位 0，则比较 U_{in} 和 $U_{ref}/4$，如果 $U_{in}>U_{ref}/4$，则令次高位为 1，否则为 0。比较完所有的位后，即可得到 8 位的数字信号（图 10-4 是 8 位的 ADC），从而完成 A/D 转换。从图 10-4 来看，逐次逼近型 ADC 设计起来比 Flash ADC 复杂，需要一个 DAC、控制逻辑，让这些转换和比较周而复始地进行，最终才能得到一个结果。绝大多数微控制器内置的 ADC 都是逐次逼近型 ADC，精度一般在 8～12 位。

我们要建立这样一个基本概念，就是 ADC 类似于电子系统、计算机系统的一把尺子，可以帮助我们去测量转换成电学量后的各种物理量。

ADC 的分辨率是指使输出的数字量变化一个相邻数码所需的输入电压的最小变化量，即能够分辨的输入电压的最小值。例如，对于 12 位 ADC，如果 $U_{ref}=3.3$ V，则分辨率为 $U_{ref}/2^{12}\approx 0.8$ mV。

STM32F4 微控制器的 ADC 是 12 位的逐次趋近型 ADC，具有多达 19 个复用通道，可以测量来自 16 个外部源、2 个内部源和 V_{BAT} 通道的信号。这些通道的 A/D 转换可在单次、连续、扫描或不连续采样的模式下进行。A/D 转换的结果存储在一个左对齐或右对齐的 16 位数据寄存器中。

ADC 具有模拟看门狗的特性，可以检测输入电压是否超过了用户自定义的阈值。

10.1.1　ADC 的特性

- 可配置 12 位、10 位、8 位或 6 位的分辨率；
- 可在转换结束（EOC）、注入转换结束（JEOC），以及发生模拟看门狗或溢出事件时产生中断；
- 支持单次转换模式和连续转换模式；
- 用于自动将通道 0 转换为通道 n 的扫描模式；
- 数据对齐，以保持内置数据一致性；
- 可独立设置各通道的采样时间；
- 具有外部触发器选项，可为规则转换和注入转换配置极性；
- 支持不连续采样模式；
- 支持双重/三重模式（具有 2 个或更多 ADC 的器件提供该模式）；
- 在双重/三重模式下可配置 DMA 数据存储；
- 在双重/三重模式下可配置转换间的延迟；
- 具有多种 ADC 转换类型（参见数据手册）；
- ADC 电源要求：全速运行时为 2.4～3.6 V，慢速运行时为 1.8 V；
- ADC 的输入范围为 U_{ref-}～U_{ref+}；
- 在规则通道转换期间可产生 DMA 请求。

10.1.2　ADC 的功能

图 10-5 所示为 STM32F4 系列微控制器 ADC 的结构。

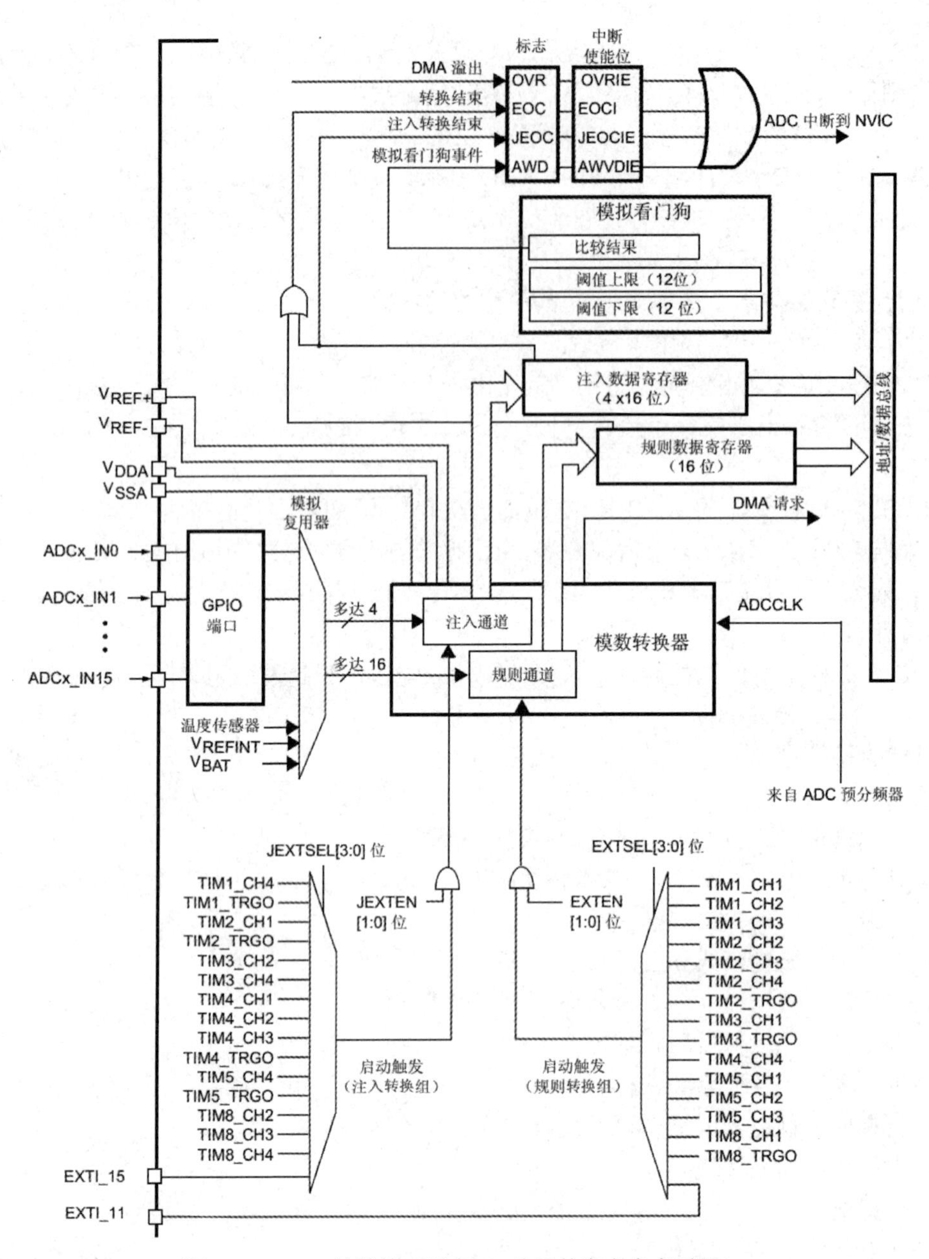

图 10-5　ADC 的结构（引自 ST 公司的官方参考手册）

1. ADC 的引脚

ADC 的引脚如表 10-1 所示。

表 10-1　ADC 引脚

引 脚 名 称	信 号 类 型	备　　注
V_{REF+}	正模拟参考电压输入	ADC 的高/正参考电压，1.8 V≤V_{REF+}引脚电压（U_{REF+}）≤V_{DDA}引脚电压（U_{DDA}）
V_{DDA}	模拟电源输入	模拟电源电压等于电源 V_{DD} 的电压（U_{DD}），即等于 3.6 V 全速运行时，2.4 V≤U_{DDA}≤U_{DD} 低速运行时，1.8 V≤U_{DDA}≤U_{DD}

续表

引 脚 名 称	信 号 类 型	备　注
V_{REF-}	负模拟参考电压输入	ADC 的低/负参考电压，V_{REF-}引脚的电压（U_{REF-}）等于 V_{SSA} 引脚的电压（U_{SSA}）
V_{SSA}	模拟电源接地输入	模拟电源接地电压等于电源 V_{SS} 的电压（U_{SS}）
ADCx_IN[15:0]	模拟输入信号	16 个模拟输入通道

ADC 的输入电压范围为 U_{REF-}～U_{REF+}，由 V_{REF-}、V_{REF+}、V_{DDA}、V_{SSA} 这 4 个引脚的电压（U_{REF-}、U_{REF+}、U_{DDA}、U_{SSA}）决定。在设计电路原理图时，一般把 V_{SSA} 引脚和 V_{REF-}引脚接地，把 V_{REF+}引脚和 V_{DDA} 引脚接 3.3 V 的电源，因此得到的 ADC 输入电压范围为 0～3.3 V。如果想让输入电压的范围变大，达到可以测试负电压或者更高的正电压，则可以在外部加一个电压调理电路，把需要转换的电压抬升或者降压到 0～3.3 V，这样就可以使用 ADC 进行测量了。

2. ADC 的时钟及转换时间

ADC 具有两个时钟：

（1）用于模拟电路的时钟 ADCCLK，被所有的 ADC 共用。ADCCLK 来自于经过可编程预分频器分频的 APB2 时钟，该预分频器允许 ADC 在 $f_{PCLK2}/2$、$f_{PCLK2}/4$、$f_{PCLK2}/6$ 或 $f_{PCLK2}/8$ 等频率下工作（f_{PCLK2} 为 PLCK2 的频率）。ADCCLK 频率（f_{ADCCLK}）的最大值是 36 MHz，典型值为 30 MHz。对于 STM32F407ZGT6 微控制器来说，$f_{PCLK2}=f_{HCLK}/2$=84 MHz，所以一般使用 4 分频或者 6 分频。

（2）用于数字接口的时钟（用于访问寄存器）。此时钟等效于 APB2，可以通过 RCCAPB2 时钟使能寄存器（RCC_APB2ENR）分别为每个 ADC 使能/禁止数字接口时钟。

采样时间是指 ADC 需要若干个 ADC_CLK 周期才能完成对输入的电压的采样，采样的周期数可通过 ADC 的采样时间寄存器（ADC_SMPR1 和 ADC_SMPR2）中的 SMP[2:0]位设置，ADC_SMPR2 控制的是通道 0～9，ADC_SMPR1 控制的是通道 10～17。每个通道可以分别使用不同的采样周期。其中采样周期最小的是 3 个，即如果要达到最快的采样效果，那么应该设置采样周期为 3 个 ADC_CLK 周期。

ADC 的转换时间 T_{conv} 和 ADC 的输入时钟和采样时间有关，计算公式为：

$$T_{conv}=\text{采样时间}+12\text{ 个采样周期}$$

当 ADC_CLK 的频率（f_{ADC_CLK}）为 30 MHz 时，即 PCLK2 的频率（f_{PCLK2}）为 60 MHz，ADC 的时钟为 2 分频，采样时间设置为 3 个周期，那么转换时间 T_{conv} =（3+12=15）个周期=0.5 μs。通常，f_{PCLK2}=84MHz，经过 ADC 预分频器能分频到的最大时钟频率只能是 21 MHz，采样周期设置为 3 个周期，计算得到的最短转换时间为 0.7142 μs，这个转换时间是最常用的。

3. 通道选择

STM32F4 微控制器有 16 条外部通道（通道 0～通道 15），可以将外部通道分为两组，即规则转换组和注入转换组。每个组都包含了一个转换序列，该序列可按任意顺序在任意通道上完成。例如，可按以下顺序对序列进行转换：ADC_IN3→ADC_IN8→ADC_IN2→ADC_IN2→ADC_IN0→ADC_IN2→ADC_IN2→ADC_IN15。

规则转换组最多由 16 条通道构成，必须在 ADC_SQRx 中选择转换序列的规则通道及其顺序。规则转换组中的转换总数必须写入 ADC_SQR1 中的 L[3:0]位。

注入转换组最多由 4 条通道构成，必须在 ADC_JSQR 中选择转换序列的注入通道及其顺序。注入转换组中的转换总数必须写入 ADC_JSQR 中的 L[1:0]位。

如果在转换期间修改 ADC_SQRx 或 ADC_JSQR，将复位当前的转换并向 ADC 发送一个新的启动脉冲，以转换新选择的组。

对于 STM32F4 微控制器，温度传感器连接到通道 ADC1_IN16，内部参考电压连接到通道 ADC1_IN17，V_{BAT}通道连接到通道 ADC1_IN18（该通道也可转换为注入通道或规则通道）。

ADC 的 GPIO 接口分配如表 10-2 所示。

表 10-2 ADC 的 GPIO 接口分配

ADC1	GPIO 接口	ADC2	GPIO 接口	ADC3	GPIO 接口
通道 0	PA0	通道 0	PA0	通道 0	PA0
通道 1	PA1	通道 1	PA1	通道 1	PA1
通道 2	PA2	通道 2	PA2	通道 2	PA2
通道 3	PA3	通道 3	PA3	通道 3	PA3
通道 4	PA4	通道 4	PA4	通道 4	PF6
通道 5	PA5	通道 5	PA5	通道 5	PF7
通道 6	PA6	通道 6	PA6	通道 6	PF8
通道 7	PA7	通道 7	PA7	通道 7	PF9
通道 8	PB0	通道 8	PB0	通道 8	PF10
通道 9	PB1	通道 9	PB1	通道 9	PF3
通道 10	PC0	通道 10	PC0	通道 10	PC0
通道 11	PC1	通道 11	PC1	通道 11	PC1
通道 12	PC2	通道 12	PC2	通道 12	PC2
通道 13	PC3	通道 13	PC3	通道 13	PC3
通道 14	PC4	通道 14	PC4	通道 14	PF4
通道 15	PC5	通道 15	PC5	通道 15	PF5
通道 16	温度传感器	通道 16	连接内部 V_{SS}	通道 16	连接内部 V_{SS}
通道 17	内部参考电压	通道 17	连接内部 V_{SS}	通道 17	连接内部 V_{SS}
通道 18	V_{BAT} 通道	通道 18	连接内部 V_{SS}	通道 18	连接内部 V_{SS}

外部的 16 条通道在转换时又分为规则通道和注入通道，其中规则通道最多有 16 条，注入通道最多有 4 条。那这两种通道有什么区别呢？分别在什么场合使用？

顾名思义，规则通道就是很规矩的意思，我们平时一般使用的就是这种通道，或者说我们用到的都是这种通道，没有什么特别需要注意的地方。

可以将注入理解为插入、插队，注入通道是一种“不安分”的通道，它是一种在规则通道转换过程中强行插入的一种转换通道。如果在规则通道转换过程中，有注入通道插队，那么就要先完成注入通道的转换，再回到规则通道的转换过程。这点和中断很像，因此注入通道只有在规则通道存在时才会出现。

4. 单次转换模式

在单次转换模式下，ADC 只执行一次转换。当 ADC_CR2 中的 CONT 位为 0 时，可通过以下方式启动单次转换模式：

- 将 ADC_CR2 中的 SWSTART 位置 1（仅适用于规则通道）；
- 将 ADC_CR2 中的 JSWSTART 位置 1（适用于注入通道）；
- 外部触发（适用于规则通道或注入通道）。

完成所选通道的转换之后：

- 如果是规则通道，则将转换结果存储在 16 位的 ADC_DR 中，将 EOC（转换结束）位置 1，将 EOCIE 位置 1（此时将产生中断），停止转换；
- 如果是注入通道，则将转换结果存储在 16 位的 ADC_JDR1 中，将 JEOC（注入转换结束）位置 1，将 JEOCIE 位置 1（此时将产生中断），停止转换。

5. 连续转换模式

在连续转换模式下，ADC 在完成一次转换后立即启动一个新的转换。当 ADC_CR2 中的 CONT 位为 1 时，可通过外部触发或将 ADC_CR2 中的 SWSTRT 位置 1 来启动此模式（仅适用于规则通道）。

在完成每次转换后，将上次转换的结果存储在 16 位的 ADC_DR 中，将 EOC（转换结束）位置 1，将 EOCIE 位置 1（此时将产生中断）注意：连续转换模式无法使用注入通道。

6. 时序图

ADC 的时序如图 10-6 所示。ADC 在开始转换前需要一段稳定时间 t_{STAB}，然后开始转换并经过 15 个时钟周期后，将 EOC 位置 1，转换结果存储在 16 位的 ADC_DR 中。

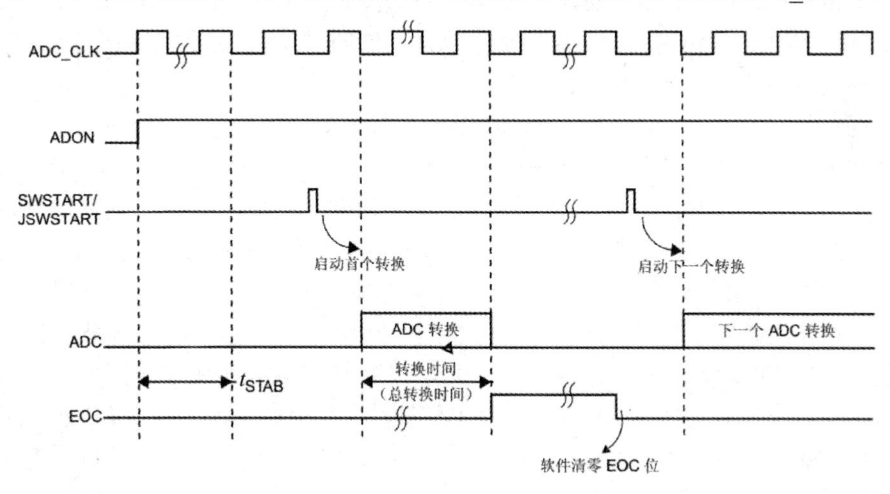

图 10-6　时序图（引自 ST 公司的官方参考手册）

7. 不连续转换模式

（1）对于规则转换组，可将 ADC_CR1 中的 DISCEN 位置 1 来使能不连续转换模式。该模式可用于转换包含 n（$n \leqslant 8$）个转换的短序列，该短序列是在 ADC_SQRx 中选择的转换序列的一部分。通过 ADC_CR1 中的 DISCNUM[2:0]位可以设置 n 的大小。

出现外部触发时，将启动在 ADC_SQRx 中选择的接下来的 n 个转换，直到转换完所有的序列为止。通过 ADC_SQR1 中的 L[3:0]位可定义总序列的长度。

例如，设置 n=3，要转换的通道为 0、1、2、3、6、7、9、10。在第 1 次触发时，转换通道 0、1、2 的序列；在第 2 次触发时，转换通道 3、6、7 的序列；在第 3 次触发时，转换通道 9、10 的序列并生成 EOC 事件；在第 4 次触发时，转换通道 0、1、2 的序列……

注意：在不连续采样模式下，规则转换组不会出现翻转。

转换完所有通道后，下一个触发信号将启动第一个子组的转换。在上述示例中，第 4 次触发将重新转换第 1 个子组（通道 0、1 和 2）中的序列。

（2）对于注入转换组，可将 ADC_CR1 中的 JDISCEN 位置 1 来使能不连续转换模式。在出现外部触发事件后，可使用该模式逐通道地转换在 ADC_JSQR 中选择的序列。

在出现外部触发时，将启动在 ADC_JSQR 中选择的下一个通道转换，直到转换完所有的序列为止。通过 ADC_JSQR 中的 JL[1:0]位可以定义总序列的长度。

例如，设置 n=1，要转换的通道号为 1、2、3。在第 1 次触发时，转换通道 1 中的序列；在第 2 次触发时，转换通道 2 中的序列；在第 3 次触发时，转换通道 3 中的序列并生成 EOC 和 JEOC 事件；在第 4 次触发时，转换通道 1 中的序列……

转换完所有注入通道后，下一个触发信号将启动第一个注入通道的转换。在上述示例中，第 4 次触发将重新转换通道 1 中序列。

不能同时使用自动注入和不连续采样模式。

不得同时为规则转换组和注入转换组设置不连续采样模式，只能针对一个组使能不连续采样模式。

8．数据寄存器

不同的转换组，其转换结果的存储在不同的数据寄存器。规则转换组的转换结果存储在 ADC_DR 中，注入转换组的转换结果存储在 ADC_JDRx 中。如果使用双重或者三重模式，那么规则转换组的转换结果将存储在 ADC_CDR 中。

（1）规则数据寄存器 ADC_DR。ADC_DR 只有一个，是一个 32 位的寄存器，只有低 16 位有效并且只用于在独立模式中存储转换结果。因为 STM32F4 微控制器 ADC 的最大精度是 12 位，ADC_DR 的低 16 位有效，这就允许 ADC 在存储转换结果时选择左对齐或者右对齐，具体是以哪一种对齐方式存放，由 ADC_CR2 的 ALIGN 位设置。假如设置 ADC 的最大精度为 12 位，如果设置为左对齐，则转换结果存储在 ADC_DR 中的[4:15]位；如果设置为右对齐，则转换结果存储在 ADC_DR 中的[0:11]位。规则通道可以有 16 条，但只有一个 ADC_DR，如果使用多通道转换，则转换结果全部存储在 ADC_DR 中，前一个时间点的转换结果就会被下一个时间点的其他转换通道的转换结果覆盖掉，所以当完成转换后应该把转换结果取走，或者开启 DMA 模式，把数据存储到内存中，否则就会造成数据覆盖。最常用的做法就是开启 DMA 模式，如果没有使用 DMA 模式，则需要使用 ADC 状态寄存器（ADC_SR）来获取 ADC 的当前状态，进而实现程序控制。

（2）注入数据寄存器（ADC_JDRx）。ADC 的注入转换组最多有 4 个通道，刚好也有 4 个注入数据寄存器，每个通道对应一个寄存器，不会像 ADC_DR 那样出现数据覆盖现象。ADC_JDRx 是 32 位的，低 16 位有效，高 16 位保留，同样可以选择左对齐和右对齐，具体是以哪一种对齐方式存储转换结果，由 ADC_CR2 中的 ALIGN 位设置。

（3）通用规则数据寄存器（ADC_CDR）。ADC_DR 仅适用于独立模式，ADC_CDR 则适用于双重和三重模式。独立模式指仅仅使用 3 个 ADC 中的一个，双重模式是指同时使用 ADC1 和 ADC2，三重模式是指同时使用 3 个 ADC。在双重模式和三重模式下，通常需要使用 DMA 模式来传输数据。

9．中断

（1）转换结束中断。转换结束后，可以产生中断。中断分为四种：规则通道转换结束中断、注入通道转换结束中断、模拟看门狗中断和溢出中断。其中转换结束中断很好理解，和我们平时接触的中断一样，有相应的中断标志位和中断使能位，我们还可以根据中断类型编写相应的中断服务程序。

（2）模拟看门狗中断。当 ADC 的输入电压低于低阈值或者高于高阈值时，就会产生中断，但前提是要开启模拟看门狗中断，其中低阈值和高阈值分别由 ADC_LTR 和 ADC_HTR 设置。例如，如果设置高阈值是 2.5 V，那么在输入电压超过 2.5 V 时，就会产生模拟看门狗中断；反之低阈值也一样。

（3）溢出中断。如果发生 DMA 传输数据丢失，就会置位 ADC_SR 中的 OVR 位；如果使能了溢出中断，就会在转换结束后产生一个溢出中断。

（4）DMA 请求。规则通道和注入通道转换结束后，除了可以产生中断，还可以产生 DMA 请求，把转换结果直接存储在内存中。对于独立模式的多通道转换，使用 DMA 传输数据是非常有必要的，可以使程序简化很多。对于双重或三重模式，使用 DMA 传输数据甚至可以说是必需的。

10．电压转换

模拟电压经过 ADC 后，其结果是一个相对精度的数值，我们需要把这个数值转换成模拟电压，也可以跟实际的模拟电压（用万用表测）进行对比，看看转换是否准确。ADC 的输入电压范围通常是 0～3.3 V，如果 ADC 是 12 位的，那么 12 位满量程对应的就是 3.3 V，12 位满量程对应的数值是 2^{12}，0 对应的是 0 V。如果转换后的数值为 X，X 对应的模拟电压为 Y，则 $2^{12}/3.3=X/Y$，$Y=(3.3X)/2^{12}$。

任务 10.2　学会使用 ADC 的结构体及标准固件库函数

跟其他外设一样，STM32 系列微控制器的标准固件库提供了 ADC 结构体及初始化函数来配置 ADC，ADC 的结构体及标准固件库函数定义在 stm32f4xx_adc.h 及 stm32f4xx_adc.c 中。

（1）函数 ADC_Init()。该函数的原型为：

```
void ADC_Init(ADC_TypeDef* ADCx, ADC_InitTypeDef* ADC_InitStruct)
```

函数功能：根据 ADC_InitStruct 指定的输入参数初始化 ADC。

参数 1 为 ADCx，x 可以是 1、2、3，用于选择 ADC。

参数 2 为 ADC_InitStruct，是指向结构 ADC_InitTypeDef 的指针。

```
ADC_InitTypeDef 的具体定义如下：
typedef struct {
    uint32_t ADC_Resolution;                    //设置 ADC 的分辨率
```

```
    FunctionalState ADC_ScanConvMode;            //设置 ADC 的转换模式
    FunctionalState ADC_ContinuousConvMode;      //设置连续转换模式
    uint32_t ADC_ExternalTrigConvEdge;           //设置外部触发极性
    uint32_t ADC_ExternalTrigConv;               //设置外部触发
    uint32_t ADC_DataAlign;                      //设置数据对齐方式
    uint8_t ADC_NbrOfChannel;                    //设置转换通道数目
} ADC_InitTypeDef;
```

① ADC_Resolution：用于设置 ADC 的分辨率，可以设置为 12 位、10 位、8 位或 6 位。分辨率越高，ADC 的转换精度就越高，但转换时间也越长；分辨率越低，ADC 的转换精度就越低，但转换时间也越短。ADC_Resolution 的取值及含义如表 10-3 所示。

表 10-3 ADC_Resolution 的取值及含义

ADC_Resolution 的取值	含 义
ADC_Resolution_12b	分辨率为 12 位
ADC_Resolution_10b	分辨率为 10 位
ADC_Resolution_8b	分辨率为 8 位
ADC_Resolution_6b	分辨率为 6 位

例如，通过下面的代码可将 ADC 的分辨率设置为 12 位。

```
ADC_InitStructure.ADC_Resolution=ADC_Resolution_12b;
```

② ScanConvMode：用于设置转换模式，可选值包括 ENABLE 和 DISABLE。如果是单通道转换则选择 DISABLE，如果是多通道转换则选择 ENABLE。ScanConvMode 的取值及含义如表 14-4 所示。

表 10-4 ScanConvMode 的取值及含义

ScanConvMode 的取值	含 义
ENABLE	多通道转换
DISABLE	单通道转换

例如，通过下面的代码可以设置单通道转换。

```
ADC_InitStructure.ADC_ScanConvMode = DISABLE;
```

③ ADC_ContinuousConvMode：用于选择单次转换或连续转换模式，可选值包括 ENABLE 和 DISABLE。ADC_ContinuousConvMode 的取值及含义如表 10-5 所示。

表 10-5 ADC_ContinuousConvMode 的取值及含义

ADC_ContinuousConvMode 的取值	含 义
ENABLE	连续转换模式
DISABLE	单次转换模式

例如，通常下面的代码可以选择连续转换模式。

```
ADC_InitStructure.ADC_ContinuousConvMode = ENABLE;
```

④ ADC_ExternalTrigConvEdge：用于选择外部触发极性。如果使用外部触发，则可以选择触发的极性，可以设置为禁止触发检测、上升沿触发检测、下降沿触发检测以及上升沿和下降沿均可触发检测。ADC_ExternalTrigConvEdge 的取值及含义如表 10-6 所示。

表 10-6　ADC_ExternalTrigConvEdge 的取值及含义

ADC_ExternalTrigConvEdge 的取值	含　义
ADC_ExternalTrigConvEdge_None	禁止触发检测
ADC_ExternalTrigConvEdge_Rising	上升沿触发检测
ADC_ExternalTrigConvEdge_Falling	下降沿触发检测
ADC_ExternalTrigConvEdge_RisingFalling	上升沿和下降沿均可触发检测

例如，通过下面的代码可以将外部触发极性设置为禁止触发检测。

```
ADC_InitStructure.ADC_ExternalTrigConvEdge=ADC_ExternalTrigConvEdge_None;
```

⑤ ADC_ExternalTrigConv：用于选择外部触发源，可根据具体需求配置触发源，使用软件自动触发，因此该参数通常可以任意选择。ADC_ExternalTrigConv 的取值及含义如表 10-7 所示。

表 10-7　ADC_ExternalTrigConv 的取值及含义

ADC_ExternalTrigConv 的取值	含　义
ADC_ExternalTrigConv_T1_CC1	选择定时器 1 的捕获比较 1 作为转换外部触发
ADC_ExternalTrigConv_T1_CC2	选择定时器 1 的捕获比较 2 作为转换外部触发
ADC_ExternalTrigConv_T1_CC3	选择定时器 1 的捕获比较 3 作为转换外部触发
ADC_ExternalTrigConv_T2_CC2	选择定时器 2 的捕获比较 2 作为转换外部触发
ADC_ExternalTrigConv_T2_CC3	选择定时器 2 的捕获比较 3 作为转换外部触发
ADC_ExternalTrigConv_T2_CC4	选择定时器 2 的捕获比较 4 作为转换外部触发
ADC_ExternalTrigConv_T2_TRGO	选择定时器 2 的 TRGO 作为转换外部触发
ADC_ExternalTrigConv_T3_CC1	选择定时器 3 的捕获比较 1 作为转换外部触发
ADC_ExternalTrigConv_T3_TRGO	选择定时器 3 的 TRGO 作为转换外部触发
ADC_ExternalTrigConv_T4_CC4	选择定时器 4 的捕获比较 4 作为转换外部触发
ADC_ExternalTrigConv_T5_CC1	选择定时器 5 的捕获比较 1 作为转换外部触发
ADC_ExternalTrigConv_T5_CC2	选择定时器 5 的捕获比较 2 作为转换外部触发
ADC_ExternalTrigConv_T5_CC3	选择定时器 5 的捕获比较 3 作为转换外部触发
ADC_ExternalTrigConv_T8_CC1	选择定时器 8 的捕获比较 1 作为转换外部触发
ADC_ExternalTrigConv_T8_TRGO	选择定时器 8 的 TRGO 作为转换外部触发
ADC_ExternalTrigConv_Ext_IT11	选择外部 EXTI11 事件作为转换外部触发

⑥ ADC_DataAlign：用于设置数据对齐方式。ADC_DataAlign 的取值及含义如表 10-8 所示。

表 10-8 ADC_DataAlign 的取值及含义

ADC_DataAlign 的取值	含 义
ADC_DataAlign_Right	ADC 数据右对齐
ADC_DataAlign_Left	ADC 数据左对齐

例如，通过下面的代码可以设置为右对齐方式。

```
ADC_InitStructure.ADC_DataAlign = ADC_DataAlign_Right;
```

⑦ ADC_NbrOfChannel：用于设置转换通道的数目，该参数可以选择 1～16 之间的整数。例如，下面的代码表示选择了 1 个转换通道。

```
ADC_InitStructure.ADC_NbrOfchannel = 1;
```

结构体 ADC_InitTypeDef 的初始化示例如下：

```
ADC_InitTypeDef ADC_InitStructure;                          //定义结构体
ADC_InitStructure.ADC_ScanConvMode = ENABLE;                //多通道转换
ADC_InitStructure.ADC_ContinuousConvMode = DISABLE;         //单次转换模式
//禁止外部边沿检测
ADC_InitStructure.ADC_ExternalTrigConvEdge=ADC_ExternalTrigConvEdge_None;
//通常使用软件触发，可以任意选择
ADC_InitStructure.ADC_ExternalTrigConv=ADC_ExternalTrigConv_Ext_IT11;
ADC_InitStructure.ADC_DataAlign = ADC_DataAlign_Right;      //数据右对齐
ADC_InitStructure.ADC_NbrOfChannel = 16;                    //转换通道有 16 个
ADC_Init(ADC1, &ADC_InitStructure);                         //初始化结构体
```

（2）函数 ADC_CommonInit()。该函数的原型为：

```
void ADC_CommonInit(ADC_CommonInitTypeDef* ADC_CommonInitStruct)
```

函数功能：根据指定输入参数初始化结构体。

参数为 ADC_CommonInitStruct，表示待初始化的结构体。

ADC 除了有 ADC_InitTypeDef 结构体，还有 ADC_CommonInitTypeDef 结构体，后一个结构体决定了 3 个 ADC 共用的工作环境，如工作模式、ADC 时钟等。

ADC_CommonInitTypeDef 结构体也是在 stm32_f4xx.h 中定义的，具体定义如下：

```
typedef struct {
    uint32_t ADC_Mode;                  //工作模式
    uint32_t ADC_Prescaler;             //时钟分频系数
    uint32_t ADC_DMAAccessMode;         //DMA 模式
    uint32_t ADC_TwoSamplingDelay;      //采样延迟
}  ADC_InitTypeDef;
```

① ADC_Mode：用于设置 ADC 的工作模式，有独立模式、双重模式以及三重模式。ADC_Mode 的取值及含义如表 10-9 所示。

表 10-9　ADC_Mode 的取值及含义

ADC_Mode 的取值	含　义
ADC_Mode_Independent	独立模式
ADC_DualMode_RegSimult_InjecSimult	双重模式 ADC 工作在同步规则模式和同步注入模式
ADC_DualMode_RegSimult_AlterTrig	双重模式 ADC 工作在同步规则模式和交替触发模式
ADC_DualMode_InjecSimult	双重模式 ADC 工作在同步注入模式
ADC_DualMode_RegSimult	双重模式 ADC 工作在同步规则模式
ADC_DualMode_Interl	双重模式 ADC 工作在慢速交替模式
ADC_DualMode_AlterTrig	双重模式 ADC 工作在交替触发模式
ADC_TripleMode_RegSimult_InjecSimult	三重模式 ADC 工作在同步规则模式和同步注入模式
ADC_TripleMode_RegSimult_AlterTrig	三重模式 ADC 工作在同步规则模式和交替触发模式
ADC_TripleMode_InjecSimult	三重模式 ADC 工作在同步注入模式
ADC_TripleMode_RegSimult	三重模式 ADC 工作在同步规则模式
ADC_TripleMode_Interl	三重模式 ADC 工作在慢速交替模式
ADC_TripleMode_AlterTrig	三重模式 ADC 工作在交替触发模式

例如，通过下面的代码可以设置为独立模式。

```
ADC_CommonInitStructure.ADC_Mode = ADC_Mode_Independent;
```

② ADC_Prescaler：用于设置 ADC 的时钟分频系数，ADC 的时钟是由 PCLK2 经过分频而来的，时钟分频系数决定了 ADC 的时钟频率，常用的时钟分频系数为 2、4、6 和 8。STM32F4 微控制器的 ADC 的最大时钟频率可设置为 36 MHz。ADC_Prescaler 的取值及含义如表 10-10 所示。

表 10-10　ADC_Prescaler 的取值及含义

ADC_Prescaler 的取值	含　义
ADC_Prescaler_Div2	2 分频
ADC_Prescaler_Div4	4 分频
ADC_Prescaler_Div6	6 分频
ADC_Prescaler_Div8	8 分频

例如，通过下面的代码可以设置为 4 分频。

```
ADC_CommonInitStructure.ADC_Prescaler = ADC_Prescaler_Div4; //时钟为 fpclk 的 4 分频。
```

③ ADC_DMAAccessMode：用于设置 DMA 模式，只有在双重或者三重模式才需要设置该参数。ADC_DMAAccessMode 的取值及含义如表 10-11 所示。

表 10-11　ADC_DMAAccessMode 的取值及含义

ADC_DMAAccessMode 的取值	含　义
ADC_DMAAccessMode_Disabled	禁止 DMA 模式
ADC_DMAAccessMode_1	在双重或者三重模式才需要设置，可以设置三种模式，此为模式 1

续表

ADC_DMAAccessMode 的取值	含　义
ADC_DMAAccessMode_2	模式 2
ADC_DMAAccessMode_3	模式 3

④ ADC_TwoSamplingDelay：用于设置两次采样之间的延迟（采样时间间隔），仅适用于双重或三重模式。ADC_TwoSamplingDelay 的取值及含义如表 10-12 所示。

表 10-12　ADC_TwoSamplingDelay 的取值及含义

ADC_TwoSamplingDelay 的取值	含　义
ADC_TwoSamplingDelay_5Cycles	采样时间间隔为 5 个周期
ADC_TwoSamplingDelay_6Cycles	采样时间间隔为 6 个周期
ADC_TwoSamplingDelay_7Cycles	采样时间间隔为 7 个周期
ADC_TwoSamplingDelay_8Cycles	采样时间间隔为 8 个周期
ADC_TwoSamplingDelay_9Cycles	采样时间间隔为 9 个周期
ADC_TwoSamplingDelay_10Cycles	采样时间间隔为 10 个周期
ADC_TwoSamplingDelay_11Cycles	采样时间间隔为 11 个周期
ADC_TwoSamplingDelay_12Cycles	采样时间间隔为 12 个周期
ADC_TwoSamplingDelay_13Cycles	采样时间间隔为 13 个周期
ADC_TwoSamplingDelay_14Cycles	采样时间间隔为 14 个周期
ADC_TwoSamplingDelay_15Cycles	采样时间间隔为 15 个周期
ADC_TwoSamplingDelay_16Cycles	采样时间间隔为 16 个周期
ADC_TwoSamplingDelay_17Cycles	采样时间间隔为 17 个周期
ADC_TwoSamplingDelay_18Cycles	采样时间间隔为 18 个周期
ADC_TwoSamplingDelay_19Cycles	采样时间间隔为 19 个周期
ADC_TwoSamplingDelay_20Cycles	采样时间间隔为 20 个周期

例如，通过下面的代码可以将采样时间间隔设置为 20 个周期。

```
ADC_CommonInitStructure.ADC_TwoSamplingDelay=ADC_TwoSamplingDelay_20Cycles;
```

结构体 ADC_CommonInitTypeDef 的初始化示例如下：

```
ADC_CommonInitTypeDefADC_CommonInitStructure;                    //定义结构体
ADC_CommonInitStructure.ADC_Mode=ADC_Mode_Independent;           //独立模式
ADC_CommonInitStructure.ADC_Prescaler=ADC_Prescaler_Div4;        //4 分频
//禁止 DMA 模式
ADC_CommonInitStructure.ADC_DMAAccessMode=ADC_DMAAccessMode_Disabled;
//将采样时间间隔设置为 20 个周期
ADC_CommonInitStructure.ADC_TwoSamplingDelay=ADC_TwoSamplingDelay_20Cycles;
ADC_CommonInit(&ADC_CommonInitStructure);                        //初始化结构体
```

（3）函数 ADC_RegularChannelConfig()。该函数的原型为：

```
void ADC_RegularChannelConfig(ADC_TypeDef* ADCx, uint8_t ADC_Channel,
                              uint8_t Rank, uint8_t ADC_SampleTime);
```

函数功能：设置指定 ADC 的规则转换组通道，以及它们的转换顺序和采样时间。
参数 1 为 ADCx，x 可以是 1、2、3，用于选择 ADC。
参数 2 为 ADC_Channel，表示被设置的 ADC 通道。
参数 3 为 Rank，表示规则转换组的转换顺序，取值范围 1～16 之间的整数。
参数 4 为 ADC_SampleTime，用于指定采样时间。
ADC_Channel 的取值及含义如表 10-13 所示。

表 10-13　ADC_Channel 的取值及含义

ADC_Channel 的取值	含　义
ADC_Channel_0	选择 ADC 通道 0
ADC_Channel_1	选择 ADC 通道 1
ADC_Channel_2	选择 ADC 通道 2
ADC_Channel_3	选择 ADC 通道 3
ADC_Channel_4	选择 ADC 通道 4
ADC_Channel_5	选择 ADC 通道 5
ADC_Channel_6	选择 ADC 通道 6
ADC_Channel_7	选择 ADC 通道 7
ADC_Channel_8	选择 ADC 通道 8
ADC_Channel_9	选择 ADC 通道 9
ADC_Channel_10	选择 ADC 通道 10
ADC_Channel_11	选择 ADC 通道 11
ADC_Channel_12	选择 ADC 通道 12
ADC_Channel_13	选择 ADC 通道 13
ADC_Channel_14	选择 ADC 通道 14
ADC_Channel_15	选择 ADC 通道 15
ADC_Channel_16	选择 ADC 通道 16
ADC_Channel_17	选择 ADC 通道 17
ADC_Channel_18	选择 ADC 通道 18

ADC_SampleTime 的取值及含义如表 10-14 所示。

表 10-14　ADC_SampleTime 的取值及含义

ADC_SampleTime 的取值	含　义
ADC_SampleTime_3Cycles	采样时间为 3 个周期
ADC_SampleTime_15Cycles	采样时间为 15 个周期
ADC_SampleTime_28Cycles	采样时间为 28 个周期
ADC_SampleTime_56Cycles	采样时间为 56 个周期
ADC_SampleTime_84Cycles	采样时间为 84 个周期
ADC_SampleTime_144Cycles	采样时间为 144 个周期
ADC_SampleTime_480Cycles	采样时间为 480 个周期

例如，下面的代码将 ADC1 的通道 2 作为规则转换通道，采样顺序是 1，采样时间为 3 个周期。

```
ADC_RegularChannelConfig(ADC1, ADC_Channel_2, 1, ADC_SampleTime_3Cycles);
```

（4）函数 ADC_Cmd()。该函数的原型为：

```
void ADC_Cmd(ADC_TypeDef* ADCx, FunctionalState NewState)
```

函数功能：使能或者失能指定的 ADC。

参数 1 为 ADCx，x 可以是 1、2、3，用于选择 ADC。

参数 2 为 NewState：表示 ADC 的新状态，该参数的可选值包括 ENABLE 或者 DISABLE。

例如，通过下面的代码可以使能 ADC3。

```
ADC_Cmd(ADC1, ENABLE);
```

（5）函数 ADC_SoftwareStartConv()。该函数的原型为：

```
void ADC_SoftwareStartConv(ADC_TypeDef* ADCx)
```

函数功能：使能指定的 ADC 的软件转换功能。

参数为 ADCx，x 可以是 1、2、3，用于选择 ADC。

例如，通过下面的代码可以使能 ADC3 的软件转换功能。

```
ADC_SoftwareStartConv( ADC3);
```

（6）函数 ADC_GetConversionValue()。该函数的原型为：

```
uint16_t ADC_GetConversionValue(ADC_TypeDef* ADCx);
```

函数功能：获取转换结果。

参数为 ADCx，x 可以是 1、2、3，用于选择 ADC。

例如，通过下面的代码可以获取转换结果并将其存储在变量 ADC_ConvertedValue 中。

```
ADC_ConvertedValue=ADC_GetConversionValue(ADC3);
```

（7）函数 ADC_ITConfig()。该函数的原型为：

```
void ADC_ITConfig(ADC_TypeDef* ADCx, uint16_t ADC_IT, FunctionalState NewState);
```

函数功能：使能或者失能指定 ADC 的中断。

参数 1 为 ADCx，x 可以是 1、2、3，用于选择 ADC。

参数 2 为 ADC_IT，表示待使能或失能的 ADC 中断源

参数 3 为 NewState，表示 ADC 中断的新状态，可选值包括 ENABLE 或者 DISABLE。

ADC_IT 的取值及含义如表 10-15 所示。

表 10-15　ADC_IT 的取值及含义

ADC_IT 的取值	含　义
ADC_IT_EOC	转换结束中断
ADC_IT_AWD	模拟看门狗中断
ADC_IT_JEOC	注入转换组转换结束中断
ADC_IT_OVR	溢出中断

例如，通过下面的代码可以使能 ADC3 的转换结束中断。

```
ADC_ITConfig(ADC3, ADC_IT_EOC, ENABLE);
```

（8）函数 ADC_GetFlagStatus()。该函数的原型为：

```
FlagStatus ADC_GetFlagStatus(ADC_TypeDef* ADCx, uint8_t ADC_FLAG);
```

函数功能：获取指定的 ADC 标志位，用于检查标志位是否置 1。

参数 1 为 ADCx，x 可以是 1、2、3，用于选择 ADC。

参数 2 为 ADC_FLAG，表示待检查的标志位。

ADC_FLAG 的取值及含义如表 10-16 所示。

表 10-16 ADC_FLAG 的取值及含义

ADC_FLAG 的取值	含 义
ADC_FLAG_AWD	模拟看门狗标志位
ADC_FLAG_EOC	转换结束标志位
ADC_FLAG_JEOC	注入转换组转换结束标志位
ADC_FLAG_JSTRT	注入转换组转换开始标志位
ADC_FLAG_STRT	规则转换组转换开始标志位
ADC_FLAG_OVR	溢出标志位

例如，通过下面的代码可以检查 ADC1 的转换结束标志位是否被置 1。

```
FlagStatus Status;
Status = ADC_GetFlagStatus(ADC1, ADC_FLAG_EOC);
```

（9）函数 ADC_ClearFlag()。该函数的原型为：

```
void ADC_ClearFlag(ADC_TypeDef* ADCx, uint8_t ADC_FLAG);
```

函数功能：清除 ADCx 的标志位。

参数 1 为 ADCx，x 可以是 1、2、3，用于选择 ADC。

参数 2 为 ADC_FLAG，表示待清除的标志位，使用操作符“|”可以同时清除多个标志位。

例如，通过以下代码可以清除 ADC2 的规则转换组转换开始标志位。

```
ADC_ClearFlag(ADC2, ADC_FLAG_STRT);
```

（10）函数 ADC_GetITStatus()。该函数的原型为：

```
ITStatus ADC_GetITStatus(ADC_TypeDef* ADCx, uint16_t ADC_IT);
```

函数功能：检查指定的 ADC 中断是否发生。

参数 1 为 ADCx，x 可以是 1、2、3，用于选择 ADC。

参数 2 为 ADC_IT，将要被检查指定 ADC 中断。

例如，通过下面的代码可以检查 ADC1 的模拟看门狗是否发生中断。

```
ITStatus Status;
Status = ADC_GetITStatus(ADC1, ADC_IT_AWD);
```

（11）函数 ADC_ClearITPendingBit()。该函数的原型为：

```
void ADC_ClearITPendingBit(ADC_TypeDef* ADCx, uint16_t ADC_IT);
```

函数功能：清除 ADCx 的中断位。

参数 1 为 ADCx，x 可以是 1、2、3，用于选择 ADC。

参数 2 为 ADC_IT，表示待清除的 ADC 中断位。

例如，通过下面的代码可以清除 ADC2_JEOC 中的注入转换组转换结束标志位。

```
ADC_ClearITPendingBit(ADC2, ADC_IT_JEOC);
```

任务 10.3 通过 ADC 单通道采集光敏传感器的输出电压

光敏电阻的阻值会随光照度的不同而发生变化，因此可以基于光敏电阻制作光敏传感器，电路原理图如图 10-7 所示。

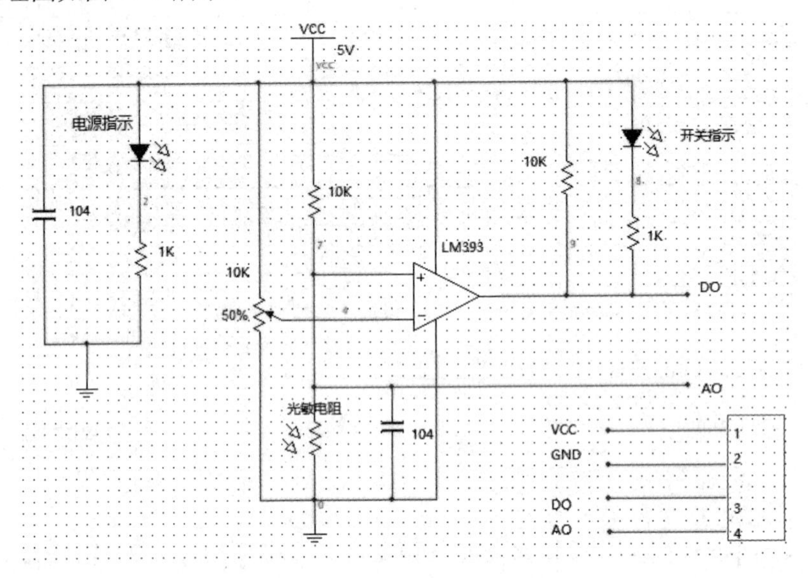

图 10-7 基于光敏电阻制作光敏传感器的电路原理图

STM32F407 微控制器的 ADC 可以采集外部的电压值，光敏传感器会因为光照度的变化而输出不同的电平信号（从 DO 引脚输出）和不同的电压（从 AO 引脚输出），因此光敏传感器的 AO 引脚可以接入 STM32F407 进行电压采集，并将采集到的电压与光照度对应起来。

10.3.1 独立模式下 ADC 单通道数据采集的硬件连接

STM32F407 的 ADC 有 3 个，本任务使用的是 ADC3 的通道 6，将引脚 PF8 作为 ADC 的采集通道，将 PF8 引脚连接光敏传感器的 A0 引脚。

如果读者手头没有光敏传感器，则可以使用滑动变阻器来进行实验，可将滑动变阻器的两端分别连接 3.3 V 的电源和地，中间端连接 ADC3 的通道 6，对应的引脚是 PF8。滑动变阻器的硬件连接如图 10-8 所示。

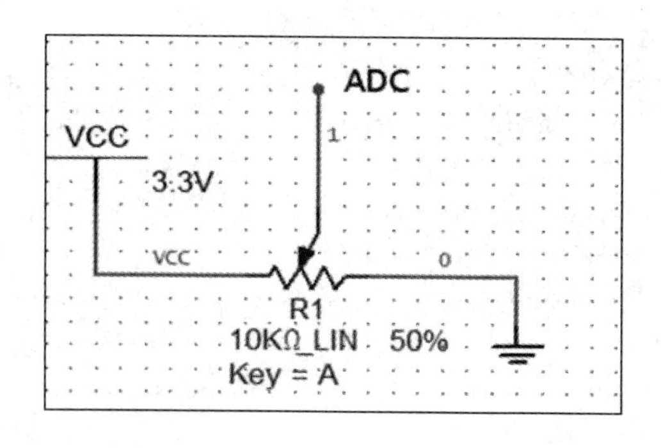

图 10-8　滑动变阻器的硬件连接

10.3.2　独立模式下 ADC 单通道数据采集的编程要点

ADC 的工作模式有很多，本任务采用独立模式，通过中断的方式进行数据采集。根据前面项目的经验可以总结出本任务的编程要点，如下所述。

- 开启 GPIO 接口和 ADC 的时钟；
- 配置 ADC 通道的接口；
- 配置 ADC；
- 配置中断；
- 配置通道转换顺序，使能 ADC 中断和 ADC 触发方式，开始进行转换；
- 编写 main 函数和中断服务程序，获取 ADC 的转换结果。

ADC 编程要点

下面我们分别来完成以上的编程要点。

（1）开启 GPIO 接口和 ADC 的时钟。GPIO 接口挂载在 AHB 上，因此需要开启 GPIOF 接口的时钟；ADC 挂载在 APB2 上，因此需要使能 APB2 的时钟。

```
//开启 GPIOF 接口的时钟
RCC_AHB1PeriphClockCmd(RCC_AHB1Periph_GPIOF,ENABLE);
//开启 ADC3 的时钟
RCC_APB2PeriphClockCmd(RCC_APB2Periph_ADC3,ENABLE);
```

（2）配置 ADC 通道的接口。配置 ADC 通道的接口与配置 GPIO 接口的最大不同之处就是模式（GPIO_Mode）变成了模拟模式（GPIO_Mode_AN），请大家一定要注意，其余输入参数和 GPIO 接口的配置参数基本相同。配置 ADC 通道的接口的代码如下：

```
GPIO_InitStructure.GPIO_Pin=GPIO_Pin_8;                    //选择 GPIO_Pin_8
GPIO_InitStructure.GPIO_Mode=GPIO_Mode_AN;                 //模式为模拟模式
GPIO_InitStructure.GPIO_PuPd=GPIO_PuPd_NOPULL;             //悬空模式
GPIO_Init(GPIOF,&GPIO_InitStructure);                      //初始化结构体
```

（3）配置 ADC。代码如下：

```
//ADC_Common 的初始化
ADC_CommonInitStructure.ADC_Mode=ADC_Mode_Independent;          //独立模式
ADC_CommonInitStructure.ADC_Prescaler=ADC_Prescaler_Div4;       //4 分频
//不选择 DMA 模式
ADC_CommonInitStructure.ADC_DMAAccessMode=ADC_DMAAccessMode_Disabled;
```

```
//采样时间间隔为 20 个周期
ADC_CommonInitStructure.ADC_TwoSamplingDelay=ADC_TwoSamplingDelay_20Cycles;
ADC_CommonInit(&ADC_CommonInitStructure);                    //初始化 ADC_Common 结构体
//ADC3 的初始化
ADC_InitStructure.ADC_Resolution=ADC_Resolution_12b;         //设置 ADC 的分辨率为 12 位
ADC_InitStructure.ADC_ScanConvMode=DISABLE;                  //禁用扫描模式
ADC_InitStructure.ADC_ContinuousConvMode=ENABLE;             //设置连续转换模式
//禁止外部边沿触发
ADC_InitStructure.ADC_ExternalTrigConvEdge=ADC_ExternalTrigConvEdge_None;
//使用软件触发，此值随便赋值即可
ADC_InitStructure.ADC_ExternalTrigConv=ADC_ExternalTrigConv_T1_CC1;
ADC_InitStructure.ADC_DataAlign=ADC_DataAlign_Right;         //数据右对齐
ADC_InitStructure.ADC_NbrOfConversion=1;                     //使用 1 个转换通道
ADC_Init(ADC3,&ADC_InitStructure);                           //初始化 ADC3
```

（4）配置中断。代码如下：

```
NVIC_InitTypeDefNVIC_InitStruct;                             //初始化 NVIC 的结构体
NVIC_PriorityGroupConfig(NVIC_PriorityGroup_1);              //将优先级分组配置为 1 组
NVIC_InitStruct.NVIC_IRQChannel=ADC_IRQn;                    //将中断通道配置为 ADC 中断
NVIC_InitStruct.NVIC_IRQChannelPreemptionPriority=1;         //将抢占优先级配置为 1
NVIC_InitStruct.NVIC_IRQChannelSubPriority=1;                //将响应优先级配置为 1
NVIC_InitStruct.NVIC_IRQChannelCmd=ENABLE;                   //使能 NVIC 中断通道
NVIC_Init(&NVIC_InitStruct);                                 //初始化 NVIC 结构体
```

（5）配置 ADC 通道的转换顺序，使能 ADC 中断，使能 ADC 触发，ADC 开始转换。代码如下：

```
//指定 ADC3 的通道 6 作为转换通道，采样顺序是 1，采样时间为 3 个周期。
ADC_RegularChannelConfig(ADC3,ADC_Channel_6,1,ADC_SampleTime_3Cycles);
ADC_Cmd(ADC3, ENABLE);                                //使能 ADC3
ADC_ITConfig(ADC3, ADC_IT_EOC, ENABLE);               //ADC 中断使能
ADC_SoftwareStartConv( ADC3);                         //触发 ADC 转换
```

（6）编写 main 函数和中断服务程序，获取 ADC 的转换结果。代码如下：

```
//ADC 中断函数
Extern __IO  uint16_t ADC_ConvertedValue;             //调用外部变量
void ADC_IRQHandler(void)
{
    //若检测到 ADC_IT_EOC 中断触发
    if(ADC_GetITStatus(ADC3,ADC_IT_EOC)==SET)
    {
        //ADC 开始转换
        ADC_ConvertedValue=ADC_GetConversionValue(ADC3);
    }
    //清除中断标志位
    ADC_ClearITPendingBit(ADC3,ADC_IT_EOC);
}
//在 main 函数中读取 ADC 的转换结果
```

```
//先将 ADC 的转换值除以 2 的 12 次方（分辨率为 12 位），再乘以 3.3 V。
ADC_Vol = (float)ADC_ConvertedValue/4096*(float)3.3;
```

10.3.3　实例代码

ADC 编程实验

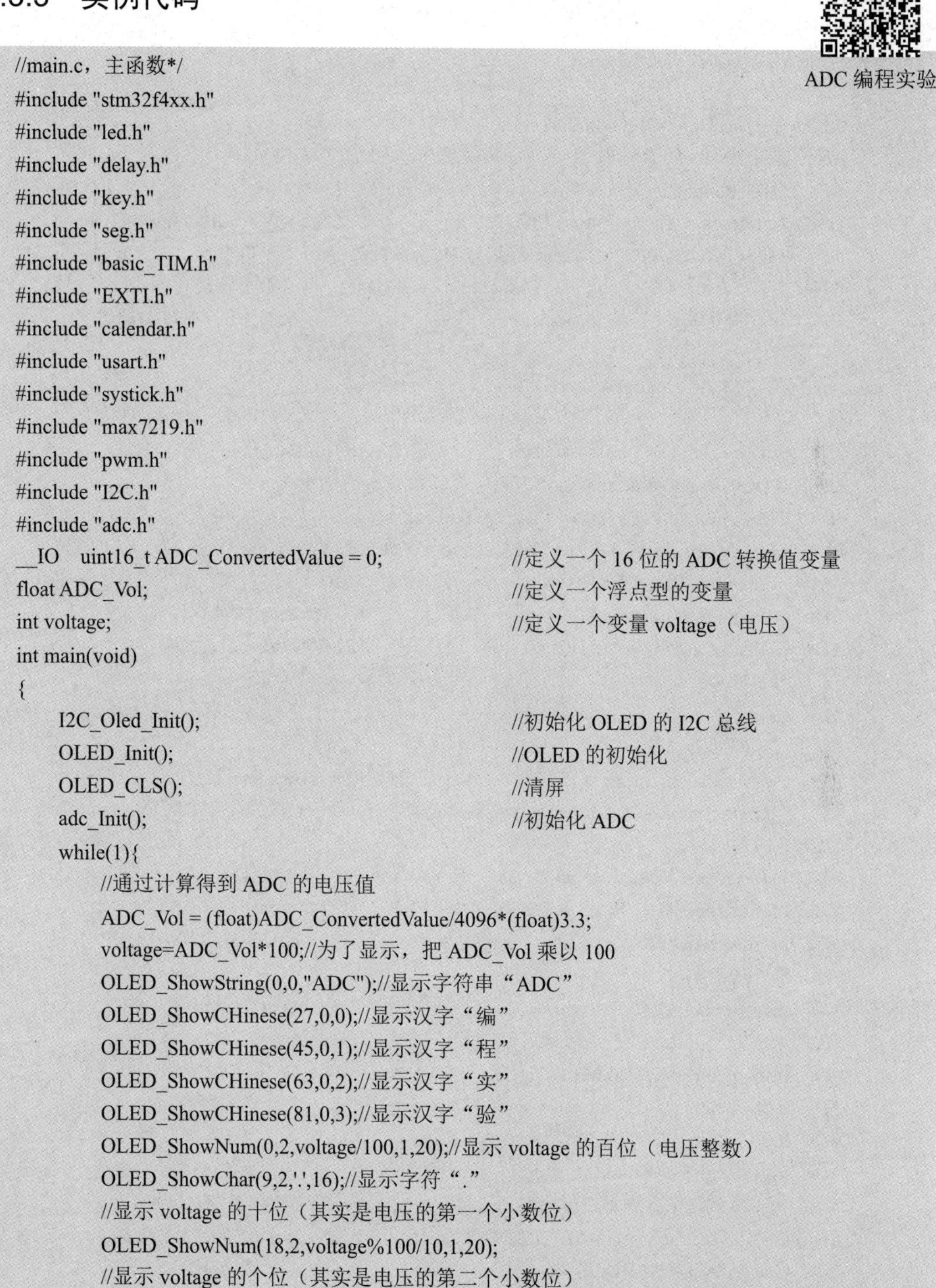

```
//main.c，主函数*/
#include "stm32f4xx.h"
#include "led.h"
#include "delay.h"
#include "key.h"
#include "seg.h"
#include "basic_TIM.h"
#include "EXTI.h"
#include "calendar.h"
#include "usart.h"
#include "systick.h"
#include "max7219.h"
#include "pwm.h"
#include "I2C.h"
#include "adc.h"
__IO   uint16_t ADC_ConvertedValue = 0;              //定义一个 16 位的 ADC 转换值变量
float ADC_Vol;                                        //定义一个浮点型的变量
int voltage;                                          //定义一个变量 voltage（电压）
int main(void)
{
    I2C_Oled_Init();                                  //初始化 OLED 的 I2C 总线
    OLED_Init();                                      //OLED 的初始化
    OLED_CLS();                                       //清屏
    adc_Init();                                       //初始化 ADC
    while(1){
        //通过计算得到 ADC 的电压值
        ADC_Vol = (float)ADC_ConvertedValue/4096*(float)3.3;
        voltage=ADC_Vol*100;//为了显示，把 ADC_Vol 乘以 100
        OLED_ShowString(0,0,"ADC");//显示字符串“ADC”
        OLED_ShowCHinese(27,0,0);//显示汉字“编”
        OLED_ShowCHinese(45,0,1);//显示汉字“程”
        OLED_ShowCHinese(63,0,2);//显示汉字“实”
        OLED_ShowCHinese(81,0,3);//显示汉字“验”
        OLED_ShowNum(0,2,voltage/100,1,20);//显示 voltage 的百位（电压整数）
        OLED_ShowChar(9,2,'.',16);//显示字符“.”
        //显示 voltage 的十位（其实是电压的第一个小数位）
        OLED_ShowNum(18,2,voltage%100/10,1,20);
        //显示 voltage 的个位（其实是电压的第二个小数位）
        OLED_ShowNum(27,2,voltage%10,1,20);
        OLED_ShowChar(36,2,'V',16);//显示字符“V”
        delay(10000);//延时（使用 I2C 总线驱动 OLED 的需要）
```

```
        }
    }
    /*adc.c，ADC 的配置函数，其中包括 ADC 的 GPIO 接口配置，以及 ADC 的输入参数配置。adc.c 函数需要新建，并保存在 HARDWARE 文件夹中*/
    #include "stm32f4xx.h"
    static void ADC_GPIO_Config(void)
    {
        GPIO_InitTypeDef   GPIO_InitStructure;
        //使用的是 ADC3 的通道 6，对应的引脚是 PF8，因此开启 GPIOF 接口的时钟
        RCC_AHB1PeriphClockCmd(RCC_AHB1Periph_GPIOF, ENABLE);
        GPIO_InitStructure.GPIO_Pin = GPIO_Pin_8;                    //打开 GPIO_Pin_8
        GPIO_InitStructure.GPIO_Mode = GPIO_Mode_AN;                 //模拟模式
        GPIO_InitStructure.GPIO_PuPd = GPIO_PuPd_NOPULL ;            //悬空模式
        GPIO_Init(GPIOF, &GPIO_InitStructure);                       //初始化 GPIO 结构体
    }
    static void ADC_Mode_Config(void)
    {
        ADC_InitTypeDef ADC_InitStructure;            //定义 ADC_InitStructure 结构体
        //定义 ADC_CommonInitStructure 结构体
        ADC_CommonInitTypeDef ADC_CommonInitStructure;
        RCC_APB2PeriphClockCmd(RCC_APB2Periph_ADC3, ENABLE);  //开启 ADC3 的时钟
        //ADC_Common 结构体的初始化
        ADC_CommonInitStructure.ADC_Mode=ADC_Mode_Independent;   //独立模式
        ADC_CommonInitStructure.ADC_Prescaler=ADC_Prescaler_Div4;   //4 分频
        //不选择 DMA 模式
        ADC_CommonInitStructure.ADC_DMAAccessMode=ADC_DMAAccessMode_Disabled;
        //将采样时间间隔设置为 20 个周期
        ADC_CommonInitStructure.ADC_TwoSamplingDelay=ADC_TwoSamplingDelay_20Cycles;
        ADC_CommonInit(&ADC_CommonInitStructure);                    //初始化 ADC_Common 结构体
        //ADC3 的初始化
        ADC_InitStructure.ADC_Resolution=ADC_Resolution_12b;         //设置 ADC 的分辨率为 12 位
        ADC_InitStructure.ADC_ScanConvMode=DISABLE;                  //禁用扫描模式
        ADC_InitStructure.ADC_ContinuousConvMode=ENABLE;             //设置连续转换模式
        //禁止外部边沿触发
        ADC_InitStructure.ADC_ExternalTrigConvEdge=ADC_ExternalTrigConvEdge_None;
        //使用软件触发，此值随便赋值即可
        ADC_InitStructure.ADC_ExternalTrigConv=ADC_ExternalTrigConv_T1_CC1;
        ADC_InitStructure.ADC_DataAlign=ADC_DataAlign_Right;         //数据右对齐
        ADC_InitStructure.ADC_NbrOfConversion=1;                     //使用 1 个转换通道
        ADC_Init(ADC3,&ADC_InitStructure);                           //初始化 ADC3
        //指定 ADC3 的通道 6 作为转换通道，采样顺序是 1，并且采样时间为 3 个周期。
        ADC_RegularChannelConfig(ADC3,ADC_Channel_6,1,ADC_SampleTime_3Cycles);
        ADC_Cmd(ADC3, ENABLE);                                       //使能 ADC3
        ADC_ITConfig(ADC3, ADC_IT_EOC, ENABLE);                      //ADC 中断使能
        ADC_SoftwareStartConv( ADC3);                                //触发 ADC 转换
    }
```

```
static void ADC_NVIC_Config(void)
{
    NVIC_InitTypeDefNVIC_InitStruct;                          //初始化 NVIC 的结构体
    NVIC_PriorityGroupConfig(NVIC_PriorityGroup_1);           //将优先级分组配置为 1 组
    NVIC_InitStruct.NVIC_IRQChannel=ADC_IRQn;                 //配置中断通道为 ADC 中断
    NVIC_InitStruct.NVIC_IRQChannelPreemptionPriority=1;      //将抢占优先级配置为 1
    NVIC_InitStruct.NVIC_IRQChannelSubPriority=1;             //将响应优先级配置为 1
    NVIC_InitStruct.NVIC_IRQChannelCmd=ENABLE;                //使能 NVIC 中断通道
    NVIC_Init(&NVIC_InitStruct);                              //初始化 NVIC 结构体
}
//ADC 的初始化函数
void adc_Init(void)
{
    ADC_GPIO_Config();
    ADC_Mode_Config();
    ADC_NVIC_Config();
}
//adc.h，库函数，也需要新建，然后保存在 HARDWARE 文件夹中，并在 main.c 中使用 include 加载
#ifndef __ADC_H
#define __ADC_H
void adc_Init(void);
#endif
//中断函数，在 stm32f4xx_it.c 中创建
//ADC 的中断服务程序
extern __IO  uint16_t ADC_ConvertedValue;                     //调用外部变量
void ADC_IRQHandler(void)
{
    //若检测到 ADC_IT_EOC 中断触发
    if(ADC_GetITStatus(ADC3,ADC_IT_EOC)==SET)
    {
        //ADC 开始转换
        ADC_ConvertedValue=ADC_GetConversionValue(ADC3);
    }
    //清除中断标志位
    ADC_ClearITPendingBit(ADC3,ADC_IT_EOC);
}
```

10.3.4　下载验证

编译上面的代码，当编译没有警告和错误时将编译后的程序下载到开发板。重启开发板后，可以看到 OLED 显示的内容，如图 10-9 所示。

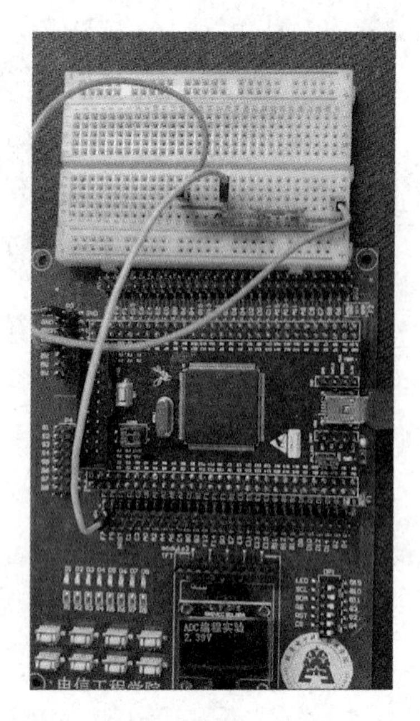

图 10-9 通过 ADC 单通道采集光敏传感器输出电压的显示结果

10.4 项目总结

本项目主要介绍 STM32 系列微控制器的 ADC，包括 ADC 的特性和功能，以及 ADC 的结构体及标准固件库函数，并通过 ADC 单通道采集光敏传感器的输出电压。

10.5 动手实践

使用滑动变阻器替代光敏传感器，通过 ADC 单通道来采集输出电压，请画出 ADC 单通道采集输出电压的电路图，并在下面的横线上写出关键代码。

10.6 润物无声：集成电路工程技术人员

集成电路工程技术人员，就是从事芯片需求分析、芯片架构设计、芯片详细设计、测试验证、网表设计和版图设计的工程技术人员。

根据《中国集成电路产业人才发展报告（2020—2021 年版）》显示，虽然我国集成电路产业从业人员有所增加、薪资上涨，但人才缺口仍很大。2020 年，我国直接从事集成电路产业的人员约 54.1 万人，同比增长 5.7%。

目前，集成电路产业仍存在 20 多万的人才缺口。2021 年 10 月 27 日，人力资源和社会保障部发布的三季度全国招聘大于求职“最缺工”的 100 个职业中，与集成电路/半导体相关的岗位也位列其中。总而言之，集成电路产业“高薪”却“缺人”。

10.7 知识巩固

一、选择题

（1）ADC 是________。

（A）模拟量到数字量的转换器　（B）数字量到模拟量的转换器

（C）电压值　（D）数字信号

（2）DAC 是________。

（A）模拟量到数字量的转换器　（B）数字量到模拟量的转换器

（C）电压值　（D）数字信号

（3）ADC 的分辨率是指使输出数字量变化一个相邻数码所需的输入模拟电压的最小变化量，分辨率越高，ADC 的精度越________。

（A）好　（B）差　（C）没变化　（D）得具体看

（4）对于 12 位 ADC，其分辨率为满刻度（FS）的________。

（A）1/4096　（B）1/12　（C）1/256　（D）1/1024

（5）STM32F407 微控制器有________个 ADC。

（A）1　（B）2　（C）3　（D）4

（6）STM32F407 微控制器的 ADC 的时钟频率最大是________。

（A）21 MHz　（B）42 MHz　（C）30 MHz　（D）36 MHz

（7）如果 ADC 的采样时间为 3 个周期，则 12 位 ADC 的转换周期是________。

（A）3 个周期　（B）12 个周期　（C）15 个周期　（D）13 个周期

（8）规则通道的转换结束中断是________。

（A）EOC　（B）OVR　（C）JEOC　（D）AWD

（9）ADC_SampleTime_3Cycles 的含义是________。

（A）ADC 的采样周期为 3 个周期　（B）ADC 的采样周期为 30 个周期

（C）ADC 的采样周期为 0.3 个周期　（D）ADC 的采样周期为 13 个周期

（10）配置 12 位的分辨率时应该使用下面哪个参数？________

（A）ADC_Resolution_12b　（B）ADC_Resolution_10b

（C）ADC_Resolution_8b　（D）ADC_Resolution_6b

（11）若要使用 ADC 扫描，则应配置结构体的哪个参数？________

（A）ADC_ScanConvMode　（B）ADC_ContinuousConvMode

（C）ADC_ExternalTrigConvEdge　（D）ADC_ExternalTrigConv

（12）ADC 的工作模式有________。

（A）一重模式　　（B）独立模式

（C）双重模式　　（D）三重模式

（13）ADC 的分频可以选择下面的________。

（A）ADC_Prescaler_Div2　　（B）ADC_Prescaler_Div4

（C）ADC_Prescaler_Div6　　（D）ADC_Prescaler_Div8

项目 11 嵌入式操作系统 μC/OS-Ⅲ的移植

项目描述：

在嵌入式系统中移植操作系统，可以大大减轻应用程序设计的负担，不必每次都从头开始设计软件，提高代码可重用率。本项目主要介绍嵌入式操作系统的特点、常用的嵌入式操作系统、μC/OS-III的移植等内容，并在 μC/OS-III上实现了一个单任务——LED 闪烁。

项目内容：

任务 1：了解嵌入式操作系统。

任务 2：如何将 μC/OS-III移植到 STM32F407 开发板。

任务 3：如何在 μC/OS-III上实现单任务——LED 闪烁。

学习目标：

- 了解嵌入式操作系统的特点以及分类。
- 了解裸机系统和多任务操作系统的区别，学会 μC/OS-III的移植。
- 能够在 μC/OS-III上实现单任务。

任务 11.1 了解嵌入式操作系统

嵌入式操作系统介绍

11.1.1 嵌入式系统的特点

嵌入式系统是以应用为中心、以计算机技术为基础，软/硬件可裁减，适应于应用系统对功能、可靠性、成本、体积、功耗等方面有特殊要求的专用计算机系统。

随着计算机技术和产品向其他行业的广泛渗透，以应用为中心对计算机系统进行分类，可分为嵌入式计算机系统和通用计算机系统。通用计算机系统为计算机的标准形式，通过装配不同的应用软件，应用在社会的各个方面，其典型产品为 PC，其操作系统是普通的桌面操作系统。嵌入式计算机系统以嵌入式系统的形式隐藏在各种装置、产品和系统中，它的核心是嵌入式操作系统。

嵌入式操作系统可以分为两类：

（1）非实时操作系统：面向消费电子产品等领域，这类产品包括个人数字助理（PDA）、移动电话、机顶盒、电子书等。

（2）实时操作系统（Real-Time Embedded Operating System，RTOS）：面向控制、通信等领域，如 VxWorks、pSOS、QNX 等。

1．非实时操作系统

早期的嵌入式系统中并没有操作系统的概念，程序员在编写嵌入式程序时通常直接面对裸机及裸设备。在这种情况下，通常把嵌入式程序分成两部分，即前台程序和后台程序。前台程序通过中断来处理事件，其结构一般为无限循环；后台程序则负责整个嵌入式系统软/硬件资源的分配、管理以及任务的调度，是一个系统管理调度程序。这就是通常所说的前后台系统。一般情况下，后台程序也称为任务级程序，前台程序也称为事件处理级程序。在系统运行时，后台程序检查每个任务是否具备运行条件，通过一定的调度算法来完成相应的操作。对于实时性要求特别严格的操作，通常是由中断来完成的，仅在中断服务程序中标记事件的发生，不再做任何工作就退出中断，经过后台程序的调度，转由前台程序完成事件的处理，这样就不会因为在中断服务程序中处理费时的事件而影响后续的操作或其他的中断。

实际上，前后台系统的实时性比预计要差。这是因为前后台系统认为所有的任务具有相同的优先级别，即任务是平等的，而且任务的执行又通过 FIFO 队列排队，因而那些对实时性要求高的任务不可能立刻得到处理。另外，由于前/台程序采用的是一个无限循环的结构，一旦在这个循环体中正在处理的任务崩溃，就会使整个任务队列中的其他任务得不到被处理机会，从而造成系统崩溃。由于这类系统结构简单，几乎不需要 RAM/ROM 的额外开销，因而在简单的嵌入式应用中被广泛使用。

2．实时操作系统

所谓实时性，就是指在确定的时间范围内响应某个事件的特性。实时系统是指能在确定的时间内执行其功能并对外部的异步事件做出响应的计算机系统，其操作的正确性不仅依赖于逻辑设计的正确程度，而且与这些操作进行的时间有关。“在确定的时间内”是该定义的关键，也就是说，实时系统对响应时间有严格的要求。

实时系统对逻辑和时序的要求非常严格，如果逻辑和时序出现偏差就会引起严重后果。实时系统有两种类型：软实时系统和硬实时系统。软实时系统仅要求事件响应是实时的，并不要求必须在多长时间内完成事件的处理；而硬实时系统不仅要求事件响应要实时，而且要求在规定的时间内完成事件的处理。通常，大多数实时系统是两者的结合。实时应用软件的设计一般比非实时应用软件的设计困难。实时系统的技术关键是如何保证系统的实时性。实时操作系统可分为可抢占型和不可抢占型两类。

嵌入式实时操作系统在嵌入式系统中的应用越来越广泛，尤其是在功能复杂、系统庞大的嵌入式系统中显得越来越重要。在嵌入式系统中，只有把 CPU 嵌入系统中，同时又把操作系统嵌入进去，才是真正的嵌入式系统。

11.1.2 常用的嵌入式操作系统

随着嵌入式系统技术的发展，各种各样嵌入式操作系统相继问世，既有许多商业的嵌入式操作系统，也有大量开源的嵌入式操作系统。其中著名的嵌入式操作系统有 μC/OS-Ⅱ、VxWorks、Neculeus、Linux 和 Windows CE 等。下面介绍几种应用比较广泛的嵌入式操作系统。

1．μC/OS-Ⅱ

μC/OS-Ⅱ是由美国嵌入式系统专家 Jean J. Labrosse 先生编写的源代码公开的实时内核，是专为嵌入式应用设计的，可用于 8、16、32 位的微控制器或 DSP。μC/OS-Ⅱ在 μC/OS 的基础上做了重大改进与升级，并有了近十年的使用实践，有许多成功应用该实时内核的实例。μC/OS-Ⅱ的特点是公开源代码、代码结构清晰、注释详尽、组织有条理、可移植性好、可裁减、可固化，采用抢占式内核，最多可以管理 60 个任务。μC/OS-Ⅱ短小精悍，是研究和学习实时操作系统的首选。本章使用的 μC/OS-Ⅲ是在 μC/OS-Ⅱ的基础上发展而来的。

2．Windows CE

Windows CE 是微软开发的一个开放的、可升级的 32 位嵌入式操作系统，是面向掌上电脑类电子设备的操作系统。Windows CE 可以看成精简的 Windows 95，其图形用户界面相当出色。CE 中的 C 代表袖珍（Compact）、消费（Consumer）、通信能力（Communication）和陪伴（Companion），E 代表电子产品（Electronics）。Windows CE 是从整体上为有限资源的平台设计的多线程、完整优先权、多任务的操作系统。Windows CE 采用模块化设计，并可以在从掌上电脑到专用的工控电子设备上进行定制。Windows CE 的基本内核至少 200 KB，从世嘉（SEGA）的 DreamCast 游戏机到曾经风靡一时的掌上电脑，都采用了 Windows CE。

3．VxWorks

VxWorks 是 Wind River System 公司专门为实时嵌入式系统设计、开发的操作系统软件，为程序员提供了高效的实时任务调度、中断管理，实时的系统资源管理以及实时的任务间通信。应用程序员可以将尽可能多的精力放在应用程序本身，而不必再去关心系统资源的管理。VxWorks 是目前嵌入式系统领域中使用最广泛、市场占有率最高的系统之一，它支持 32 位、64 位及多核处理器。

VxWorks 以其良好的可靠性和卓越的实时性被广泛地应用在通信、军事、航空、航天等高精尖技术，以及对实时性要求极高的领域中，如卫星通信、军事演习、弹道制导、飞机导航等。

4．Linux

Linux 是一种类 UNIX，最初是由芬兰的 Linus Torvalds 开发设计的，现在已经是最为流行的一种开源的操作系统。Linux 从 1991 年问世后，在短短的十余年内就发展成一个功能强大、设计完善的操作系统。

Linux 不仅能够运行于 PC 平台，还在嵌入式系统领域大放光芒。Linux 本身的种种特性使其成为嵌入式开发中的首选操作系统。

5．pSOS

pSOS 是由 ISI 公司开发的，该公司现在已经被 Wind River System 公司兼并，pSOS 现在属于 Wind River System 公司的产品。pSOS 是一种模块化、高性能的实时操作系统，专为嵌入式微处理器设计，提供了一个完全多任务环境，在定制的或商业化的硬件上具有高性能和高可靠性。开发者可以根据功能和内存的需求，将 pSOS 定制成每一个应用所需的系统。开发者可以利用 pSOS 来实现从简单的单个独立设备到复杂的、网络化的多处理器系统。

6．QNX

QNX 是一种实时操作系统，由加拿大 QNX 软件系统有限公司开发，广泛应用于自动化、控制、机器人科学、电信、数据通信、航空航天、计算机网络系统、医疗仪器设备、交通运输、安全防卫系统、POS 机、零售机等任务关键型应用领域。20 世纪 90 年代后期，QNX

在高速增长的互联网终端设备、信息家电及掌上电脑等领域也得到了广泛的应用。

7．OS-9

Microwave 公司的 OS-9 是专为微处理器的关键实时任务而设计的操作系统，广泛应用于高科技产品，包括消费电子产品、工业自动化、无线通信产品、医疗仪器、数字电视/多媒体设备。OS-9 提供了良好的安全性和容错性。与其他的嵌入式系统相比，OS-9 的灵活性和可升级性非常突出。

8．LynxOS

Lynx Real-Time Systems 公司的 LynxOS 是一种分布式、嵌入式、可规模扩展的实时操作系统，遵循 POSIX.1a、POSIX.1b 和 POSIX.1c 标准。LynxOS 支持线程概念，提供了 256 个全局用户线程优先级；提供一些传统的、非实时系统的服务特征，如基于调用需求的虚拟内存、一个基于 Motif 的用户图形界面、与工业标准兼容的网络系统，以及应用开发工具。

本书选择 μC/OS-III，把 μC/OS-III移植到 STM32F407 开发板上。

任务 11.2 如何将 μC/OS-Ⅲ移植到 STM32F407 开发板

11.2.1 裸机系统和多任务操作系统的区别

如何将 μC/OS-III移值到 STM32F407 开发板

裸机系统通常分成轮询系统和前后台系统。轮询系统是指在裸机编程时，先初始化好相关的硬件，再让主程序在一个死循环中不断循环，顺序地做各种事情。轮询系统是一种非常简单的软件结构，通常只适用于那些只需要顺序执行代码且不需要外部事件来驱动就能完成的事情。轮询系统只适合顺序执行的代码，当有外部事件驱动时，实时性就会降低。

以下是轮询系统伪代码：

```
int main(void)
{
    //硬件相关初始化
    HardWare_Init();
    //无限循环
    for (;;) {
        //处理事情 1
        DoSomethingA();
        //处理事情 2
        DoSomethingB();
        //处理事情 3
        DoSomethingC();
    }
}
```

与轮询系统相比，前后台系统是在轮询系统的基础上加入了中断，外部事件的响应在中断中完成，外部事件的处理还是在轮询系统中完成的。这里我们将中断称为前台，将 main

函数中的无限循环称为后台。

以下是前后台系统伪代码：

```
int flagA = 0;
int flagB = 0;
int flagC = 0;
int main(void)
{
    HardWare_Init();                          //硬件相关初始化
    //无限循环
    for (;;) {
        if (flagA) { DoSomethingA();/*处理事情 1*/}
        if (flagB) { DoSomethingB();/*处理事情 2*/}
        if (flagC) { DoSomethingC();/*处理事情 3*/}
    }
}
void ISR1(void)
{
    flagA = 1;                                //置位标志位
    /*若事件处理时间很短，则在中断服务程序中处理事件；若事件处理时间较长，则在后台处理中
处理事件*/
    DoSomethingA();
}
void ISR2(void)
{
    flagB = 1;                                //置位标志位
    /*若事件处理时间很短，则在中断服务程序中处理事件；若事件处理时间较长，则在后台处理中
处理事件*/
    DoSomethingB();
}
void ISR3(void)
{
    flagC = 1;                                //置位标志位
    DoSomethingC();
}
```

在顺序执行后台程序时，如果有中断发生，那么中断就会打断后台程序的正常执行流，转而去执行中断服务程序，并在中断服务程序中标记事件。如果事件处理时间很简短，则可在中断服务程序中处理；如果事件处理时间较长，则返回到后台程序中处理。虽然事件的响应和处理是分开进行的，但事件的处理还是在后台程序中顺序执行的。相比轮询系统，前后台系统可以确保事件不会丢失，再加上中断具有可嵌套的功能，这就可以极大地提高程序的实时响应能力。

相比前后台系统，多任务系统的事件响应也是在中断中完成的，但事件的处理是在任务中完成的。在多任务系统中，任务跟中断一样，也具有优先级，优先级高的任务会被优先执行。当一个紧急的事件在中断被标记之后，如果事件对应的任务的优先级足够高，就会马上得到响应。相比前后台系统，多任务系统的实时性又得到了提高。

以下是多任务系统的伪代码：

```
int flagA = 0;
int flagB = 0;
int flagC = 0;
int main(void)
{
    HardWare_Init();/* 硬件相关初始化 */
    RTOS_Init();/* 操作系统初始化 */
    RTOS_Start();/* 操作系统启动，开始多任务调度，不再返回 */
}
void ISR1(void){ flagA = 1; /* 置位标志位 */}
void ISR1(void){ flagB = 1; /* 置位标志位 */}
void ISR3(void){ flagC = 1; /* 置位标志位 */}
void DoSomething1(void)
{
    for (;;)
    {
        /* 任务实体 */
        if (flagA) { }
    }/* 无限循环，不能返回 */
}
void DoSomething2(void)
{
    for (;;)
    { /* 任务实体 */
        if (flagB) { }
    }/* 无限循环，不能返回 */
}
 void DoSomething3(void)
{
    for (;;)
    {
        /* 任务实体 */
        if (flagC) { }
    } /*无限循环，不能返回 */
}
```

在前后台系统中，后台程序顺序执行程序的主体；在多任务系统中，根据程序的功能把程序的主体分割成一个个独立的、无限循环且不能返回的小程序，这些小程序称为任务。每个任务都是独立的，且具备自身的优先级，由操作系统调度管理。使用操作系统后，在编程时无须专门设计程序的执行流，不用担心每个模块之间是否存在干扰，使编程变得更加简单。

11.2.2 μCOS-Ⅲ的移植方法

1．任务要求

在 STM32F407 开发板上建立基于 μC/OS-III的工程模板，让 μC/OS-III运行起来，后面的相关例程都可以在此工程模板上进行修改。

2. 准备工作

（1）通过 GPIO 接口和标准固件库函数点亮 LED 的程序（详见项目 2）。

（2）μC/OS-III源码。

（3）STM32F407 开发板。

3. μC/OS-Ⅲ源码分析

μC/OS-III的源码有 4 个文件夹，分别是 EvalBoards、uC/CPU、uC/LIB、uCOS-III，下面分别介绍这 4 个文件夹的作用。

- EvalBoards：该文件夹中存放的是与评估板相关的文件，在移植 μC/OS-III时需要使用其中的部分文件。
- uC/CPU：该文件夹中存放的是与 CPU 密切相关的文件。
- uC/LIB：Micrium 公司提供的官方库。
- uCOS-III：这是个关键文件夹，该文件夹中有两个文件夹，即 Source 和 Ports，Ports 中存放的是与硬件接口相关的代码，Source 中存放的是与系统软件相关的代码。

4. 移植步骤

（1）文件的准备工作。

① 裸机工程文件，这里使用的是通过 GPIO 接口和标准固件库函数点亮 LED 的程序。

② 将 μC/OS-III的源码中三个文件夹 uC/CPU、uC/LIB、uCOS-III复制到工程中的 User 文件夹中。

③ 在工程文件中的 User 文件夹中建立 APP 和 BSP 文件夹，删除 User 文件夹中的 main.c。

④ 将 μC/OS-III的源码“EvalBoards\ST\STM32F429II-SK\uCOS-III”中的 9 个文件复制到“User\APP”文件夹下，如图 11-1 所示。

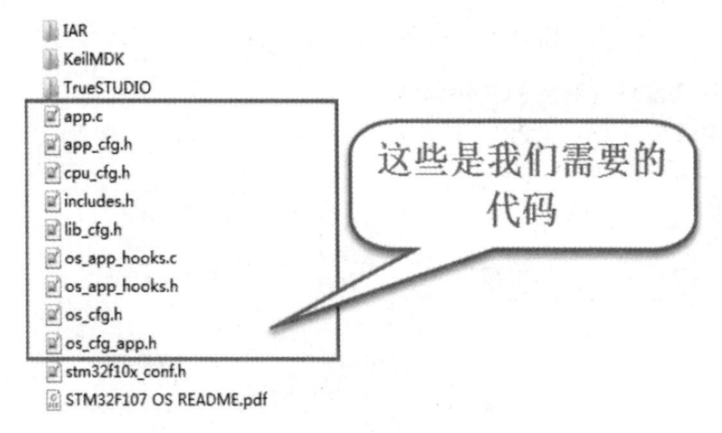

图 11-1　复制“EvalBoards\ST\STM32F429II-SK\uCOS-III”中的 9 个文件

⑤ 将 μC/OS-III的源码“EvalBoards\ST\STM32F429II-SK\BSP”中的 2 个文件复制到“User\BSP”文件夹下，如图 11-2 所示。

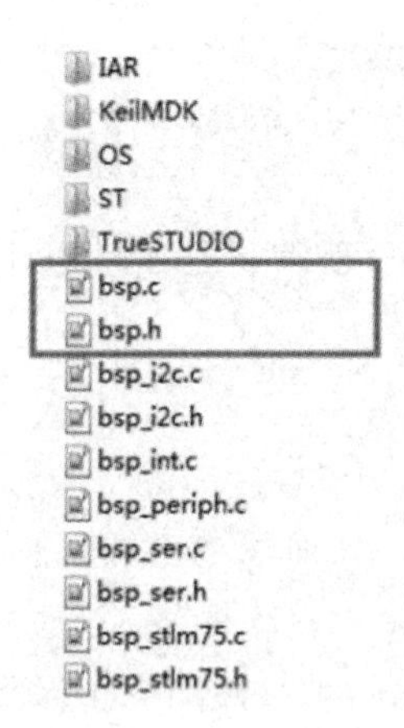

图 11-2 复制“EvalBoards\ST\STM32F429II-SK\BSP”中的 2 个文件

（2）在裸机工程中添加文件分组。在工程模板中添加以下文件分组，图 11-3 中方框里的文件是新添加的文件分组。

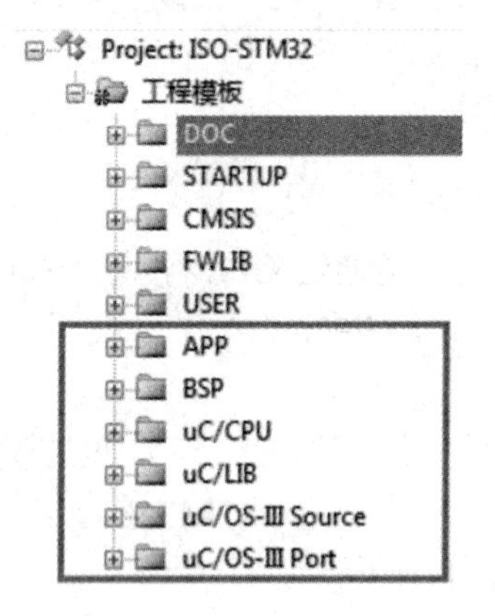

图 11-3 在工程模板中添加文件分组

（3）添加相应的文件到对应的文件分组。

① 在 APP 中添加“\User\APP”文件夹下的所有文件，如图 11-4 所示。

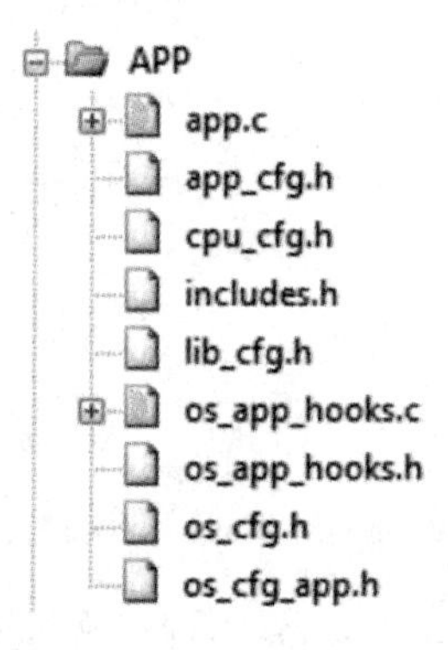

图 11-4 在 APP 中添加“\User\APP”文件夹下的所有文件

② 在 BSP 中添加“\User\BSP”文件夹（见图 11-5）和“\User\led”文件夹下的所有文件。

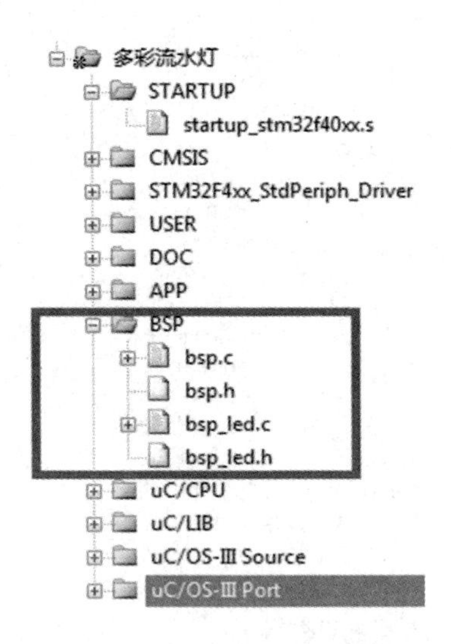

图 11-5　在 BSP 中添加“\User\BSP”文件夹下的所有文件

③ 在 uC/CPU 中添加“User\uC/CPU”文件夹（见图 11-6）和“User\uC/CPU\ARM-Cortex-M4\RealView”文件夹下的所有文件。

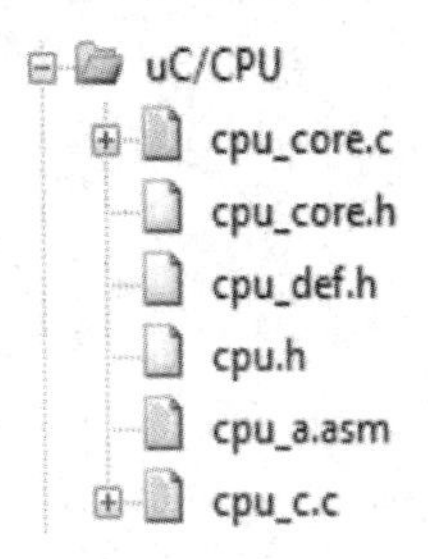

图 11-6 在 uC/CPU 中添加“User\uC/CPU”文件夹下的所有文件

④ 在 uC/LIB 中分组添加“User\uC/LIB”文件夹（见图 11-7）和“\User\uC/LIB\Ports\ARM-Cortex-M4\RealView”文件夹下的所有文件。

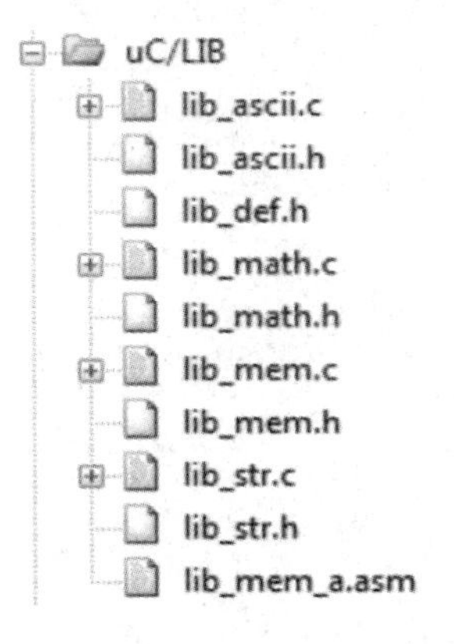

图 11-7　在 uC/LIB 中分组添加“User\uC/LIB”文件夹下的所有文件

⑤ 在 uC/OS-III Source 中添加“\User\uCOS-III\Source”文件夹下的所有文件，如图 11-8 所示。

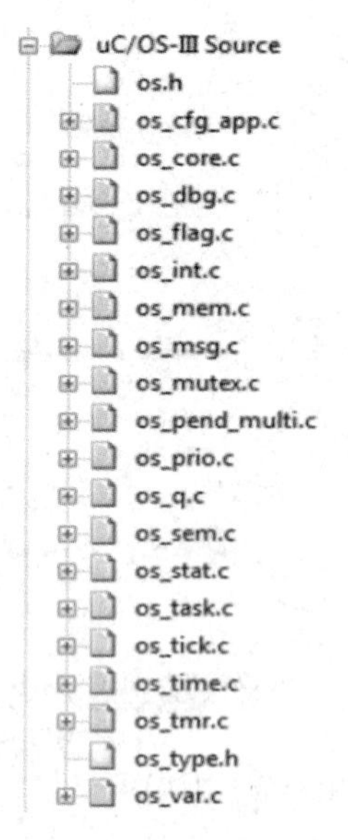

图 11-8 uC/OS-III Source 中添加“\User\uCOS-III\Source”文件夹下的所有文件

⑥ 在 uC/OS-III Port 中添加“\User\uCOS-III\Ports\ARM-Cortex-M4\Generic\RealView”文件夹下的所有文件，如图 11-9 所示。

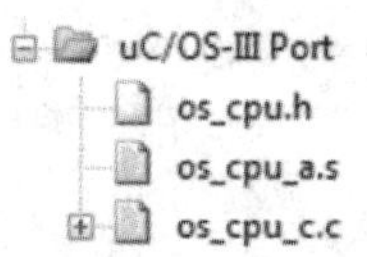

图 11-9 在 uC/OS-III Port 中添加“\User\uCOS-III\Ports\ARM-Cortex-M4\Generic\RealView”文件夹下的所有文件

通过前面的步骤可以将 μC/OS-III的源码添加到开发环境的工程模板中，编译时需要为这些源文件指定头文件路径，否则会编译报错。添加头文件路径如图 11-10 所示。

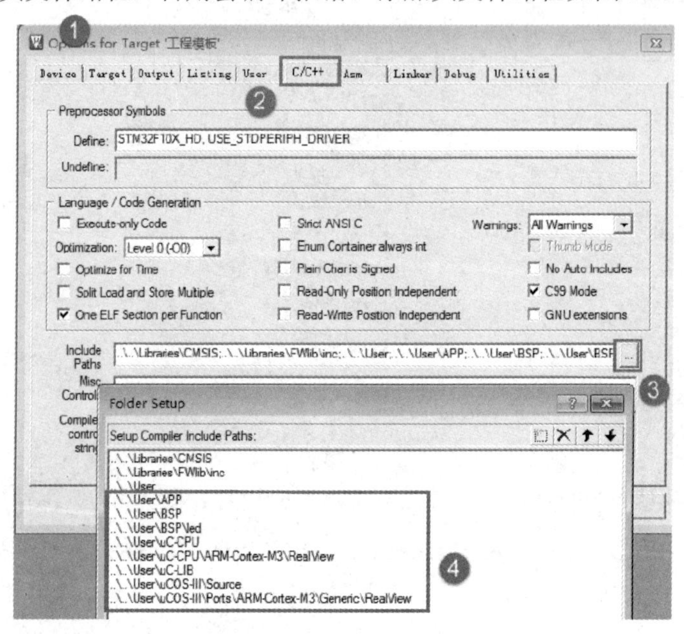

图 11-10 添加头文件路径

接下来开始对文件进行配置和修改。

（4）文件配置修改。添加头文件路径后，就可以编译一下整个工程，但肯定会有错误，因为对 μC/OS-Ⅲ进行移植后，还需要对工程文件进行修改。首先修改工程的启动文件 startup_stm32f10x_hd.s，将其中的 PendSV_Handler 和 SysTick_Handler 分别修改为 OS_CPU_PendSVHandler 和 OS_CPU_SysTickHandler，如图 11-11 和图 11-12 所示；其次需要将 stm32f10x_it.c 文件中的 PendSV_Handler()和 SysTick_Handler()函数注释掉，如图 11-13 所示。

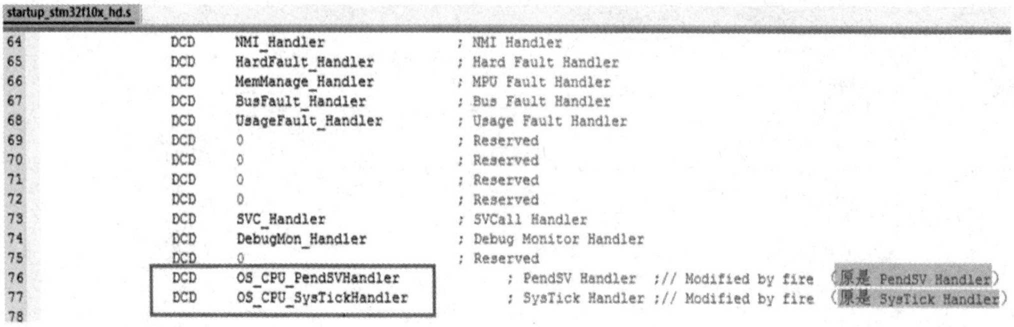

```
startup_stm32f10x_hd.s
64                 DCD     NMI_Handler                ; NMI Handler
65                 DCD     HardFault_Handler          ; Hard Fault Handler
66                 DCD     MemManage_Handler          ; MPU Fault Handler
67                 DCD     BusFault_Handler           ; Bus Fault Handler
68                 DCD     UsageFault_Handler         ; Usage Fault Handler
69                 DCD     0                          ; Reserved
70                 DCD     0                          ; Reserved
71                 DCD     0                          ; Reserved
72                 DCD     0                          ; Reserved
73                 DCD     SVC_Handler                ; SVCall Handler
74                 DCD     DebugMon_Handler           ; Debug Monitor Handler
75                 DCD     0                          ; Reserved
76                 DCD     OS_CPU_PendSVHandler          ; PendSV Handler ;// Modified by fire （原是 PendSV Handler）
77                 DCD     OS_CPU_SysTickHandler         ; SysTick Handler ;// Modified by fire （原是 SysTick Handler）
78
```

图 11-11　修改工程的启动文件 startup_stm32f10x_hd.s

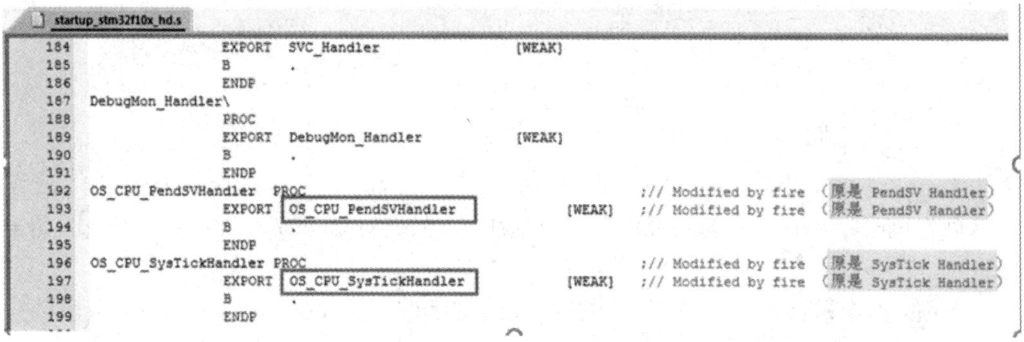

```
startup_stm32f10x_hd.s
184                 EXPORT  SVC_Handler                [WEAK]
185                 B       .
186                 ENDP
187 DebugMon_Handler\
188                 PROC
189                 EXPORT  DebugMon_Handler           [WEAK]
190                 B       .
191                 ENDP
192 OS_CPU_PendSVHandler  PROC                                 ;// Modified by fire （原是 PendSV Handler）
193                 EXPORT  OS_CPU_PendSVHandler          [WEAK]   ;// Modified by fire （原是 PendSV Handler）
194                 B       .
195                 ENDP
196 OS_CPU_SysTickHandler PROC                                 ;// Modified by fire （原是 SysTick Handler）
197                 EXPORT  OS_CPU_SysTickHandler         [WEAK]   ;// Modified by fire （原是 SysTick Handler）
198                 B       .
199                 ENDP
```

图 11-12　将 PendSV_Handler 和 SysTick_Handler 分别修改为 OS_CPU_PendSVHandler 和 OS_CPU_SysTickHandler

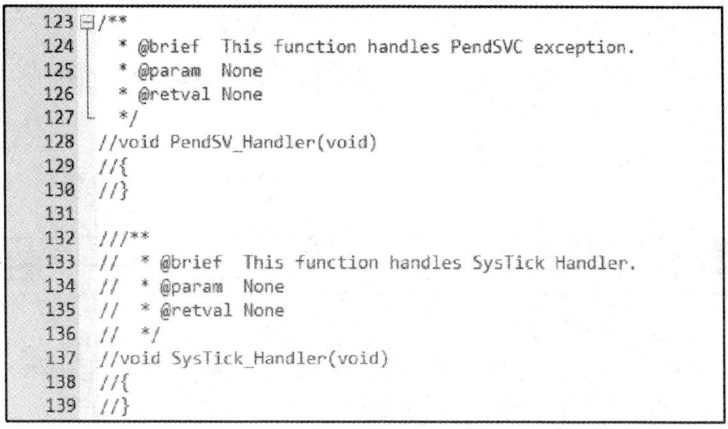

```
123 /**
124    * @brief  This function handles PendSVC exception.
125    * @param  None
126    * @retval None
127    */
128 //void PendSV_Handler(void)
129 //{
130 //}
131
132 ///**
133 //  * @brief  This function handles SysTick Handler.
134 //  * @param  None
135 //  * @retval None
136 //  */
137 //void SysTick_Handler(void)
138 //{
139 //}
```

图 11-13　将 PendSV_Handler()和 SysTick_Handler()函数注释掉

① STM32F407 微控制器使用的是 Cortex-M4 的内核，该内核带有 FPU（浮点处理单元），在 startup_stm32f40xx.s 文件中已经加入 FPU 启动代码，还要在配置中启用浮点处理功能，如图 11-14 所示。

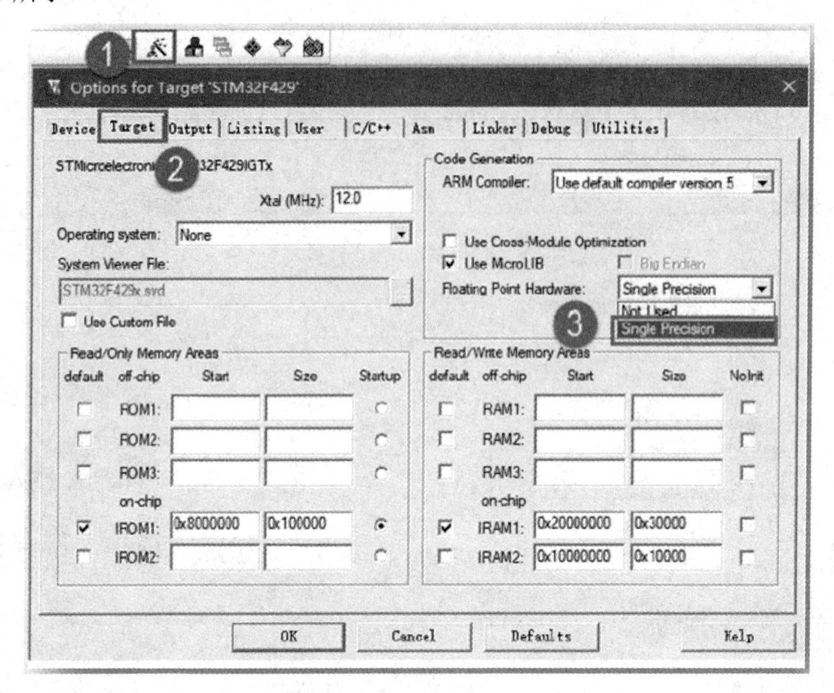

图 11-14　在配置中启用浮点处理功能

② bsp 文件是与开发板相关的文件，也就是 STM32F407 开发板的板载驱动文件。μC/OS-III源码中的 bsp 文件是针对 STM32F429 开发板的，与 STM32F407 开发板不一样，因此需要进行修改。

在 bsp 文件中添加 STM32F407 开发板的板载驱动头文件，在 bsp.h 中添加板载驱动头文件，代码如下：

```
#include "stm32f10x.h"
#include <app_cfg.h>
#include "bsp_led.h"
```

修改“User\APP\”文件夹下的 app.c，编译移植后的 μC/OS-III源码，编译无误表明移植成功。本任务将 μC/OS-III移植到了 STM32F407 开发板上，下面的任务是在工程模板的基础上添加任务（Task），实现 LED 闪烁。

任务 11.3 如何在 μC/OS-III 上实现单任务——LED 闪烁

本任务在 μC/OS-III的工程模板上添加任务（Task），实现 LED 的闪烁。

如何在 μC/OS-III上实现 LED 灯闪烁

11.3.1　如何创建任务

嵌入式开发常用前后台系统和多任务系统。在多任务系统中，任务是非常重要的，我们先来了解什么叫任务。在裸机系统中，系统的主体就是 main 函数里顺序执行无限循环，CPU 按照顺序完成各种事情。在多任务系统中，我们根据功能的不同，把整个系统分割成一个个独立的且无法返回的函数，我们将这些函数称为任务。

```
void Task (void *parg)
{
    //任务主体，无限循环且不能返回
    for( ; ;)
    {
        //任务主体代码
    }
}
```

在多任务系统中很重要的操作就是怎么创建任务，下面我们将分下面几步来讲解任务的创建过程。

1. 定义任务栈

栈是微控制器 RAM 中一段连续的内存空间，用于存放变量。在多任务系统中，每个任务是独立的，互不干扰，需要为每个任务分配独立的栈空间，每个任务只能使用各自的栈空间，有多少个任务就需要多少个任务栈。

这些任务栈也存在于 RAM 中，能够使用的最大的栈是由代码中的 APP_STK_START_STK_SIZE 决定的。在多任务系统中，任务栈就是在内存空间里面分配好一个个独立的“房间”，每个任务只能使用各自的“房间”。本任务将创建单任务，点亮 LED，因此只需要定义一个任务栈。定义任务栈的数据类型是 CPU_STK。本任务在 app_cfg.h 件中加入对任务栈的大小说明，代码如下：

```
#define   APP_TASK_START_STK_SIZE      128U
```

在 app.c 加入对任务栈的定义，具体代码如下：

```
static   CPU_STK   AppTaskStartStk[APP_TASK_START_STK_SIZE];
```

任务栈的大小由宏定义控制，这里将任务栈配置为 128。任务栈其实就是一个预先定义好的全局数据，数据类型为 CPU_STK。CPU_STK 是与 CPU 相关的数据类型，是在 cpu.h 中定义的。

2. 定义任务控制块

在多任务系统中，任务的执行是由系统调用的，系统为了顺利地调度任务，为每个任务额外定义一个任务控制块（Task Control Block，TCB）。TCB 相当于任务的身份证，存储了的所有信息，如任务栈、任务名称、任务的形参等。

定义 TCB 的数据类型是 OS_TCB，是在 os.h 中定义的。OS_TCB 是一个结构体，其中定义了与任务相关的信息。在 C 代码中，TCB 是一个结构体，里面有很多成员，这些成员共同描述了任务的全部信息。本书在 app.c 文件中为任务定义 TCB，代码如下：

```
static OS_TCB    AppTaskStartTCB
```

3．定义任务的函数实体

任务是一个独立的函数，任务函数是无限循环且不返回的。在这个任务函数中我们编写了点亮 LED 程序块，在 app.c 中加入任务函数，代码如下：

```
static void AppTaskStart (void *p_arg)
{
    CPU_INT32U cpu_clk_freq;
    CPU_INT32U cnts;
    OS_ERR err;
     (void)p_arg;
    BSP_Init();
    CPU_Init();
    cpu_clk_freq = BSP_CPU_ClkFreq();
    cnts = cpu_clk_freq / (CPU_INT32U)OSCfg_TickRate_Hz;
    OS_CPU_SysTickInit(cnts);
    Mem_Init(); //Initialize Memory Management Module
    #if OS_CFG_STAT_TASK_EN > 0u
    OSStatTaskCPUUsageInit(&err);
    #endif
    CPU_IntDisMeasMaxCurReset();
    while (DEF_TRUE) {
        macLED1_TOGGLE ( );
        OSTimeDly ( 5000, OS_OPT_TIME_DLY, & err );
    }
}
```

主体函数包括硬件初始化、CPU 初始化、内存初始化，以及对硬件进行操作的代码。

4．创建任务函数

一个任务的三个要素是任务栈、任务的函数实体、TCB，这三个要素需要联系起来才能被系统统一调度，这个联系的工作由任务创建函数 OSTaskCreate()来实现，该函数在 os_task.c 中定义，所有跟任务相关的函数都是在这个文件定义的。函数 OSTaskCreate()的实现代码如下：

```
OSTaskCreate((OS_TCB*)&AppTaskStartTCB,
             (CPU_CHAR*)"AppTaskStart",
             (OS_TASK_PTR)AppTaskStart,
             (void*)0,
             (OS_PRIO)APP_TASK_START_PRIO,
             (CPU_STK*)&AppTaskStartStk[0],
             (CPU_STK_SIZE)APP_TASK_START_STK_SIZE/10,
             (CPU_STK_SIZE)APP_TASK_START_STK_SIZE,
             (OS_MSG_QTY)5u,
             (OS_TICK)0u,
             (void*)0,
```

```
                    (OS_OPT)(OS_OPT_TASK_STK_CHK|OS_OPT_TASK_STK_CLR),
                    (OS_ERR*)&err);
```

11.3.2　启动任务

在创建任务、系统初始化后，就可以启动任务了，任务的启动函数 OSStart()是在 os_core.c 中定义的，从此任务由 μC/OS-III来管理了。任务创建在创建后处于就绪状态，就绪状态的任务可以参与 μC/OS-III的调度。启动任务的代码如下：

```
OSStart(&err);
```

11.3.3　任务总结

- 用户代码不允许调用任务函数，任务一旦创建只能由 μC/OS-III调用；
- 每个任务都必须创建自己的任务栈；
- 任务编号越小，其优先级越高，任务优先级是在 OS_CFG_app.h 中定义的；
- 在分配任务栈大小时，1K=256。
- 每个任务都是一个无限循环，通过调用延时函数 OSTimeDly()或 OSTimeDlyHMSM()等待一个事件而被挂起；
- 任务没有 return 语句；
- 只运行一次的任务在结束时必须调用 OSTaskDel()删除自己；
- 任务在等待事件时不会占用 CPU 时间；
- 一旦内存空间被动态分配就不能再回收，对于不需要删除的任务，建议动态分配内存空间；

11.4 项目总结

本项目主要介绍嵌入式操作系统，μC/OS-III在 STM32F407 开发板上的移植，在 μC/OS-III中创建任务来点亮 LED。通过本项目的学习，读者可以了解 μC/OS-III的单任务开发，为以后开发多任务的项目打下基础。

11.5 动手实践

智能小车在学习和竞赛中的应用十分广泛。在智能小车设计中，需要控制相应的驱动电路、感应检测单元、控制器等多任务。如果我们在设计中加入 μC/OS-III，以及图形用户接口来对智能小车进行可视化控制，就可以大大简化开发流程。

11.6 润物无声：华为鸿蒙系统

鸿蒙系统（Harmony OS）是华为在 2019 年 8 月 9 日正式发布的操作系统。

鸿蒙系统是华为耗时 10 年、投入 4000 多名研发人员开发的一款基于微内核、面向 5G 物联网和全场景的分布式操作系统。Harmony 是和谐的意思。鸿蒙系统不是 Android 的分支，也不是由 Android 修改而来的，而是与 Android、iOS 不一样的操作系统。鸿蒙系统的性能上不弱于 Android，华为还为基于 Android 生态开发的应用平稳迁移到鸿蒙系统上做好了衔接。

鸿蒙系统将打通手机、计算机、平板电脑、电视机、工业自动化控制、无人驾驶、车机设备、智能穿戴，把它们统一成一个操作系统。并鸿蒙系统是面向下一代技术设计的，能兼容全部的 Android 应用和 Web 应用。若在鸿蒙系统上重新编译 Android 应用，则该应用的性能可以提升 60%以上。鸿蒙系统造了一个超级虚拟终端互联的世界，将人、设备、场景有机联系在一起。鸿蒙系统凭借其在互联网产业创新方面发挥的积极作用，在 2021 年 9 月的世界互联网大会上获得“领先科技成果奖”。

鸿蒙系统的问世，在全球引起巨大反响。这款中国企业打造的操作系统，在技术上是先进的，具有逐渐建立起自己生态的成长力。它的诞生将拉开永久性改变操作系统全球格局的序幕。

过去的进步证明，华为在自己聚焦的技术领域已经具备走到前排的能力。鸿蒙系统的问世恰逢中国整个软件业亟须补齐短板，鸿蒙系统给国产软件的全面崛起产生战略性带动和刺激。

11.7 知识巩固

我们对如何在 μC/OS-III上点亮 LED 闪烁步骤进行回顾。

创建任务包括四个步骤，定义任务堆栈、定义任务控制块（TCB）、定义任务的函数实体、创建任务函数。

任务是通过调用系统启动函数 OSStart()来启动的，任务在启动后就由 μCOS-III来调度和管理了。

参考文献

[1] 刘黎明，王建波，赵纲领．嵌入式系统基础与实践：基于 ARM Cortex-M3 内核的 STM32 微控制器[M]．北京：电子工业出版社，2020．

[2] 李文仲，等．ARM9 微控制器与嵌入式系统网络实战[M]．北京：北京航空航天大学出版社，2008．

[3] 赵恩铭，邢传玺．嵌入式系统原理与实践：基于 ARM Cortex-M3 内核的 STM32 微控制器[M]．汕头：汕头大学出版社，2008．

[4] 王宜怀，吴瑾，蒋银珍．嵌入式系统原理与实践：ARM Cortex-M4 Kinetis 微控制器[M]．北京：电子工业出版社，2012．

[5] 张勇．ARM 嵌入式微控制器原理与应用：基于 Cortex-M0+内核 LPC84X 与 μC/OS-III操作系统[M]．北京：清华大学出版社，2018．

[6] 张勇，陈爱国，唐颖军．ARM Cortex-M0+嵌入式微控制器原理与应用：基于 LPC84X、IAR EWARM 与 μC/OS-lll 操作系统[M]．北京：清华大学出版社，2020．

[7] 亚历山大・狄恩．嵌入式系统原理：基于 Arm Cortex-M 微控制器体系[M]．刘雯，陈炜，姜铁增蒋伟珍，译．北京：人民邮电出版社，2019．

[8] 王日明，廖锦松，申柏华．轻松玩转 ARM Cortex-M4 微控制器：基于 Kinetis K60[M]．北京：北京航空航天大学出版社，2014．

[9] 刘火良，杨森．STM32 库开发实战指南：基于 STM32F4[M]．北京：机械工业出版社，2017.

[10] 张洋，刘军，严汉宇，等．精通 STM32F4（库函数版）[M]．2 版．北京：北京航空航天大学出版社，2019．

[11] 徐灵飞，黄宇，贾国强．嵌入式系统设计（基于 STM32F4）[M]．北京：电子工业出版社，2020．

[12] 梁晶，吴银琴．嵌入式系统原理与应用：基于 STM32F4 系列微控制器[M]．北京：人民邮电出版社，2021.